AF302198

AnthropoEXcentrisme

AnthropoEXcentrisme

ou

l'humanisme élargi

Jean-Michel FAVROT

En application de l'art. L.137-2.-I. du code de la propriété intellectuelle, toute reproduction et/ou divulgation de parties de l'oeuvre dépassant le volume prévu par la loi est expressément interdite.

© Jean-Michel Favrot, 2025

Édition : BoD · Books on Demand, 31 avenue Saint-Rémy, 57600 Forbach, bod@bod.fr
Impression : Libri Plureos GmbH, Friedensallee 273, 22763 Hamburg (Allemagne)

ISBN : 978-2-8106-1940-5
Dépôt légal : Février 2025

Remerciements

A mes collègues, à mes amis naturalistes, à tous ceux que j'ai croisés au sein des associations de protection de la Nature, à tous les auteurs contemporains que je cite, merci ! Vos réflexions, vos actions, vos modes de pensée, vos doutes et vos certitudes ont nourri ce livre et m'ont enrichi. Si nos convergences sont profondes, nos éventuelles différences de sensibilité m'ont aidé à préciser ma propre perception du monde, ma conception de la protection de la Nature. Vous trouverez sans doute quelques critiques un peu amères, mais croyez bien que mon respect et ma reconnaissance vous accompagnent.

A la Nature, libre, indomptée, imprévisible et « inconçue » : ta contemplation, ton observation et ton écoute furent mes principales sources d'inspiration et de motivation, merci !

Isabelle, tu m'as toujours soutenu dans les périodes de découragement et avec toi nous partageons tant de convictions profondes, merci !

Illustration de couverture :
Buisson du vivant – Dessin original Isabelle et Jean-Michel Favrot

Introduction

Il y a fort longtemps que je cherche à réunir en un ensemble cohérent les différentes convictions qui animent ma vie, convictions forgées à partir de mes expériences personnelles autant que des interactions avec mes amis scientifiques et technologues, mais aussi protecteurs et gestionnaires de la nature.

- La conviction que l'humanisme, la laïcité, et l'universalisme constituent la moins mauvaise façon de rassembler les hommes autour d'un dessein commun, de limiter les risques d'injustice et de guerre ; la conviction que ces valeurs ne peuvent être à géométrie variable et que la notion de liberté et de justice sociale s'applique à tous les peuples de la Terre.

- La conviction que ces principes ont été dévoyés par une lecture trop laxiste du délicat équilibre entre les droits et les devoirs, de l'individu vis-à-vis de ses congénères, des nations les unes envers les autres, des peuples dominants envers d'autres cultures. Equilibre subtil qui a présidé largement au « Contrat Social » de Rousseau, livre que nous devrions lire et relire chaque fois que nous nous déchirons.

- La conviction qu'il manquait à ce « Contrat Social » un des contractants, que je résumerais pour l'instant sous un vocable vague qu'il conviendra de préciser, à savoir la Nature, et que l'absence de ce contractant, dès le départ, a conduit à sa surexploitation et pour tout dire à sa quasi-disparition.

- La conviction que l'Homme ne peut pas se développer sans aucune contrainte et en particulier sans la contrainte du nombre, bref sans contrainte démographique, sans admettre la contrainte de la finitude terrestre.

- La conviction que, tôt ou tard, il faudra bien se poser des limites, et que la difficulté ne réside pas tant dans l'élaboration de lois, de règlements, de décrets ou de traités… que dans une question philosophique, ontologique, axiologique : quelle place pour l'homme dans le cortège des autres êtres vivants, quelle place vis-à-vis de la géologie, du climat, bref des conditions physico-chimiques et biologiques qui supportent la vie ?

- La conviction, au départ assez floue, qu'il faut une nouvelle morale, une nouvelle série de devoirs qui pourraient bien sûr garantir les Droits de l'Homme tout en abritant ces droits sous une bannière plus large, une bannière qui englobe et protège les autres formes de vie, toutes les formes de vie et leurs interactions.

Bref, tout comme le Contrat Social protège tous et chacun contre l'égoïsme, l'égocentrisme de tous les autres (nous et moi), il faudrait nous protéger nous-mêmes, et les autres êtres vivants, contre notre égoïsme d'espèce que l'on appelle, non égocentrisme, mais anthropocentrisme.

Imaginer une société non anthropocentrique ? Allons, me direz-vous, autant essayer de convaincre un enfant que l'unique bonbon est destiné à sa petite sœur, ou que les caramels mous sont mauvais pour ses dents, en l'emmenant visiter une confiserie.

Face à une tâche aussi immense, aussi apparemment « contre nature », il faut d'abord se convaincre qu'une autre façon d'appréhender le monde est possible. Nous devons faire un immense effort pour « sortir du cadre », « sortir de la boite », sortir de notre nombrilisme naturel pour regarder le monde, et non pas seulement l'Humanité, sous différents angles. Adoptons une perspective excentrée, resituons l'Humanité dans ce cadre élargi, faisons preuve d'anthropoEXcentrisme !

Le mur se dresse devant nous et semble infranchissable et pourtant cette attitude anthropoEXcentrique, l'humanité l'a déjà expérimentée quelques fois dans l'histoire…et la société ne s'est pas effondrée pour autant. Souvenons-nous d'une des premières fois où nous sommes sortis du cadre.

Suivons la trajectoire du soleil depuis la Terre, admirons le ciel nocturne, les planètes qui défilent devant les étoiles, les planètes qui suivent sensiblement le même parcours que le soleil et la lune, mais pas à la même vitesse, pas tout-à-fait sous le même angle… Observons le ciel où les étoiles semblent se mouvoir comme un ensemble solidaire, regardons ce ciel s'incliner suivant les saisons…

…et moi qui contemple l'univers tourner autour de moi…

C'est si beau, c'est si doux, c'est si simple de regarder le monde tourner autour de moi…autour de nous humains !

Quel effort avons-nous dû consentir pour penser à changer de perspective, nous mettre à la place du soleil, et même s'imaginer au centre du soleil et regarder le ciel depuis ce point de vue improbable... !

Et alors tous les mouvements des étoiles, des planètes, de la lune sont apparus sous un jour nouveau, dans le référentiel du soleil. Nous n'habitons plus au centre du système solaire, nous n'occupons plus le centre de la galaxie, et encore moins le centre de l'univers...et cela change drastiquement notre vision du monde, et pire ou plutôt heureusement, de nous-mêmes.

Au passage, notre orgueil a pris un petit coup sur la tête et ce n'est pas seulement une modeste pomme qui nous a heurtés...

C'est un bouleversement, un chamboulement dans la pensée humaine. Comment imaginer que les dieux, que Dieu puisse ne pas exister, puisqu'il était censé nous avoir mis au sommet de la pyramide, au centre de toute chose... ? Combien de calomnies contre cette théorie, cette vision scientifique du monde ? Exprimer une telle pensée, certains l'ont payé de leur vie, d'autres de leur disgrâce...certains ont préféré se taire. C'est assez dire l'ampleur du chamboulement pour un vieux monde, un système de pensée s'est écroulé.

Et puis, plus tard, la découverte de l'expansion de l'Univers. L'univers lui-même diverge, non seulement depuis un point mais depuis un passé lointain...A nouveau, la vision même de la Création est pulvérisée sous la masse de 13,8 milliards d'années de chaos ou d'ordre imparfait, sous l'évidence que notre planète n'est qu'un amas de résidus d'étoiles, étoiles disparues qui ont précédé notre soleil...

Et sur notre pauvre refuge bleu, Wegener nous explique que les continents se sont fracturés, ont dérivé et se déplacent toujours et encore. L'européocentrisme devient une vue de l'esprit, au mieux une convenance pour les cartographes européens.

Ces simples changements de référentiels nous ont mis momentanément « la tête à l'envers », et finalement nous nous en sommes remis et nous vivons dorénavant un peu plus les pieds sur Terre ! Ce n'est pas rien.

Alors pourquoi ne pourrions-nous à notre tour, humblement, tenter de changer de perspective ?

Si au lieu de repositionner la place de l'Humanité dans l'espace, nous cherchions à la resituer dans le temps. Cette excentration sera beaucoup plus facile que la précédente, tant Lamarck, et surtout Darwin et ses successeurs nous ont montré la voie. Un monde en perpétuel mouvement où les espèces succèdent à leurs ancêtres en se divisant, se spécialisant, se perfectionnant. Mais a-t-on pris vraiment le temps de tirer les enseignements philosophiques de ce décentrement, sans aucun doute le plus simple à se représenter, mais le plus difficile à admettre tant il touche à notre orgueil d'espèce, reflet de notre propre ego ?

Abandonner l'idée des dieux, de Dieu, pourquoi pas, si c'est au bénéfice d'un confort terrestre, d'un Jardin d'Eden, sans équivalent depuis la nuit des temps, et si cela permet de surcroît de limiter les souffrances et de repousser la mort … la mort dont les dieux, les divinités étaient censées apporter un dépassement en offrant un au-delà, au ciel souvent. Un ciel dorénavant si relatif ! Mais abandonner le corollaire du concept de Dieu, en réalité le primat de l'Homme sur tout le reste du minéral et du vivant, voilà un tout autre challenge… car il n'y a rien à attendre en échange, en tout cas rien à court terme. Peut-être juste un acte de désintéressement réel, un acte de liberté fondamental.

A partir de cette simple excentration, nous allons tenter de rebâtir un système de valeur. Aucune révolution violente n'est requise, juste un changement de philosophie de notre relation au reste du vivant, un changement d'ontologie, c'est-à-dire de notre façon d'être au monde en tant qu'espèce, et en tant qu'individu.

L'anthropocentrisme étant ancré au plus profond de notre mentalité, de notre psychologie, quasiment un réflexe, pour tenter de faire le tour de ses racines nous allons devoir repartir de loin, de l'origine de l'homme, de son évolution biologique, puis de l'histoire de la façon dont l'Homme perçoit le monde, la nature, se perçoit lui-même.

Plus tard, nous forgerons progressivement une autre façon de concevoir notre vivre ensemble, ensemble avec toutes les espèces animales et végétales, les écosystèmes, la « communauté biotique ». Peut-on, doit-on leur laisser plus de place ? Est-ce possible sans un repli démographique ?

Bref, quels pourraient être les contours de l'anthropoEXcentrisme ?

Mais, il nous faut d'abord faire un petit travail de mémoire, accepter les conclusions de ce travail de mémoire. Peut-être nous faudra-t-il « faire le deuil » de quelques convictions ancestrales.

Changer de perspective, accepter notre histoire, nous imposer de revisiter, un peu plus que survoler, ce qu'est l'Evolution Naturelle, le « Processus » et l'« Aventure ». Nous allons consacrer un long chapitre à ces notions et ces concepts qui nous accompagneront tout le long de ce livre, comme fondement d'une « morale de la filiation », d'une « morale de l'évolution ».

Partie 1
Anthropocentrisme et excentration à travers les âges

1) LUCA et sa perspective

Tout comme il a fallu oublier le géocentrisme, nous devons peut-être nous éloigner momentanément de l'anthropocentrisme pour nous replacer dans un contexte plus large et en particulier dans un contexte historique qui fait remonter le genre Homo à 2,8 millions d'années sur les 3,8 milliards d'année de la vie sur Terre, qui fait remonter le néolithique à 11 000 ans sur les 200 000 ou 300 000 ans de la brindille Homo Sapiens dans la longue histoire de l'évolution. Ce décentrement que je vous propose n'est plus géographique mais temporel.

Peut-être pourrions-nous faire un décentrement moins vertigineux, nous mettre sur une autre branche contemporaine de la nôtre pour nous observer, peut-être serait-ce plus facile à se représenter ? Nous mettre à la place du chimpanzé ou du loup, tenter d'écouter leurs revendications, tenter par quelques artefacts juridiques d'intégrer les espèces les plus proches de nous à une extension limitée du « Contrat Social » sur la base de leur « intelligence » ou de leur « sensibilité » ? Beaucoup l'on tenté, sans grand succès, car comme nous le verrons ce point de vue est bien trop partiel et ne résout en rien les questions essentielles.

Je vous propose plutôt un décentrement, non « spécifique », non relatif à des espèces particulières, à des limites arbitraires : une excentration globale. Nous allons observer l'Homme, non tel qu'il se perçoit aujourd'hui dans le référentiel actuel, contemporain, de sa vie comme espèce dominante, mais depuis la base de l'arbre généalogique de la vie, au plus près des racines, de la racine...bref une excentration temporelle radicale.

> ### *Du point de vue de LUCA*

En nous plongeant 3,8 milliards d'années en arrière, nous allons prendre un nouveau point de vue, une perspective depuis la base du tronc de l'Arbre du Vivant. A l'époque, l'arbre de la vie était probablement peu diversifié. Petit à petit, millions d'années après millions d'années, l'arbre a grandi, des grosses branches sont apparues en premier. Les biologistes nous proposent trois branches charpentières les archées[1], les bactéries, et les eucaryotes[2]. Les eucaryotes se sont divisés progressivement, pour donner les plantes, les champignons ... et les animaux, encore des très grosses branches, et plus tard tant d'autres êtres vivants, des branchettes, des brindilles, des brindilles de brindilles. Bref, nous allons nous économiser le passage en revue de tout l'arbre phylogénétique[3], car tel n'est pas le propos. L'objet est juste de changer de point d'observation.

Nous devons juste imaginer que, vu du sol, du substrat minéral et organique originel, de ce vaste biotope, tout ce petit monde ressemble bientôt à un grand arbre, ou plutôt un buisson très touffu où chacun revendique à juste titre sa place au soleil. Touffu à foison : toutes les branches, toutes les branchettes et les brindilles apparaissent plus ou moins enchevêtrées. L'extrémité des branchettes, des brindilles semble former une boule quasiment parfaite. A la surface de la sphère, donc à l'extrémité de chaque brindille, une espèce vivante. De ce point de vue privilégié, du centre de cette sphère, nous avons vu le volume de celle-ci s'expanser, de millénaires en millénaires. Nous avons vu les branches se diviser pour devenir ces multiples branchettes, qui elles-mêmes se sont divisées pour donner ces multiples brindilles...etc. Le vocabulaire descriptif des subdivisions d'un arbre réel est trop pauvre pour décrire la complexité de cet arbre-boule, pour suivre et décrire le foisonnement des embranchements.

---

[1] Archées : ce sont des microorganismes qui ressemblent à des bactéries mais qui s'en éloignent par des traits biologiques essentiels. Entre autres, ils vivent dans des milieux extrêmes mais aussi au sein de notre microbiote.

[2] Eucaryotes : organisme dont le noyau cellulaire est séparé du cytoplasme par une membrane. Cela concerne presque tout le vivant de taille observable à l'œil, mais aussi de nombreux micro-organismes.

[3] Relatif à l'histoire évolutive d'une espèce, c'est-à-dire sa phylogénèse, sa généalogie en quelque sorte. En grec phylo signifie tribu, donc ce terme contient bien une notion de généalogie, de filiation continue.

Depuis la surface de la sphère, chaque brindille extrême peut revendiquer son âge : le temps passé depuis son apparition, depuis la dernière division, la dernière spéciation[4].

Mais vu du centre de la boule, toutes ces branchettes ont le même âge, à savoir le temps cumulé qui les sépare de leur plus lointain ancêtre commun. Si chaque espèce a finalement le même âge cumulé, il est bien normal qu'elles se situent toutes sur la surface d'une sphère temporelle parfaite.

Il faut juste imaginer que nous vivons certes sur une sphère matérielle, la Terre, mais aussi sur une sphère biologique, ou plus exactement phylogénétique, sphère temporelle dont le rayon ne s'exprime pas en milliers de kilomètres mais en millions d'années : une sphère de 3800 millions d'années.

Aujourd'hui, les biologistes et les paléontologues représentent volontiers l'Arbre du Vivant, la Sphère du Vivant (Galerie de l'Evolution à Paris) ou le Buisson du Vivant (Musée de la Confluence à Lyon) avec au centre LUCA, « Last Universal Common Ancestor », le plus « récent » organisme dont descendent tous les êtres vivants actuellement et à la périphérie de la sphère l'ensemble de ses descendants encore vivants aujourd'hui.

Lecteur prend le temps de t'imaginer au centre de cette sphère et regarde là grandir, avec le « regard » de LUCA. Imagine le buisson initial très « pauvre » avec trois branches, puis le buisson radial se diviser, se diviser encore et encore dans toutes les directions.

Et sur chaque nouvelle surface de la sphère en croissance, à chaque période, de nouvelles espèces apparaissent issues de nouvelles divisions.

Parfois des accidents, des petits accidents ! Une brindille disparaît, inadaptée au monde qui l'entoure, inadaptée aux interactions avec les autres espèces, inadaptée au nouveau climat, à la nouvelle composition de l'atmosphère, à la concentration des sels dissous dans la mer...

A quelques occasions, des accidents de plus grandes ampleurs surviennent, cinq au total depuis les derniers 500 millions d'années de

---

[4] Spéciation : apparition de nouvelles espèces à partir d'une espèce parente du fait d'une mutation génétique ...

l'expansion de la sphère. Des branches entières se meurent. Du centre de la sphère, elles n'ont pas disparu. La branche a simplement cessé de croître. Ces branches mortes sont bien vite remplacées à la surface, en quelques centaines de milliers ou millions d'années… et la sphère reprend sa croissance uniforme, le temps s'écoule et la sphère gonfle. Cinq fois au moins la sphère de la vie s'est ainsi cicatrisée.

Etonnamment, vu de la perspective de LUCA, la sphère s'est « autoréparée ». Et pas une seule fois : toujours !

Vu de l'espèce humaine, la chose paraît incroyable : la sphère s'est cicatrisée sans intervention humaine, sans l'espèce à l'image des dieux créateurs, sans nous, et pour cause : nous n'étions pas encore là !!! Quoi ? Sans nous ?

Rien ne laisse présager que la survie a nécessité de migrer vers une autre planète, d'imaginer une technologie extraordinairement énergivore pour piéger les poussières des éruptions volcaniques dévastatrices… Vu de la base du tronc, l'embranchement humain n'existe pas encore. Il apparaîtra bien plus tard, après que la sphère aura repris son expansion, que le buisson se soit redivisé des milliers ou des millions de fois. Alors vu de la perspective de LUCA, cette brindille humaine semble minuscule, si lointaine, bien au-delà de la dernière et cinquième extinction. Tout au plus peut-on en conclure que cette espèce a probablement bénéficié de ces cataclysmes…d'un des nombreux déterminismes physico-chimiques superposés au jeu du hasard génétique ….

Au cours de ce long chemin aléatoire, cette brindille humaine n'a aucune raison d'occuper une place plutôt qu'une autre sur la surface de la sphère, aucune position centrale privilégiée. Toutes les brindilles terminales sont à égal temps du centre et chacune occupe une place arbitraire sur la surface de la sphère.

Et c'est bien là, un des paradoxes.

Ceux qui sont tout là-haut, sur la surface actuelle de la sphère, ont probablement eu beaucoup de « chance » au tirage des mutations génétiques et de la sélection « roulette russe », sélection de survie due à l'adaptation ou inadaptation aux conditions ambiantes d'un instant particulier du développement de la sphère, conditions changeantes en permanence du fait des aléas géologiques et conditions dépendant parfois de la vie des millions d'autres espèces cohabitant sur cette surface, conditions dépendant des milliards d'autres individus de cet instant précis et transitoire ; adaptation ou inadaptation à de possibles coévolutions ou des symbioses. Et des tirages de mutations, il y en eut … et encore et encore…et les barillets de la survie ou de l'extinction ont tourné sans cesse, sans cesse, pendant 3.8 milliards d'années…Parfois la survie d'une branche particulière ou sa mort n'ont tenu qu'à un fil, surtout juste après les « pattes d'oie » évolutives, alors que la nouvelle espèce est composée de quelques centaines d'individus au sein d'une seule population.

Ce « **Processus** », et le parcours particulier qu'il dessine, l' « **Aventure** » [5], qui permet aux espèces actuelles d'occuper la surface instantanée de la sphère, c'est l'Evolution Naturelle. Elle a permis aux espèces anciennes de se répandre sur la surface d'autres sphères concentriques, chacune de ces surfaces découlant des précédentes.

Ce qui est le plus déconcertant, c'est que l'Evolution n'a pas de dessein préétabli, elle est parfaitement neutre, sans âme, parfaitement impartiale. Et pourtant, sans but, sans plan ou schéma global ou détaillé, elle engendre un résultat magnifique : la diversité des « chanceux » et leur perfectionnement. Parfois le perfectionnement d'une espèce est en pure perte et aboutit à une impasse. Peu importe, d'autres seront plus « chanceux » et occuperons, reboucherons le trou momentané à la surface de la sphère en croissance, la « niche écologique » très momentanément vacante.

Sans doute quelques combinaisons génétiques étaient-elles impossibles, non-viables, peut-être existe-t-il quelques « règles » d'exclusion parmi des milliards de possibles, mais ces règles elles-mêmes n'étaient en aucun cas « préméditées ». Elles se sont révélées, se sont appliquées lorsque le cas c'est présenté, c'est tout !

Par exemple, un principe d'énergétique élémentaire impose qu'une espèce n'est viable que si elle est capable de se procurer plus d'énergie qu'elle n'en dépense, pour récolter sa nourriture, la convertir en sucre ou protéine, et pour échapper à ses prédateurs. Mais l'évolution n'a pas fait

---

[5] Le terme Aventure insiste sur le caractère imprévisible de l'Evolution Naturelle, le terme Processus plutôt sur les moyens de sélection et leur continuité. Mais ici le Processus ne doit jamais être pris au sens de finalité.

de calcul énergétique préalable aux mutations, elle a sanctionné a posteriori les « solutions » inefficaces, impartiale autant qu'impitoyable.

Ce qui est encore plus déconcertant est l'absence de toute fixité : à aucun instant sur la flèche du temps, c'est-à-dire le rayon de la sphère, les espèces ne se maintiennent bien longtemps (ou si rarement) et le nombre d'individus de chacune change en permanence... Les conditions climatiques locales ont changé, la composition de l'atmosphère a pu évoluer, les continents ont changé de place, l'axe de rotation de la Terre s'est légèrement modifié, les mers se sont retirées ou ont gonflé en synchronie avec l'étendue des glaciers ... et pourtant, de ce désordre permanent a toujours émergé un **équilibre dynamique**. Superposé au caractère aléatoire du Processus, ces changements ont imposé des **déterminismes** dus aux conditions physico-chimiques. L'Aventure en est la résultante. Comparé aux échelles de temps très longues impliquant généralement ces déterminismes géologiques et physico-chimiques, notre passage sur Terre en tant qu'espèce peut pratiquement être négligé.... sauf que notre passage est bien singulier et semble accélérer les échelles de temps des changements physicochimiques (réchauffement climatique, acidification des océans...), une conjoncture rarissime durant ce si long passé !

Malheur à nous, amnésiques ! La composition de l'atmosphère, de l'eau, la pollution des sols pourraient bien nous rappeler aux bons souvenirs de certains déterminismes !

Même « âge phylogénétique », pas de position privilégiée, pas de schéma préétabli, un désordre permanent, une succession de pseudo-équilibres précaires, quelques catastrophes géologiques et/ou physicochimiques, rien qui ne conduise a priori **nécessairement** à nous, et surtout rien qui ne doive quoi que ce soit à l'Homme... avant son émergence ! Voilà déjà ce que l'on voit du centre de la sphère depuis la « perspective » de LUCA, et peut-être verrons-nous bien d'autres choses dans un instant.

Ce changement d'observatoire, de « point de vue », de focale temporelle, pourrait inciter à une certaine humilité, au moins à un certain relativisme. Il offre une vision bien différente de celle de Ernst Haeckel.

Il n'y a pas si longtemps, les évolutionnistes, par exemple Ernst Haeckel, représentaient l'arbre phylogénétique de façon assez différente (figure N° 1). Ernst Haeckel était un biologiste allemand (1834-1919), qui se chargea de diffuser les travaux de Darwin dans son pays. Dans son livre « *The Pedigree of Man* »[6], Haeckel représente l'arbre phylogénétique de l'Homme, avec Homo Sapiens en haut et au centre de l'arbre, position dominante s'il en est. L'arbre comporte d'autres branches d'autant plus basses que les êtres vivants associés à ces branches sont censés être génétiquement éloignés de l'Homme. Autant vous dire que les vers de terre sont proches de la base du tronc…La fière allure de l'arbre contraste avec le buisson sphérique et désordonné de l'Arbre du Vivant.

Qu'Homo Sapiens soit représenté au centre de l'arbre et en position sommitale peut apparaître presque neutre, impartial, puisque Haeckel recherche les ascendances de l'homme. Cependant avec une telle représentation, l'anthropocentrisme, l'orgueil d'espèce, semble bien proclamer à ses disciples : « Du haut de cet arbre, 3.8 milliards d'années vous contemplent ».

Si nous voulions persister à représenter les espèces, non comme la Sphère de Vie, mais comme un arbre, toutes les espèces vivantes actuelles auraient pu être disposées à l'horizontale, au même niveau sommital, sur la canopée au bout de branches remontant verticalement parallèlement au tronc, puisque comme nous l'avons vu, elles ont le même âge global. Les embranchements, et non les espèces actuelles, seraient objectivement représentés d'autant plus bas que la divergence est ancienne. Seules les branches mortes, éteintes, pourraient se terminer à un niveau plus bas.

L'Homme d'ailleurs ne serait pas forcément positionné tout au bout de l'arbre, pas plus qu'au milieu. Il « baignerait » alors dans un monde

---

[6] A retrouver sur un moteur de recherche en entrant par exemple Smithsonian Libraries Pedigree of man Haeckel.

HAECKEL'S EVOLUTION OF MAN.
PLATE XV.
PEDIGREE OF MAN.
MAN
Gorilla
Orang
Chimpanzee
Gibbon
Ape-Men
Bats
Apes
Hoofed Animals
(Ungulata)
Rodents
Whales
Sloths
Beasts of Prey
Semi-Apes
(Lemuroidea)
Pouched Animals
Primitive Mammals
(Promammalia)
Beaked Animals.
Mammals
(Mammalia)
Osseous Fishes
(Teleostei)
Birds
(Aves)
Mud-Fish
(Protopteri)
Tortoises
Reptiles
Ganoids
Amphibia
Crocodiles
Lizards
Mud Fish
(Dipneusti)
Petromyzon
Primitive Fishes
(Selachii)
Snakes
Jawless Animals
(Cyclostoma)
Myxine
Skull-less Animals
(Acrania)
Amphioxus
Vertebrates
(Vertebrata)
Insects
Ascidians
Crustaceans
Salpæ
Chorda-Animals
Arthropods
Sea-Squirts
(Tunicata)
Star-Animals
(Echinoderma)
Soft Worms
(Scolecida)
Soft Animals
(Molluscs)
Ringed Worms
(Annelida)
Primitive Worms
(Archelminthes)
Sea-Nettles
(Acalephae)
Plant-Animals
(Zoophyta)
Worms
(Vermes)
Sponges
Gastreada
Invertebrate Intestinal
Animals
(Metazoa Evertebrata)
Egg-Animals
(Ovularia)
Planaeada
Infusoria
Synamoebae
Amoebae
Monera
Primitive Animals
(Protozoa)

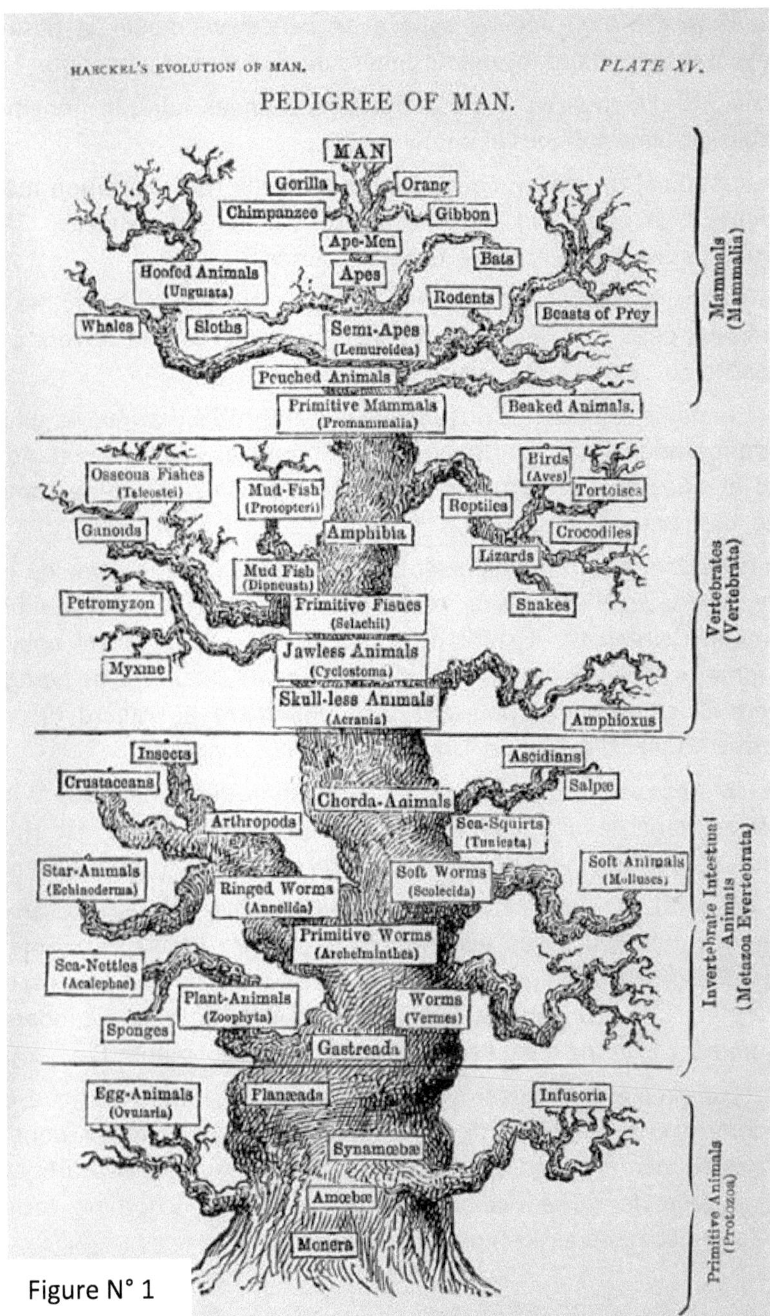

Figure N° 1

« multipolaire » où aucune espèce ne peut revendiquer la position centrale. Il suffit de faire tourner la sphère du vivant pour passer du

« pôle » à l'« équateur » ou à des coordonnées latitude, longitude "parfaitement quelconques et anonymes.

De nos jours, on trouve couramment une telle représentation moins trompeuse lorsque l'on veut montrer « en coupe » les liens phylogénétiques avec nos plus proches « cousins » ...

Mais dans la représentation de Haeckel, la position de l'Homme est évidemment celle du « maître, du « roi » ou comme nous le verrons celle du despote qui se proclame éclairé ...

Tout se passe comme si, d'un point de vue anthropocentrique, la sphère était a priori orientée, « polarisée », avec l'Homme au pôle-sommet. Adieu hasard et nécessité, le retour en force de la finalité...L'homme comme finalité, bien entendu.

Mais évidemment une représentation, que ce soit un arbre ou une sphère polarisée, n'est pas la réalité. La représentation est un filtre déformant. Cependant, il suffit de s'imaginer à ce point focal pour se représenter « Maître » (le cas échéant à l'image de Dieu, cela ne peut pas desservir la cause !), roi pourtant bien éphémère au regard des 3.8 milliards d'années d'évolution. Un instant si ténu, si volatil....

Ne souriez pas, c'est bien cette représentation que nous avons inconsciemment de nous-mêmes, depuis qu'Homo Sapiens est Homo Sapiens...et probablement depuis que le genre Homo est le genre Homo...

Je ne doute pas un instant que Haeckel, élève de Darwin, ait eu globalement une vue plus éclairée de la réalité. D'ailleurs lui-même proposa une représentation plus raisonnable pour les grandes branches de la vie (figure N°2). Etonnement, il ne l'a pas adoptée pour les ascendances de l'Homme. L'Homme n'est pas présent sur cette représentation.

La chose est d'autant plus troublante, et peut-être symptomatique, que la « bonne » représentation (figure N°2), qui place les animaux, dont les vertébrés au même niveau que les plantes ou les éponges, est antérieure (1866) à celle de « *The Pedigree of Man* » (1879). L'homme comme exception au sommet et au centre de l'arbre !

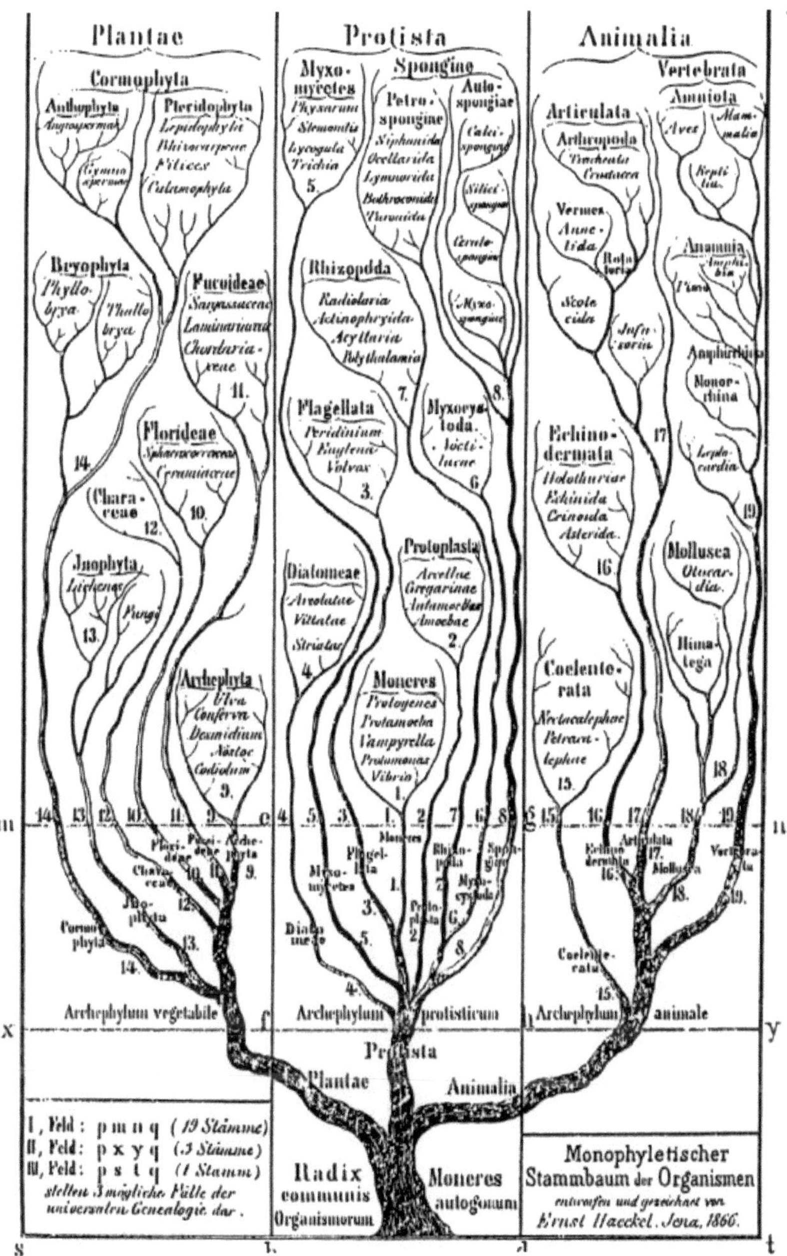

Figure N° 2

Clairement regarder la vie depuis la perspective de LUCA en posant notre regard en direction de l'extérieur de la sphère de vie, offre un message philosophique bien différent de celui que suggère le sommet de l'arbre de Haeckel, ou le pôle de la sphère polarisée, l'Homme contemplant ses origines...et son admirable travail pour s'extraire de cette « fange ».

Nous verrons que Darwin a adopté un tout autre point de vue que la situation culminante. Cette vision dominante est tellement prégnante que Darwin semble obligé de s'excuser de ses conclusions un peu iconoclastes et déstabilisantes :

« … nous avons donné à l'homme un arbre généalogique d'une prodigieuse longueur, mais non, … d'une noble qualité. Le monde comme on l'a souvent remarqué apparaît comme s'il s'était longuement préparé pour l'avènement de l'homme et cela en un sens est strictement vrai car l'homme doit sa naissance à une longue lignée d'ancêtres. Si un seul maillon dans cette chaîne n'avait jamais existé, l'homme n'aurait pas été exactement ce qu'il est aujourd'hui. A moins de fermer volontairement nos yeux, nous pouvons, avec nos connaissances présentes, reconnaître approximativement notre parenté sans qu'il soit besoin de nous en sentir honteux. Le plus humble organisme est quelque chose de beaucoup plus élevé que la poussière inorganique qui se trouve sous nos pieds et nul ne peut, avec un esprit libre de préjugés, étudier une créature vivante, si humble soit-elle, sans être frappé d'enthousiasme face aux merveilles de cette structure et de ses propriétés ».[7]

Darwin enfonce le clou : « L'homme *peut être excusé d'éprouver quelque orgueil à s'être élevé, **même si cela n'est pas dû à ses propres efforts**, jusqu'au sommet même de l'échelle organique ».* [8]

Filiation démontrée, même âge global, même statut : quelle affreuse monotonie ! De la hiérarchie que diable, de la hiérarchie !

De toute évidence, l'anthropocentrisme est bien ancré profondément en nous, même chez ceux qui sont intimement persuadés de la validité de la théorie de l'évolution à partir d'un ancêtre commun.

---

[7] The Descent of man - Darwin -Traduction : La filiation de l'Homme Edition Champion Classiques Essais- chap 6 page 325

[8] *The Descent of man* – Darwin – chap 21 page 940

« *Même si cela n'est pas dû à ses propres efforts* ». Darwin a changé de perspective. Le centre de la représentation, n'est plus Homo Sapiens, mais LUCA, « soleil » autour duquel diverge la vie.

Pourtant LUCA n'est pas un dieu, LUCA n'est pas Ra, ou Zeus ou ses innombrables avatars...

LUCA n'a rien inventé, LUCA n'a rien prémédité, LUCA n'a rien créé... et d'ailleurs LUCA lui-même a probablement eu beaucoup de « chance ». Ce n'est pas parce que LUCA est le plus ancien ancêtre commun connu à ce jour, qu'il n'a pas vécu entouré d'autres créatures, créatures disparues qui n'ont pas eu de successions viables jusqu'à nos jours. Simple remarque qui rajoute, s'il en est besoin, à notre souci d'humilité.

Désolé LUCA, nous n'érigerons pas un mausolée, un temple à ta mémoire, pas plus qu'aux autres !

Finalement, au cours de cette longue Aventure, nous et nos ancêtres avons côtoyé un nombre immense d'autres espèces, parfois nous avons contribué à les éliminer, avec certaines nous avons co-évolué, nous nous sommes entraidés volontairement ou pas. Des branches entières très proches de la nôtre se sont éteintes, la nôtre a fini par surnager. Mais dans ce chaos indescriptible, où tout le monde dépend de l'action, de l'évolution de tous, globalement les espèces et la nôtre ont fini par se perfectionner, perfectionnement imposé par le Processus même, pour survivre dans un monde de plus en plus complexe.

Nous avons surnagé, nous avons probablement bénéficié de la bonne « martingale » sans jamais avoir eu à « jeter les dés », ou, jusqu'à récemment, tenté de les piper.

Et donc pendant 99,99 % du temps dédié au gonflement (à l'inflation) de la sphère depuis LUCA, nos lointains ancêtres ne disposaient pas de cerveau surdoué pour « choisir » les bonnes options. Les événements extérieurs, aléatoires, leur ont imposé le chemin. Voilà, entre autres, ce que nous voyons du centre de la sphère.

Si aujourd'hui, les biologistes représentent l'homme au même niveau que l'orang-outang ou que le gorille du point de vue de l'évolution, qui d'entre nous imagine facilement se mettre au même niveau qu'une amanite tue-mouches ? Dans un élan quelque peu animiste, certains d'entre nous aiment se serrer contre un chêne multi centenaire, symbole de robustesse et de longévité. Mais qui irait (à supposer une souplesse physique et intellectuelle remarquable) se frotter à une amanite et la considérer comme un de nos alter ego ? Et pourtant, il semble bien que notre génome soit plus proche de celui des champignons que de celui des chênes.

Alors oui, nous devons tout à l'Aventure, à l'Evolution Naturelle, à la sélection naturelle : Nous avons échappé aux chausse-trappes « ***Même si cela n'est pas dû à ses*** [nos] ***propres efforts* ».**

Avant de nous demander comment se porte aujourd'hui l'Evolution Naturelle, l'Aventure, il nous faut un peu approfondir les mécanismes principaux du Processus associé.

> ### *La sixième extinction vue de la perspective de LUCA*

Comme nous l'avons vu, les périodes de grandes extinctions ne sont ni fréquentes, ni totalement exceptionnelles : une tous les 100 millions d'années pour fixer un ordre de grandeur. Elles ont correspondu soit à des accidents climatiques, soit à des phénomènes géologiques majeurs.

Par exemple :

- Une glaciation intense alors que la vie est encore essentiellement marine, il y a 450 millions d'années environ...
- Un abaissement du niveau d'oxygénation de l'eau de mer vers 360 millions d'années avant notre ère
- Des évènements volcaniques de grande ampleur vers 250 millions d'année,
- Puis le même type de catastrophe vers 200 millions d'années,
- Enfin la combinaison d'une crise volcanique majeure en Inde et de la chute d'un astéroïde au Mexique (Yucatan), il y a 70 millions d'années.

Hormis la chute de l'astéroïde, ces événements n'ont pas agi « instantanément ». Une glaciation ne se produit pas en quelques années, l'eau de mer ne perd pas son oxygène brutalement...d'immenses épanchements basaltiques s'étalent sur des siècles ou des millénaires... Ces extinctions de masse se sont déployées sur 1 à 2 millions d'année, parfois plus de 10 millions. Généralement, il faut de l'ordre de 20 millions d'années pour que la biodiversité se reconstitue au niveau précédent le cataclysme. Certes, vu du centre de la sphère de 3,8 milliards d'années, cela peut paraître comme un « cerne » étroit, catastrophique, une « année-millénaire » de sécheresse dans la vie de l'arbre, du buisson de la vie.

Mais au regard des 200 000 ou 300 000 ans de l'espèce humaine, cela paraît bien long… et encore plus si on pense à la révolution néolithique (11 000 ans) et à l'ère industrielle (200 ans).

Tous les événements de grande extinction présentent une cause initiale totalement extérieure aux processus biologiques. Les dinosaures et les premiers mammifères ne sont pour rien dans les éruptions du Dekkan. Ils n'ont rien fait pour attirer l'astéroïde, pour refroidir l'atmosphère…Sans ces évènements, l'évolution aurait continué, suivi une autre voie… et nul ne sait qui peuplerait la Terre aujourd'hui…En tout cas, il est plus qu'incertain que nous ferions partie de la sphère.

Parfois, en dehors de ces grandes crises, une espèce disparaît, voire un genre, car elle se retrouve dans une **impasse évolutive**. Par exemple, l'espèce se spécialise peu à peu, pour suivre les changements progressifs de son environnement. Elle se spécialise de plus en plus et finalement ne peut supporter une amplification des conditions ambiantes défavorables ou un revirement de celles-ci…Pour illustrer, elle ne peut plus continuer à épaissir sa graisse pour combattre un froid de plus en plus vif, sous peine de ne plus pouvoir supporter son propre poids adipeux… Bref, la géniale stratégie d'isolation thermique, si efficace pendant des milliers d'année, se révèle finalement une impasse. Trop loin du nouveau point d'équilibre dynamique, l'espèce ne peut ni « avancer », ni revenir en arrière et disparaît. Mais ces événements sont rares et le taux naturel d'extinction est faible. Pour fixer les idées, la « durée de vie » d'une espèce est de l'ordre de 1 à 10 millions d'années. La vitesse de spéciation (apparition de deux nouvelles espèces à partir d'un ancêtre commun) est plutôt de l'ordre d'une spéciation par quelques centaines de milliers d'années. Sauf catastrophe, le taux de spéciation couvre donc largement les conséquences de ces impasses… et la biodiversité tend à augmenter.

Vu du centre de la sphère, ces événements se traduisent par quelques micro-cernes, quelques branchettes mortes sans brindilles, mais globalement on assiste toujours à un foisonnement à la surface de la sphère qui s'expanse avec le temps.

La seule observation à grande échelle temporelle est un peu réductrice. Certes, elle permet de bien visualiser les parentés entre espèces, notre origine commune et l'échelle de temps dérisoire de la période où l'Homo Sapiens sévit, l'anthropocène[9], mais elle ne rend que partiellement grâce à la complexité du Processus, qui soutient l'Aventure.

➢ *Le Processus et l'Aventure*

En dehors des cataclysmes, effets que nous aurions cependant tort de ne pas considérer en ces temps de changement climatique et de composition chimique des océans, rapides, bien trop rapides, le Processus normal procède de trois éléments fondamentaux :

a) Le Processus se sont bien sûr des **mutations génétiques**, des sélections agissant directement sur la survie des individus avant leur période de reproduction. La mutation défavorable peut rapidement devenir létale pour les organismes qui sont intrinsèquement rendus non viables (par exemple pour des raisons purement énergétiques, des déficiences dans le mode de locomotion, ou des pénalisations d'un sens indispensable à l'espèce, une canine trop courte pour un prédateur…). Inversement, un prédateur plus puissant ou une proie plus rapide à la fuite, détectant plus tôt le prédateur, auront de fortes chances d'arriver à l'âge adulte, de se reproduire et donc de transmettre leur gène et cette adaptation positive.

C'est probablement ce mode de sélection qui agit principalement sur le long terme, définit les grandes branches, évite des dérives de l'espèce vers des impasses et fait que nous avons deux jambes, deux bras, un seul nez mais deux narines et deux oreilles…que nous n'avons pas de feuille, mais quelques poils…

---

[9] Anthropocène : l'Homme perturbe à ce point l'Evolution, provoque un tel taux d'extinction des espèces vivantes, quelle apparaitra un jour aussi nettement que les cinq grandes extinctions, définissant ainsi une ère géologique, mais peut-être l'ère la plus courte de toute l'Aventure.

Nous avons tous cela en tête. Par simplification j'appellerai cette sélection primaire, à l'ordre un, *la sélection de survie*. Mais ce processus est un peu « binaire » : une mutation, un effet structurel ou létal, …une proie, un prédateur… La vie est juste un peu plus subtile !

b) Le Processus agit aussi lors de **l'inadaptation au milieu ambiant**, habitat qui change alors que l'espèce et l'individu étaient parfaitement viables dans les conditions précédentes (refroidissement, sécheresse, progrès de l'efficacité d'un prédateur, concurrence pour une niche écologique, la forêt qui gagne sur la savane ou le désert qui avance…).

En effet, la nature ne se résume pas à un duel entre une proie et un prédateur. Si le léopard ne peut s'emparer de l'antilope, il se rabattra probablement sur un écureuil de terre, voire un micromammifère, plutôt que de mourir de faim. Quant à l'antilope, pour s'échapper, elle a besoin d'énergie, qu'elle trouve dans les graminées de la savane, pourvu que les zèbres n'aient pas tout mangé et que le lion ait limité le nombre de zèbres…. Encore faut-il que les générations antérieures de buffles aient participé à enrichir le sol et que le bousier ait fait son travail pour que les graminées poussent….

Bref, un individu et une espèce vivent dans un écosystème, où chacun, individu et espèce, dépend de la santé, du comportement de milliers d'espèces qui partagent le même milieu de vie… La sélection de survie, elle-même peut suivre des chemins indirects. Il ne suffit pas d'être intrinsèquement le plus habile, il faut que le reste du milieu, les autres espèces aient elles-mêmes évoluées dans un sens favorable. Il est indispensable que toutes ces pressions tendent à s'équilibrer, tout en évoluant les unes en réponse aux autres, les unes avec les autres, dans un équilibre dynamique, sans cesse remis en cause…

Remis en cause par un petit changement physique ou chimique, par la disparition d'un des membres de l'écosystème ou une augmentation déséquilibrée de la population d'une espèce particulière… et si une espèce disparait, où s'arrêtera la réaction en chaîne ? Une autre occupera-t-elle immédiatement sa niche écologique ou l'écosystème va-t-il s'appauvrir considérablement ? La complexité des interactions, positives ou négatives, entre individus, entre espèces, entre populations, ne peut se résoudre à l'image d'un tissage, d'une toile d'araignée. Le « canevas » est multidimensionnel, de chaque nœud partent des centaines d'interactions….

La sélection de survie agit directement à travers la mutation génétique d'un individu, mais l'écosystème peut sélectionner à travers l'inadaptation momentanée d'une population génétiquement inchangée…mais rendue inadéquate aux nouvelles conditions de vie imposées « extérieurement » par l'écosystème. Par la suite, nous appellerons ce mécanisme **« sélection écologique »**. Il joue un rôle malheureusement déterminant à notre stade d'« anthropocène ». Massivement, des espèces, des individus, disparaissent en masse alors qu'ils seraient parfaitement adaptés dans un écosystème non artificiellement perturbé par l'Homme. Nous aurons évidemment l'occasion de largement revenir sur ce mécanisme, qui fait partie du Processus… mais jusqu'à un certain degré … et ce degré est aujourd'hui dépassé !

Ces deux effets agissent sur l'impossibilité pour l'individu, voire l'espèce, de transmettre ses gènes car les individus présentent de grands risques de disparaitre, statistiquement, avant même d'avoir eu la possibilité de se reproduire, d'avoir atteint l'âge de procréer. Le Processus, c'est aussi cela, une mécanique bizarre où tous dépendent de tous (espèces et individus), mais où l'individu joue aussi un rôle essentiel…rôle que les écologistes, obnubilés par la notion d'écosystème semblent souvent oublier. En effet, l'individu porte pourtant un message unique à transmettre aux générations suivantes, un message un peu différent des autres, bref une des directions possibles de l'Arbre du Vivant. Plus le monde change vite, plus le rôle de cet éventuel individu « monstre génétique génial » est important. Nous défendrons d'ailleurs qu'à ce titre, **chaque vie, chaque individu compte**, car nul ne sait a priori chez lequel des membres d'une espèce, d'une population se cache le « monstre génial ».

Ces deux effets sont bien connus et largement documentés. A ce stade, inutile de les détailler plus largement. Je ne souhaite pas entrer dans le détail des mécanismes biologiques qui conduisent aux modifications génétiques elles-mêmes, ni entrer dans le débat de l'inné et de l'acquis, de la génétique et de l'épigénétique (mutations des gènes ou changements dans leur expression en lien avec leur environnement). Tout cela est absolument passionnant mais nous écarterait trop de notre sujet principal, et cela ne changerait rien de significatif dans les conclusions principales.

c) Un troisième moteur de l'évolution est la sélection sexuelle (ou de reproduction). L'atteinte de l'âge adulte pour un individu ne lui garantit pas nécessairement de se reproduire, ou de se reproduire avec un individu qui saura préserver la progéniture commune. La sélection sexuelle, ou sélection de reproduction, c'est-à-dire le fait d'être accepté ou choisi par un partenaire est une cause de sélection fondamentale dans la reproduction sexuée. Certes, les deux premières formes de sélection agissent comme un bouton « on/off », mais la troisième est plus subtile et a joué sans doute chez de nombreuses espèces, notamment l'Homme, un rôle essentiel. Notons immédiatement que la notion « accepté ou choisi » suppose un acte qui ne relève pas nécessairement que de l'instinct, mais autant et peut-être plus de « conventions sociales », de comportements collectifs d'un groupe, d'une « culture ». Notons aussi que l'acte de « choisir », « accepter », dans la version la plus élaborée, peut laisser penser à une certaine part de « directivité », ce qui tendrait à rendre l'ensemble du Processus moins strictement aléatoire. En réalité, comme nous allons le voir, il n'y a pas « finalité », car le comportement lui-même est sélectionné, sanctionné a posteriori par la réussite ou l'échec de l'acte reproductif dans le choix du partenaire. Quoi qu'il advienne, les comportements demeurent « normalement » sous la férule globale et la « censure » des deux premiers moteurs de l'évolution. De tels mécanismes comportementaux, qui supposent une certaine sophistication mentale, ont dû apparaître à un stade avancé de dilatation de la sphère. Il suppose au minimum une reproduction sexuée, ce qui est loin d'être une généralité.

Nous devons donc approfondir cette notion de sélection sexuelle et, comme toujours, la resituer dans le temps pour en percevoir le cheminement évolutif probable, tant le lien avec l'anthropocentrisme est évident, justement parce que son poids dans l'évolution d'une espèce devient d'autant plus significatif que l'espèce a su se mettre à l'abri des deux premiers mécanismes et est capable d'attribuer plus de valeur aux « caractères sexuels secondaires ».

➢ *La sélection sexuelle et les cultures naissantes.*

Il nous faut ici regarder en détail le processus à l'œuvre depuis l'apparition de la reproduction sexuée, il y a 1.5 milliards d'années.

Les premiers temps de la reproduction sexuée ont sans doute été assez mécaniques ; un grain de pollen tombe sur un pistil… et l'affaire est entendue. Mais bientôt certains vivants ont commencé à être dotés de sens : la vue, l'odorat, l'ouïe, le toucher…Le monde est décrypté, analysé dans un cerveau de plus en plus complexe pour traduire tous ces signaux et leur faire correspondre une réponse adaptée : cueillir et manger le fruit quand il est mûr, anticiper la trajectoire de la proie, mémoriser l'emplacement du point d'eau…, sentir ou entendre l'approche du prédateur…

Il y a tant d'aléas dangereux dans la nature, que chercher à limiter leur occurrence n'est pas absurde, chercher à améliorer l'occasion d'un festin est un impératif.

Deux « comportements » sont apparus.

✓ *Une sélection sexuelle affinée*

Le premier nécessite juste de constater l'adaptation du partenaire potentiel au milieu et à la sélection de survie : plus fort, une vue plus perçante pour trouver les fruits dans le feuillage…et donc en meilleure santé. Celui ou celle qui a choisi la ou le plus adapté, parmi une foule de prétendants, n'était pas nécessairement elle-même, lui-même, la ou le plus adapté, mais ses gènes ont survécu grâce au choix judicieux du partenaire. Un tel « comportement » ne suppose pas nécessairement une conscience de soi, il suffit à ce stade de constater que ceux qui ont eu ce comportement, ceux qui ont fait le bon choix du partenaire ont finalement eu plus de descendants que les autres, car ce comportement est juste efficace. La santé du partenaire est évidemment une composante essentielle et peut se révéler à travers l'aspect extérieur : un poil, des plumes bien luisants…

Les critères de choix peuvent évoluer : de « force physique » pure à « santé » mentalement associée à force physique, puis un « caractère secondaire » (par exemple poil luisant) associé à bonne santé, puis poil luisant associé à séduisant… Certaines mutations ont fait apparaître des caractères secondaires, des plumes colorées et des chants chez les oiseaux, des favoris chez les primates, ou des cornes, ou des bois chez les ongulés…. Au départ, les bois étaient peut-être des organes de défense, pure sélection de survie, ils peuvent devenir des « ornements », symbole, représentation mentale, de la force. Le combat entre mâle peut devenir « rituel » socialement accepté par les femelles comme critère pour « choisir ».

A ce stade, la sélection naturelle globale « hésite ». Ces particularités secondaires présentent a priori de forts inconvénients. Arborer des couleurs vives, chanter à tue-tête, peut se révéler éminemment dangereux en attirant les prédateurs (risque de mourir jeune avant de se reproduire), sauf si ces inconvénients sont plus que compensés par le choix sexuel…

L'attrait pour ces oiseaux « beaux et séduisants » accroît la probabilité de s'accoupler et donc de transmette ses gènes. Chez les cervidés posséder des bois volumineux et encombrants en milieu forestier plutôt que des bois pointus pour se défendre des prédateurs peut paraître contradictoire avec les impératifs de la sélection de survie, sauf si cela « plaît » suffisamment et permet finalement de mieux disperser ses gènes.

Paradoxalement, si un mâle survit avec un tel handicap visuel, sonore, c'est probablement qu'il est assez fort par ailleurs pour ne pas trop en pâtir…Autant le choisir lui. Beau, impressionnant, et donc probablement fort et finalement efficace. De proche en proche, le caractère est sélectionné et la réussite consolide la réussite. Puisqu'il a survécu avec ces attributs défavorables, il est potentiellement un bon géniteur et un défenseur loyal de la progéniture, puisqu'il attirera par sa couleur le prédateur loin du nid : je vais le choisir ou au moins l'accepter. Ce « raisonnement » dit « théorie du handicap » n'est évidemment pas tenu consciemment par chaque individu. Il en a hérité des générations précédentes à travers la sélection sur des milliers d'essais de reproduction plus ou moins fructueux. Pour lui, pour elle, maintenant, il « suffit » de choisir le ou la partenaire qui correspond le mieux au critère de « beauté ». L'individu est libre de son choix final mais les critères globaux, « culturels » lui sont « suggérés » soit par un perfectionnement d'un circuit neuronal, soit par observation du comportement des adultes, soit plus probablement un peu des deux. C'est bien le Processus ancestral qui a sélectionné le comportement adéquat. La « liberté de choix » est ici fondamentale pour le Processus lui-même. C'est elle qui permet à l'espèce d'évoluer par le brassage des gènes. Si tous ou toutes choisissaient le même individu, peu se reproduiraient et le patrimoine génétique s'appauvrirait très vite. Notez à quel point nous, et les autres espèces, sommes, dans une certaine mesure, attirés par le nouveau, par l'original quand il s'agit de choisir le ou la partenaire. La mode n'est pas un phénomène nouveau, et la première qui s'est parée d'un collier de coquillage a eu bien raison, de même que le premier mâle qui a offert le bracelet assorti ! La mode ? C'est changé un peu pour paraître, juste ce qu'il faut de différent, sans s'exclure totalement de la communauté, de la culture. Ainsi les mœurs évoluent lentement et finissent peut-être en caractères génétiquement fixés, en tout cas culturellement généralisés. Ce comportement lui-même a dû être sélectionné, car bénéfique à l'individu reproducteur, à la diversité génétique et donc finalement à l'espèce.

Pour autant que le cerveau évolue et se perfectionne pour transformer le signal lumineux ou sonore, autrefois uniquement destiné à détecter la présence de la nourriture ou du prédateur, en une notion de « beau » ou d'« agréable », le tour est joué. La sélection de survie et la sélection écologique sont toujours à l'œuvre, mais sérieusement modulées par la sélection sexuelle reproductive. Et le cerveau se perfectionne encore et ses capacités à faire les « bons choix » sont « validées » par le succès de la reproduction. Il n'est pas exclu que ce concept de beauté renforce les liens des deux partenaires sexuels, que les protéines de la récompense soient délivrées en plus grande quantité dès lors que les gènes correspondants deviennent de plus en plus accessibles et exprimés...

✓ *L'empathie*

Le second comportement est plus subtil. Son apparition a dû intervenir en parallèle, en synergie avec le précédent. En fait, il ne suffit pas de survivre jusqu'à l'âge de se reproduire, il ne suffit pas de trouver un partenaire, encore faut-il que la descendance survive elle-même jusqu'à l'âge adulte...pour transmettre une fraction du génome initial. Bien entendu, sans intervention particulière, la sélection de survie assure ce travail... mais on peut améliorer les chances de faire survivre ses gènes. Alors est apparu un premier atome de ce qui sera plus tard l' « empathie ». Les adultes ont pris l'habitude de protéger leurs petits ; cela peut nous paraître banal, mais cela a dû être une révolution qui s'est probablement étalée sur un temps très long. D'ailleurs toutes les espèces ne le font pas, et parfois un seul des deux sexes s'en charge. Et là encore, rien ne sert d'imaginer que les parents se sont projetés dans une réflexion complexe du style : « je suis génial et si je souhaite que mon génie perdure, alors il faut que ma progéniture, nécessairement géniale, survive pour qu'elle se reproduise et ainsi mes gènes seront transmis pour le plus grand bénéfice de tout l'écosystème, … donc je vais prendre le risque de sacrifier ma vie, s'il le faut, pour protéger mon bien le plus précieux, mes petits et mes gènes, mon génie quoi ! »…

Non, il suffit que ce comportement existe, ou ait existé chez un des deux individus appariés, pour que nous constations que ce trait de « caractère » est parfaitement adapté et que les gènes des parents se comportant ainsi ont été sauvegardés au cours de l'Aventure avec une plus grande probabilité….

Mais comment est-on passé du comportement à une transmission de ce comportement ? Sauf à remettre en cause la théorie darwinienne, il faut admettre que des mutations antérieures aléatoires, en particulier codant la structure ou le fonctionnement du cerveau, ont permis à un tel comportement d'exister…et donc ces dispositions du cerveau ont été sélectionnées et ont pu être perfectionnées par d'autres mutations allant dans le même sens (évidemment sans schéma, sans plan global préexistant). On imagine combien d'essais-erreurs ont dû se révéler non conclusifs avant que la bonne combinaison de gènes et d'environnement protéique pilotant leur expression ait abouti à rendre possible et efficace l'« empathie ».

La « nécessité » de la survie des jeunes a peut-être aidé à « s'attacher » à sa progéniture, à lui accorder un égard privilégié. De la protection des jeunes, à l'empathie, puis à l'attachement maternel et paternel, on imagine toutes les gradations sur des milliers d'années. Instinct, puis comportement conscient ou probablement les deux se renforçant l'un l'autre.

Le hasard pur a sélectionné deux innovations majeures : la sélection sexuelle et l'empathie. Il faut noter que ces deux comportements sont partagés entre l'homme et un très grand nombre, si ce n'est la majorité des animaux… Les monotrèmes, premiers mammifères, protégeaient déjà leurs œufs et leurs jeunes.

L'empathie n'est donc en rien une innovation humaine.

Puis les « événements » se sont enchaînés. La solidarité s'est étendue de la protection des jeunes du couple à la protection mutuelle au sein de la tribu. Ici encore, il suffit de se représenter que les tribus ayant développé ce comportement, se sont mieux reproduites. Néanmoins il faut un cerveau qui supporte cette sociabilité. A chaque accroissement de ce comportement « altruiste », le nombre d'interactions à gérer entre individus, le nombre d'innovations génétiques neuronales a dû croître préalablement.

Par exemple, il faut commencer à se coordonner face à une proie ou un prédateur pour que l'altruisme se traduise dans les faits par une chance accrue pour les jeunes de manger à leur faim et d'arriver à l'âge de se reproduire, et finalement aboutisse à la survie et la prospérité du clan. Le groupe n'a pas nécessairement besoin d'un langage, mais un cri d'alarme, un coup de sabot « symbolique » sur le sol est sans doute nécessaire. Encore faut-il que tous les individus interprètent de la même façon le « signal » pour adopter collectivement le bon comportement : fuir ou attaquer. Les mutations du cerveau doivent suivre ou plutôt précéder pour que des circuits neuronaux puissent être plus ou moins spécialisés à ces taches collectives, puissent supporter un embryon de communication. Il ne suffit plus de se focaliser sur le futur repas individuel, il faut pouvoir « informer » le groupe de la présence d'une source de nourriture. Il faut se faire violence pour ne pas se précipiter sur le fruit mûr, mais informer le groupe que l'arbre est arrivé à maturité...Il faut que le cerveau dispose d'un mécanisme de régulation des pulsions individualistes.

Et si chaque réalisation de l'acte se révèle bénéfique, alors les circuits neuronaux sont renforcés, en quelque sorte sélectionnés.

A ce rythme de perfectionnement de l'efficacité collective, on peut s'attendre à ce que la population explose. Alors le milieu s'appauvrit et le second mécanisme du Processus, la sélection écologique, impose sa loi. Alors il faut peut-être un mécanisme régulateur, une hiérarchie pour la reproduction et/ou pour l'accès privilégiée à la nourriture ? De tels mécanismes, s'ils s'avèrent efficaces pour éviter une famine collective, seront à leur tour sélectionnés. Mais ils nécessitent un cerveau qui sait gérer des conflits à l'intérieur de la communauté, pour éviter un pugilat permanent, établir une sorte de « morale » propre à l'espèce.

Chaque espèce forge son propre mode de vie, fait d'histoires individuelles et collectives, de capacité cérébrale à gérer la complexité du milieu environnant et ses ressources spécifiques, milieu qui évolue sans cesse, sous la pression démographique de l'espèce mais aussi de toutes les autres...Chaque espèce doit « choisir » le mode le plus pertinent de gestion de la surpopulation, toujours menaçante. Gestion de la démographie, comme élément essentiel du Processus, nous en reparlerons.

Evidemment, les évènements qui s'enchaînent sur 900 millions d'années, des dizaines de millions de générations, des milliards de tirages d'essais-erreurs de mutations génétiques individuelles...ne sont pas connus dans le détail pour toutes les grandes branches des espèces animales sexuées, et encore moins pour chaque espèce, et même pas pour la branche qui conduit à Homo sapiens, mais le Processus global doit répondre globalement à ce schéma général.

Dans quelques branches du règne animal, si l'empathie s'étend à la communauté proche, à la tribu, elle conduit donc à des comportements de groupe très efficaces pour chercher la nourriture en commun, pour mettre en place un système de surveillance et d'alarme collectif, pour surveiller en commun la progéniture par quelques adultes pendant que les autres peuvent se consacrer à la récolte ou chasser en groupe et pour le groupe ; il est probable qu'un tel comportement sera rapidement sélectionné, si le cerveau correspondant le permet, au détriment de l'égoïsme le plus basique.

L'homme n'a pas apporté une rupture décisive dans ces actes « protoculturels » fondamentaux : l'altruisme et l'empathie. Il en a hérité et les a adaptés à ses caractéristiques physiques et son environnement.

➤ *Intérieur – extérieur : le dilemme de l'altruisme !*

Un tel comportement « altruiste » nécessite aussi que le cerveau ait encore évolué et permette de distinguer qui fait partie de la tribu et qui est extérieur à la communauté. Cela suppose de distinguer moi de tous les autres, et même probablement de reconnaître individuellement les membres de ma communauté…je dois reconnaître mon partenaire parmi tous les autres, de même pour mes jeunes, voire mes cousins.

Car pour que ce comportement soit efficace, il faut bien un « intérieur » et un « extérieur », sinon ce ne sont pas forcément les gènes, qui conduisent au comportement altruiste, qui sont sélectionnés ; ce peut être les gènes d'un « extérieur » opportuniste et égoïste. L'empathie existe, se répand mais doit nécessairement se limiter à un groupe d'individus assez proches…

Et d'ailleurs, le schéma très « altruiste », social, coopératif ne va pas nécessairement de soi. Certaines espèces l'ont adopté et d'autres non. La limite « intérieur – extérieur » est différente chez la corneille noire et le corbeau freux, pourtant très proches. L'une vit en cellule familiale assez stricte, l'autre vie en colonie de centaines d'individus nichant les uns à quelques mètres des autres et coopérant lors de la recherche de nourriture… Certaines guêpes sont sociales, d'autres pas et nous pourrions multiplier les exemples, et faire apparaître tout un continuum de variantes sociales. La balance bénéfice / risque de l'« altruisme » face à l'« égoïsme » a dû être assez équilibrée pour que de telles différences de comportement soient sélectionnées espèce par espèce, trace de l'histoire de vie d'un individu innovateur ou d'une population. N'est-on pas soi-même en permanente dualité entre notre égoïsme et notre générosité, notre besoin de contacts sociaux et notre quant à soi ? Observons, aujourd'hui que les mœurs se sont un peu libéralisées, combien de variantes existent chez les humains quant aux relations dans le couple, dans les familles recomposées ?

Les caractères secondaires, chant, couleur des plumes, tatouages… jouent sans doute aussi un rôle dans la cohésion du groupe. Si un sexe choisit de façon privilégiée une petite variante de chant, ou un infime perfectionnement du plumage, des favoris…ceux-ci seront sélectionnés et deviendront petit à petit une marque propre au clan plus ou moins élargi.

En d'autres termes, naît une « protoculture » qui poussée à l'extrême pourra conduire à une spéciation d'origine culturelle, surtout si les groupes demeurent longtemps séparés géographiquement les uns des autres. Cette tendance est souvent contrebalancée par une autre forme de comportement qui conduit à la sortie du clan d'un des deux sexes pour aller se reproduire ailleurs et remélanger les gènes… pour le plus grand bénéfice de l'espèce et des individus…

« Intérieur – extérieur », le dilemme de la sélection sexuelle !

Et même chez nos plus proches voisins, les mœurs des chimpanzés, des bonobos, des gorilles, des orangs-outangs sont autant de réponses différentes à ce compromis, cet équilibre précaire entre l'intérieur et l'extérieur. Comme ces comportements sociaux existent dans de très nombreuses familles animales, des fourmis aux cétacés, soit leur ancienneté dans l'Arbre du Vivant peut être envisagée, soit nous devons imaginer une forme de convergence[10], c'est-à-dire une origine distincte d'un comportement analogue **réinventé par le Processus** dans plusieurs branches car avantageux dans certaines conditions environnementales.

Que ces comportements altruistes à travers de nombreuses branches soient d'origine commune très lointaine ou des réinventions branche par branche, la réalité nous appelle encore à un peu d'humilité. Soit nos comportements sont à ce point banals qu'ils ont été inventés à plusieurs

---

[10] Convergence : les requins et les dauphins pourtant très éloignés ont des formes extrêmement semblables, car exposés aux mêmes contraintes de l'hydrodynamique, les mêmes architectures optimales ont été sélectionnées. De même, les échidnés australiens, monotrèmes, ressemblent extérieurement à nos hérissons ; tous deux ont des mœurs trophiques semblables, et pourtant la séparation entre les branches placentaires et monotrèmes est très ancienne.

Le Processus a « réinventé » plusieurs fois les yeux, juste parce que l'œil confère à tous ceux qui possèdent cette faculté de se représenter mentalement l'intensité / et ou la couleur des rayonnements émis par l'environnement un avantage adaptatif pour la survie. Ces yeux présentent des formes assez différentes (insectes, mammifères, escargots…). Parfois, le Processus a « inventé », d'autres mécanismes de représentation spatiale. L'écholocation est présente chez les chauves-souris et les cétacés, adaptée pour les uns à l'air, pour les autres au milieu aquatique. Nous en sommes dépourvus. Les fossettes loréales thermosensibles, des détecteurs infrarouges, sont présents chez les crotales et leur fournissent une image des contrastes de température… Autant de façon de vivre et survivre. A chaque fois, cela suppose aussi une évolution parallèle des capacités du cerveau à « gérer » la complexité de ces signaux, à recomposer l'image globale. A chaque fois, une prouesse !

reprises, soit nous en avons hérité de temps immémoriaux. Bref, l'altruisme semble loin d'être le propre de l'Homme.

> ### *Altruisme et territoire*

Chez toutes les espèces, l'altruisme à des limites. Et cette tension est accentuée par la notion de territoire. Au sein de chaque espèce, cette notion est gérée de façon différente, souvent logiquement associée à la structure même du clan plus ou moins élargi. Parfois, le couple, notion de clan minimaliste, exclut d'un espace « privé » tout autre membre de son espèce.

Parfois le territoire est celui du clan élargi que la « communauté » de l'espèce considérée défendra collectivement avec véhémence : solidarité interne réaffirmée par l'intolérance à l'égard de l'étranger.

Parfois chez les espèces nomades vivant en troupeau, le territoire n'existe pas, seule la lutte pour la reproduction existe et la tendance à la vie « en harem » peut se substituer par là même à la notion de propriété territoriale…

La notion de territoire suppose des compétences particulières. Le territoire suppose d'avoir une représentation mentale de l'espace. Sans doute la recherche de nourriture, le retour le soir au terrier imposaient déjà l'existence d'une telle représentation, mais il faut lui adjoindre la notion de limites, de matérialisation des frontières, souvent des repères topographiques ou biologiques ; il devient indispensable que tous les membres du clan partagent la même représentation…et puis il faut sans doute devenir apte à identifier les membres des clans voisins…il faut en outre que les deux clans voisins comprennent et admettent la même matérialisation de la frontière pour limiter les conflits.

Je commence à avoir mal à la tête en pensant à toutes les compétences que l'on exige d'un blaireau ! Etonnement, cela m'inspire un profond respect ! Pourquoi dans l'instant, m'apparaît-il incongru de vouloir l'extirper de son terrier ? Sentimentalisme enfantin, vous croyez ? Ou juste le constat de tout ce qui nous partageons de capacité, de savoir-être !

Propriété, un concept sous-jacent à la notion de territoire. Il faudra bien en reparler, car si plusieurs espèces cohabitent sur le même espace et chacune possède son territoire avec ses propres modes de représentation, la définition du mot va devenir compliquée, surtout si une espèce a décidé d'en exclure toutes les autres, ou tout du moins de n'en tolérer que très peu. Devinez laquelle !

De façon remarquable, ces notions de clans et territoires varient au sein d'un groupe d'espèces proches : observez la variabilité de ces notions chez les grands chats : lions, léopards, tigres, jaguars... Si une combinaison taille du clan / territoire était si évidemment optimale, elle se serait depuis longtemps imposée à toutes les espèces !

Cette notion d'intérieur et d'extérieur est décidément très relative. Plus la société est évoluée, coopérative, plus l'individu peut tirer avantage à ce que d'autres membres de la société se reproduisent, pour autant qu'ils contribuent positivement à la probabilité que ledit individu se reproduise et que sa progéniture survive. Par exemple, toutes nos sociétés humaines, et donc les individus, ont avantage, à avoir des sage-femmes, des enseignants, des médecins, et que la reproduction au sein du groupe permette de faire en sorte que la probabilité d'avoir ce type de professions (et tant d'autres) soit forte. Ceci ne suppose évidemment pas que les enseignants se reproduisent entre eux pour faire de futurs enseignants (!), juste que la population globale soit en bonne santé reproductive et intellectuelle ! A la limite, plus le clan est vaste, mieux je me porte !

Mais force est de constater que cette notion d'intérieur et d'extérieur peut conduire à tout autre chose que l'altruisme et l'empathie : la guerre, le racisme en sont des écueils évidents.

Ces écueils apparaissent bien vite dans la société humaine, comme chez les primates et probablement les cétacés, les fourmis, pour plusieurs raisons.

Plus les comportements sont évolués, plus la part de comportements spécifiques au sein de la communauté proche augmente, plus la notion d'intérieur et d'extérieur se renforce, plus l'extérieur apparaît étrange. Et l'incompréhension n'est pas bonne conseillère.

Les différences de mœurs, de croyance renforcent une problématique plus générale : si tous les groupes sont en expansion, du fait d'une « gestion » optimale de la tension intérieur-extérieur, alors la pression sur le milieu augmente...et d'une façon ou d'une autre la sélection écologique doit rétablir les équilibres. Au début, cela crée des tensions au sein de la communauté. Logiquement, il faudrait réguler la démographie, encore elle !

Effectivement, dans la nature, plusieurs stratégies sont possibles pour apaiser ces tiraillements.

Certaines espèces possèdent des mécanismes régulateurs qui conduisent les mâles ou les femelles à être moins reproductifs si leur état de santé, dû à la sous nutrition, n'est pas optimal. Chez les oiseaux, notamment chez les rapaces, les exemples abondent, mais dans de nombreux autres groupes, ce mécanisme est aussi patent. La sélection de survie et celle par l'écosystème s'imposent à nouveau.

Chez d'autres espèces, c'est le comportement social au sein du groupe qui change. La « culture », la « morale » de l'espèce impose que seul un couple soit désigné comme reproducteur au sein du clan, ce qui de facto permet de gérer l'adéquation population / ressource. Chez ces espèces, c'est souvent la capacité de l'espèce à s'éloigner plus ou moins loin du centre du territoire pour s'alimenter qui définit la taille du territoire : si on doit dépenser plus d'énergie à s'éloigner pour chercher la ressource que cela ne rapporte de calories, nous revenons à un des modes de sélection les plus fondamentaux, quasiment un déterminisme physique. Le territoire est par essence limité en étendue. Le centre du territoire, c'est souvent le lieu de reproduction, le site d'élevage des jeunes. Chez ces espèces, la tendance à la dispersion existe ; si des territoires sont vacants alors ils seront occupés.

Mais dès lors que tous les territoires viables possibles sont occupés, la dispersion des jeunes n'a pas pour fonction d'accroître le territoire du clan, ni d'accroître le domaine de l'espèce, mais seulement de favoriser la dispersion des gènes entre les clans. Inutile de chercher à agrandir le territoire, il ne pourrait ni être exploité, ni être défendu...pour les raisons énergétiques déjà exposées.

Et LUCA nous met en garde : l'Homme n'a pas inventé la régulation démographique, mais il l'a apparemment oubliée.

Ici, se termine probablement le Processus, en tout cas dans le règne animal. Une merveilleuse machine à réguler les populations, à offrir une exploitation optimale des ressources, à permettre une adaptation aux évolutions du milieu environnant : un équilibre dynamique ou si vous préférez un déséquilibre en permanent rééquilibrage. Un excédent, ou un déficit démographique, sont vite compensés. Le Processus n'exclut pas, bien au contraire, les différences de morphologie, de comportement, de « culture », de « morale », les différences individuelles, et même les différences de caractères. Nous sommes toujours sous l'emprise des grands mécanismes de sélection (l'énergie, l'adaptation au milieu par exemple), mais nous sommes loin d'un schéma implacable d'uniformisation vers une solution unique. Des choix nombreux sont rendus possibles par le perfectionnement du cerveau, des actions deviennent délibérées, préconçues et semblent donc non strictement aléatoires ou instinctives à courte échelle de temps et d'espace, mais des forces de rappel maintiennent l'ensemble dans le domaine du viable. In fine, même les comportements non stéréotypés sont sélectionnés, sanctionnés par leur efficacité. Ces forces interdisent que l'Aventure s'effondre sur elle-même ; le Processus assure l'Evolution de chacun et de tous et aussi de l'ensemble du vivant, comme entité mouvante. Le Processus dépend de trois échelles indissociables, l'individu et ses mutations génétiques, l'espèce et sa communauté, l'écosystème et sa communauté d'espèces…et gère les interactions entre elles.

Le Processus global n'a aucune finalité, l'Aventure n'a jamais été écrite. Elle est juste la trace d'un des innombrables cheminements possibles. Et, devant nous, rien ne devrait être totalement prévisible, planifié.

Le Processus est une formidable « machine » à multiplier les expériences, donc des échecs, et des réussites sous forme d'individus innovants, de nouvelles espèces, de nouvelles formes de vie, une machine à complexifier le vivant en multipliant les interactions entre tous ces êtres, une machine à perfectionner chacun, individu et espèce, par simple nécessité de survie dans un monde de plus en plus interconnecté où chacun dépend de tous.

Le Processus est un trésor, un chef-d'œuvre appartenant à toute la communauté du vivant.

> ### *L'homme face au Processus*

Une espèce particulière, Homo Sapiens, aborde la question du manque de ressources en termes franchement différents : la conquête territoriale.

Ce mécanisme de conquête n'a rien à voir avec la dispersion. Mais n'anticipons pas trop : l'Humanité a bel et bien vécu fort longtemps sous le mode naturel de la dispersion, de façon tout-à-fait cohérente, ou presque, avec le Processus.

Il est peut-être temps de raconter son histoire, l'histoire de son évolution biologique à grands traits. Plus tard, nous relaterons aussi l'histoire de l'anthropocentrisme, de ses modes de pensée.

Si nous décrivons l'homme comme un animal bipède, disposant d'un pouce opposable, ayant un volume crânien particulièrement volumineux, au régime alimentaire omnivore, particulièrement doué pour la conception et confection d'outils et vivant volontiers en société, doté d'un larynx qui lui autorise l'utilisation d'un langage évolué, cela devrait suffire à le distinguer du reste du règne animal, sans entrer pour l'instant dans le détail des spécificités génétiques et de la conformation, légèrement particulière, de son cerveau.

En fait, la plupart de ces traits sont adaptés et sélectionnés par les exigences de la vie dans la savane. La vie dans la savane est particulièrement favorable à une structure sociale en petits groupes, petits clans d'animaux chasseurs-cueilleurs. Le mode de vie des babouins d'aujourd'hui donne une bonne image de cette structure familiale, clanique et d'un régime omnivore, juste un peu moins porté sur la chasse que l'Homme. Ce comportement alimentaire dépend d'ailleurs des troupes de babouins, chacune avec une culture plus ou moins végétarienne ou carnivore en fonction de la richesse du milieu. La vie en clan plus ou moins large est commune à d'autres grands singes sociaux, le chimpanzé par exemple, chimpanzé qui d'ailleurs ne néglige jamais une part de nourriture carnée dans son alimentation si l'occasion se présente. L'homme n'a pas inventé le régime omnivore. L'ours s'en porte très bien !

Homo n'a pas eu à inventer la vie en société clanique. Homo n'a pas eu à inventer les intrigues, les alliances et les désunions, les conflits entre communautés.... Les chimpanzés et les babouins se débrouillent très bien en matière de stratégie. Merci pour eux.

Le nid, le lit, le tas de branchage ou de paille pour la nuit, inutile de le réinventer, le gorille et le chimpanzé sont des spécialistes et donc probablement notre ancêtre commun aussi. L'utilisation d'outils, par exemple une pierre pour ouvrir une noix, une tige pour piéger des insectes, l'idée de se servir de bâtons ou d'envoyer des pierres pour faire fuir un indélicat qui s'approche des jeunes, inutile de les réinventer, tout cela est déjà dans la « boite à outils » de la plupart des grands primates...et peut-être de leur ancêtre commun.

S'unir et décider d'une « tactique » face aux prédateurs et aux proies ? Sans doute la chose est-elle à affiner mais les babouins ont eu tout le temps, parfois à leurs dépens, d'observer et imiter les lionnes, dans leur habilité à la chasse collective.

La savane n'offre pas toujours de point haut pour observer les proies et prévenir l'approche d'un prédateur. Comme le babouin, longtemps, homo habilis a conservé des membres supérieurs très longs, gardant ainsi une capacité arboricole, capacité bien utile la nuit pour se protéger des prédateurs.

L'homme n'est pas inventeur de la bipédie. Par exemple, un lémurien, lémur cata, se déplace de façon très gracile, dressé sur ces pattes arrière. Le jeune chimpanzé semble à l'aise lorsqu'ils se déplacent de la même façon. Voir le gorille ou le babouin dressé n'a rien d'exceptionnel, mais la bipédie n'est pas leur mode privilégié de déplacement... En revanche, l'Homme, qui s'est totalement affranchi de la nécessité de monter aux arbres depuis Homo Erectus, est un bipède exclusif. Il a peaufiné la bipédie et est capable de courir ainsi. Remarquez que même de ce point de vue, il n'est pas unique : essayez de prendre une autruche à la course !

Mais alors quoi de vraiment nouveau ?

L'apparition chez homo habilis d'outils tranchants, probablement initialement trouvés par hasard lors de la chute d'un silex ou d'une obsidienne, a peut-être permis de couper la viande, de concasser les graines de graminées pour les digérer plus facilement, pour en extraire toute l'énergie. Comme il savait casser des noix, il s'est mis à casser des silex pour avoir toujours cet outil à portée de mains, mains dorénavant disponibles grâce à la consolidation progressive de la bipédie.

Aliments plus mous à déchiqueter, aliments mieux divisés. Un infime perfectionnement, mais un premier gain d'efficacité énergétique. L'énergie, un de ces rares passages obligés, un de ces filtres intransigeants de la sélection.

Libéré de la contrainte de disposer d'une énorme force de mastication par la préparation des aliments, peut-être la mâchoire s'est-elle réduite, tout comme la taille des dents (a contrario regardez la convergence de forme des mâchoires du babouin mâle et du chien). Une place de gagnée pour le larynx, dont l'émergence est facilitée par la démarche bipède.

Et puis, la grande nouveauté. Doté de cette possibilité du larynx, poussé par la nécessité, en tout cas l'intérêt reproductif, de partager des cris d'alarmes plus subtils, de désigner à la communauté où se trouvent les sources de nourriture ou d'eau … un protolangage apparait avec plus de possibilités de sons variés. Mais le langage, ou plus exactement, l'utilisation de sons, d'infrasons, de signes gestuels codifiés pour partager de l'information, l'homme ne l'a pas inventé. Depuis des millions d'années, voire des centaines de millions d'années, éléphants, dauphins, souris, oiseaux échangent entre eux. Chacun a cherché à exploiter au mieux ses possibilités, ses spécificités dans ce domaine, en accord avec son anatomie, ses moyens de locomotions, son alimentation, son milieu de vie, son organisation sociale... A qui le sonar, à qui le chant, à qui les infrasons.

L'homme a peaufiné son mode de communication pendant des centaines de milliers d'années, mais n'a aucunement inventé la communication.

Une nourriture plus riche, ou plus exactement mieux exploitée, voilà de quoi nourrir un cerveau avide d'énergie pour fonctionner. Alors le cerveau peut grossir, accueillir quelques circuits nouveaux, autorisés par quelques petites innovations génétiques et structurales.

Et puis, le cerveau sélectionne les bonnes réponses aux stimuli de l'environnement et des congénères. Les circuits neuronaux qui donnent les bonnes réponses aux questions posées se renforcent. Le réseau de neurones apprend et pondère de façon toujours plus efficace les différentes sollicitations. Serai-je plus ou moins empathique, plus ou moins égoïste ou altruiste compte-tenu des conditions ambiantes ? Les bonnes réponses face au danger, face à la recherche de nourriture, les bons comportements sociaux sont sélectionnés par le succès reproductif. Sans doute les bons circuits neuronaux, les bonnes mémorisations procédurales sont-ils favorisés... Le cerveau se perfectionne en sélectionnant de toutes petites modifications génétiques qui favorisent ou défavorisent tel ou tel circuit ; Homo invente la lance, il y a au moins 400 000 ans...

Homo n'est pas le découvreur de la relation de causalité, heureusement pour les autres espèces qui auraient eu tôt fait de disparaître sans ces capacités cognitives fondamentales. Mais l'Homme observe, insatiable curieux : la casse d'un silex qui génère une étincelle, qui met le feu à l'amadou, qui met le feu au bout de bois...ne peut être pour lui un pur hasard. D'ailleurs il va réessayer, théoriser le mode d'obtention du feu, il y a 600 000 ans ... peut-être bien avant. Homo Erectus maitrisait le feu bien avant l'émergence d'Homo Sapiens... Il sait aussi le produire, le reproduire, en frottant longtemps une branche sur une pierre ; en fait son cerveau lui a permis de remarquer que, quand trois ou quatre fois les mêmes causes provoquent les mêmes effets, il peut non seulement inscrire les gestes dans sa mémoire procédurale, mais généraliser le principe. Il n'a pas inventé le feu, il a appris à le ***domestiquer***, à s'en servir.

Maintenant, non seulement il sait broyer les grains de céréales, découper la viande, mais il sait les faire cuire, ce qui facilite encore la digestion et donc lui donne plus encore plus d'énergie à partir du même effort de collecte et lui évite quelques désagréments du type gastroentérites...Ainsi il accroît sa survie et celle de ses jeunes, accroît le temps pendant lequel il pourra se reproduire et acquérir de l'expérience à transmettre à sa descendance. Encore mieux nourri, le cerveau peut accepter de nouveaux circuits qui intègrent encore plus de mémoire des expériences passées, bonnes ou mauvaises, pour une prise de décision encore plus rationnelle.

Le Processus est en marche, la machine à se perfectionner tourne à plein régime. L'homme n'a pas conçu son cerveau, il n'en a pas dessiné les plans, il n'a pas calculé de combien d'énergie il aurait besoin pour le faire tourner, il n'a pas prévu les sources d'alimentation en conséquence. Les « signaux d'entrées » du cerveau, les sens, il en a largement hérité des espèces antérieures, il n'est d'ailleurs absolument pas un surdoué en la matière. Un rapace voit mieux que lui, un chien sent mieux que lui, une chauve-souris ou un dauphin ont le sens de l'écholocation, l'éléphant à un toucher extraordinaire avec le bout de sa trompe, le pigeon ramier interprète les champs magnétiques pour migrer.... L'homme n'a pas non plus inventé les « sorties » du cerveau : le mouvement des bras, des jambes, l'expression faciale…le son ou l'équilibre, le positionnement dans l'espace.

L'homme, comme toutes les autres espèces a pioché dans la boite à outils de l'Evolution, a peaufiné ceux dont il avait besoin dans son environnement particulier et maintenant il est bipède accompli. Il peut se déplacer sur de grandes distances. Au début, il s'agissait de suivre les proies, de parcourir le territoire à la recherche d'arbres portant des fruits mûrs, puis de revenir le soir se percher sur le plus haut rocher ou arbre de la région.

Mais c'était avant, bien avant…Maintenant les bras se sont raccourcis … et puis il dispose du feu pour effrayer les prédateurs et se réchauffer. Le soir, il revient vers le foyer… Evidemment, cette réussite se traduit normalement par un accroissement démographique, enfin pour les tribus qui ont réussi. On ne se souviendra que d'elles, tant d'autres ont dû disparaître dans l'oubli des mauvais choix, au mauvais endroit, au mauvais moment. Le Processus aussi imaginatif qu'implacable !

Donc pour ceux qui ont réussi vient le moment inévitable où il n'y a plus assez de nourriture à une journée de marche du campement, où le nid a été transformé en hutte dont les poutres reposent dorénavant sur des pierres, une petite amélioration qui protège de la pluie puisque la canopée protectrice a disparu dans la savane.

Alors, il faut bien prendre une décision. La décision la plus rationnelle et la moins douloureuse est la dispersion déjà expérimentée avec succès par le loup par exemple, mais aussi tant d'autres espèces. Pas à pas, incrément par incrément, on finit par arriver au Moyen-Orient puis en Asie Mineure, enfin en Europe de l'Ouest, terres vierges où nos chasseurs-cueilleurs n'ont qu'à se servir. Le genre Homo l'a expérimenté plusieurs fois, Homo Sapiens l'a réalisé en trois vagues successives.

Mais au Moyen-Orient et aussi dans le Sud-ouest de la France, un peu partout en Asie, mauvaise surprise ! Il y a déjà du monde sur place. L'homo, maintenant dénommé Sapiens par excès de modestie, s'aperçoit que Néandertal l'a précédé, mais aussi l'homme de Flores, de Luçon, de Denisova… et bien sûr les derniers erectus….

Qu'importe le détail, la troisième vague d'Homo Sapiens remplace Homo Neandertalis, peut-être manu militari, ou simplement parce que Sapiens chasse mieux et que la concurrence affame Néandertal ou encore que Sapiens apporte des pathogènes auxquels Neandertal n'a jamais été exposé. Peut-être tout simplement parce que Néandertal est en infériorité démographique, tente d'adopter le mode de vie d'Homo Sapiens qui ne lui convient pas, que la population s'hybride et que Néandertal « se dissout » petit à petit, sans bruit, sans massacre. Pourtant Neandertal n'est pas plus bête, il a même un plus gros cerveau que Sapiens. Il est aussi bien adapté au froid depuis cent mille ans. Il a même fait bénéficier les deux premières vagues d'Homo Sapiens de certains gènes qui lui avaient permis de supporter des périodes de glaciation... Il maîtrise le feu. Il sait comme lui tailler des outils en pierre, confectionner des lances, représenter son environnement sous forme de dessin, un précurseur de l'art. Ce faisant, il s'imagine lui-même en interaction avec ses proies favorites, il en rêve probablement la nuit...comme Homo Sapiens.

Quelques couples hybrides se forment ici en Europe et, comme vous le savez, nous avons du sang, des gènes de Néandertal issus de ces croisements entre espèces très proches, suffisamment proches pour que la descendance ait survécu.

Les femmes des deux espèces se parent de collier de coquillage ou de serre de rapace, ou de tout ce qui permet de se démarquer et les hommes se peignent le corps (ou leurs vêtements) pour souligner leurs attraits. C'est une constante du genre : innover, se distinguer d'autant plus que la communauté est vaste et les coutumes culturelles tendent à homogénéiser les comportements. Être soi parmi les autres, une obsession dont nous suivrons l'histoire.

Mais Sapiens finit par s'imposer par 97 à 3 (1,5 à 4 % des gènes de Néandertal chez l'homme moderne occidental). Cette « loi » du plus nombreux va bientôt se généraliser.

Car Sapiens est bien adapté à ce nouveau milieu, à ces nouveaux milieux. Son cerveau maintenant pourvu de toutes les connectivités, de tous les circuits de la mémoire, du souvenir, de la décision... a acquis la maturité que nous lui connaissons pour l'essentiel. Les mutations génétiques ont figé des comportements adaptés à la vie en société, à la vie d'errance aussi. Pour lui, la notion d'intérieur et d'extérieur est maintenant parfaitement claire. Il est prolifique, alors il occupe toute l'Europe, et suit le recul des glaciers vers le nord. Depuis longtemps il a conquis toute l'Asie, il a franchi le détroit de Bering et le détroit de Torrès grâce aux premiers radeaux, et s'est installé en Australie, en Amérique du Nord, du Sud...

Il est partout ! Et ce qui devait arriver, arriva, toutes les niches possibles étaient pleines. Alors Sapiens, qui avait acquis des moyens inédits pour se déplacer sur de grandes distances, eu l'idée de remplacer la dispersion chère au Processus par la **conquête** et l'accroissement de la surface du territoire tribu par tribu. Accroître considérablement la surface du territoire, mais c'est absurde, s'indigne le loup !

Pour le loup, l'aigle, accroître la surface du territoire n'a aucun sens puisqu'il ne pourra pas l'exploiter. Cela n'avait pas plus de sens pour une tribu semi-sédentaire d'Homo Erectus. Tout au plus pouvait-on changer de campement une fois de temps en temps, peut-être pour suivre la saison des pluies ou échapper à la saison froide, mais accroître le territoire, non. De toute façon, de la place, il y a en avait partout.

Maintenant la problématique a changé, pour s'agrandir, la tribu doit conquérir de la place en chassant les autres. Ce n'est plus le même Processus. La « règle » du jeu de l'autolimitation démographique, sous une forme ou une autre, est bafouée. L'expansion, la conquête a remplacé la dispersion. Et pour que l'expansion fonctionne, il faut que la communauté soit plus forte que celle du territoire à annexer. Et la loi du plus fort est souvent la loi du plus nombreux. Un cercle vicieux démographique s'instaure. Alors apparaissent des jeux d'alliances, des cités, des cités-Etats, des Etats...des Nations. La politique dépasse les petites rivalités au sein du clan... il faut d'autres compétences, une hiérarchie pour administrer l'ensemble de plus en plus complexe...et des guerres pour décider de qui accroît son territoire et qui devient esclave.

Et puis une autre règle du Processus est foulée au pied par la domestication.

Le chasseur-cueilleur se lasse. Courir, migrer sans arrêt derrière les proies, le gibier, attendre que les fruits murissent pour avoir sa dose de vitamine C, « cela va bien un moment » !

Et si on inversait le paradigme. Et si au lieu de courir derrière le gibier, on lui imposait de nous suivre…ne serait-ce pas déjà un immense progrès ? De ce questionnement, on retrouve encore quelques traces aujourd'hui, souvent au-delà des confins des régions fortement peuplées.

Alors le renne, jusqu'ici sauvage, et le mouton du Moyen-Orient (Ovis Gmelini) … apparaissent des candidats rêvés. Au lieu de migrer derrière les animaux sauvages, de les pourchasser dans les falaises, aux limites des terres glaciales, aux confins des déserts ou au sommet des chaînes de montagne, on va les contraindre à migrer avec nous, les conduire aux meilleurs pâturages, les « protéger » des loups, les sélectionner… et créer une nouvelle « espèce » de mouton Ovis Aries. On va aussi « créer » un renne qui se distingue de plus en plus du renne sauvage tel qu'il survit aux Spitzberg. Le chasseur-cueilleur est devenu éleveur nomade. Dès lors, certains occupants de la surface de la sphère deviennent franchement indésirables…Il faut bien protéger le bétail abâtardi par la sélection dirigée. Ces indésirables impressionnent néanmoins par leur force, leur habilité à déjouer les pièges, alors on leur voue un culte et on s'excuse éventuellement lorsqu'on les occis. On peut même s'identifier à eux…, mais la tolérance a vite des limites.

Certes le chasseur-cueilleur ne devait pas apprécier de se faire « chiper » son gibier, ou son traineau, mais la population était suffisamment dispersée pour que les rencontres fortuites soient rares ; les rencontres entre tribus proches se transforment plus en occasion de retrouvailles, d'échange de quelques denrées, voire d'échange de quelques gènes, qu'en négociations plus ou moins musclées pour délimiter des zones d'exclusion. Ne doutons pas que la notion de propriété commence à prendre un certain essor. Le renne, le mouton sont propriété exclusive du clan…mais la Terre demeure pour l'essentiel un Bien Commun.

La densité de population demeure faible, surtout pour les peuples vivants aux limites de la survie, vers le grand nord, vers les déserts.

Mais d'autres font paître leur troupeau dans des régions moins arides, et fatalement le mouton se porte mieux… et quand le mouton va, tout va. Surtout si la vache, la chèvre, l'âne et le cheval prospèrent aussi. Alors la densité de population humaine se met à croître. Cela fait bien longtemps que des « professions » sont apparues, conséquence de la maîtrise du feu. Les potiers, et les métallurgistes ont remplacé les tailleurs de pierre. Une nouvelle division du travail apparaît : des commerçants. Les nomades se rapprochent sans doute régulièrement de lieux de foire pour échanger moutons contre poterie ou lance de flèche en laiton, puis en fer. En tout cas, on ne déplace pas facilement une forge, un tour de potier et encore moins une mine ou une carrière d'argile. Bon gré, mal gré, les artisans ne sont plus du tout migrants, ni chasseurs-cueilleurs, ni même éleveurs nomades...ils sont sédentaires.

La surface de la Terre commence à être sérieusement affectée. Le nomadisme créait quelques balafres qui pouvaient éventuellement se cicatriser entre deux passages. Mais depuis un certain temps, aux croisées de ces coulées, des tâches apparaissent, fixes. Autour d'elles des espèces végétales commencent à disparaître, des arbres probablement mais aussi d'autres végétaux, de la « petite faune ». Un monde minéral, inanimé commence à remplacer des occupants « naturels ».

Autour de ces zones bénies des dieux pour leur climat, pour l'accès facile à l'eau, pour leur proximité avec les gisements minéraux et donc les minuscules centres artisanaux, l'homme qui avait su sélectionner les animaux sauvages pour les rendre nomades, se mis en tête de sélectionner les plantes, pour se nourrir et nourrir le troupeau sur place... fini le nomadisme.

Sélectionner les plantes, se fixer avec son troupeau en des lieux privilégiés, une nouvelle très forte entorse au Processus. Le hasard cède peu à peu la place à la finalité. La population augmentant, il faut beaucoup de surface pour fournir le bois aux forges, pour créer les champs toujours plus grands, des prairies pour élever un bétail, toujours plus abâtardi par la sélection qu'autorise une surprotection.

De nombreuses nécessités apparaissent, celle de se fixer près d'un point d'eau qui ne s'assèche jamais au cours des saisons, celle de s'installer sur des terres profondes et riches, celle de privilégier une alimentation à base de plantes dont on peut conserver les graines d'une année sur l'autre...celle de cultiver des plantes qui présentent une haute valeur nutritive même pendant la mauvaise saison ou qui sont rendues consommables par la cuisson...celle de prévoir une place dédiée aux échanges. Sans doute le langage s'enrichit d'un vocabulaire spécifique, et puis il faut manier des plus grands chiffres…Le cerveau est dorénavant prêt pour cela, il a eu du temps pour s'adapter, évoluer…

L'évolution n'a plus rien de naturel, ne respecte plus aucun canon du Processus. Plus de place au hasard. Il faut penser à une planification saisonnière, anticiper les mauvaises années. Le droit de propriété n'est plus seulement celui du premier occupant, mais aussi celui de l'homme qui « met en valeur la terre ». Dès lors que l'Homme tente, et on le comprend bien sûr, de réduire la part d'aléas, il choisit de cultiver, élever, sélectionner ce qu'il entend manger dans trois ou six mois, ses actions changent radicalement les « règles du jeu ». Ce n'est plus le même mécanisme. Ce comportement n'a même plus rien à voir avec le Processus, aléatoire, « inconçu », non finalisé.

Une troisième vague déferle : celle de l'urbanisation massive. Il ne s'agit plus de quelques artisans et quelques éleveurs agriculteurs sédentaires à la croisée des grands chemins, mais d'une nouvelle organisation de la vie sociale.

Nous changeons de dimension. La ville présente bien des avantages, à commencer par la sécurité et un certain confort… parfois payé au prix fort (épidémie, conflits entre cité). La propriété est maintenant clairement délimitée sur un embryon de « cadastre » et malheur à qui franchira la limite physique de la parcelle…

Pour faire respecter la propriété, il faut une police. Pour gérer la cité, il faut un conseil des sages, puis une représentation des citoyens, puis une hiérarchie. Pour échanger, il faut une monnaie et savoir compter.

Bon an, mal an, la population des villes s'accroît, des cités apparaissent partout et avec elles des chemins pour les relier de façon adéquate, des routes terrestres et maritimes… En ville, inutile de chercher du bois sur la parcelle pour chauffer le logement, faire la cuisine, cuire les poteries et faire chauffer la forge. Partout, les forêts reculent. Il n'y a plus grand monde aujourd'hui pour imaginer la Gaule comme une immense forêt. Il faut plutôt s'imaginer un grand bocage avec des bosquets, avec quelques relictes de forêt sur les versants escarpés.

Il reste deux étapes à franchir : la capacité de se déplacer à longue distance sans la force de ses jambes, ni celle de ses animaux domestiques et surtout de s'affranchir à tout jamais, ou presque, de la maladie, de la sélection de survie.

Pratiquement totalement déconnecté du Processus, de la Nature [11], et de ses contraintes, l'Homme va continuer, accélérer dans cette voie de l'autonomie vis-à-vis des règles de la sélection naturelle. Et il a réussi… jusqu'ici. Et il a totalement changé son milieu de vie. Fini la « communauté biotique » avec tous les autres habitants de la surface de la sphère. Aujourd'hui 90% de la surface terrestre est directement exploité, modifié ; la masse des hommes et de son bétail surpasse la masse des mammifères sauvages d'un facteur 20. Nous ne sommes plus dans le monde du vivant, nous sommes ailleurs, sur une planète artificielle où ne règne plus aucune loi naturelle, aucun équilibre ni statique, ni dynamique…

La Terre est en « boucle ouverte », tous les mécanismes régulateurs ont été piétinés. Nous y reviendrons. Le milieu est artificiel, les espèces qui nous font vivre sont artificielles, les maladies reléguées au grand âge.

> ### *Le grand tressage de l'Humanité*

Peut-être ai-je donné une lecture un peu linéaire de l'évolution humaine : l'image d'un **tressage** où des populations se croisent, se séparent, se recroisent est sans doute meilleure. Et chaque population un moment isolée subit une « dérive génétique », des mutations, qu'elle partagera peut-être demain au hasard des rencontres ou des invasions. Lors de ces croisements, des gènes sont échangés au sein du genre homo, mais aussi au sein de l'espèce sapiens. Ce tressage n'est aucunement une spécificité humaine, il cesse lorsque deux populations deviennent suffisamment différenciées pour « s'autonomiser », à la suite d'une longue séparation géographique ou à de très fortes différences culturelles. Alors la spéciation prend définitivement le dessus.

---

[11] De façon générale, un N majuscule à Nature exprime la nature comme un tout sans finalité, le résultat instantané du Processus et de l'Aventure ; sans majuscule, nature prend tous les autres sens habituels pour ce terme polysémique.

De ce tressage résultent des modifications phénotypiques (couleur de peau, taille, couleur des cheveux...), des caractères de plus ou moins grande résistance au froid (allure trapue, graisse...) ou aux UV, de plus ou moins grande résistance aux pathogènes... La grande plasticité de l'homme à l'adaptation à son environnement, à des environnements très variés, résulte en partie de ce tressage, de l'exposition ancestrale de nombreuses espèces Homo à des conditions de vie, à des cultures différentes. En fait, l'homme n'est pas totalement « immunisé contre le Processus ». D'ailleurs, l'histoire des hommes est souvent celle d'une coévolution avec les virus qu'ils contractent au contact de leurs congénères, de la faune sauvage ou des nouveaux animaux, commensaux de leurs activités urbaines et agricoles (Rat...). Malheur à ceux qui n'ont pas eu l'occasion ou le temps de synthétiser les bons anticorps, de réaliser précédemment les bonnes mutations... Alors la sélection primaire joue à nouveau pleinement son rôle (disparition de certaines populations humaines dont les peuples amérindiens décimés par les maladies introduites par les européens...). L'homme continue d'évoluer de co-évoluer avec sa flore intestinale, laquelle a changé avec l'agriculture, mais aussi avec les différentes cultures (régime plus ou moins laitier, régime plus ou moins carné, plus ou moins à base de fruits de la mer ou de céréales, beurre ou huiles végétales...). Chez les différentes populations ou individus, les aptitudes, les prédispositions sont présentes ou absentes, trace de l'évolution biologique de milliers de mutations génétiques sélectionnées par leur adaptation aux nouvelles conditions de vie pour cet animal vagabond. Les hommes n'échappent pas aux mutations génétiques aléatoires et heureusement pour leur adaptabilité : parmi eux, un individu pourra jouer le rôle de « monstre génial », porteur rarissime mais si précieux de la mutation favorable.

Mais le Processus n'est plus totalement aléatoire. La culture influe sur le milieu de vie, qui en retour réagit... et les mutations antérieures valident ou non l'adaptation. Ceci reste vrai, sauf si la médecine nous sauve palliant tel ou telle inadaptation naturelle. Et plus la culture prend de l'autonomie, plus la médecine est efficace, moins le Processus est aléatoire.

Aujourd'hui la divergence semble achevée... si ce n'est que les déterminismes sont toujours là et que justement nous sommes en train de mettre en place les conditions de l'échec, de l'inadaptation, de l'épuisement des ressources... et contre cela aucune mutation, aucune médecine ne nous sauvera, car la situation est probablement inédite. D'une part, nous n'avons pas été sélectionnés précédemment pour ces conditions physico-chimiques exceptionnelles (pesticides, polluant éternels…réchauffement et conséquences…) durant notre longue histoire évolutive, d'autre part la cinétique de changement laisse très peu de chance à une « mutation géniale » d'apparaître assez vite. L'évolution, c'est la trace du passé mais aussi la préservation des possibilités de choix pour l'avenir. Or ces possibilités nous les détruisons consciencieusement.

Notre « culture » met en place les conditions de l'impasse évolutive et alors finalement le Processus pourrait bien reprendre son rôle de « grande faucheuse ».

> ### *Finalement, l'homme échappe aux lois de la démographie et de l'écologie.*

Tous ces bouleversements ont profondément changé la vision, les rapports que l'Homme entretient avec la Nature.

Il semble bien que l'Homme se soit exclu lui-même de la Nature en s'affranchissant, pour l'essentiel, du Processus… en partie inconsciemment et en partie de façon délibérée, calculée, et souvent revendiquée. Et la démographie est la résultante de ces entorses successives au Processus, sans que nous prenions les précautions qui devraient les accompagner.

Cette incapacité à maîtriser sa démographie est à la fois un produit culturel et un produit de l'évolution. La femme humaine est la seule parmi les femelles de grands singes capable de procréer tous les ans ou presque (en pratique espacement plutôt de deux à trois ans). Cela tient en partie au fait qu'elle est fertile toute l'année, et, sans doute de façon co-évolutive, à son alimentation riche, produit de la culture du feu. De plus, l'espèce humaine a développé une maitrise sans équivalent de l'empathie, comportement sélectionné pour son efficacité, conduisant à la solidarité de l' « intérieur » du clan. Le clan peut prendre en charge une partie des exigences de la jeune enfance (garderie, éducation) de façon collective, sociétale. Cette charge ne repose plus uniquement sur le couple procréateur père-mère. Cette mutualisation empathique n'est pas un cas unique dans le règne animal, comme nous l'avons vu, mais associée à d'autres traits culturels (créer des abris collectifs…disposer d'un feu pour réchauffer plusieurs petits simultanément…) rend la stratégie très efficace. Enfin le temps de gestation peut et doit être réduit au regard de la taille du bébé pour permettre le franchissement du col par l'enfant au gros cerveau, tête rendu relativement souple par l'évolution.

Pour finir, cette co-adaptation de la biologie et du comportement culturel, lui-même fruit de la sélection, fait vite une énorme différence. La mère devient disponible pour un nouveau-né ou d'autres activités. Tant que le Processus agissait de façon forte à travers la mortalité infantile, cette « stratégie reproductive » basée sur le nombre de nouveau-nés et la qualité éducative avait un sens écologique, aujourd'hui c'est juste une dérive hors régulation. S'ajoute à cela l'accroissement de l'espérance de vie. Cette co-évolution génétique-culture, ce n'est plus vraiment le Processus initial ou tout du moins la vitesse de l'évolution culturelle est si grande et inhabituelle qu'elle prend le pas sur la sélection biologique.

Clairement, ce ne sont pas les progrès de la médecine qui sont en cause, mais notre incapacité à en tirer les conséquences morales, culturelles en termes de maîtrise de la démographie.

Tout cela était de peu de conséquence au paléolithique alors que nous étions relativement peu nombreux et surtout que d'immenses espaces étaient encore disponibles, nouveaux espaces libérés par le recul des glaces, alors que la médecine était rudimentaire. Mais aujourd'hui la démographie est le facteur primordial de l'approche de l'impasse évolutive, liée au bouleversement de notre habitat. L'habitat ? Nous le bouleversions déjà, au néolithique, la mégafaune n'est plus là pour en témoigner si ce n'est par les fossiles marqués par les armes préhistoriques, mais jamais aussi vite, jamais aussi profondément. Nous étions juste mille fois moins nombreux !

Mais comment avons-nous été assez aveugles pour ne pas voir l'arrivée de l'impasse ? Après avoir suivi l'évolution de la biologie et de l'environnement d'homo sapiens, essayons de cheminer avec lui, et de suivre l'évolution de ses idées, car l'enjeu est de taille : faisons-nous encore partie de l'Aventure ?

Essayons de comprendre l'anthropocentrisme à travers l'histoire telle que l'homme se la raconte.

Nous allons procéder en trois étapes :

- Mythe, philosophie et anthropocentrisme chez les anciens.
- Anthropocentrisme « du progrès » : de Thalès à Rousseau.
- Darwin et les philosophes de l'environnement.

La question n'est pas faut-il ou non séparer nature et culture, car dorénavant accompli par quasi- « KO » d'un des deux pôles, et ce ne sont pas des incantations qui feront revenir en arrière. Il est extrêmement rare que l'évolution soit rétrograde et ce n'est pas souhaitable. La question se résume plutôt à « accepte-t-on oui ou non de laisser se reconstituer et s'exprimer à nouveau la Nature, comme l'expression, la matérialisation d'un « inconçu », en dehors de nos schémas culturels et de nos espaces artificialisés » ?

2) *Mythes, philosophie et anthropocentrisme chez les anciens*

Décrire l'origine de l'anthropocentrisme est une gageure, tant la chose apparaît comme naturelle, intemporelle et tant elle semble découler tout droit de la notion d'intérieur et d'extérieur de la Communauté. Ici la Communauté la plus large, est celle de l'Humanité tout entière. La notion d'intérieur et d'extérieur de la Communauté semble descendre en droite ligne du Processus, du choix spontané pour ce que nous connaissons le mieux, nous ressemble le plus, bref découle de la sélection sexuelle...

Evidemment, vu des individus du clan, les autres humains constituent ce qui leur ressemble le plus. Ils savent intuitivement les différencier à coup sûr des autres formes de vie, qui ne leur ressemblent ni par la forme, ni par les mœurs..., ni par leur façon de communiquer.

Pourtant dans les époques les plus lointaines, l'Homme était totalement soumis au Processus. Peut-être percevait-il alors son appartenance à une communauté plus large qui l'unit au reste du vivant, comme les ethnologues nous l'ont rapporté pour quelques communautés humaines ayant gardé cette vision de leur environnement jusqu'à une date récente. Il vivait probablement dans un univers où les autres vivants, extérieurs au clan, et des composantes du monde inanimé, possédaient une âme. Mais, même dans ce contexte animiste, la distinction homme/extérieur n'a probablement jamais été totalement abolie. L'extérieur du clan faisait partie d'un Tout que l'on respectait éventuellement, mais que l'on craignait toujours.

L'histoire des mythes les plus anciens est là pour nous le rappeler. Evidemment, il est impossible de décrire précisément les pensées des derniers Homo Erectus, des premiers Homo Sapiens ou néandertaliens. Comment se représentaient-ils comme espèce particulière dans un monde pour l'essentiel incompréhensible et dangereux ?

Parmi les spécificités anatomiques de l'homme, l'une d'entre elles a certainement joué un rôle non négligeable. La structure de son œil n'est pas un atout. Certes de jour, il voit bien les couleurs, un immense avantage pour ajouter une dimension à la perception de l'environnement, mais la nuit cela ne l'aide pas beaucoup. Pire, la capacité diurne se réalise au détriment des cellules oculaires dédiées à la vision nocturne et de fait l'homme est un des moins nocturnes des mammifères. Cela a pu influencer sa conception du monde, un monde binaire, la lumière et l'obscurité.

Le jour, il n'a pas bien le temps de penser. Il faut chercher la nourriture, l'eau, préparer la hutte sommaire. Tous ses sens et son cerveau, gourmand en énergie, sont mobilisés pour les affaires du quotidien, pour la survie.

Mais la nuit venue, le clan se regroupe par sécurité. Il faut rassurer les petits que le noir effraie. Les petits dorment ! Le feu ou la lune projettent des ombres dans un décor imperceptible. Sur les ondulations du terrain, elles adoptent des formes incertaines et mouvantes. Les points de repère ont disparu, l'horizon a été avalé par l'obscurité. Le ciel, les étoiles défilent sur l'horizon.

Il est l'heure de penser, de réfléchir, de se poser des questions...de ressentir comment on se représente l'univers qui nous entoure.

Et parmi ces interrogations récurrentes, obsessionnelles, que l'on soit en Afrique, en Asie mineure, au Moyen-Orient, en Australie ou bientôt arrivé en Amérique du Nord, certaines reviennent « en boucle ». D'où vient ce monde, cette terre sur laquelle je marche, cette eau qui coule, ce soleil qui défile et qui nous réchauffe ? Mais d'où viennent ces animaux si hostiles, les lions et les serpents, ou si utiles, les gnous ou les chevreuils ? Pourquoi les fruits en été et la disette en saison sèche ou en hiver ? Pourquoi l'été et l'hiver, le jour et la nuit ?

Bref, il serait tellement rassurant si nous avions une explication de l'origine du monde, une **cosmogonie**, qui pourrait nous garantir, que tout cela ne va pas s'arrêter demain matin, que le soleil va bien se lever et le jour revenir, qu'il ne s'agit pas d'une illusion...

Le jour revenir, est-ce si certain ? Pourquoi l'aïeul n'est-il plus là autour du feu ? Est-il toujours avec nous sans que nous le voyions, continue-t-il à nous guider à travers nos rêves, est-il reparti dans la terre en poussière d'où nous serions issus ou est-il une de ces étoiles qui reviennent chaque soir nous rassurer sur la permanence du monde et dont nous serions descendus ? Son âme a-t-elle inspiré la gazelle qui semblait s'offrir à nous et que nous avons remerciée pour son « sacrifice »? S'est-il réincarné en la gazelle elle-même ? Le feu projette des ombres sur le flanc de la colline, elles semblent aussi animées que le feu lui-même. L'esprit des anciens ou l'esprit des créateurs. Le petit vient de faire un cauchemar : un monstre a surgi du feu ! .... Il est temps de dormir, de s'abandonner au « Pays des rêves », pourvu que la foudre, terrible présage, ne nous réveille pas !

La peur de l'inexpliqué, de l'extérieur, voici sans doute l'une des origines de l'anthropocentrisme. L'homme ressent deux besoins :

- Être nombreux pour affronter le monde extérieur,
- Et pouvoir s'appuyer sur un allié qu'il imagine détenteur de forces surnaturelles et si possible à son image, un ou des dieux.

La création, la vie si dure et ses catastrophes, le feu, la mort, et puis, il y a l'homme et la femme, si proches, si différents, joies et peines : les grands mythes de l'Humanité.

Parmi ceux-ci, les mythes de la création sont si nombreux qu'il serait vain de vouloir les récapituler ici, mais ils tournent autour de quelques grands thèmes :

- Un monde parallèle souterrain dont auraient émergé les êtres vivants, les êtres de ce monde quotidien ; les grottes comme corridor entre deux mondes et les animaux sortant de la Terre.
- Un dieu ou des dieux créateurs préexistants à toute chose, des dieux puis un Dieu tout puissant.
- Un monde issu de deux créatures suprêmes, représentant le bien et le mal, la lumière et l'obscurité, un mâle et une femelle, le soleil et la lune, l'eau douce et l'eau salée.
- Des dieux forgés par le chaos originel où seule l'obscurité régnait sur l'univers ou sur le néant.
- Un monde issu d'un œuf primitif contenant le chaos et le premier être.
- Un monde issu d'un océan infini d'où jaillit le soleil, « auto-créateur » et qui engendrera le ciel et la Terre…
- Un monde et des hommes créés par un démiurge à partir d'une boue, une matière originelle. Parfois c'est la pensée elle-même qui a créé toute matière…puis les hommes…
- Un monde sans fin, périodique, infini, sans création.
- Et des centaines de variantes ou autres spécificités.

Pour certains peuples, la question est moins d'où vient le monde, que d'où vient la tribu, bref d'où provient l'intérieur…le reste étant probablement un simple décor.

Chacun de ces récits doit être « cohérent » avec l'environnement vécu. Tel peuple vivant près d'un volcan n'apportera pas la même réponse qu'un peuple se nourrissant des fruits de l'océan ou vivant au pied d'une montagne inaccessible ou près de la résurgence d'un grand fleuve…mais tous accorderont à ces lieux un caractère magique, surnaturel, divin.

Au regard de la diversité de ce qu'il nous est parvenu de ces réflexions nocturnes, il ne fait guère de doute que cette question était d'importance, chez tous les peuples du monde… et de nos jours nous continuons encore à chercher. Le Big Bang, d'accord, mais avant cette singularité ?

Et la vie extraterrestre ? Et les premières molécules organiques susceptibles de se reproduire ? Nous avons repoussé très loin la compréhension de notre origine, mais imaginons tout ce que ces hommes ignoraient et la profondeur de leurs interrogations, leur angoisse de l'inconnu !

Evidemment, il serait passionnant de suivre historiquement et géographiquement, au cours de son expansion, l'évolution des modes de pensée de l'Humanité. Mais cela s'étend sur tant de générations, sur une telle aire géographique, que la tâche serait immense et de toute façon rendue impossible par l'absence de trace écrite. Pendant des milliers de générations, la « tradition » s'est propagée de bouche à oreille, a été déformée ou plus probablement adaptée aux conditions de vie de l'instant, par nature évolutive. Par exemple, pour cette question essentielle de l'origine du monde et de l'homme, il est remarquable de constater la diversité des récits des différents peuples amérindiens, même dans le cadre « étroit » de l'Amérique du Nord. De même, les aborigènes d'Australie, ou les peuples asiatiques ou africains possèdent un registre très varié, qui interdit de remonter facilement à la pensée d'origine. L'analyse des différents ADN permet de se faire plus sûrement une idée de l'arbre généalogique que du cheminement des questions existentielles. En Europe, les peuples scandinaves ont évidemment leur propre cosmogonie, qui parle de glace…

Pendant des millénaires, la rareté des contacts entre ces différents peuples qui se dispersent a facilité l'élaboration de récits divergents, comme de dérives génétiques.

Malheureusement, hormis de chercher à interpréter les rares signes « abstraits » des grottes d'Altamira ou de Lascaux, quelques amulettes en ivoire ou en pierre tendre, nous n'avons pas d'autre choix que de détecter dans les premiers écrits humains les traces de ces pensées anciennes.

➢ ***Les fruits de la sédentarisation et de la domestication néolithique.***

A la fin de ce très long cheminement paléolithique intervient une des premières entorses majeures au Processus. Comme nous l'avons vu, l'homme, de chasseur-cueilleur, devient éleveur nomade puis éleveur et agriculteur sédentaire. La sélection naturelle, aléatoire, est remplacée par une sélection dirigée plus ou moins finalisée affectant les plantes et les animaux. L'homme désormais voulant protéger ses créatures contre toute atteinte externe met à mal le Processus. En effet, il les fragilise en leur ôtant leurs capacités d'autodéfense naturelles.

De nombreuses communautés humaines se sont regroupées autour de centres artisanaux, puis de cités. Et c'est dans ce contexte que pour la première fois ils gravent leur histoire dans la pierre ou dans l'argile.

Cette remise en cause d'une partie du Processus ne va pas pour autant l'en libérer totalement. Du fait de la sédentarisation et de la domestication, localement, l'homme a considérablement accru la densité de population ce qu'il ressent initialement comme une protection. Mais la sélection écologique va le rappeler à l'ordre, car il a déjà considérablement modifié son habitat : défrichements, canalisation des fleuves et urbanisation au plus près de ces voies de communication toutes indiquées par la topographie. De plus, sa compréhension du monde n'a pas beaucoup progressé, et la peur du surnaturel demeure. L'histoire de nos mythes retrace cette période de transition.

Les premières traces écrites, dans une écriture possédant une grammaire, un vocabulaire suffisamment riche pour que l'on puisse décrypter les relations de cause à effet qu'imaginaient les hommes, pour que l'on puisse distinguer le passé, le présent et le futur… remontent à 5000 ans (3000 à 2800 ans avant notre ère). Ce sont les civilisations de la

Mésopotamie, notamment les sumériens, qui nous les ont offertes, un peu avant les Égyptiens et leurs hiéroglyphes.

Ce n'est évidemment pas un hasard si la fixation de la pensée dans une plaquette d'argile est née ici, dans une des régions du monde où nous sommes sortis le plus tôt du paléolithique pour entrer dans le néolithique, dans le domaine de l'agriculture, de la domestication, de l'élevage et de l'urbanisation.

Mais par chance, c'est peut-être dans ces civilisations, et plus tard chez les Grecs et au Moyen-Orient, que se forgera la pensée occidentale, qui s'est largement imposée dans le monde, pour le pire et le meilleur ; cette pensée qui a pratiquement supplanté, voire réduit au statut de curiosité, l'animisme primordial. C'est ce mode de pensée ultra majoritaire qui pour l'essentiel nous amène au monde d'aujourd'hui, qu'il convient de comprendre, peut-être pour le réorienter.

3000 ans avant notre ère, au Moyen-Orient et en Egypte, l'homme est depuis des milliers d'années sédentaire pour l'essentiel. Il exploite le Croissant Fertile, cette zone bénie des dieux au bord du Tigre, de l'Euphrate... et du Nil.

Parmi les textes les plus anciens, des fragments de l'épopée du Gilgamesh datent de trois mille ans avant notre ère. Ces fragments seront modifiés, repris et complétés progressivement. Vers moins 1200, la version finale et la plus complète est gravée en langue akkadienne. Elle évoque le Déluge, mais sans en donner l'origine.

Remarque : nous n'avons pas l'intention ici de discuter de l'origine du mythe du Déluge. Cependant, la constance de cette épopée au travers des millénaires, des ethnies et des cultures différentes, et ceci tout autour de la mer Noire jusqu'au proche orient (Bible), laisse entendre qu'un phénomène cataclysmique a frappé durablement les esprits. Ce qui nous intéresse n'est pas le lieu exact de ce phénomène, l'origine climatique et ou géologique, mais la façon dont les hommes l'ont intégré dans leur imaginaire collectif. Parmi, les explications, la création du Bosphore, région dite pontique, il y a 6000 ans avant notre ère, par submersion du seuil qui reliait alors les parties européenne et asiatique de la Turquie actuelle, semble assez probante. Cette submersion serait due, à l'élévation du niveau de la Méditerranée, à la suite de la fin des glaciations et au déversement de quantité d'eau de fonte des glaciers. La différence de niveau entre la Méditerranée et le lac occupant le fond de l'actuelle Mer Noire aurait été de cent mètres et le seuil se serait rompu brutalement (rupture favorisée par un tremblement de terre ?). Ce différentiel de cent mètres aurait été comblé en deux ans par les eaux salées de

Méditerranée se précipitant dans le lac et les marais, noyant des civilisations prospères autour du lac. On imagine le changement écologique brutal entre l'eau douce et l'eau salée. Ces peuples auraient pu se réfugier sur le plateau du Caucase, et peut-être par vagues successives jusque dans la plaine mésopotamienne. Le souvenir traumatique s'est probablement transmis oralement, chaque peuple l'adaptant à son contexte écologique, traumatisme peut-être révivifié ici par une crue exceptionnelle, là par des fontes massives de neige…Nous allons d'ailleurs écouter le récit dans deux cultures moyennes orientales prébibliques, dans l'Est de l'Iran et en Mésopotamie. Mais notez l'échelle de temps : si cette théorie est valable, et elle me semble très plausible, l'événement initial à probablement eu lieu – 6000 ans avant notre ère. 6000 ans dont plusieurs milliers ans transmission écrite et un incessant brassage des populations, des croyances et des idées.

Parallèlement deux autres textes, en akkadien, exposent la cosmogonie mésopotamienne. L'un Enuma Elish (*écrit vers -1700*) détaille l'origine des divinités et leur hiérarchie, le Panthéon des peuples de Mésopotamie. Il évoque aussi la notion de temps, l'origine de la Terre, de Babylone…Lorsque tout ce petit monde est en place, après moultes tumultes et affrontements divins, un dieu s'impose au sommet du Panthéon, Mardouk, comme ce sera le cas à la même époque en Egypte (Ra) ou un peu plus tard en Grèce (Zeus)…

Le second récit, Atra-Hasis, écrit à peu près à la même époque, reprend les grandes lignes de Enuma Elish, évoque plus succinctement le Panthéon mais en précise la hiérarchie, détaille la création de l'Homme, et expose clairement l'origine du **Déluge comme punition divine**. Punition de quoi ?

Le statut de l'Homme est maintenant clairement à part du reste de la création. L'homme est souvent à l'image des dieux, mais il ne possède pas l'immortalité ou tout du moins pas sous sa forme terrestre.

Quand les dieux sont représentés, c'est le plus souvent sous la forme d'humains. Souvent les humains sont créés deux fois, ou régénérés. Dans un premier temps, les humains sont vraiment des sous-dieux, des demi-dieux, qui sont punis de leur impiété, ou d'autres tares que nous allons découvrir. C'est alors qu'ils deviennent mortels.

Découvrons « *L'Epopée de Atra-hasis* », Atra-hasis signifiant le Supersage. Certaines idées sont déjà présentes dans les versions anciennes de l'épopée de Gilgamesh.

Les citations ci-dessous sont toutes tirées du livre de Jean Bottero, traducteur.[12] Certaines analyses sont partagées avec le texte de « *the mesopotamian concept of overpopulation and its solution as reflected in the mythology* »[13].

Le récit commence ainsi :

« *Lorsque les dieux faisaient l'homme, ils étaient de corvée et besognaient* ». Les dieux besogneux sont à l'image de l'homme. Mais tous les dieux ne travaillent pas. Dès le départ, il existe une hiérarchie parmi les dieux.

« *Car les grands Anunnaku aux Igigu imposaient une corvée sextuple. Leur père à tous était leur roi, Enlil-le-preux leur souverain, Nunurta leur préfet et Ennugi leur contremaître...* » et ces grands Annunaku se partagent la création : le ciel, la Terre, les étoiles...

Eh bien voilà en dix vers, une bonne chose de faite : les dieux sont hiérarchisés, certains travaillent d'autres pas... et comme les dieux sont un peu comme les hommes, il n'y a aucune raison pour que les hommes ne soient pas hiérarchisés : certains travaillent et d'autres pas. Il ne reste plus qu'à décréter que le roi sur Terre est de descendance divine et nous voilà parés pour un monde de monarques de droit divin, d'une noblesse (les Anunnaku) et d'une plèbe (les Igigu) ... A nous les régimes théocratiques qui demeurent encore aujourd'hui dans tant de pays et dont nous avons eu tant de mal à nous défaire. Imaginez : plus de 4000 ans... de pensée, pardon d'idéologie. Notre République a aboli le « droit divin » mais pas la hiérarchie... et pour cause ! Nous en reparlerons.

« *Lorsque les dieux faisaient l'homme* ». Les dieux ressemblaient aux hommes ... et donc les hommes ressembleront des dieux. D'une pierre deux coups. Le décor est planté, les hommes sont, dès l'origine au sommet de la création ou presque... Un grand pas pour l'anthropocentrisme !

Problème, ils sont mortels et depuis l'aube des temps, cela chagrine. Il va falloir rendre compte de cette mortalité, tout en assurant une forme

---

[12] Lorsque les dieux faisaient l'homme - Jean Bottero – NRF Paris Gallimard 1989

[13] Anne Draffkorn Kilmer. Université de Berkeley - Orientalia NOVA SERIES, Vol. 41, No. 2 (1972), pp. 160-177

d'immortalité pour tenter de répondre au mystère de la mort ! On va s'en occuper ! Un peu de patience.

La suite du texte explique que pendant 2500 ans ce sont les demi-dieux qui se sont chargés des corvées : « *d'excaver les cours d'eau et d'ouvrir les canaux qui vivifient la terre … Ainsi creusèrent ils le cours du Tigre et après celui de l'Euphrate* », pour labourer les premiers champs, planter des arbres fruitiers. Alors les demi-dieux se sont retournés vers le sommet de leur hiérarchie pour demander que toutes ces corvées soient transférées à d'autres créatures, qui seront les hommes.

2500 ans, l'ordre de grandeur n'est pas aberrant, si l'on songe à la lente sortie du paléolithique et l'entrée dans le néolithique… le nombre de jours de travail accumulés par les générations précédentes que les Mésopotamiens attribuent aux dieux. 2500 ans : pas aberrant non plus vis-à-vis de l'hypothèse pontique du Déluge.

Joli tour de passe-passe qui va résoudre trois problèmes : l'origine de l'homme, la survie après la mort, l'homme à l'image de dieu.

Les dieux vont sacrifier l'un des leurs pour transmettre aux hommes le travail et en échange leur octroyer, un peu, un tout petit peu de leur privilège : **l'immortalité spirituelle**. Donc ils vont partager leur sang avec les hommes. Les dieux supérieurs demandent à une haute divinité féminine « *la Matrice* » de créer les hommes.

« On *immolera un dieu … avec sa chair et son sang on mélangera de l'argile. Ainsi seront associés du dieu et de l'homme réunis en l'argile* ».

« *Et désormais, il y aura en outre dans l'homme un esprit qui le démontrera toujours vivant après sa mort et cet esprit sera là pour le garder de l'oubli* ».

La vie éternelle donc, non du corps mais de l'esprit ! Voilà qui nous rappelle quelque chose, 1000 ans avant la Bible. Belle innovation, qui devrait calmer un peu la grande question métaphysique du sens de la mort, en même temps qu'elle finit d'ancrer l'homme comme l'égal de dieu, le même sang, durant toute sa vie terrestre ! Bravo l'artiste ! En moins de dix vers ! L'anthropocentrisme est de nouveau conforté.

« Elle *détacha 14 pâtons, en mit 7 à sa droite et les 7 autres à sa gauche… Sept produiraient des mâles et les 7 autres des femelles. On les apparia et les accorda deux par deux* ». Bon voilà expliqué le mystère de la vie et de la reproduction sexuée. Et ils eurent beaucoup, beaucoup d'enfants ! La vie sexuée pour le meilleur et pour le pire… Pour le pire ? En effet, tout ne se passe pas comme prévu.

Les hommes se mettent au travail suivant le désir des dieux, dorénavant exemptés de cette tâche.

« Ils *confectionnèrent de nouvelles pioches et houes, puis édifièrent de grandes digues d'irrigation pour subvenir à la faim des hommes et à la chère des dieux* ». [et des rois probablement ! NdA]

Ici commencent à poindre les problèmes liés à la surpopulation.

« *Douze cents ans ne s'étaient pas écoulés que le territoire se trouva élargi et la population multipliée. Comme un taureau, le pays tant donna de la voix que le Dieu souverain fut incommodé par le tapage.* »

Le dieu des dieux intervient, car il faut bien tenter de prévenir les conséquences de la surpopulation, et mettre en garde les hommes contre ce fléau. Les hommes ont sans doute étendu l'irrigation jusqu'aux portes du désert et ils ne peuvent plus guère se disperser davantage. Ils se concentrent dans les villes. La sélection écologique et même de survie reviennent au galop.

« *La rumeur des humains est devenue trop forte, je n'arrive plus à dormir que leur vienne l'Epidémie* » …Epidémie, le prix à payer de la concentration urbaine. Mais certains dieux sont magnanimes et, après avoir décimer la population, l'épidémie cesse…

« *L'Epidémie les quitta donc, et derechef ils prospérèrent.* ». Alors le dieu des dieux intervient pour imposer aux hommes trop nombreux un nouveau cataclysme, la sécheresse et la disette.

Et un dieu magnanime sauve à nouveau les hommes. « *La famine, la sécheresse les quitta donc, et derechef ils prospérèrent.* »

Alors le dieu des dieux envoie un nouveau coup de semonce. On ne peut pas dire qu'il ne nous aura pas prévenus. Il renforce les mesures en vue de la famine, et provoque la salinisation des terres.

Ouh là là, cela sent la catastrophe écologique due à l'irrigation intensive et au défrichement. Croissant Fertile sans doute, mais croissant fragile ! Et comme à chaque fois, un dieu prend pitié des hommes ... qui recommencent leur petit commerce.

Un autre fragment du texte nous le confirme :

«*et pourtant loin d'avoir diminué, les hommes sont plus nombreux qu'auparavant* » ...et le dieu furieux impose « *que sèchent les prairies herbeuses et que la large plaine se couvre de **salpêtre**, que la terre retourne son sein pour que n'en sorte plus de légumes, ni n'en pousse de céréales.*»... Mais apparemment rien n'y fit, la famine disparut sans doute un temps et l'homme reprit sa marche en avant et prospéra à nouveau.

Alors, le conseil des grands dieux décida du **Déluge**. Un dieu s'alarma du destin des hommes :

« *Quoi ! on a donc produit ce déluge ! Les hommes ont rempli la mer comme des moucherons la rivière. Tels des morceaux de bois, les voici entassés sur la plage, tels des morceaux de bois échoués, les voici empilés sur la rive.*»

Il fut décidé d'ordonner à un homme, « *Supersage* » (Atra-hasis), de faire embarquer sa famille et des échantillons d'être vivants qui seront sauvés alors que le reste de l'humanité est noyé. Pour cela il doit construire un immense bateau...

Les dieux décident ainsi de sauvegarder Atra-hasis et sa famille, et donc l'Humanité qu'ils représentent, mais une condition est fixée. Elle porte explicitement sur la maîtrise de la démographie, cause des malheurs des hommes, la démographie contrôlée par la mort terrestre et la fécondité.

« *Oh, divine Matrice, toi qui arrêtes les destins, impose donc aux hommes la mort. En sus, triple loi à appliquer aux hommes. Chez eux, outre les femmes fécondes et il y aura des infécondes, chez eux sévira la Démone-éteigneuse pour ravir les bébés au genou de leur mère. Instituez-leur pareillement des femmes consacrées avec leurs interdits particuliers pour leur défendre d'être mère !*»

Si la population croît trop, il faut faire en sorte que certaines femmes n'aient pas d'enfant, quitte à créer une classe de « religieuses » qui feront vœux de célibat et de chasteté ! Quant à la Démone-éteigneuse chacun peut imaginer ce que ce terme recouvre.

La démographie incontrôlée est bien un des piliers de l'anthropocentrisme : aucune limitation à l'expansion au détriment de l'environnement. Ses effets délétères nous sont rappelés par la mythologie : épidémies, famines… sécheresses, inondations dues à la surexploitation des terres, à la disparition des forêts…

Cette référence aux limites de la croissance démographique n'est pas un cas unique dans les mythologies. Drafttkorn Kilmer rapporte au moins deux autres cas symptomatiques et j'en relaterai un quatrième dans un tout autre contexte, l'Amérique du Nord. Relisons l'article de Kilmer [14] :

« … *une autre source d'intérêt est fournie par la mythologie classique [grecque NdA]. On peut se demander, par exemple, si ce n'est pas le schéma de la surpopulation qui apparaît dans l'œuvre d'Homère : Chypre* ». Kilmer en donne l'extrait suivant : « *Quand la Terre se plaignait qu'elle était alourdie avec trop de monde, Momos dissuada Zeus d'alléger totalement le fardeau de la Terre au moyen de la foudre et d'inondations, et le convainquit de déclencher plutôt la guerre de Troie pour contribuer à diminuer le fardeau de la terre surchargée par les hommes…* ». Bref, ici encore l'Homme fut sauvé in extremis de la noyade et eu droit à une seconde chance : la guerre, comme moyen « contraceptif » !

Cette universitaire cite également un récit, bien plus explicite. Il provient de la mythologie mazdéenne qui est à l'origine de religions en Iran et en Inde (Zoroastrisme). Nous relaterons ici la version issue de l'actuelle Iran, c'est-à-dire un récit qui a été écrit dans une région de hauts plateaux désertiques entourés de deux grands massifs montagneux :

- Les Monts Elbourz au nord et la chaîne du Petit Caucase, dont le mont Ararat, à l'ouest.
- Les monts Zagros au sud.

La rivière Karun prend ses sources dans ces derniers, juste au nord de la Mésopotamie. Elle rejoint le Tigre et l'Euphrate après leur confluence dans la dernière partie de leur cours, le Shatt al Arab. Le Tigre et l'Euphrate prennent leurs sources au sud-est du Mont Ararat, tout près du Mont

---

[14] Anne Draffkorn Kilmer. Université de Berkeley - Orientalia NOVA SERIES, Vol. 41, No. 2 (1972), pp. 160-177

Djoudi dans une région où les deux massifs montagneux convergent. Suivant les récits, les deux monts se disputent le titre de point de chute de l'arche de Noë à la fin du déluge. Dans ces régions, les hommes vivent dans les contreforts montagneux, au-dessus des zones désertiques. Le récit suivant est donc issu d'une population vivant dans des montagnes qui arrosent la plaine de Mésopotamie.

Le recueil de textes s'appelle Vendidad. Il fait partie de l'Avesta qui est une compilation des textes sacrés de la religion du Dieu Ahura Mazda. Vendidad met en jeu Yama, le premier homme et dirigeant de la Terre. La date des premiers textes fait l'objet d'une large fourchette centrée autour de l'an mille avant notre ère, donc d'inspiration prébiblique.

Durant son règne, Yama, intronisé par le « *Seigneur Sage* » [Ahura Mazda ?], vit les créatures se multiplier, les hommes et leur bétail...et tout ne se passa pas suivant les finalités imaginées par les hommes. Découvrons une partie du texte sacré, d'après la traduction de Hermann LOMMEL,[15] texte que je retraduis de l'Allemand en français.

« 7. Yama est en possession de la souveraineté.

8. Trois cents ans de règne de Yama s'écoulèrent. La Terre fut remplie de petites et de grandes bêtes, d'hommes, de chiens et d'oiseaux, et de feux rougeoyants [sans doute à traduire par foyers NDA]. Le petit et le gros bétail et les hommes ne trouvèrent pas de place.

9. Je [Seigneur Sage NDA] fis alors savoir à Yama : "Sage Yama, fils de Vivahvan, la Terre est devenue pleine de petits et de grands animaux, d'hommes, de chiens et d'oiseaux, et de feux rouges et brillants. Ils ne trouvent plus de place pour eux ».

10 - Alors Yama partit vers la lumière, vers le midi, vers le chemin du soleil. Il poussa la Terre avec l'anneau d'or [offert par Seigneur Sage NDA], il la frappa avec l'aiguillon, en disant ainsi : Amour, Sainte Aramati [= Sainte Terre NDA], remue-toi et étends-toi, ô matrice du petit et du gros bétail et des hommes.

---

[15] Die Yasts des Awesta – Hermann Lommel -1927- in Göttingen by Vandenhoeck & Ruprecht – page 203

*11 - Yama poussa la Terre à l'avant, **d'un tiers** plus grande qu'elle ne l'était auparavant. Sur elle, le petit et le gros bétail et les hommes se déplaçaient selon leur désir et leur volonté ».*

Résumons un peu la suite. Malgré cet accroissement d'un tiers de la Terre, la surpopulation reprit et trois cents ans plus tard Yama dû à nouveau agrandir d'un tiers, puis encore trois cents ans plus tard d'un nouveau tiers, soit au total un doublement de la surface. Notez l'échelle de temps de 1200 ans. C'est alors que les dieux décidèrent d'une punition divine, voyant que les hommes n'arrivaient toujours pas à se réguler.

Ils provoquèrent de très fortes chutes de neige « *sur les plus hautes montagnes et les basses terres de l'Urdvi* ». Il s'ensuivit de nombreuses destructions : « *périront les bêtes qui se trouvent dans les endroits les plus dangereux, celles qui sont au sommet des montagnes, celles qui sont dans les vallées des rivières et celles qui sont dans les maisons* » ... « *Avant l'hiver, la terre produisait du fourrage. Beaucoup d'eau l'emportera après la fonte des neiges* ». Et voici le lien, avec le Déluge vu de l'amont.

Au lieu d'une arche, Yama et une partie de l'humanité, ainsi qu'un échantillon de toutes les espèces d'animaux et des plantes, se réfugient momentanément dans une cavité creusée par Yama sous terre…

« 27 - Là, amène une tribu de tous les hommes et de toutes les femmes qui sont sur la Terre, les plus grands, les meilleurs et les plus doux ; là, amène une tribu de toutes les espèces d'animaux qui sont sur la Terre, les plus grands, les meilleurs et les plus doux.

28 - Porte là la semence de toutes les plantes qui sont sur Terre, les plus grandes et les plus odorantes, porte là la semence de tous les aliments qui sont sur Terre, les plus savoureux et les plus odorants. »

Si dieu ne conseille pas aux hommes de limiter les naissances par les mêmes méthodes que dans la vallée située en aval, la Mésopotamie, l'objectif démographique fixé par le dieu pour l'espèce humaine et le bétail est sans ambiguïté, peut-être même plus explicite.

« En quarante ans, deux êtres humains engendrent un couple, une fille et un garçon, et de même pour les animaux ».

Deux naissances pour deux adultes, en quarante ans. Bref, pour être heureux, il faut respecter le strict maintien de la population !

Que ce texte ait vu le jour il y a 3000 ou 2500 ans n'est pas fondamental. Les dieux mésopotamiens, grecs et assyriens… nous avaient prévenus : maitrisez votre démographie.

Ni Atra-hasis, ni Noë, ni Yama n'avaient oublié d'embarquer la faune et la flore. Pensaient-ils encore à sauvegarder la communauté biotique tout entière, dans un reste de vertu animiste, ou seulement leur propres ressources domestiques et leur gibier ? En tout cas, l'avertissement aux anthropocentristes qui occuperont intégralement le territoire en se dispersant en tous sens, est clair. La Terre a accepté de doubler de surface, et cela ne suffit toujours pas !

Mais alors pourquoi la Bible, qui fait également référence au Déluge, soutient-elle le contraire ? « *Soyez féconds, multipliez-vous, remplissez la Terre, et l'assujettissez ; et dominez sur les poissons de la mer, sur les oiseaux du ciel, et sur tout animal qui se meut sur la Terre.* » ? 1000 ans environ se sont écoulés entre les deux textes ; le souvenir des anciennes malédictions s'est-il évanoui ? Ou d'autres impératifs se sont-ils imposés ?

Cette nouvelle injonction est concomitante avec l'apparition d'un Dieu unique. L'Homme reflet d'un dieu quelconque, parmi tout un Panthéon, voire de la hiérarchie la plus basse parmi les dieux : inconcevable ! L'Homme devient l'image d'un Dieu unique et tout puissant. L'Homme est définitivement à part parmi la création et évidement au sommet.

Alors dans le récit disparaît la cause plausible des effets du « déluge ».

Autrefois, le déluge était une réalité bien physique, tangible, celle de l'inadéquation d'une population aux potentialités du territoire, inadéquation qui se termine en catastrophes (sécheresse, famine, inondation, salinisation des terres).

Avec la Bible, le déluge apparaît essentiellement comme une simple métaphore des conséquences du non-respect de codes divins… et en filigrane de décrets royaux.

Ces « lois » incluent, d'une part quelques évidences éthiques « *tu ne tueras point* » et d'autre part l'acceptation a priori du fait politique de « droit divin » et de la hiérarchie sociale qui en découle. Car l'idée de Dieu possède dorénavant un reflet : le roi. Le Roi est unique, Dieu aussi.

D'ailleurs, cette tradition du pouvoir royal d'origine divine date au moins du temps d'Hammurabi. Son code commence par une évocation du Dieu Mardouk, le dieu des dieux, avec lequel le puissant souverain dialogue quasiment directement. Hammurabi ne tient pas son pouvoir des dieux subalternes, mais du dieu des dieux. Son « code » est rédigé sensiblement à la même époque que Atra-hasis.

« Lorsque l'éminent Anu, le roi des Anunnaku, et Enlil, le seigneur des cieux et de la Terre, qui fixe les destins du pays, eurent attribué à Marduk, le fils aîné d'Ea, le pouvoir d'Enlil (la royauté) sur la totalité des gens, l'eurent rendu grand parmi les grands, eurent donné à Babylone un nom éminent et l'eurent rendu hors pair parmi les contrées, [...] alors c'est moi, Hammurabi, prince zélé qui craint les dieux, que, pour faire apparaître la justice dans le pays, pour anéantir le méchant et le mauvais, pour que le fort n'opprime pas le faible, pour sortir comme Shamash au-dessus des têtes noires (les hommes) et éclairer le pays, Anu et Enlil ont appelé par mon nom pour procurer du bien-être aux gens. C'est moi, Hammurabi, le gouverneur nommé par Bel, celui qui accumula abondance et profusion » [16]

Qui de Hammurabi ou des grands prêtres a dicté les mythes ? La confusion entre religion et pouvoir terrestre ne date pas d'hier…et la menace divine pesant sur les hommes indisciplinés n'est jamais pour déplaire aux pouvoirs. En revanche, l'appel à la parcimonie, à la frugalité démographique des anciennes versions du Déluge, le pouvoir peut s'en passer, doit s'en passer, pour asseoir son autorité sur le peuple le plus puissant possible. Car tout roi n'aspire qu'à une chose : être le Roi des rois.

Puisque cela fait des milliers d'années que la hiérarchie royale est instaurée, basée sur un droit divin, nous n'avons plus besoin de la hiérarchie chez les dieux, plus besoin d'un Panthéon. Un seul Dieu tout puissant et omnipotent suffira, à l'image du monarque, le monarque à l'image de Dieu. La politique n'est plus le problème de la religion, mais du représentant de Dieu sur Terre, le despote de droit divin… Dorénavant c'est la religion qui est définitivement un instrument politique. La lutte pour la suprématie entre les deux représentants de Dieu, le monarque et le prêtre,

---

[16] Réf : *https://www.worldhistory.org/trans/fr/1-19882/code-de-hammurabi*

restera une constante pendant des siècles, mais c'est le pouvoir terrestre et non le principe du droit divin qui est dorénavant en jeu.

De ce point de vue, le « *Rendez à César, ce qui appartient à César* » est un achèvement.

La société, les sociétés, et pour longtemps, reposent sur trois castes : les nobles et les guerriers, ceux qui possèdent le pouvoir de la force, les prêtres et les scribes, ceux qui possèdent le pouvoir spirituel, et tous les autres sans pouvoir (paysans, artisans, petits commerçants), souvent appelés à guerroyer sous les ordres de la classe noble au service du monarque absolu ...Parfois, le pouvoir est détenu par une oligarchie plus ou moins démocratique ou despotique.

Et justement César réclame des hommes, toujours plus d'Hommes pour se battre, pour être l'Empereurs des empereurs. Cette décision appartient à César. D'après l'archéologie la plus récente, la guerre n'est apparue de manière sporadique qu'au Néolithique, et elle ne se serait réellement institutionnalisée qu'à l'Âge du Bronze (-3000 avant notre ère) avec les premières cités-États. Et tous les rois assyriens, mésopotamiens, tous les Alexandre, tous les Nabuchodonosor ont eu besoin d'hommes disciplinés à sacrifier au champ de bataille. Vers l'an 1200 avant notre ère, on est passé de l'âge de bronze à l'âge de fer, l'armement devient chose sérieuse, la guerre aussi.

On a besoin d'hommes aux champs, aux armées, et ailleurs. D'où vient cette vieille superstition sur les famines et les épidémies, les inondations dues à la surpopulation ? Absurde. Regardez ! Tout cela est pour l'essentiel derrière nous !

En effet, c'est au cours de cette longue maturation des idées, vers moins 3500 ans avant notre ère, que l'humanité fit un pas de géant...en arrêtant de marcher. La roue fut inventée en copiant le principe des premiers tours de potier. Son emploi se généralise. D'abord pleine et lourde, elle est évidée vers 2000 avant notre ère seulement, à peu près à l'époque où est rédigé Atra-hasis. Puis elle acquiert des rayons et probablement un bandage en fer…. Le joug permet d'atteler le bétail domestiqué. La Création est au service de l'Homme. Le charriot est né.

Dorénavant, on peut transporter des charges, de la marchandise loin du lieu de production et sans efforts. Tout cela s'est passé en trois mille ans, un cerne invisible depuis LUCA. Cela a dû changer radicalement les mentalités. Adieu parcimonie, adieu maîtrise de l'équilibre population-ressources.

Pour la première fois, la technologie apparaît comme La Parade, La Solution.

Si la famine sévit quelque part, les marchands accourront !

Alors pourquoi restreindre la démographie ? Il faut bien aussi des clients pour les marchands phéniciens, grecs, romains et égyptiens…Bref la « Grande Armée » et le « Grand Marché » sont nés…Ce n'est pas pour rien que les premiers idéogrammes sur les tablettes d'argile représentaient des nombres, puis l'image symbolique d'un sac d'orge, ou de blé. Mémoriser l'idée d'un mouton et du nombre de bêtes échangées, tel était l'enjeu initial de la proto-écriture.

Alors oublions les inondations, les sécheresses, les famines et surtout l'évocation ancestrale de leur cause qui dérange. Dépoussiérons !

Ici intervient un nouveau moyen de contourner le Processus, de s'extraire encore un peu plus des conditions imposées au reste de la communauté biotique. La sélection écologique s'estompe peu à peu.

Le souvenir des catastrophes se dilue, noyé, sous des valeurs morales en institutionalisant « le fait du Prince » … et « tu ne tueras point, tu aimeras ton prochain », sauf en temps de guerre où César dit que l'on peut tuer, pas ton prochain, mais ton « lointain », l' « extérieur ». Dès lors, nous aurons d'autant plus de mal à considérer le reste de la Création (animaux, plante, sol…) comme nos prochains, que la guerre au sein de l'espèce fait rage et décide de la conquête, de l'accaparement des richesses naturelles du vaincu, et donc de la nature, de toute la Nature chez le voisin. C'est toujours vrai de nos jours : nous avons tellement de mal à considérer les partisans du club de foot de la cité voisine comme notre prochain, alors le sort du blaireau ou de la cétoine dorée !

La dualité intérieur / extérieur joue à plein. L'homme est définitivement au sommet de l'Arbre du Vivant. Il suffira de dénier toute forme d'esprit aux animaux et l'Homme sera définitivement sur un piédestal.

D'ailleurs, la religion gère les questions métaphysiques tel que l'immortalité de l'âme. Et qui s'aviserait à donner la vie éternelle à un être dépourvu d'esprit, l'animal. Cela n'a aucun sens. Il reste à le théoriser, à l'ériger en principe : cela viendra. Patientons un peu.

Alors des épidémies, il y en aura, des sécheresses il y en aura, des inondations il y en aura, des guerres, il y en aura. Cela ne suffit pas à empêcher l'Humanité de croître, l'histoire d'Atra-hasis l'a montré…par trois fois l'humanité s'est relevée de la surpopulation… avant le Déluge. L'Humanité s'est toujours redressée et se relèvera encore de ces calamités avec l'aide de la technologie, demain déifiée… En cette époque encore lointaine, la roue, le perfectionnement des bateaux phéniciens et les armes remplissent déjà fort bien cet office. Qui pouvait imaginer que cela aurait une fin ?

➤ *Dominez la Terre et pour cela croissez et multipliez-vous !*

Evidemment, la provocation est grossière de ma part en inversant la proposition de la Bible.

En fait, le point est le suivant. L'Homme a-t-il attendu ou pas la révolution néolithique pour dominer la Terre ? Il est plus probable que l'homme sédentaire et le métallurgiste n'aient fait qu'amplifier un comportement dominateur général préexistant.

En effet, nous allons montrer que la pression de l'homme tout autour de la planète a provoqué une extinction massive des proies qu'ils pourchassaient. Par ailleurs, les peuples, s'ils restaient effectivement en apparence en équilibre avec leur milieu du fait d'une faible démographie, n'ont pas nécessairement choisi de se réguler, mais c'est plus probablement le milieu qui, en retour de la mortalité de masse et donc de la raréfaction de leurs proies, leur a imposé cette régulation.

En réalité, partout sur la planète, en Eurasie d'abord, en Europe occidentale, puis en Australie, puis en Amérique du Nord, l'arrivée de l'homme se traduit par une disparition de la grande faune en quelques milliers d'années.

En Eurasie les mammouths, le rhinocéros laineux, la hyène tachetée, le cerf mégacéros, peut-être les tigres aux dents de sabre, l'ours des cavernes et tant d'autres ont disparu concomitamment avec l'arrivée d'Homo Sapiens.

En Amérique du Nord, trente espèces de macro-mammifères semblent avoir été chassées jusqu'à l'extinction avec l'arrivée de l'Homme. Peut-être les changements climatiques ont-ils joué un rôle mais l'ampleur du massacre, sa généralité, sur des espèces dont certaines étaient plutôt inféodées aux climats chauds, d'autres aux climats froids, ne peut exclure le rôle déterminant d'Homo Sapiens. Quatre espèces d'antilopes proches des pronghorns, trois espèces de chameaux, plusieurs bovidés, le tatou géant ont été éradiqués…Certes, le bison d'Amérique et une espèce de pronghorn ont survécu, mais l'idée du chasseur-cueilleur « par nature » économe et en équilibre avec son milieu peut être revisitée. Le fier amérindien de John Ford, sur son cheval en bord de falaise est une représentation trompeuse. Les chevaux des Indiens ont été réintroduits sur ce continent par les Espagnols dans les années 1600. Les trois espèces de chevaux endémiques de l'Amérique du Nord ont été conduites à l'extinction par les premiers occupants humains.[17]

En Australie avec l'arrivée des premiers hommes, ancêtres des aborigènes, la mégafaune australienne subit de même une hémorragie phénoménale à partir de 12 000 ans avant notre ère, une faune qui avait traversé sans encombre de multiples changements de climat, parfois drastiques. Ici encore, les causes climatiques comme effet principal sont donc à exclure…. Ce sont en priorité des espèces géantes de marsupiaux qui sont exterminées (des koalas, des kangourous, des wallabies, des wombats et des prédateurs, tous avec des tailles bien supérieures à leurs équivalents survivants). En quelques millénaires se sont 80% des grands mammifères qui disparaissent brutalement en Amérique du Nord, en Australie, à Madagascar… [18]

Le cas de l'Afrique fait peut-être exception. L'Homme a divergé du reste de nos homologues primates sur ce continent et sa pression a dû s'exercer

---

[17] Humans Hunted Mammals To Extinction In North America Source: University Of California, Santa Barbara June 8, 2001

[18] Humans rather than climate the primary cause of Pleistocene megafaunal extinction in Australia Source: Nature communications volume 8, Article number: 14142 (2017) Sander van der Kaars, Gifford H. Miller, Chris S. M. Turney, Ellyn J. Cook….

de façon plus progressive, l'ex-singe arboricole se perfectionnant progressivement pour passer principalement de cueilleur à chasseur-cueilleur. La faune a donc eu du temps pour apprendre à s'éclipser à l'approche de ce bipède de plus en plus efficace.

La grande faune africaine a donc été relativement préservée, quoiqu'un nombre considérable d'espèces ait disparu dès l'apparition d'homo erectus, mais nous ne connaissons que trop bien son recul actuel infernal, sous la double pression de l'arrivée des européens et de la pression de la démographie locale. Et puis, une partie de cette grande faune, plus ancienne, n'a peut-être pas laissé de traces.

Parfois, ce sont même des représentants du genre Homo qui s'évanouissent, ou qui s'hybrident de façon minoritaire avec Homo Sapiens. Parfois même des tribus d'Homo Sapiens font les frais de l'arrivée de leurs congénères.

Partout dans le monde, la faune dans son ensemble, toujours présente avant l'invasion, se raréfiait fortement en particulier les espèces chassées.

Hormis les peuples africains, qui n'ont manifestement pas connu de grosses contre-migrations jusqu'à l'ère coloniale, comme en atteste l'absence de gènes issus de Néandertal, tous les autres sont passés à un moment ou un autre par le Moyen Orient, si l'on admet que l'Afrique est le lieu d'émergence d'Homo sapiens (et si l'on rejette l'idée d'une émergence simultanée en plusieurs sites, ce qui me semble raisonnable).

Donc voici quelques dizaines de milliers d'années, tous les hommes ont pour l'essentiel le même cerveau, avec les mêmes compétences, les mêmes moyens de se défendre et de chasser. Avant le néolithique, tous ont la « mentalité » du chasseur-cueilleur, et face à la dispersion des proies, à leur migration spontanée ou forcée, ils partent, qui vers l'ouest, qui vers l'est, qui de l'est vers le sud, qui de l'extrême est européen vers l'Amérique du Nord puis du Sud. Aucun n'avait connu le néolithique et pourtant le résultat fut partout le même.

Comment les peuples qui n'ont pas connu la révolution néolithique, géraient-ils la question démographique ?

Ils ne sont en rien différents, ni meilleurs, ni pires, mais ceux qui n'ont pas vécu ces grands changements, intervenus après leur départ, nous renseignent un peu sur les affres de la vie de chasseurs-cueilleurs et sur le passage aux premières sédentarisations.

A chaque fois, le chasseur a dû faire une pression excessive sur ses proies ; car le chasseur humain a besoin de beaucoup de nourriture pour faire tourner son gros cerveau et affronter des conditions de vie excluant l'utilisation des progrès issus du néolithique.

Raréfiant rapidement ses proies, il se heurte aussi à l'écueil du nombre de bouches à nourrir. Comme il ne peut bénéficier de l'apport de la sédentarisation et de la domestication, la sélection écologique se chargera de cette question en exerçant une restriction drastique de la densité de population. Le texte mythique de la cosmogonie de certaines tribus amérindiennes, par exemple les Choctaw et les Chickasaw, illustre ce mécanisme de façon très claire :

*« Deux frères, Chata et Chicksah, ont conduit le peuple d'origine depuis une terre de l'extrême ouest **qui avait cessé de prospérer**. Le peuple a voyagé pendant longtemps, guidé par une perche magique. Chaque nuit, lorsque le peuple s'arrêtait pour camper, la perche était placée dans le sol et, le matin, le peuple voyageait dans la direction vers laquelle la perche penchait. Après avoir voyagé pendant très longtemps, ils arrivèrent enfin à un endroit où la perche restait droite. C'est à cet endroit qu'ils ont déposé les ossements de leurs ancêtres, qu'ils avaient transportés dans des sacs à bisons depuis la terre originelle de l'ouest. Le monticule est né de ce grand enterrement.*

*Après l'enterrement, les frères découvrirent que **la terre ne pouvait pas supporter tout le monde**. Chicksah prit la moitié du peuple et partit vers le Nord, où il devint la tribu des Chickasaw. Chatah et les autres sont restés près du monticule et sont aujourd'hui connus sous le nom de Choctaw. »*[19]

« La terre de l'extrême ouest avait cesser de prospérer », façon sans doute élégante de dire qu'elle avait été épuisée. La migration vers l'est, conduit rapidement à une inadéquation des ressources et de la population, *« la terre ne pouvait pas supporter tout le monde »*, et les tribus doivent à

---

[19] Réf : AAANATIVEARTS.COM https://www.aaanativearts.com/choctaw-creation-story

nouveau se disperser. La Nature est têtue. Depuis ce temps, ces indiens sont devenus cultivateurs et chasseurs et non plus chasseurs-cueilleurs nomades.

Ce qu'il y a de remarquable dans cette histoire singulière est la description du passage de l'état de chasseur-cueilleur qui « erraient ici et là » à la sédentarisation sous l'effet de la pression démographique, de l'épuisement des ressources. Ce n'est peut-être pas l'homme qui s'est imposé comme un sage gestionnaire, mais le milieu naturel qui a imposé à l'homme ses limites.

Prenons bien conscience de la différence de situation de ces hommes avec ceux demeurés au Moyen Orient. Ils ne disposent pas d'animaux de traits, ils ne connaissent ni le bronze, ni le fer. La roue leur est inconnue et ils tirent eux-mêmes (ou leurs chiens) leur travois. Autant dire qu'il est impossible de faire de grosses réserves le long de cette longue migration, réserves dont les textes mésopotamiens vantent les mérites. Chaque jour doit être une lutte pour nourrir la tribu. Tout aléa se paye comptant. Sur les travois, il ne devait pas être facile d'amener un grand nombre de marmots.

De fait, la densité humaine, pour tous ces peuples, reste faible, toujours à la limite de la surconsommation des ressources. Dans ces civilisations, la sélection écologique joue toujours son rôle cruel.

> ***Densité de population des peuples soumis à la sélection écologique***

Les estimations récentes de Suzanne Austin Alchon [20] indiquent une population amérindienne d'Amérique du Nord de 3.5 millions d'habitants lors de l'arrivée des premiers européens (Aujourd'hui le même territoire supporte 514 millions pour les USA, le Canada et le Mexique).

Les terres basses d'Amérique du Sud (Amazonie, pampas...) n'étaient peuplées que de 7 à 8 millions d'âmes.

La population inuite était composée de 150 000 chasseurs-nomades. La population des Samis, nomades (lapons) se situait aux environs de 80 000 individus avec pourtant une certaine sécurité alimentaire liée à leurs

---

[20] « *A Pest in the Land : New World Epidemics in a Global Perspective* », University of New Mexico Press, p.147-172

troupeaux de rennes domestiqués. En Sibérie, la population nénètse ne compte que 40 000 individus environ parcourant un million de km². La structure sociale de la société nénètse est de type clanique, chacun ayant ses propres zones de pâturage, de chasse et de pêche.

En Afrique, les pygmées Aka, tous chasseurs-cueilleurs ou pêcheurs-cueilleurs se partagent 40 000 km² pour 100 000 individus.

La population aborigène à l'arrivée des européens est estimée autour de 500 000 personnes réparties sur 7.7 millions de km², soit de l'ordre d'un habitant pour 15 km²…Ils sont arrivés il y a 45 000 ans. Ils sont principalement chasseurs-cueilleurs vivants en petits clans nomades d'une dizaine de familles. Si le domaine était riche en ressource, ils pouvaient se sédentariser passagèrement.

Densités dérisoires au regard des peuplements de la Mésopotamie, et pourtant les premiers humains arrivés en Amérique du Nord et en Australie semblent avoir causé, directement ou indirectement (brûlis), la disparition d'une grande partie de la grande faune de leur contrée de conquête, faune inadaptée à lutter contre des hommes disposant de silex taillé et du feu. Et pourtant ils ne disposaient ni de bronze, ni de fer.

Un tel constat contredit-il la vision de l'animisme ou du totémisme vivant en harmonie pacifique avec la Nature ? Peut-être faut-il inverser le sens de l'histoire ?

Ce n'est peut-être pas l'Homme qui a décidé de sa population, mais le milieu naturel et la sélection écologique, qui partout a imposé sa loi. Et peut-être certaines vertus de l'animisme sont-elles une conséquence de ces désastres écologiques, une prise de conscience que sans équilibre avec le reste du vivant, le clan lui-même se met en danger ? Alors, on respecte l'animal chassé, devenu rare et vital, on lui attribue une âme, on le remercie de son sacrifice. Sa raréfaction est une catastrophe pour le clan, alors on implore son esprit, peut-être le représente-t-on ? Comme, dans tant de cultures agricoles, on prie le ciel pour le retour de la pluie et des récoltes.

Finalement l'homme a dû choisir : les épidémies dans la cité ou l'indigence et la frugalité, en harmonie plus ou moins forcée, puis sincèrement intériorisée, avec une nature parcimonieuse.

Apparemment, malgré les épidémies, le néolithique a permis l'explosion de la population…ce que n'a probablement jamais permis le nomadisme.

En Europe, les hommes sapiens étaient de l'ordre de 5 000[21], il y a 40 000 ans. A la fin du paléolithique vers 10 000 ans avant notre ère, l'Europe, incluant une partie du Moyen-Orient, devait compter 200 000 individus d'Homo Sapiens[22]. Cet accroissement de population a suffi à provoquer l'extinction ou la raréfaction des espèces animales. Et l'ordre de grandeur des densités de population ne devait pas être alors fondamentalement différent de celui des amérindiens ou des aborigènes à l'arrivée des européens.

De – 10 000 à – 8 000, la population a évolué jusqu'à 5 millions d'habitants, avec les conséquences que nous ont raconté les récits du « Déluge ».

La démographie est un des symptômes les plus criants de l'anthropocentrisme, qu'elle soit subie ou que l'humanité la laisse dériver volontairement. Dans tous les cas aucun scrupule n'a pu empêcher l'extinction de la grande faune.

Probablement de tout temps l'extérieur / intérieur a conduit les Hommes, toutes ethnies confondues, car dotées du même cerveau forgé en Afrique pendant des millénaires, à mener cette guerre contre la Nature. Ce fut d'abord un réflexe de survie avant de devenir un fondement de l'anthropocentrisme, fondement qui a perduré, et perdure alors que la guerre est gagnée depuis si longtemps, à la fin du paléolithique. Ce fondement, c'est la dichotomie entre l'homme à l'image de Dieu, et les autres êtres vivants, qui l'a scellé. Finalement, le sentiment de supériorité s'est imposé, parfois totalement désinhibé, parfois freiné par le souvenir des heures sombres des disettes.

---

[21]*https://www.scienceshumaines.com/combien-d-europeens-il-y-a-40-000-ans_fr_5717.html*

[22] *https://www.cairn.info/revue-population-et-societes-2003-9-page-1.htm*

Pourtant, le sentiment de supériorité a longtemps été contrebalancé par un autre fondement de l'anthropocentrisme : la peur, la peur primale, légitime du petit primate de la savane, perdu au milieu des hautes herbes, grouillant de serpents, de lions…

Face à ces risques, l'Homme sait ce qu'il doit au feu nocturne, feu acquis de haute lutte. Cette peur de la Nature, la façon de la conjurer, c'est toute l'histoire que nous raconte la légende de Prométhée.

> ➢ *Le mythe de Prométhée*

Le mythe de prométhée est postérieur au mythe mésopotamien, mais néanmoins pour l'essentiel également pré-biblique. Les premières traductions écrites datent de 800 ans avant notre ère. A lui seul il contient bien des tourments de l'humanité face à son environnement.

La théogonie d'Hésiode raconte cette histoire, qui commence un peu comme Enuma Elish par l'émergence du Panthéon grec.[23] .

Elle raconte toute la famille des dieux qui ont précédé Zeus. Son histoire est très similaire à celle de Mardouk. Comme lui, il émerge en vainqueur d'une multitude d'affrontements entre dieux. Reste à créer Prométhée et Epiméthée puis les humains ! Ici je dois faire encore l'économie de quelques histoires de famille, pour arriver à ces deux illustres héros : « …*Promètheus subtil et rusé, et l'insensé Epimètheus qui fut, dès l'origine, funeste aux hommes industrieux* » dit le texte.

La suite est plus claire dans le texte de Platon « *Protagoras* » écrit vers -320 avant notre ère, texte qui s'inspire largement du précédent.

« *Il fut jadis un temps où les dieux existaient, mais non les espèces mortelles. Quand le temps que le destin avait assigné à la création de ces dernières fut venu, les dieux les façonnèrent dans les entrailles de la terre d'un mélange de terre et de feu et des éléments qui s'allient au feu et à la terre. Quand le moment de les amener à la lumière approcha, ils chargèrent Prométhée et Epiméthée de les pourvoir et d'attribuer à chacun*

---

[23] Le mythe de Prométhée Texte 1: HÉSIODE (8e siècle avant J.-C.), THÉOGONIE, vers 508-617. Traduction d'Henri Patin (1892)

des qualités appropriées. Mais Epiméthée demanda à Prométhée de lui laisser faire seul le partage. »

*« Sa demande accordée, il fit le partage, et, en le faisant, il attribua aux uns la force sans la vitesse, aux autres la vitesse sans la force ; il donna des armes à ceux-ci, les refusa à ceux-là, mais il imagina pour ces derniers d'autres moyens de conservation ; car à ceux d'entre eux qu'il logeait dans un corps de petite taille, il donna des ailes pour fuir ou un refuge souterrain ; pour ceux qui avaient l'avantage d'une grande taille, leur grandeur suffit à les conserver, et il appliqua ce procédé de compensation à tous les animaux. Ces mesures de précaution étaient destinées à **prévenir la disparition des races**. »*

Sage précaution, en effet, de la part d'Epiméthée... et non de Prométhée.

« Mais quand il leur eut fourni les moyens d'échapper à une destruction mutuelle, il voulut les aider à supporter les saisons de Zeus ; il imagina pour cela de les revêtir de poils épais et de peaux serrées, suffisantes pour les garantir du froid, capables aussi de les protéger contre la chaleur et destinées enfin à servir, pour le temps du sommeil, de couvertures naturelles, propres à chacun d'eux ; il leur donna en outre comme chaussures, soit des sabots de cornes, soit des peaux calleuses et dépourvues de sang, ensuite il leur fournit des aliments variés suivant les espèces, aux uns l'herbe du sol, aux autres les fruits des arbres, aux autres des racines ; à quelques-uns même il donna d'autres animaux à manger ; mais il limita leur fécondité et multiplia celle de leur victime pour assurer le salut de la race. »

Gestion raisonnable de la démographie proie-prédateur. Voilà un bel équilibre de l'écosystème que nos plus brillants écologues ne réfuteraient pas.

Mais Epiméthée oublia de doter l'Homme de moyens physiques à la hauteur de ses concurrents, et c'est là où les ennuis commencent...

« Cependant Epiméthée, qui n'était pas très réfléchi, avait sans y prendre garde dépensé pour les animaux toutes les facultés dont il disposait et il lui restait la race humaine à pourvoir, et il ne savait que faire. Dans cet embarras, Prométhée vient pour examiner le partage ; il voit les animaux bien pourvus, mais l'homme nu, sans chaussures, ni couvertures ni armes,

et le jour fixé approchait où il fallait l'amener du sein de la Terre à la lumière. Alors Prométhée, ne sachant qu'imaginer pour donner à l'homme le moyen de se conserver, vole à Héphaïstos et à Athéna la connaissance des arts avec le feu ; car, sans le feu, la connaissance des arts était impossible et inutile ; et il en fait présent à l'Homme. L'Homme eut ainsi la science propre à conserver sa vie ; mais il n'avait pas la science politique ; celle-ci se trouvait chez Zeus et Prométhée n'avait plus le temps de pénétrer dans l'acropole que Zeus habite et où veillent d'ailleurs des gardes redoutables. ... ... il y dérobe au dieu son art de manier le feu ..., et il en fait présent à l'Homme, et c'est ainsi que l'Homme peut se procurer des ressources pour vivre. »

Zeus est furieux, punit Prométhée d'avoir volé le feu, mais bon prince renonce à punir définitivement les hommes. Mieux il leur donne la science.

« Quand l'Homme fut en possession de son lot divin, d'abord à cause de son affinité avec les dieux, il crut à leur existence, privilège qu'il a seul de tous les animaux, et il se mit à leur dresser des autels et des statues ; ensuite il eut bientôt fait, grâce à la science qu'il avait d'articuler sa voix et de former les noms des choses, d'inventer les maisons, les habits, les chaussures, les lits, et de tirer les aliments du sol. Avec ces ressources, les hommes, à l'origine, vivaient isolés, et les villes n'existaient pas ; aussi périssaient-ils sous les coups des bêtes fauves toujours plus fortes qu'eux ; les arts mécaniques suffisaient à les faire vivre ; mais ils étaient d'un secours insuffisant dans la guerre contre les bêtes ; car ils ne possédaient pas encore la science politique dont l'art militaire fait partie. En conséquence ils cherchaient à se rassembler et à se mettre en sûreté en fondant des villes ; mais quand ils s'étaient rassemblés, ils se faisaient du mal les uns aux autres, parce que la science politique leur manquait, en sorte qu'ils se séparaient de nouveau et périssaient. »

Ici, l'homme est clairement une créature à part *« à cause de sa proximité avec les dieux ...privilège qu'il a seul de tous les animaux »*. Tiens, l'homme, un animal... mais à part, bien à part, a priori pas franchement solidaire de la communauté biotique tout entière... L'écologie d'Epiméthée ne semble pas concerner Homo Sapiens !

« Alors Zeus, craignant que notre race ne fut anéantie, envoya Hermès porter aux hommes la pudeur et la justice pour servir de règles aux cités et

unir les hommes par les liens de l'amitié ». Retour en force de l'empathie pour gérer l'intérieur, en particulier l'intérieur de la cité.

Retenons trois aspects de cette légende :

• Prométhée permet aux hommes de compenser ce qu'ils ressentent comme une profonde injustice. L'homme craint la Nature où nombre d'animaux sont dotés de capacités plus performantes que les siennes : griffes, carapaces, capacité supérieure à la course, vision, odorat, ouïe, venin, poils contre le froid etc.

• La possession du feu sera une juste compensation offerte à l'homme pour pallier ces insuffisances. Prométhée lui offre la science du feu jusqu'ici réservée aux dieux.

• Prométhée donnant ce pouvoir aux hommes, leur offre ainsi la possibilité de se protéger la nuit, de se chauffer, de cuire leurs aliments et des poteries, de fondre le métal, prélude aux technologiques du bronze, puis de fer. L'homme se rend ainsi capable de conquérir d'autres territoires plus froids, plus nordiques : **la Terre peut « s'agrandir »**. Il transforme le monde minéral en outils sophistiqués, il fait agir les forces physiques à son profit. L'homme échappe ainsi à sa condition animale. L'Homme a moins peur de la Nature.

Mais Prométhée donne aussi aux hommes une arme à double tranchant ; le feu, les armes, le savoir peuvent être retournés par l'homme contre les hommes et la Nature. Alors Zeus donne aux hommes des valeurs morales, justice et sagesse politique, pour lui permettre d'utiliser le feu à bon escient. L'Homme est dorénavant à l'image des dieux, une espèce ayant un statut unique dans la Création. Il dispose de l'intelligence, de la science et du discernement, mais l'homme n'apparaît pas recevoir de Zeus ou de Prométhée le droit ou le devoir de dominer les autres espèces.

Prométhée lui en ouvre la possibilité mais la création, selon Platon, avait fait en sorte qu'aucune espèce ne possède tous les talents. L'équilibre entre espèces avait été mis en œuvre par Epiméthée. En fait, l'homme n'était pas nécessairement partie prenante de cet équilibre. L'homme décidera-t-il de rejoindre cette communauté biotique ? Ou, possesseur du feu, retournera-t-il ses dons contre la nature dont il craint les effets ?

Si Dieu lui a finalement accordé une telle supériorité, n'est-ce pas pour qu'il en use ?

Tout ceci n'est évidemment que légendes, parfois arcboutées sur des faits probablement historiques (Bosphore…), mais le décor est planté au plus profond de notre culture occidentale, de notre imaginaire. Le conflit homme-dieu / Nature apparaît comme un fondement de notre pensée, de notre vision de nous-mêmes : un être à part à la fois au centre et surtout au-dessus du reste de la Nature, et simultanément un animal totalement fragile, craintif et dépendant de cette même Nature. Finalement, il n'aura de cesse de la combattre pour conjurer sa peur et la domestiquer.

3) *Anthropocentrisme : de Thalès à Rousseau*

A travers ces mythes, l'homme tentait d'expliquer l'incompréhensible, de conjurer ses peurs.

Finalement, l'intérêt est de révéler les préoccupations principales des hommes de la fin du néolithique, mais aussi l'état des connaissances.

Pour l'essentiel, la pensée tourne autour de trois piliers :

• L'Homme a été créé par le ou les dieux à leurs images et ces êtres surnaturels sont à l'origine de tout,

• L'Homme étant à l'image des dieux, il dispose de tous les droits sur les autres formes de vie, et sur le monde minéral,

• L'Homme peut (doit) croître en population puisque la Terre entière lui offre la possibilité de se disperser, que les dieux eux-mêmes ont fini par admettre que ni les épidémies, ni les famines, ni les catastrophes naturelles, ni les guerres ne pourraient freiner longtemps son expansion démographique.

Dès cette époque, l'Homme échappe en grande partie au Processus.

Evidemment la Bible est un tournant, en institutionnalisant le « *Croissez, et multipliez-vous, et remplissez la Terre ; et l'assujettissez, et dominez sur les poissons de la mer, et sur les oiseaux des cieux, et sur toute bête qui se meut sur la Terre.* ».

Mais, la Bible n'a pas inventé cette doctrine, pas plus qu'elle n'a inventé le Déluge ou la hiérarchie parmi les hommes et les dynasties de droit divin. Elle n'est que le reflet du mode de pensée dominant et probablement exclusif de l'époque, pensée issue de deux mille ou trois mille ans de maturation. Les cités et le partage du travail ont favorisé l'émergence de structures sociales hiérarchisées.

Pendant ce temps, la connaissance a peu évolué. La roue et le moulin tournent, les bateaux voguent et les charriots transportent les denrées et marchandises, les animaux domestiques sont attelés, le fer remplace le bronze. Dieu a créé le monde, Zeus et Prométhée ont donné le feu et l'artisanat. Tout est pour le mieux !

> ### *La lente gestation de l'humanisme « restreint »*

Mais comment est-on passé de sociétés régies par des mythes à un état d'esprit où le savoir scientifique avéré remplace progressivement l'obscurantisme, à la veille du siècle des Lumières ?

Comment est-on passé de cet anthropocentrisme basique, fondé sur la peur de la Nature et la croyance d'un homme à l'image des dieux, à ce que j'appellerai l'« anthropo-exclusivisme » théorisé ?

La lente gestation a nécessité, des évolutions politiques, des évolutions sociales, des évolutions théologiques... et surtout des évolutions scientifiques.

Du code d'Hammurabi, aux républiques grecques et romaines, la participation du commun des mortels aux affaires de la cité a peu évolué, et fondamentalement la question des droits de l'individu demeure dans le cadre de sociétés hautement hiérarchisées. La base est l'esclavage ou le servage, le sommet de la société, le monarque ou le théocrate, au mieux et de façon temporaire, une oligarchie plus ou moins étendue. Aucune de ces sociétés ne s'est intéressée à la question de l'inadéquation de la population humaine avec son environnement, elles l'ont subie.

Le monde sauvage a été sacrifié sans retenue. La Nature a fini par faire place à une Eurasie pratiquement entièrement humanisée, mais les changements étaient encore assez lents, du fait de moyens technologiques limités. La flore et la faune sauvages, après le massacre néolithique, ont donc eu le temps de s'adapter, de se réfugier en montagne, dans les dernières grandes zones humides. Partout la flore sauvage a été mélangée avec la flore du Proche et du Moyen-Orient, de l'Afrique du Nord, de l'Europe de l'Est à un niveau qui ferait prendre notre notion de plantes invasives pour une douce plaisanterie. Les échanges commerciaux, les migrations de bétail, les transplantations ont bouleversé l'écologie de l'Europe de l'Ouest... et de même dans l'autre sens. En même temps, les idées, les langues ont diffusé. Dans ce décor toujours plus artificiel, nous connaissons l'histoire politique dans les grands traits, inutile d'y revenir en détail.

Je voudrais plutôt mettre l'accent sur l'évolution des connaissances, des sciences et de la pensée, puis de leurs conséquences sur le renforcement de l'anthropocentrisme. Les sciences, même approximatives, se sont de tout temps confrontées à l'obscurantisme religieux ; parfois, elles ont conduit à des excentrations bénéfiques, et parfois, elles ont contribué à asseoir un peu plus la domination de l'homme sur la nature. Et pourtant, à plusieurs reprises, l'humanité est passé près d'une vision plus conforme à la réalité. L'histoire de la philosophie est intimement reliée à cette histoire des connaissances.

Reprenons l'enquête : vers 600 avant notre ère, les hommes, pour être clair, quelques élites, se mettent en tête de comprendre le monde au-delà des cosmogonies ancestrales, au-delà des mythes. Le doute s'installe sur les grandes envolées allégoriques, mais, pour l'essentiel, il ne faut pas remettre en cause le concept de Dieu ou des dieux.

A cette époque, la matière, animée ou inanimée, est faite de quatre éléments : terre, eau, feu, air, auxquels certains rajoutent l'éther (substance céleste capable de transmettre des forces et de provoquer des mouvements) ou l'apeiron (un principe universel qui régit tout ce qui existe). Bref toutes ces visions sont pour le moins confuses.

L'homme sait, par observation, et cela le trouble, qu'un solide (terre) peut fondre et devenir liquide (fer, cuivre par exemple), se resolidifier (l'eau devient glace), il sait que l'eau s'évapore (l'eau devient air) et que le feu (chaud, froid) n'y est pas pour rien.

Mais pourquoi, comment ?

On sait bien qu'une pierre lâchée d'un arbre retombe toujours vers le sol en une trajectoire rectiligne. Mais pourquoi, la lune et les étoiles ne tombent-elles pas ?

Il faudra attendre quelques temps pour obtenir des concepts satisfaisants, mais avant cela il est possible de répondre à des questions plus pratiques qui ne supposent pas de disposer d'instruments de mesure et d'expériences très sophistiqués. Ces réponses semblent découler de notions fondamentales, immuables et accessibles au raisonnement pur.

C'est un dénommé Thalès (- 620, - 550 avant notre ère) qui le premier en a édicté quelques-unes, a formulé un théorème… Ne doutons pas que les architectes égyptiens utilisaient déjà ces relations empiriquement, mais il s'agissait dorénavant de les démontrer. Nous entrons dans le domaine de l'abstraction. La géométrie est née… et depuis ce temps, la jeunesse fait ses premiers pas en mathématiques en étudiant son théorème. On peut comprendre des choses abstraites, mieux établir leur validité… puis s'en servir pour décrire le monde. Entre autres faits glorieux, Thalès semble avoir prédit l'éclipse solaire du 28 mai 585 avant notre ère.

Mais à l'époque, pour ce génie, la Terre était un disque qui flottait sur un océan et cet océan occupait aussi le ciel sur lequel flottait les étoiles… L'eau était l'élément primordial et les trois autres en dérivaient. La rigueur mathématique n'implique pas forcément l'intuition du physicien !

Tout cela nous est rapporté par un certain Diogène de Laërte, que je citerai souvent, un biographe des scientifiques et philosophes grecs qui naquit probablement vers le début du troisième siècle avant notre ère. Il publia « *Vies, doctrines et sentences des philosophes illustres* », une somme remarquable de documents sur l'œuvre de ses prédécesseurs et, dans son ouvrage, le premier cité est bien Thalès.[24]

« *L'eau était pour lui le principe de toutes choses ; il soutenait encore que le monde est vivant et rempli d'âmes. On dit aussi que ce fut lui qui détermina les saisons et partagea l'année en trois cent soixante-cinq jours.* ».

Diogène de Laërte lui prête aussi ces phrases :

« *On lui demandait un jour pourquoi il ne songeait pas à avoir des enfants : « C'est, dit-il, que j'aime les enfants »* ». Monsieur Thalès, pourriez-vous développer cette idée intéressante ?

Par ailleurs Thalès, le scientifique, témoigne aussi d'un autre visage, et peut-être d'un virage dans la pensée occidentale. Diogène de Laërte nous rapporte :

« *Aristote et Hippias disent qu'il attribuait une âme même aux êtres inanimés, se fondant sur les phénomènes observés dans l'ambre et dans l'aimant.* ». Pour nous, l'ambre, c'est évidemment l'électricité statique, et l'aimant le magnétisme (probablement la magnétite). Si l'explication manque, le constat des effets étaient déjà là, il y a 2600 ans. Mais

---

[24] Réf : https://remacle.org/bloodwolf/philosophes/laerce/Thalès1.htm

qu'importe ce point historique. Ce qui est important est l'origine de cette forme de pensée, que je qualifierais d'animiste : puisque des objets bougent ou en font bouger d'autres, c'est qu'ils ont une âme… et il généralise. Thalès est à la croisée de deux modes de pensée. D'un côté, l'inexplicable est dû à des âmes propres aux êtres et aux choses (pas forcément à des dieux), d'un autre, toute incompréhension doit faire l'objet de recherche pour comprendre pourquoi les dieux n'y sont pour rien. Un long divorce débute entre deux ontologies, deux représentations du monde.

Puis un demi-siècle plus tard, vint Pythagore qui, outre la démonstration des relations de longueurs entre les côtés d'un triangle droit, intuite la forme de la Terre.

Sa pensée nous est transmise par Platon bien plus tard : « *C'est pourquoi le dieu a tourné le monde en forme de sphère, dont les extrémités sont partout à égale distance du centre, cette forme circulaire étant la plus parfaite de toutes et la plus semblable à elle-même* ».

Ecoutons Diogène de Laërte développant la vision pythagoricienne :

« *Des points viennent les lignes, des lignes les plans, et des plans les solides ; des solides viennent les corps sensibles dans lesquels entrent quatre éléments, le feu, l'eau, la terre et l'air, qui en se transformant produisent tous les êtres. Le monde qui résulte de leur combinaison est animé, intelligent, sphérique ; il enveloppe de toutes parts la Terre située à son centre, sphérique elle-même… et habitée sur toute sa circonférence. Aux antipodes sont des hommes, et ce qui est pour nous le bas est le haut pour eux* ». Innovation majeure, la Terre est ronde et tous les corps sont attirés vers le centre de la Terre, à tel point que si vous habitez aux antipodes, le haut devient le bas.

Belle intuition ! Mais … l'univers est sphérique et la Terre est au centre.

Peu de temps après, Aristote enfonce le clou dans son « Traité du Ciel », écrit au IVème siècle avant notre ère.[25]

---

[25] Réf expositions.bnf.fr/ciel/arretsur/sciences/grec/index6.htm.

« Quant à sa forme, il faut nécessairement qu'elle soit sphérique ; car chacune de ses parties ont de la pesanteur jusqu'au centre. »[26]

Aristote argumente aussi sur l'image de la Terre projetée sur la lune lors des éclipses. Il apporte une preuve supplémentaire, en faisant remarquer que le ciel nocturne n'est pas le même au nord qu'au sud.

« Il y a certains astres qu'on voit en Égypte et à Chypre, et qu'on ne voit plus dans les contrées septentrionales. Certains astres, au contraire, qu'on voit constamment dans les contrées du nord, se couchent quand on les considère dans les contrées que je viens de nommer. Ceci prouve non seulement que la forme de la Terre est sphérique, mais encore que sa sphère n'est pas grande ; car autrement on ne verrait pas de tels changements pour un déplacement si petit. »

Mais Aristote ne parvient pas à décrire correctement l'ensemble de la structure de l'Univers et les mouvements en son sein. Pour lui la Terre est certes ronde, mais fixe, au centre de l'Univers.

« Il faut donc nécessairement que la terre soit au centre, et qu'elle y demeure immobile »[27]. Non seulement, la Terre est fixe, au centre, mais elle ne tourne pas sur elle-même.

Et voilà comment perdurera pendant presque deux millénaires la vision géocentrique du monde, la renommée d'Aristote en atteste. Mais Aristote montre que la Terre n'est pas infinie, loin de là : « ***sa sphère n'est pas grande*** ». Cette dernière remarque aurait dû alerter sur les limites physiques, mais à cette époque nous sommes loin d'avoir fait le tour de la Terre et de la question. Cette démonstration d'Aristote et de ses géomètres poussera plutôt à rechercher des nouvelles zones d'expansion vers les Terra Incognita... pas si lointaines.

Pour Hipparque, Apollonius de Perge et Claude Ptolémée, le soleil et les planètes tournent autour de la Terre animés par leur propre force. *« Les astres nagent dans un fluide parfait qui n'oppose aucune résistance à leurs mouvements »*. Nous ne sommes pas loin de la notion d'« inertie», à ceci près que le fluide parfait est le vide. Le vide, une notion encore bien abstraite pour l'époque.

---

[26] Traité du ciel - Livre II Chap IX paragraphe 8

[27] Traité du ciel - Livre II Chap IX paragraphe 5

Ils n'abandonneront pas le géocentrisme d'Aristote, mais pour eux chaque astre possède sa propre orbite. Par ailleurs, le centre de ces orbites est légèrement différent du centre de la Terre. Fondamentalement, la Terre demeure le Centre d'un Univers… qui ne tourne pas bien rond !

Cette image aristotélicienne a perduré pratiquement inchangée pendant près de deux mille ans et cette représentation n'était pas pour déplaire aux différentes religions. Le ciel, encore bien mystérieux, pouvait demeurer le siège des dieux ou de Dieu. Copernic ne publiera son œuvre « *De revolutionibus orbium coelestium* », qu'en 1543…

➢ ***Une tout autre vision de l'Univers***

Pourtant, une intuition radicalement différente est apparue avant celle d'Aristote et ses successeurs. Diogène Laërte [28] rapporte que, vers les années 450 – 400 avant notre ère, Philolaos de Cortone, un pythagoricien, soutenait que la Terre n'était pas immobile. Pierre Duhem précise la pensée de Philolaos :

« *La Terre tourne, d'Occident en Orient, autour du feu central ; ce mouvement est dirigé comme les mouvements du Soleil et des autres astres errants, mais il ne se fait pas dans le même plan que ces derniers* »[29]. Belle avancée, mais … le soleil tourne toujours autour de la Terre.

Autre intuition similaire, celle d'Aristarque de Samos qui vivait vers l'an 280 avant notre ère, après Euclide, le grand mathématicien, et avant Archimède. Ce dernier, dans ses écrits rapportés par Laërte, atteste de l'intuition de Aristarque :

« *Il admet, en effet, l'hypothèse que la sphère des étoiles … et le Soleil demeurent immobiles ; quant à la Terre, elle se meut suivant une*

---

[28] Vie et doctrine des philosophes de l'Antiquité -Livre VIII.Chapitre VII.Philolaus – Diogène Laërte- Paris Charpentier 1847

[29] *Le système du Monde Pierre Duhem* 1913 « *la cosmologie hellénique ; les astronomies héliocentriques* » page 15

circonférence de cercle tracée autour du Soleil, qui se trouve au centre du cours de la Terre. » [30]

Pour la première fois le géocentrisme est remis en cause environ 1800 ans avant notre ère !

Un autre auteur, Stobée précise un point important : « *Aristarque maintient fixe le Soleil en même temps que les étoiles ; [il enseigne] que la Terre se meut tout autour du cercle solaire, et qu'elle est [diversement] ombragée suivant ses inclinaisons [différentes].* » [29]

Ainsi, les saisons sont expliquées et la durée du jour est due à la Terre-toupie, tournant d'une part sur elle-même et d'autre part autour du Soleil.

Mais alors pourquoi cette idée, qui décrit si bien la réalité, n'a-t-elle pas été retenue ?

Continuons par la lecture de Pierre Duhem :

« *Aristarque trouvait donc des partisans parmi ses contemporains ; il trouvait aussi des adversaires. Son hypothèse mouvait la Terre et, par conséquent, le feu central, … le foyer du Maître des dieux. Certains crièrent au sacrilège* » … De l'avis de notables, « *Aristarque devait être accusé, devant les Grecs, de profanation sacrilège, pour avoir déplacé le foyer du Monde ; cet homme avait tenté, en effet, de sauver les apparences* [ce qu'il observait depuis la Terre NDA] *en faisant l'hypothèse que le Ciel demeure immobile et que la Terre parcourt le cercle oblique* [l'écliptique NDA]*, en même temps qu'elle tourne autour de son axe propre* ».[31]

La religion, les religions, bien plus que la science, avaient tranché. Derrière la vision de l'Univers, il y a Dieu, bien sûr, mais aussi l'image de l'Homme…au centre de toute chose. Religion et anthropocentrisme font front commun.

Rapidement cette vision d'une Terre toupie, tournant autour du soleil, est abandonnée aux oubliettes de l'histoire.

---

[30] *Le système du Monde Pierre Duhem* 1913 « *la cosmologie hellénique ; les astronomies héliocentriques* » page 420

[31] *Le système du Monde Pierre Duhem* 1913 « *la cosmologie hellénique ; les astronomies héliocentriques* » pages 422-423

> ➢ ***La matière et la naissance de l'Univers.***

Le ciel, la lune, le soleil, les grands espaces ! Pourtant, une génération avant celle d'Aristote, Leucippe et Démocrite se posent une tout autre question : de quoi est faite la matière ? Et de là, ils proposent une autre origine de l'univers.

La réponse est étonnamment moderne. La matière est faite d'atomes, particules minuscules, invisibles et de vide… et ces particules sont en perpétuel mouvement. Les atomes s'associent éventuellement pour former la matière. Cette idée était déjà connue, sous une forme assez semblable, en Chine une centaine d'années auparavant.

Je ne résiste pas au plaisir de vous livrer la traduction du texte où De Laërte évoque les travaux de Démocrite :

« Les principes de toutes choses sont les atomes et le vide ; tout le reste n'a d'existence que dans l'opinion. Il y a une infinité de mondes sujets à production et à destruction. Rien ne vient du non-être ; rien ne se résout dans le non-être. Les atomes, infinis en quantité, et occupant l'espace infini, sont emportés à travers l'univers par un mouvement circulaire, et produisent ainsi tous les complexes, le feu, l'eau, l'air et la terre ; car ce sont là des composés d'atomes. Les atomes seuls sont à l'abri de toute action extérieure, de tout changement, grâce à leur solidité et à leur dureté. Le soleil et la lune sont produits par ces tourbillons d'atomes, par ces particules animées d'un mouvement circulaire »[32].

Le monde n'est pas fait, comme le prétend la tradition, de terre, de feu, d'air, d'eau et éventuellement d'éther, mais ce sont la terre, le feu, l'air, et l'eau qui sont constitués d'atomes…

Epicure reprend les idées de Démocrite sur l'atomisme. Tout ce qui nous entoure est dû au déplacement aléatoire des atomes, à leur agglomération. Mais chose impensable, l'âme, comme le suggérait Démocrite, disparaît avec la mort, car ce n'est qu'une partie du corps. Il n'y a pas plus de destin que de vie après la mort. La vie n'a pas de finalité particulière.

---

[32] LIVRE IX. CHAPITRE VII. DÉMOCRITE. « Vies, doctrines et sentences des philosophes illustres ». Réf : https://remacle.org/bloodwolf/philosophes/laerce/9democrite1.htm

Laërte rapporte les propos d'Epicure :

« Lorsque tout l'assemblage du corps se dissout, l'âme se dissipe ; elle cesse d'avoir les facultés qui lui étaient auparavant inhérentes, en particulier le pouvoir moteur ; de sorte que le sentiment périt également pour elle ».[33]

Adieu, vie éternelle !

« Gardons-nous aussi de croire que les animaux ont été tirés de l'infini ; car il n'est personne qui puisse démontrer que les germes dont sont nés les animaux, les plantes, et tous les autres objets que nous contemplons, ont été apportés de l'extérieur dans tel monde donné, et que ce même monde n'aurait pas pu les produire lui-même. Cette remarque s'applique en particulier à la Terre ».[33]

« Quant aux phénomènes célestes, comme le mouvement et le cours des astres, les éclipses, le lever et le coucher, et tous les phénomènes du même genre ; il faut se garder de les croire produits par un être particulier qui ait réglé ou qui doive régler pour l'avenir. »[33]

Bon, la Création prend un coup violent. La Terre elle-même aurait pu produire tout ce que nous côtoyons. Les astres sont le fruit des tourbillons de matière ''originelle'', qui finit par s'agglomérer.

En langage actuel, on parlerait de déconstruction en règle des mythes du passé.

De son vivant, Epicure eut un grand succès et celui-ci perdura longtemps. Ainsi Lucrèce au 1er siècle avant notre ère reprit les idées de l'atomisme, en particulier celle d'une mort irréversible.

« Établissons encore ceci, que la Nature
Rend à leurs éléments les corps qu'elle dissout.
Tout meurt, rien ne périt. Si la mort prenait tout,
La forme brusquement s'en irait tout entière,
Sans qu'un travail, minant les groupes de matière,
Eût préparé leurs nœuds au divorce mortel.

---

[33] LIVRE X Epicure Réf
https://remacle.org/bloodwolf/philosophes/laerce/10epicure11.htm

La forme est périssable et l'atome éternel. »[34]

On croirait lire avant l'heure : *« rien ne se crée, rien ne perd, tout se transforme. »* cher à Lavoisier… ici appliqué à la mort.

Aussi incroyable que cela puisse sembler, la vision aristotélicienne des quatre éléments, l'air, l'eau, la terre, le feu, supportés par l'éther a perduré jusque dans les années 1790. C'est alors que Lavoisier a montré que, évaporée, grâce à la chaleur (et non au « feu »), l'eau ne s'était pas transformée en terre, mais que le résidu observé au fond du ballon était initialement dissous dans l'eau.

L'atomisme demeura bien vivace jusqu'à l'arrivée des trois religions monothéistes, qui ne pouvaient accepter ce discours épicurien sur la mort et la négation de la Création. Elles nous firent perdre, cinq cents ans de science épicurienne, auxquels succédèrent 1500 ans d'obscurantisme. Elles ont préféré procéder au massacre de millions d'hommes et de femmes en guerre de religions, en inquisitions, aussi vaines que cruelles. Tous ces meurtres sous la bannière commune du « Tu ne tueras point ».

Aristote et ses disciples critiqueront vertement les théories atomistiques et continueront à soutenir que les éléments fondamentaux sont la terre, l'air, l'eau et le feu…et bien sûr le géocentrisme.

Tous ces reculs de la pensée scientifique étaient le prix à payer pour maintenir contre vents et marées l'Homme au centre de la Création, l'Homme à l'image de Dieu et l'immortalité de l'âme. Mardouk fait de la résistance et Hammurabi applaudit !

➢ *Et le monde vivant, bien vivant qui nous entoure ?*

Mais nous devons à Aristote, le premier véritable naturaliste, un tout autre travail, bien plus inspiré.

Il entreprend une tâche immense. Pour la première fois, l'homme cherche à classer les espèces animales, à décrire leurs anatomies, leurs

---

[34] https://philosophie.cegeptr.qc.ca › wp-content › documents › De-la-nature-des-choses.pdf

biologies, leurs milieux de vie, leurs mœurs, à les comparer … et à les comparer à l'homme.[35]

La lecture de ce livre est un régal pour appréhender le niveau de connaissance de l'époque (y compris sur la biologie humaine). Le souci de décrire à la fois l'anatomie et l'éthologie, voire le lien entre les deux, la curiosité pour les « sciences naturelles », étonnent. L'homme s'intéresse à la nature qui l'entoure et ne la méprise aucunement.

Dans le livre neuvième, il écrit :

« *Les animaux ont naturellement une certaine faculté de participer à toutes les affections que l'âme peut éprouver, la prudence et l'audace, le courage et la lâcheté, la douceur et la cruauté, et tous les autres sentiments analogues. Il y en a même qui sont, dans une certaine mesure, susceptibles d'apprendre et de s'instruire, tantôt les uns par les autres, tantôt sous la main de l'homme, pourvu qu'ils aient le sens de l'ouïe, et non seulement tous ceux qui entendent les sons, mais ceux qui peuvent percevoir les différences des signes et les distinguer.* » [35]

« *Dans la plupart des animaux autres que l'homme, il se montre aussi des traces des facultés diverses de l'âme, qui se manifestent plus particulièrement dans l'espèce humaine. Ainsi, la facilité à se laisser dompter et la résistance sauvage, la douceur et la méchanceté, le courage et la lâcheté, la timidité et l'audace, la colère et la ruse, sont dans beaucoup d'entre eux autant de ressemblances, qui vont même jusqu'à reproduire la pensée et l'intelligence, comme nous l'avons dit en traitant des parties de l'animal. Tantôt la différence est **du plus au moins** des animaux à l'homme, ou de l'homme à bon nombre d'animaux, certaines de ces qualités prédominant dans l'homme et certaines autres prédominant, au contraire, dans l'animal.* » [35]

L'admiration d'Aristote pour la faune est réelle et renouvelée au cours de l'ouvrage : « *On peut observer, en général, dans les manières de vivre des animaux beaucoup d'actes qui ressemblent à la vie même de l'homme ; et c'est dans les petits animaux, plutôt encore que dans les grands, qu'on*

---

[35] Le texte intégral de son œuvre, « *Histoire des animaux* » est accessible par cette référence : https://remacle.org/bloodwolf/philosophes/Aristote/animaux9.htm#l

peut voir la sûreté de leur intelligence. Ainsi, dans les oiseaux, on pourrait citer tout d'abord la façon dont l'hirondelle fait son nid. Elle suit les mêmes règles que nous suivrions pour mêler la paille à la boue, entrelaçant cette boue dans des brindilles de bois ; et si la boue lui manque, elle se baigne dans l'eau, et va rouler ses ailes dans la poussière. Elle construit son nid absolument comme des hommes le feraient, mettant d'abord en dessous les matériaux les plus durs ».[36]

D'autres ni verront, non intelligence, mais instinct. Mais comment est venu l'instinct ?

Evidemment, Aristote n'a pas intuité la théorie de l'évolution, mais pour le moins, il a bien conscience de la continuité du règne du vivant, il a conscience que les animaux diffèrent dans leurs mœurs et que certains sont aptes à de l'empathie à l'égard de leur jeunes… et que cela les rapproche des humains. Nous sommes loin d'une attitude de mépris. Certes, l'homme est au sommet de la pyramide, mais cela ne justifie en rien de réduire l'animal à une machine.

Retenons ce morceau de phrase que nous retrouverons bientôt sous une autre plume : « *la différence est **du plus au moins** des animaux à l'homme, ou de l'homme à bon nombre d'animaux* ».

Cette culture de l'observation de la vie animale perdure jusque chez Plutarque, né en Grèce vers 50 de notre ère. Dans son livre « *L'Intelligence des animaux* »[37] il met en scène un débat entre différents acteurs, débattant de l'intelligence animale. Si du point de vue éthologique, les observations de « terrain » se mêlent aux contes et aux observations d'animaux domestiqués, rendant certains passages peu crédibles, les remarques de fond témoignent bien de la vision de l'auteur et de sa bienveillance vis-à-vis de la faune dans un monde qui n'en a pas (ou plus) l'habitude.

L'un des acteurs, Soclarus défend la chasse, comme un moyen de détourner la violence des hommes les uns contre les autres :

---

[36] Histoire des animaux – Aristote- Consultable sur ce lien (page 612b) https://archive.org/details/historiaanimaliu00aris_0/page/n413/mode/2up

[37] L'intelligence des animaux – Plutarque - Ed. Arlea traduit par Myrto Gondicas

« *Mais ce qui m'a surtout fait plaisir c'est quand il a donné l'exemple des combats de gladiateurs pour avancer, à la louange de la chasse, qu'elle détourne le goût, inné ou acquis en nous, de voir des hommes s'affronter les armes à la main, en offrant à nos yeux un spectacle innocent : l'intelligence jointe au courage et au savoir-faire luttant contre la force et la violence aveugle… »*

Autoboulos, défavorable à la chasse lui répond :

« *Pourtant mon cher Soclarus, on dit que c'est là que les hommes puisent leur insensibilité, leur cruauté même ; que c'est dans les parties de chasse qu'on acquiert le goût du meurtre en se laissant aller à l'habitude de voir sans répugnance couler le sang des animaux blessés. Après quoi on en vient à prendre plaisir à les voir mourir massacrés. Tout cela me rappelle ce qui s'est passé à Athènes sous la tyrannie des Trente* ».

Autoboulos reprend un peu plus loin :

« *… on a renforcé ce qu'il y avait dans la nature humaine d'instincts meurtriers et sauvages, jusqu'à étouffer presque entièrement toute trace de douceur. C'est pour la même raison que les disciples de Pythagore* **ont préconisé la bonté envers les animaux en guise d'exercice préparatoire qui doit mener à la pitié et à l'amour de l'humanité** ».

Cette question était effectivement un des points centraux de la philosophie des Pythagoriciens : la tempérance envers les animaux exercera à la tempérance entre les hommes… Du point de vue « extérieur – intérieur », qui peut le plus peut le moins.

Autoboulos poursuit : « *il y a pourtant des gens assez stupides pour affirmer que les animaux n'éprouvent ni plaisir ni colère ni peur et qu'ils ignorent l'anticipation comme le souvenir. Selon eux, tout se passe* **comme si** *l'abeille avait de la mémoire,* **comme si** *l'hirondelle était prévoyante,* **comme si** *le lion se mettait en colère,* **comme si** *la biche avait peur…Que répondraient-ils si on leur disait que les animaux ne voient ni n'entendent rien, mais que tout se passe* **comme s'ils** *entendaient et voyaient,* **comme s'ils** *poussaient des cris,* **comme si** *enfin il vivait alors qu'en fait, ils ne sont pas vivants. Pour moi de tels propos ne sont pas plus contraire à l'évidence que ce qu'ils voudraient nous faire croire.* »

''*Comme si*'' : un débat qui ne nous est pas inconnu lorsque nous parlons d'éthologie et que nous sommes accusés d'anthropomorphisme.

Soclarus répond :

« *En tout cas, la différence entre l'homme et les animaux est énorme, et tout en faveur de l'homme pour ce qui est de la capacité d'apprendre, de l'agilité intellectuelle et de tout ce qui touche à la justice et à la vie en société.* »

Autoboulos

« *A vrai dire, mon cher ami, bien des animaux l'emportent de loin sur l'homme que ce soit par la taille, la rapidité à la course, l'acuité visuelle ou la finesse de l'ouïe. Il ne s'ensuit pas pour autant que les hommes soient aveugles, boiteux ou sourds. Même si c'est moins vite que les cerfs, nous courons ! Sans avoir l'œil de l'épervier, nous y voyons clair ! La Nature ne nous a pas non plus refusé tout avantage en matière de taille et de force physique, bien qu'à cet égard nous ne valions rien comparés aux chameaux ou à l'éléphant. Alors n'allons pas non plus refuser aux bêtes, sous prétexte que leur intelligence est moins déliée et leur faculté de raisonnement moindre, toute capacité intellectuelle ou réflexive et jusqu'à l'usage de la raison.* »

> **« *Du plus ou moins* », *à nouveau !***

« Pour *moi, je tiens que si l'on veut jouer et s'amuser, il faut le faire avec des partenaires qui y prennent plaisir et non à la façon de ces enfants dont Bion disait « pour s'amuser, ils jetaient des pierres aux grenouilles, mais les grenouilles, elles, mouraient pour de vrai. » C'est ainsi que les hommes vont à la chasse ou à la pêche et se réjouissent de voir souffrir et mourir des animaux, allant même, parfois jusqu'à les séparer sans la moindre pitié de leurs petits, de leurs nouveau-nés.* »

Par la suite, les deux protagonistes piègent deux groupes de jeunes chasseurs particulièrement fiers de leur art, en leur demandant de défendre, l'un l'intelligence de la faune terrestre, l'autre l'intelligence de la faune marine. Les jeunes chasseurs se prennent tellement bien au jeu, qu'ils évoquent chacun des dizaines et des dizaines d'exemples, témoignant de l'intelligence animale aussi bien dans la faune terrestre que dans la faune marine.

Et Soclarus, initialement favorable à la chasse, conclut :

« … car en combinant les arguments que vous avez échangés au cours de cette joute, vous aurez de quoi donner la réplique, très efficacement et en commun, à ceux qui prétendent refuser aux animaux toute raison et toute intelligence ».

Le débat est pour le moins moderne, il date d'environ 2000 ans.

Remarque : *Un des exemples cités par les jeunes chasseurs est très troublant … les amateurs d'éthologie apprécieront :*

« Sans ce témoignage de nos sens, on pourrait croire à une fable comme celle des corbeaux de Libye qui lorsqu'ils ont soif font tomber dans l'eau des cailloux, pour en faire monter le niveau jusqu'à qu'elle soit à leur portée ». Une fable ? Ce comportement est non seulement avéré, mais c'est une expérience favorite des éthologues pour comparer l'intelligence des corbeaux et celle des humains. 2000 ans !

Il n'est sans doute pas nécessaire de rajouter d'autres échanges d'arguments pour se convaincre de la pensée de Plutarque.

Mais dans la pratique, ses arguments, et dans une moindre mesure ceux d'Aristote, n'ont rien changé à l'anthropocentrisme et à ses effets délétères sur la faune sauvage et la nature en général. Les religions grecques et romaines, la Bible et la pensée des trois religions monothéistes ont, non seulement freiné la progression de la science mais ont ancré chez l'homme, et pour longtemps, un sentiment aveugle de toute puissance, la conviction de détenir le statut de l'être suprême, par procuration, autour duquel le monde tourne. L'Homme est la finalité de la Création, tout lui est dû.

Dorénavant, nous distinguons, d'un côté la Nature, toujours dangereuse, à combattre sans cesse, difficile à appréhender dans sa complexité, et de l'autre la Culture dont l'objectif est à présent de comprendre la Nature, non pour sa merveilleuse diversité, mais pour la dominer et réaliser le vœu de Prométhée : domestiquer le feu pour exploiter tout ce qui est exploitable.

Soyons reconnaissants à Thalès d'avoir amorcer une extraordinaire aventure humaine qui nous permet de mieux comprendre le monde. Sa vision un peu animiste ne survivra pas. Seule la pensée occidentale va s'imposer : tout exploiter, jusqu'au dernier nanomètre cube d'atome, qu'il participe à une structure animée ou non. Au diable les âmes du lithium ou du chevreuil, de la forêt amazonienne ou du désert du Namib ! La science au service de l'Homme et uniquement.

Certains nous ressortirons l'alibi sempiternel de Saint-François d'Assise, l'ami des « bêtes », pour tenter d'expliquer que les religions de la Bible ne sont pas si anthropocentriques que cela. Fétu de paille vite emporté par la pensée dominante.

➤ *A la croisée des chemins.*

Si l'anthropocentrisme est idéologiquement dominant, il reste à l'institutionnaliser, à lui donner un avenir philosophique, voire une justification scientifique et morale. Mieux, pour parfaire cette idéologie, il faudrait la détacher de son origine divine. Comme l'Homme a réussi à se passer des dieux, pour s'identifier à un Dieu unique omnipotent, il reste à tuer le père, Dieu lui-même, afin de devenir l'être suprême en lieu et place de l'ancien un peu gênant. Car tel est bien un des enjeux des deux siècles qui suivront. L'homme souhaite le progrès, le progrès de ses conditions de vie et le libre arbitre, et le progrès passe par de meilleures connaissances scientifiques. Alors quand les religions monothéistes tombent le masque, quand l'obscurantisme s'oppose à toute remise en cause scientifique des dogmes, en vient à figer les connaissances, une joute commence … à fleuret moucheté d'abord.

Un conflit latent, une tension émerge dans la société. De plus, pour beaucoup, le progrès n'est pas seulement la satisfaction du désir ancestral de l'Homme de comprendre son univers, mais aussi l'occasion de s'enrichir. La morale religieuse ne fait pas toujours bon ménage avec le sens du commerce et la liberté des affaires. Le libéralisme économique ne dit pas encore son nom, mais cette perspective s'imposera de décennies en décennies...

Et, ironie de l'histoire, c'est la quête scientifique, freinée par les exégètes pour ne pas dire l'Inquisition, qui va porter le premier coup. Une longue période de dormance, marquée par quelques progrès de la technologie et des mathématiques, mais aussi par les errances de l'alchimie qui considère les métaux comme des composés et non comme des éléments (atomes), succède aux philosophes de l'antiquité et aux atomistes.

Les mathématiques, l'abstraction, présentent l'immense avantage d'être idéologiquement relativement neutres, donc peu censurées. De plus, cela ne nuit pas au commerce, bien au contraire. Les peuples arabes adoptent le système décimal, très en vogue en Inde, et créent les signes de la numérotation actuelle et surtout font progresser l'algèbre (Al-Jabr). Héritière de cette science arabe, la résolution des équations bénéficie d'un regain d'intérêt en Italie, en Pologne et en Allemagne. Pourtant globalement la science n'a pas beaucoup progressé, boulets de l'obscurantisme monothéiste au pied.

Bref, sur ces bases, l'envie reprend à certains de comprendre l'univers.

Le premier d'entre eux est Copernic (1473 - 1543). Né en Pologne à Torun, il remet en cause le modèle de Ptolémée, toujours d'actualité, mais hésite à publier son modèle héliocentrique. En fait, changer de repère (le soleil plutôt que la Terre) ne change rien aux difficultés du modèle précédent pour représenter la réalité. De plus, il ne dispose pas de données bien plus précises que celles des générations précédentes. Comme Ptolémée, il cherche à introduire des excentriques, mais ne remet pas en cause le mouvement circulaire des astres. Malgré une grande rigueur mathématique, son modèle échoue à tout expliquer, mais restera dans l'histoire comme la révolution copernicienne.

Mais juste après la mort de Copernic, nait Ticho Brahé (1546 – 1601), un Danois. Ticho a deux immenses mérites : il ruine définitivement l'idée d'un ciel profond immuable, tel que l'avait défendu Aristote, mais surtout il croit avant tout aux faits et non aux préjugés ; alors il reprend de façon systématique les mesures astronomiques et améliore considérablement leurs précisions.

Pour le reste, il est moins inspiré et cherche un modèle à la fois géocentrique et héliocentrique, tout en enseignant la théorie de Copernic. Pour Ticho Brahé, le soleil tourne toujours autour de la Terre, mais les autres planètes tournent autour du soleil. Mais son système a le grand mérite, pour une partie de l'église, de sauver l'immobilité de la Terre et le géocentrisme si chers à la doctrine.

Johannes Kepler (1571 – 1630) reprend la théorie vacillante de l'héliocentrisme copernicien, mais ajoute une dimension déterminante. Il découvre, avec les données précises de Ticho Brahé, qu'il rencontre et avec qui il collabore un moment, que les planètes ne se déplacent pas sur un cercle, mais suivant une ellipse. Pour le coup, c'est révolutionnaire ! Immédiatement, nombre de faits inexpliqués apparaissent clairs. Le premier, il imagine que les corps « pesants » s'attirent et exercent l'un sur l'autre une force proportionnelle à leur masse, idée reprise plus tard et généralisée par Newton.

Enfin arrive Galilée (1564 – 1642), il connait ses deux prédécesseurs, les a encouragés dans leurs travaux : il fait la synthèse des idées coperniciennes et de celles de Kepler. Il réalise l'assemblage presque parfait des trois contributions : l'héliocentrisme (rotation en 365 jours autour du soleil), la rotation de la Terre sur elle-même (en 24 heures autour d'un axe non perpendiculaire à son plan de révolution autour du soleil) et les orbites elliptiques. Pour appuyer sa théorie sur des mesures incontestables, il a mis au point une lunette astronomique qui rend l'observation encore plus précise.

La suite vous connaissez : condamnation de l'église. Galilée contraint de renoncer publiquement à ses idées. Il faut attendre 1741 pour que l'église accepte que les idées de Galilée soient considérées comme une hypothèse vraisemblable. Mais le coup est rude pour les religions monothéistes.

En 1992, Jean Paul II se sent obligé de reconnaître les erreurs des théologiens et écrit : « *Paradoxalement, Galilée, croyant sincère, s'est montré plus perspicace sur ce point que ses adversaires théologiens* »[38]. Paradoxalement ! Ouf, Galilée était un croyant sincère, l'honneur est sauf !

Il reste à comprendre l'origine physique du mouvement des planètes ; Newton (1642 – 1727), grâce aux calculs de Kepler en partie, en donne l'explication finale : l'inertie et l'attraction universelle.

Bref, pour l'essentiel la première grande excentration est achevée vers 1741. La Terre, et donc l'Homme, ne sont définitivement plus le centre de l'Univers, de la Création. Ni le ciel démythifié, ni le « feu central » ne sont le siège des divinités. Il n'est plus besoin de faire appel à un dieu ou à une

---

[38] Discours du pape Jean-Paul II aux participants à la session plénière de l'Académie Pontificale des Sciences – 31 octobre 1992

force surnaturelle qui insuffle le mouvement des astres, il n'y a plus de feu divin.

Lavoisier (1743 – 1794) mettra un terme à toutes les idées alchimistes. L'idée que l'univers est constitué d'éléments chimiques purs différents les uns des autres, avance. Il dresse une première liste de ces éléments insécables. Ils peuvent réagir entre eux pour former des composés chimiques, on dirait aujourd'hui des molécules. Il mourra sous la guillotine, mais ce ne sont pas ses travaux scientifiques qui sont condamnés. Il faudra attendre Rutherford (1903) pour avoir une première idée précise de ce qu'est un atome. Dans cette longue épopée, je devrais aussi rendre justice à Mendeleïev et sa table des éléments (1869) et John Dalton (1808) son prédécesseur.

Les atomistes grecs sont réhabilités et Aristote tombe un peu plus de son piédestal. En réalité, les idées de Lavoisier ne remettent pas fondamentalement en cause la vision que l'homme se fait de lui-même et de Dieu. Donc Lavoisier n'est pas inquiété par l'église. C'est elle qui est inquiétée en ces temps révolutionnaires. Pourtant, nouvelle ironie de l'histoire, ce sont bien les atomistes grecs et les épicuriens qui avaient porté le premier coup de canif sérieux contre l'idée même de dieu.

L'Homme à l'image de Dieu : qu'en reste-t-il ? Une autre excentration demeure à la traîne : la place de l'Homme dans la Nature.

➢ *Et voici Descartes*

Evidemment, s'interroger sur l'origine et l'évolution de l'anthropocentrisme nous oblige à revenir sur les écrits et la pensée de Descartes. Force est de constater, qu'à tort ou à raison, il est devenu un des symboles de l'anthropocentrisme, son incarnation. Mais est-ce justifié ? Nous sommes à l'époque de Galilée (1564 – 1642). Descartes écrit le « *Discours de la méthode* » en 1637.

Il a énormément travaillé sur des problèmes de mathématiques (« *La géométrie* »), de physique *(« La dioptrique* », les lois de Snell-Descartes) , de météorologie (« *les Météores* »). Lors de la préparation de son ouvrage intitulé « *Le Monde ou le traité de la lumière* » (1632-1633), il s'est forgé un avis sans ambiguïté sur les théories de l'héliocentrisme.

« Or il suit deux choses de cecy, qui me semble fort considérables. La première est que la matière du ciel ne doit pas seulement faire tourner les planètes autour du soleil, mais autour de leur propre centre… »[39].

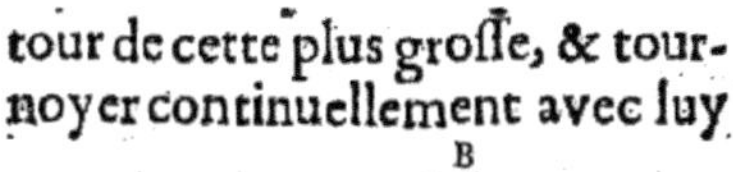

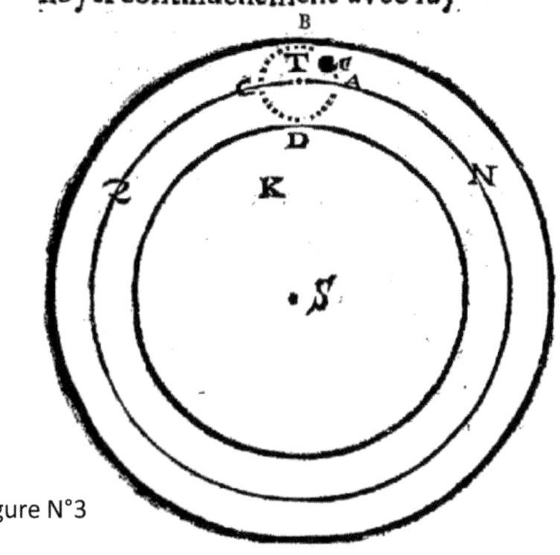

Figure N°3

Le schéma [40](figure N°3) et son commentaire sont sans ambiguïté. *« Car je n'ai pas entrepris de dire tout ; … qu'afin de vous représenter la Terre que nous habitons, par celle qui est marquée T et la Lune qui tourne autour d'elle… »* [41]

Galilée a raison ! Descartes est prêt à publier ses ouvrages scientifiques et, entre autres, à apporter de l'eau au moulin de Galilée.

Juste avant la publication du Traité, il apprend la condamnation de ce dernier et celle de l'héliocentrisme par l'Inquisition. De peur de tout perdre, il décide de renoncer provisoirement à publier ce livre et de se consacrer à d'autres causes, moins polémiques et surtout moins dangereuses. « Or *il y a maintenant trois ans que j'étais parvenu à la fin du traité qui contient toutes ces choses, et que je commençais à le revoir, afin de les mettre entre les mains d'un imprimeur, lorsque j'appris que des personnes* [la Censure NDA]. *… avaient désapprouvé une opinion de physique publiée un peu auparavant par quelques autres* [Galilée NDA] »[42].

Parlant de la théorie de l'héliocentrisme : « *de laquelle je ne veux pas dire que je fusse* [partisan NDA], *mais bien que je n'y avais rien remarqué,*

---

[39] Le monde ou le traité de la lumière – Descartes – p. 150 -Ed originale sur site BNF Gallica https://gallica.bnf.fr/ark:/12148/bpt6k5534491g/f169.item.texteImage.zoom

[40] Le monde ou le traité de la lumière – Descartes – p. 151

[41] Le monde ou le traité de la lumière – Descartes – p. 156

[42] Discours de la Méthode-Descartes-Ed Flammarion GF-page 97

avant leur censure, que je pusse imaginer être préjudiciable ni à la religion ni à l'état… ». [43]

Bref, l'interprétation de Galilée est la bonne, mais comme la censure dit le contraire, je n'en suis pas…en tout cas je ne souhaite pas l'afficher. « *Le Monde ou le traité de la lumière* » ne fut publié qu'en 1664, quatorze ans après sa mort. L'histoire ne retiendra pas vraiment le nom de Descartes en l'associant à ce premier mouvement d'excentration de la pensée humaine. L'histoire retiendra les noms de Copernic, Galilée, Kepler et Newton, même si les écrits de Descartes montrent clairement qu'il avait bien pressenti le principe de l'inertie.

Descartes a parfaitement perçu que l'héliocentrisme est un coup de poignard dans le dos du dogme, des dogmes religieux : La Terre n'est plus au centre de l'univers et, par conséquent, l'homme non plus. Le récit de la Création nécessite sans doute quelques retouches !

J'ai la faiblesse de penser que la Création et le dogme ne sont pas le véritable souci de Descartes. En revanche, l'anthropocentrisme lui-même est sérieusement affecté et cela risque de heurter « l'humanisme » naissant. Si je puis dire, il faut rapidement mettre un terme à l'hémorragie et redonner à l'homme la place centrale, tout en donnant des gages à la hiérarchie religieuse.

C'est dans ce contexte que nait « *le Discours de la Méthode* » (dont provient la citation précédente (6ème partie)).

Il est inutile ici de revenir sur la méthode scientifique enseignée par Descartes, qui est en tout point remarquable… et s'applique sans réserve, tant qu'elle ne contrevient pas aux dogmes ! La logique, les mathématiques et l'optique sont doctrinalement assez neutres. « *et j'ai pensé qu'il m'était aisé de choisir quelques matières qui, sans être sujet à beaucoup de controverses, ni m'obliger à déclarer davantage de mes principes que je ne désire, ne laisseraient pas* [m'interdirait pas NDA] *de faire voir assez clairement ce que je puis, ou ne puis pas, dans les sciences* »[44]

Mais Descartes entend aussi démontrer l'existence de Dieu et l'éternité de l'âme humaine ; ces idées ne devraient pas contrarier les

---

[43] Discours de la Méthode-Descartes- Page 97

[44] Discours de la Méthode-Descartes- Page 110

censeurs ecclésiastiques ! Malheureusement, ce mélange entre vérité démontrée et souci d'éviter la censure, nous interdit de percevoir clairement la pensée sincère de Descartes qui n'hésite pas à écrire « *larvatus prodeo* » : « *Je m'avance masqué* ».

Que veut vraiment Descartes ? probablement trois choses :

- Valoriser l'homme en tant qu'espèce à part, et l'individu, comme sujet futur de l'humanisme,
- Faire progresser les connaissances en médecine, pour offrir à l'homme « principalement …la conservation de la santé, laquelle est sans doute le premier bien »,
- Promouvoir l'amélioration des conditions de vie humaines à travers l'application des sciences physiques « *ce qui n'est pas seulement à désirer pour l'invention d'une infinité d'artifices, qui feraient qu'on jouirait, sans aucune peine, des fruits de la terre et de toutes les commodités qui s'y trouvent, mais principalement aussi pour la santé…* ». [45]

Descartes considère, à juste titre, que la science n'a pas pour seule finalité la connaissance abstraite, mais au contraire qu'elle doit être mise à la disposition de tous pour satisfaire leurs besoins.

Pour atteindre ces objectifs, nous les humains, devons maîtriser les lois de la physique et les sources d'énergie ce qui permettra de « *nous rendre comme maîtres et possesseurs de la nature* ». C'est à la fois pour lui une nécessité et une finalité.

Avant de maîtriser la nature, l'homme doit s'en rendre le possesseur. Appropriation ? Mais au nom de quoi ? Ce postulat ne peut se comprendre que dans le cadre d'un anthropocentrisme profond.

C'est probablement dans ce contexte qu'il faut interpréter la théorie de l'animal-machine.

Pour Descartes la nature apparaît comme une simple « utilité » au service de l'humain. Les animaux étant une des composantes essentielles de la nature, il semble logique, et surtout bien pratique, de les considérer eux aussi comme des « utilités », des choses dénuées de pensées.

---

[45] Discours de la Méthode-Descartes- Page 99

A travers l'animal-machine Descartes souhaite moins abaisser l'animal que valoriser l'homme et son mode de pensée. C'est en tout cas ce qui semble ressortir de sa correspondance avec un certain Morus : « *Je passe, pour abréger, les autres raisons qui ôtent la pensée aux bêtes. Il faut pourtant remarquer que je parle de la pensée, non de la vie ou du sentiment ; car je n'ôte la vie à aucun animal, ne la faisant consister que dans la seule chaleur du cœur. Je ne leur refuse pas même le sentiment autant qu'il dépend des organes du corps. Ainsi mon opinion n'est pas si cruelle aux animaux qu'elle est favorable aux hommes* ».[46]

Pour démontrer que l'animal est dénué de pensées, Descartes postule que par rapport à l'homme l'animal manque de deux capacités remarquables : une parole structurée et porteuse de sens adapté au contexte et par ailleurs la capacité de s'adapter à toutes les exigences de la vie et d'apporter une réponse adaptée à une situation nouvelle, hors de stéréotypes.

« *Or par ces deux mêmes moyens, on peut aussi connaître la différence qui est entre les hommes et les bêtes. Car c'est une chose bien remarquable qu'il n'y a point d'hommes si hébétés et si stupides, sans en excepter même les insensés, qu'ils ne soient capables d'arranger ensemble diverses paroles et d'en composer un discours par lequel ils fassent entendre leurs pensées ; et qu'au contraire il n'y a point d'autre animal, tant parfait et tant heureusement né qu'il puisse être, qui fasse le semblable.* »[47]…

… « *et ceci ne témoigne pas seulement que les bêtes ont moins de raisons que les hommes mais qu'elles n'en ont point du tout* ».[47]

Il sait que l'une et l'autre des affirmations sont déjà contestées à son époque par des faits et par d'autres philosophes (Montaigne par exemple). Ces remises en cause de la suprématie de l'Homme sont aujourd'hui des évidences pour les éthologues, nous y reviendrons plus tard.

Alors, il use d'un stratagème : au lieu de montrer directement que ces deux affirmations sont vraies pour l'animal, il va montrer qu'elles sont

---

[46] *Lettre à Morus*, 5 février 1649 A consulter par exemple sur ce lien : https://www.atelierphilo.fr/texte/descartes-avons-nous-des-devoirs-envers-les-animaux/
[47] Discours de la Méthode-Descartes- Page 93

avérées pour une machine et ensuite il tentera d'établir des parallèles entre la machine et l'animal, parallèles qu'il généralisera au mépris de la méthode qu'il préconise dans la partie du livre consacrée à la méthodologie.

Descartes tente de conforter cette conclusion en faisant intervenir une autre spécificité de l'homme qui serait l'existence exclusive d'une âme et surtout de son immortalité. S'il constate la forte similarité des corps humains et animaux, tous deux mortels, il recherche une différence essentielle au travers de l'âme humaine qui résulte de son immortalité.

*« On peut seulement dire que, bien que les bêtes ne fassent **aucune action qui nous assure qu'elles pensent**, toutefois, à cause que les organes de leurs corps ne sont pas fort différents des nôtres, on peut conjecturer qu'il y a quelque pensée jointe à ces organes, ainsi que nous expérimentons en nous, bien que la leur soit beaucoup moins parfaite. A quoi je n'ai rien à répondre, sinon que, **si elles pensaient ainsi que nous, elles auraient une âme immortelle aussi bien que nous**, ce qui n'est pas vraisemblable, à cause qu'il n'y a point de raison pour le croire de quelques animaux, sans le croire de tous, et qu'il y en a plusieurs trop imparfaits pour pouvoir croire cela d'eux, comme sont les huîtres, les éponges, etc. »*[48]

Si les bêtes *« pensaient ainsi que nous, elles auraient une âme immortelle aussi bien que nous, ce qui n'est pas vraisemblable »*. Outre le fait que l'existence de l'âme immortelle relève de la foi et non de la science, et donc que la notion de vraisemblance est pour le moins relative, l'argument de Descartes est délicieux : si j'accorde une âme immortelle à un seul animal, je dois l'accorder à tous… et même à une éponge ! Une fois encore, l'inverse est évidemment vrai : ce n'est pas parce qu'un animal quelconque n'est pas digne de posséder une âme, qu'aucun ne le mérite ; c'est seulement la charge de la preuve qui est inversée. Rassurons-nous : aucun animal n'exige la vie éternelle, en revanche il n'est pas très glorieux d'asseoir la suprématie humaine sur une notion aussi floue et une **inversion du sens de l'équité de jugement**.

---

[48] Lettre au marquis de Newcastle-1646 A consulter par exemple sur ce lien : https://philosophie-pedagogie.web.ac-grenoble.fr/article/descartes-lettre-au-marquis-de-newcastle-1646

Mais cet argument de la vie éternelle n'est peut-être qu'un subterfuge pour contourner la censure. Descartes y croit-il sincèrement ? Nul ne le saura jamais. En tout cas, le mal est fait pour la cause animale, et Descartes pourra publier « *La Dioptrique* », « *La Géométrie* », « *Les Météores* » sans être inquiété. Si la religion a le défaut de ralentir le progrès scientifique, au moins a-t-elle le mérite, aux yeux de Descartes, d'asseoir l'anthropocentrisme exclusif, condition nécessaire à ses yeux au progrès humain.

Il n'en demeure pas moins que la postérité se souviendra du blanc-seing qui justifiera tous les abus futurs à l'égard des animaux : « *et ceci ne témoigne pas seulement que les bêtes ont moins de raisons que les hommes, mais qu'elles n'en ont point du tout* ». En pratique Descartes ne semble jamais s'insurger clairement contre les violences commises à l'encontre des animaux.

L'homme à ce stade est institué comme maître et possesseur de la nature dont la faune fait partie, mais est-ce pour autant que Descartes imagine que la nature a été créée pour l'homme ?

Dans une section de la lettre à Chanut, Descartes précise sa pensée sur cette question.

« *Car, bien que nous puissions dire que toutes les choses créées sont faites pour nous, en tant que nous en pouvons tirer quelque usage, je ne sache point néanmoins que nous soyons obligés de croire que l'homme soit la fin de la Création. Mais il est dit …. que c'est Dieu seul qui est la cause finale, aussi bien que la cause efficiente de l'Univers ; **et pour les créatures**, d'autant qu'elles servent réciproquement les unes aux autres, **chacune se peut attribuer cet avantage**, que toutes celles qui lui servent sont faites pour elle.* »[49]

Toutes les choses crées par Dieu « *sont faites pour nous* », à partir du moment où on peut en tirer quelque usage, ce qui n'implique aucune restriction, dans le sens où « quelque » signifie « n'importe quel usage ». Donc à ce titre nous sommes bien « maîtres et possesseurs », sans restriction et nous en abuserons. Anthropocentrisme encore et toujours !

---

[49] Lettre à Chanut – 6 juin 1647 A consulter par exemple sur le lien :
https://philo-labo.fr/fichiers/Descartes%20lettre%20à%20Chanut.pdf

Pourtant Descartes semble apporter deux nuances et elles sont essentielles :

- Rien ne dit que l'homme soit nécessairement la finalité de la Création, « l'alpha et l'oméga »,
- L'homme n'est pas nécessairement l'unique propriétaire de la nature.

Pour le premier point, nous ne pouvons évidemment que souscrire, mais est-ce par crainte du blasphème que Descartes rappelle que c'est Dieu et non l'homme qui est la cause finale ? Et d'ailleurs Descartes écrit « **comme** maîtres et possesseurs » et non « maîtres et possesseurs » car la censure rappellerait sûrement que seul Dieu est « maître et possesseur ».

Pour le second point, Descartes soulève un important problème, celui de la coexistence sur un même territoire de deux formes de propriétaires : l'homme et les autres membres de la communauté biotique. Et donc, l'homme n'est pas le seul utilisateur légitime de la nature. Ce texte assez court, et peu connu, porte une limitation bienvenue à l'anthropocentrisme. Hélas cette nuance ne sera jamais suivie d'une réflexion de fond.

Descartes pose ainsi une question essentielle pour notre livre à savoir que signifie le terme « Propriété » quand plusieurs titres de propriétés légitimes se superposent ? Il n'y apporte aucune réponse, si ce n'est que chaque espèce se serve suivant ses besoins et ses capacités… L'absence de réponse aboutit malheureusement à l'adage : « Que le meilleur gagne ! ».

En conclusion, l'anthropocentrisme reste bien le fondement de la pensée de Descartes.

Que nous nous comprenions bien : La science de Descartes et sa Méthode ne sont nullement en cause, mais l'absence de mise en garde contre la lecture littérale du, quasiment biblique, « maîtres et possesseurs » restera pour longtemps un « chèque en blanc » pour l'exploitation anthropique du monde. Cette vision, cette ontologie, contraste avec la mise en garde explicite de son prédécesseur Rabelais (1483-1553) dans Pantagruel (1534) : « *Science sans conscience n'est que ruine de l'âme* ».

Quant à l'intelligence animale, Descartes passera outre la vision d'Aristote « *du plus au moins des animaux à l'homme, ou de l'homme à bon nombre d'animaux* », de Plutarque « *Alors n'allons pas non plus refuser aux bêtes, sous prétexte que leur intelligence est moins déliée et leur faculté de raisonnement moindre, toute capacité intellectuelle ou réflexive et jusqu'à l'usage de la raison ».*

Plus près de lui historiquement, Montaigne avait tenté de nous démarquer de l'anthropocentrisme :

« La presomption est nostre maladie naturelle et originelle. La plus calamiteuse et fragile de toutes les creatures c'est l'homme, et quant et quant, la plus orgueilleuse…. C'est par la vanité de ceste mesme imagination qu'il s'egale à Dieu, qu'il s'attribue les conditions divines, qu'il se trie soy-mesme et separe de la presse des autres creatures, taille les parts aux animaux, ses confreres et compagnons, et leur distribue telle portion de facultez et de forces, que bon luy semble. Comment cognoist il par l'effort de son intelligence, les branles [mouvements] internes et secrets des animaux ? Par quelle comparaison d'eux à nous, conclud il la bestise qu'il leur attribue ? »[50]

Evidemment, les textes de Montaigne et Plutarque, appelant à l'humilité, contrastent avec celui de Descartes qui dénie toute raison aux animaux, sentence sans appel qui justifiera tous les excès envers l'animal domestique ou sauvage.

« Du plus au moins » ou « point du tout », voilà toute la question !

➢ *Du « Plus au Moins » ou le dilemme de Rousseau*

A ce stade de l'évolution de la pensée humaine arrive un grand malheur, un immense malentendu, car cette question de l'homme et de l'animal vient en percuter une autre aussi fondamentale, celle des Droits de l'Homme.

Lorsque Rousseau publie le *« Discours sur l'origine et les fondements de l'inégalité parmi les hommes » (1755)*, Descartes est mort depuis une centaine d'années.

Contrairement à Descartes, l'objectif premier de Rousseau n'est pas de justifier que l'Homme peut user de la nature à sa guise. Ce sera une conséquence et non un postulat.

---

[50] Essais – Montaigne – Livre II – chapitre XII

Son objectif philosophique est bien d'établir les conditions du respect des droits humains, les conditions d'une légitime réduction des inégalités sociales, surtout si elles sont liées à la transmission de positions acquises par la force ou la ruse, voire aux différences dues à l'infortune des capacités naturelles. Ce sera tout l'objet « Du Contrat social ». Mais, dès la publication du « Discours », il affiche clairement ses visées :

« J'aurais voulu naître dans un pays où le souverain et le peuple ne puissent avoir qu'un seul et même intérêt afin que tous les mouvements de la machine ne tendent jamais qu'au bonheur commun, ce qui ne pouvant se faire à moins que le peuple et le souverain ne soit une même personne, il s'ensuit que j'aurais voulu naître sous un gouvernement démocratique sagement tempéré. »[51]

Par souverain, il faut lire l'Etat en général.

Voici donc l'humanisme en marche, cet humanisme que nous chérissons… mais **pour asseoir les Droits de l'Homme** Rousseau fait un choix malheureux : définir l'homme par opposition à l'animal.

Alors naquit l'idée que l'Homme se suffit à lui-même, l'Homme est sa propre fin. Sa liberté, son libre-arbitre sont des valeurs en soi, voire la valeur suprême. Pour Rousseau, il faut définir l'Homme comme un être à part, et en même temps trouver une base du droit totalement indépendante du droit divin. Il faut justifier qu'il dispose de droits imprescriptibles et exclusifs qui s'attachent à sa nature humaine, bref un droit naturel sur lequel on pourrait fonder tout le reste de l'architecture.

« Laissant donc tous les livres scientifiques qui ne nous apprennent qu'à voir les hommes tels qu'ils se sont faits, en méditant sur les premières et plus simples opérations de l'âme humaine, j'y crois percevoir deux principes antérieurs à la raison, dont l'un nous intéresse ardemment à notre bien-être et à la conservation de nous-mêmes et l'autre nous inspire une répugnance naturelle à voir périr ou souffrir tout être sensible et principalement nos semblables. C'est du concours et de la combinaison que notre esprit est en état de faire de ces deux principes, sans qu'il soit nécessaire d'y faire entrer celui de la sociabilité, que me paraissent découler toutes les règles du droit

---

[51] Discours sur l'origine et les fondements de l'inégalité parmi les hommes – Jean-Jacques Rousseau – Ed Flammarion GF – Page 38

naturel, règles que la raison est ensuite forcée de rétablir sous d'autres fondements quand par ces développements successifs elle est venue à bout d'étouffer la Nature ». [52]

En résumé, il n'est pas nécessaire de vivre en société, selon des lois très élaborées, pour respecter deux principes de la « loi naturelle » : œuvrer à notre propre bien-être et notre conservation et être affecté par la disparition ou la souffrance des autres êtres sensibles, dont nos semblables.

Donc le second principe de la loi naturelle est bien l'***empathie***. C'est « *la plus simple opération de l'âme humaine* », le fondement des droits humains, quelles que soient la forme ou l'absence de structure sociale.

Mais ici Rousseau ressent immédiatement un malaise ; si l'empathie de l'homme envers l'homme est le fondement de tout droit, alors l'homme doit l'étendre à l'animal parce qu'il est aussi un être sensible.

Rousseau affirme que l'animal est « *dépourvu de lumière et de liberté* » mais ce n'est pas un argument recevable pour l'exclure des droits associés à la loi naturelle : « *l'homme est assujetti envers eux à quelques espèces de devoirs. Il semble, en effet, que si je suis obligé de ne faire aucun mal à mon semblable, c'est moins parce qu'il est un être raisonnable que parce qu'il est un être sensible ; qualité qui, étant commune à la bête et à l'homme, doit au moins donner à l'une le droit de n'être point maltraitée inutilement par l'autre.* »[53]

Il semble qu'ici le terme sensibilité doit être pris au sens de douleur physique et non de douleur morale ; Rousseau semble nier aux animaux le sens de l'empathie envers d'autres êtres : « *dépourvu de lumière et de liberté ils ne peuvent reconnaître cette loi* ». Nous ne serions lui reprocher cette ignorance éthologique, quoique la lecture d'Aristote, Plutarque et tant d'autres aurait pu l'instruire en la matière.

---

[52] Discours sur l'origine et les fondements de l'inégalité parmi les hommes – Jean-Jacques Rousseau – page 56

[53] Discours sur l'origine et les fondements de l'inégalité parmi les hommes – Jean-Jacques Rousseau – page 57

Mais pour Rousseau, si l'empathie est le fondement du droit naturel, son objectif final est d'établir les droits de l'homme et au premier chef la liberté individuelle, dans le cadre d'une loi collective librement consentie par l'ensemble des citoyens.

Rousseau a lu et reprend presque mot pour mot les propos de Descartes : « *Je ne vois dans tout animal qu'une machine ingénieuse, à qui la Nature a donné des sens pour se remonter elle-même, et pour se garantir jusqu'à un certain point, de tout ce qui tend à la détruire ou à la déranger. J'aperçois précisément les mêmes choses dans la machine humaine, avec cette différence que la Nature seule fait tout dans les opérations de la bête, au lieu que l'homme concourt aux siennes en qualité d'agent libre. L'un choisit ou rejette par instinct, et l'autre par un acte de liberté ; ce qui fait que la bête ne peut s'écarter de la règle qui lui est prescrite, même quand il lui serait avantageux de le faire, et que l'homme s'en écarte souvent à son préjudice.* »[54]

La liberté, voici la ligne de démarcation entre l'homme et l'animal. Cela ne pouvait pas mieux tomber pour définir un droit exclusif pour les humains.

Mais Rousseau est plus avisé que Descartes « *Tout animal a des idées puisqu'il a des sens. Il combine même ses idées jusqu'à un certain point et l'homme ne diffère à cet égard de la bête que **du plus au moins**. Quelques philosophes ont même avancé qu'il y a plus de différences de tel homme à tel homme que de tel homme à telle bête. Ce n'est donc pas tant l'entendement qui fait parmi les animaux la distinction spécifique de l'homme que sa qualité d'agent libre. La nature commande à tout animal et la bête obéit. L'homme éprouve la même impression mais il se reconnaît libre d'acquiescer ou de résister et c'est surtout dans la conscience de cette liberté que se montre la spiritualité de son âme.* » [55]

« Du plus ou moins », Rousseau se désolidarise clairement de Descartes, car il reconnaît aux animaux une part d'entendement. De fait et en accord

---

[54] Discours sur l'origine et les fondements de l'inégalité parmi les hommes – Jean-Jacques Rousseau – page 78

[55] Discours sur l'origine et les fondements de l'inégalité parmi les hommes – Jean-Jacques Rousseau – page 79

avec d'autres philosophes il reconnaît qu'il est difficile de séparer totalement l'homme et l'animal suivant ce critère. De plus, dès son époque les évidences de choix non instinctifs chez les animaux s'accumulent. Donc la différenciation basée sur le libre arbitre est elle-même peu fiable. Rousseau sentant la position délicate à tenir tente de mettre en avant une nouvelle différence fondamentale.

« *Mais quand les difficultés qui environnent toutes ces questions laisseraient quelques lieux de disputer sur cette différence de l'homme et de l'animal, il y a une autre qualité très spécifique qui les distingue et sur laquelle **il ne peut y avoir de contestation**, c'est la faculté de se perfectionner.* »[56]

Pour asseoir les droits de l'homme, et exclure les animaux de ces droits, hors celui de ne pas souffrir, le dernier rempart est l'exclusivité de la capacité d'apprentissage. Evidemment, un tel argument ne tient plus dans le cadre de l'éthologie moderne. Et de poursuivre sur le perfectionnement : « *Faculté qui, à l'aide des circonstances, développe successivement toutes les autres et réside parmi nous, tant dans l'espèce que dans l'individu, au lieu qu'un animal est au bout de quelques mois ce qu'il sera toute sa vie et son espèce au bout de mille ans ce qu'elle était la première année de ces mille ans* ».[56]

Voilà donc l'Homme a nouveau perché sur son piédestal, non en tant que « finalité », mais comme prétendant à une liberté et un perfectionnement qui seront refusés aux autres êtres vivants.

En cela Rousseau ne rejette pas la notion de « maitres et possesseurs », mais se méfie des conséquences d'une telle faculté de perfectionnement si elle n'est pas assortie de garde-fous : «*Il serait triste pour nous d'être forcé de convenir que cette faculté, distinctive et presque illimitée, est la source de tous les malheurs de l'homme ; ... que c'est elle qui faisant éclore avec les siècles ses lumières et ses erreurs, ses vices et ses vertus, le rend à la longue le tyran de lui-même et de la Nature.* »[57]

---

[56] Discours sur l'origine et les fondements de l'inégalité parmi les hommes – Jean-Jacques Rousseau – page 79

[57] Discours sur l'origine et les fondements de l'inégalité parmi les hommes – Jean-Jacques Rousseau – page 80

« *Le tyran de lui-même et de la Nature* » : l'homme n'est plus « maitres et possesseurs », mais potentiellement « tyran », ce qui sous la plume de Rousseau est pour le moins la pire des postures.

Le pouvoir de créativité, de perfectionnement, et pour tout dire le progrès de la science et de nos industries, est craint par Rousseau. Ambivalence : le perfectionnement, le progrès, est nécessaire car il fait naître les lumières, la connaissance, mais il est potentiellement porteur de dérives incontrôlables. Pourtant, une fois encore le genre humain préférera Prométhée à Epiméthée. Nous ne savons que trop comment l'homme est devenu le tyran de la Nature, et souvent le tyran de ses congénères. Le risque est clairement identifié, un peu comme chez Rabelais, mais Rousseau en conclut sans doute que c'est le prix à payer, le risque à accepter pour la liberté des hommes.

Car enfin, comment le progrès, le perfectionnement, et donc la liberté, pourraient-ils s'envisager si le pouvoir de l'homme sur la Nature n'était pas absolu, si nous devions tenir compte d'une aspiration des animaux à se perfectionner eux-mêmes, si nous devions accorder des droits à la Nature? Toute l'économie de l'époque, agricole, repose encore sur la force animale domestiquée. Evidemment, de nos jours, l'énergie automotrice nous a affranchis depuis longtemps du recours à cette force animale. Mais du temps de Rousseau nous sommes encore loin de la révolution industrielle charbonnière : la machine de Cugnot n'a pas encore vu le jour.

Alors Rousseau choisit de faire fi de ses doutes, pour deux autres raisons :

• Le combat contre l'esclavage, pour la démocratie, est urgent et donc il ne faut pas prendre le risque de le relativiser en le diluant dans un combat plus vaste pour le droit de la Nature. Charité bien ordonnée commence par l'intérieur, l'Homme, par l'humanisme. Mais si la cause de l'exploitation de l'homme par l'homme était la même que la cause de l'exploitation anthropique de la nature ? L'orgueil et l'égoïsme d'espèces, l'anthropocentrisme, ne feront-ils pas le lit de l'égocentrisme libéral ? La tyrannie contre la nature ne risque-t-elle pas de déboucher sur la tyrannie des hommes sur les hommes ? Rousseau ne répondra pas vraiment à ces questionnements. Il croit en l'Homme et espère sa tempérance grâce à l'éducation.

• La seconde raison est plus radicale et concerne la question de la propriété. Faut-il, et si oui comment, faire cohabiter les propriétés collective et individuelle ? Deux droits fondamentaux que Rousseau associe d'une part à la puissance de l'Etat, indispensable pour maintenir la cohésion de la société, et d'autre part la liberté individuelle, qu'il reste à conquérir. Pour Rousseau, il est déjà difficile de concevoir comment partager la propriété entre les hommes. Comment le ferait-on si nous devions en plus reconnaître des droits à la flore et à la faune sauvages ? Alors le postulat du possesseur de la nature ne peut être remis en cause, sous peine de voir le contrat social s'effondrer. Nous en reparlerons largement plus loin.

Désormais Rousseau se consacre à l'écriture « *Du Contrat Social* ». Il cherche le meilleur équilibre entre les prérogatives de l'Etat (cette somme de forces individuelles) et les droits naturels de chaque humain (ne pas se nuire et ne pas négliger les soins qu'il se doit).

« Cette somme de force ne peut naître que du concours de plusieurs : mais la force et la liberté de chaque homme étant les premiers instruments de sa conservation comment les engagera-t-il sans se nuire, et sans négliger les soins qu'il se doit ? Cette difficulté ramenée à mon sujet peut s'énoncer en ces termes : « Trouver une forme d'association qui défende et protège de toute la force commune la personne et les biens de chaque associé, et par laquelle chacun s'unissant à tous, n'obéisse pourtant qu'à lui-même et reste aussi libre qu'auparavant ?» Tel est le problème fondamental dont le contrat social donne la solution ».[58]

Il est urgent de répondre à cette question, le reste, la nature attendra… et finalement payera le prix fort.

Ainsi en est-il de l'état de l'anthropocentrisme à la veille de la révolution de 1789 :

• L'Homme concède un droit à ne pas souffrir aux animaux, droit qui n'apparaîtra de façon positive dans notre constitution qu'en 2015 à travers la reconnaissance du caractère sensible de l'animal.

---

[58] Du contrat social – Jean-Jacques Rousseau -Ed Librio – page13

• L'Homme a effectué une excentration fondamentale ; il admet qu'il n'est pas au centre de l'Univers, ni au centre du système solaire, mais cela ne change rien à sa gestion de la Terre.

• Tout au plus, son statut de créature à l'image Dieu est déboulonné. La référence aux dieux est devenue « facultative », elle devient une affaire privée, de foi de l'individu. La vérité démontrée a supplanté, au moins en théorie, la vérité révélée. La Création n'est plus. Le droit divin également.

• Mais l'homme, sans prétendre qu'il est la finalité exclusive de la Nature, s'en arroge toujours la propriété et même une propriété quasi-exclusive. Il s'octroie le droit de l'exploiter autant que de besoin.

• Sa liberté, valeur suprême pour permettre à l'Homme de se perfectionner, inclut la propriété individuelle et parfois collective.

• Le recours à la technique, à la mécanique, à l'énergie thermique, si chères à Descartes, deviendront pour longtemps synonymes quasi-exclusifs de progrès. Puis le recours indispensable aux machinismes se transformera en dogme de la technologie omnipotente pour soigner les malheurs des hommes.

• Les rares doutes sur la prise en compte du rôle de la sensibilité animale ne s'appliquent pas, a fortiori, aux végétaux, aux minerais qui pourront être exploités sans limite.

• De fait par notre omniprésence, par le bouleversement des habitats naturels des autres êtres vivants, par le massacre de leurs générations successives, nous n'allons pas seulement nier, mais donc rendre impossible leur perfectionnement, leur innovation, leur transmission du savoir de façon aussi sûre que nous avons tué des cultures humaines par la colonisation. Et là, nous commettons **le crime parfait contre le Processus**.

L'Homme, en tant qu'espèce, pourra cultiver, accentuer à l'envi son anthropocentrisme, son « maître et possesseur ». Au nom des « Droits de l'Homme », l'Homme, défini en opposition à l'animal, pourra en toute liberté cultiver son égocentrisme, tant que celui-ci ne nuit pas à l'égocentrisme du voisin.

La Révolution ne fera que consacrer le droit individuel de propriété, et par là même, le droit de jouir de la terre et le droit collectif de l'Etat sur l'exploitation du sous-sol. Le libéralisme économique, si cohérent avec la philosophie de Voltaire, est né. Ce libéralisme économique confine aujourd'hui au libertarisme, c'est-à-dire à la négation pure et simple du « Contrat Social ».

Si au moins, l'anthropocentrisme avait contribué à résoudre la question initiale : celle de l' « inégalité parmi les hommes ». Mais, dès le départ, le ver était dans le fruit. L'anthropocentrisme est un puissant moteur de l'égocentrisme, un préalable, une co-construction. Ne formulez aucun espoir d'élaborer une société humaine plus juste, si vous ne déconstruisez pas simultanément, et idéalement préalablement, l'anthropocentrisme. Plutarque, par la bouche d'Autoboulos, nous l'avait clairement expliqué, à partir du cas particulier de la chasse : un apprentissage au détriment de la Nature, de la tyrannie de l'homme sur ses semblables.

4) *Darwin et les philosophes de l'environnement*

Les philosophes des Lumières nous ont laissé un formidable cadeau avec les fondamentaux de l'humanisme : tolérance, rejet de l'obscurantisme, libertés individuelles, égalité devant la loi... mais le prix à payer pour la Nature est terrifiant. D'une part, les êtres sauvages sont réduits à l'état de chose n'appartenant à personne, le « Res Nullius » hérité du droit romain, et dont chacun peut disposer à sa guise, d'autre part, les Biens Communs sont réduits à la portion congrue et destinés aux seuls humains.

Mais qui plus est, il est apparu nécessaire de distinguer totalement Homo sapiens du reste du vivant, afin d'asseoir les Droits de l'Homme ; même les animaux « supérieurs », ont été rabaissés au rang de simples machines, dépourvues d'âme et de sentiment. Au mieux, les Lumières leur concède une sensibilité physique, un droit à ne pas (trop) souffrir.

A la fin du XVIII siècle, le grand philosophe de la liberté individuelle, Kant ne fit qu'enfoncer un peu plus le clou, tout en justifiant bien des inégalités au sein de l'Humanité.

« Les animaux [...] n'ont pas conscience d'eux-mêmes et ne sont par conséquent que des moyens en vue d'une fin. Cette fin est l'homme. Aussi celui-ci n'a-t-il aucun devoir direct envers eux».[59]

Pour Kant, les êtres dépourvus de raisons n'ont qu'une « *qu'une valeur relative, celle de moyens, et voilà pourquoi on les nomme des choses* ».[60]

Res Nullius, res nullius !

Inutile de se demander la vision que Kant pouvait avoir des plantes sauvages.

---

[59] Kant, « Leçons d'éthique », Le Livre de Poche, 1997, p. 391-393.

[60] Kant « Fondements de la métaphysique des mœurs », section II. A consulter par exemple sur https://philosophie.cegeptr.qc.ca/wp-content/documents/Fondements-de-la-Métaphysique-des-moeurs.pdf

➢ **_Darwin : la seconde excentration_**

Notre vision du monde évoluera peu pendant cent cinquante ans, et ce fut un naturaliste, qui dans la pure tradition des scientifiques – philosophes, renouvela notre façon de penser notre environnement. Darwin n'était peut-être pas destiné à devenir un de nos plus grands philosophes ; il n'en avait certainement pas la volonté délibérée. Ce sont ses découvertes, ses démonstrations qui l'ont conduit à la plus formidable **excentration** depuis Galilée.

Il ne s'agit pas ici de mettre en exergue le « _Voyage d'un naturaliste autour du Monde_ », ni même de « _L'Origine des Espèces_ ».

Le premier ouvrage est un magnifique travail d'observateur de la Nature, merveilleux témoignage de lieux couverts d'une nature souvent encore vierge ou quasiment. Le second, bien sûr, a révolutionné la façon dont nous percevions scientifiquement l'évolution des plantes et des animaux, évolution que Lamarck, avant lui, avait mise en évidence et qui ne choquait déjà plus que quelques réfractaires, restés accrochés au mythe de la « Création ». Evidemment, scientifiquement, Darwin a eu raison sur Lamarck, pour l'essentiel, mais nous savons que les idées de ce dernier n'avaient rien de totalement faux et qu'elles reviennent par la petite porte à travers l'épigénétique. Darwin lui-même écrit : « _Nous devrions spécialement garder à l'esprit que les modifications **qui ont été acquises** et qui ont fait l'objet, au cours des époques passées, d'un emploi continuel au service de quelques fins utiles, ont pu probablement se fixer solidement et pourraient à la longue devenir héréditaires._ » [61]

La percée de Darwin est d'autant plus remarquable qu'elle n'a bénéficié d'aucun apport de la génétique telle que nous la connaissons aujourd'hui, bien entendu.

Non, le livre auquel nous devons rendre hommage est d'une toute autre portée philosophique pour le sujet qui nous préoccupe, l'anthropocentrisme : « _La filiation de l'Homme_ » écrit en 1871. [62]

---

[61] La Filiation de l'Homme Ed.Champion Classique Essais page 180.

[62] La Filiation de l'Homme Ed.Champion Classique Essais

Nous l'avons déjà un peu évoqué avec l'arbre de Haeckel. Si Darwin n'est pas remonté jusqu'à LUCA (les techniques modernes de paléontologie, de systématique n'étaient pas toutes disponibles, notamment le séquençage ADN), il a osé proposer une ***excentration*** majeure.

Il affirme sans ambiguïté, sans laisser le lecteur conclure par lui-même, que l'Homme a un ancêtre commun avec les singes et bien au-delà avec toute une lointaine filiation qui nous unit à de très éloignés « parents ».

Il s'agit d'étendre définitivement aux humains, les processus de sélection mis en évidence chez les animaux et les plantes. Certes Darwin ne risque pas le bûcher, mais au moins le déshonneur et le discrédit sur tout son travail précédent. Bel exemple de courage scientifique, de rejet de l'obscurantisme religieux encore bien présent dans les sphères dirigeantes européennes et spécifiquement anglo-saxonnes.

Le titre de la partie 1 est déjà une révolution : « *Ce qui témoigne que l'Homme descend de quelque forme inférieure* ». Passons sur le sacrilège définitif pour les tenants de la Création, mais Darwin affirme que nos ascendances ne sont pas forcément aussi glorieuses que nous aurions pu l'imaginer. S'il emploie le terme d'espèces inférieures, ce n'est pas nécessairement pour rabaisser l'animal, pour appeler au mépris, mais bien un moyen de souligner que nous sommes les héritiers d'un long perfectionnement ; perfectionnement cher à Rousseau, mais définitivement non spécifique à l'espèce humaine. De façon, je l'avoue, un peu orientée, je crois qu'il faut lire chez Darwin le terme inférieur au sens de LUCA à savoir au sens d'antérieur et donc moins perfectionné du fait de la simple chronologie au sein du Processus.

Il faut bien nous rappeler que tout le discours de Rousseau pour asseoir **l'humanisme « restreint »** était basé sur cet argument de dernier recours : seuls les humains sont capables d'apprendre et de transmettre le savoir.

Darwin nous rappelle que l'Homme a longtemps été soumis aux affres de la sélection qui menaçaient ceux qui s'éloignaient trop de l'équilibre écologique par une démographie trop prospère.

« *Les premiers ancêtres de l'homme ont dû tendre également, comme tous les autres animaux, à **s'accroître au-delà de leurs moyens de subsistance** ; c'est pourquoi ils ont dû être parfois exposés à la lutte pour* *l'existence, et par voie de conséquence à la loi rigide de la sélection naturelle. »*[63]

Puis l'homme s'est répandu sur Terre, et a imposé sa loi.

« L'homme dans l'état le plus grossier dans lequel il puisse exister aujourd'hui, est l'animal le plus dominateur qui soit jamais apparu sur cette terre. Il s'est répandu plus largement qu'aucune autre forme supérieure d'organisation ; et toutes les autres ont fléchi devant lui. »[64]

Puis, Darwin après avoir expliqué le caractère social de l'homme par ses fragilités intrinsèques dans la nature, lui dénie l'exclusivité de facultés mentales remarquables. Car, d'une part, cela remettrait en cause l'évolution progressive des espèces, d'autre part les naturalistes de son époque constatent chez de très nombreuses autres espèces, l'existence de ces facultés sur le terrain et dans leurs laboratoires.

« Etant donné que l'homme possède les mêmes sens que les animaux inférieurs, ses intuitions fondamentales doivent être les mêmes. L'homme a également en commun avec eux un petit nombre d'instincts, tel celui de la conservation de soi, l'amour sexuel, l'amour de la mère pour ses petits nouveau-nés... » [65]

Cette remarque est essentielle. Darwin affirme que l'homme agit aussi en fonction de ses instincts ; parmi ceux-ci, les prémices de toute empathie sont partagées avec de nombreuses autres espèces. Si l'amour maternel est sacré, pourquoi ne le serait-il pas pour les autres espèces ?

Darwin commence à préciser son propos au sujet de ce qu'il appelle les animaux supérieurs. A l'époque, il pensait principalement aux primates, mais les exemples qu'il cite vont bien au-delà.

« Mon objectif dans ce chapitre est de montrer qu'il n'existe aucune différence fondamentale entre l'homme et les mammifères supérieurs pour ce qui est de leurs facultés mentales .»[66]

L'animal peut parfaitement s'éloigner de ses « instincts » pour agir suivant son libre arbitre, et inversement le cerveau de l'homme, comme

---

[63] La Filiation de l'Homme Ed.Champion Classique Essais page 163

[64] La Filiation de l'Homme Ed.Champion Classique Essais page 165

[65] La Filiation de l'Homme Ed.Champion Classique Essais page 189

[66] La Filiation de l'Homme Ed.Champion Classique Essais page 188

des autres animaux peut, à force d'exercices répétés d'un acte favorable, le convertir en réaction réflexe. Les intuitions de Darwin sur le fonctionnement du cerveau sont à ce sujet remarquables pour l'époque.

Les citations suivantes se passent de commentaires.

« De toutes les facultés de l'esprit humain, on admettra, je suppose, que la Raison occupe le sommet. Seules quelques personnes contestent encore le fait que les animaux possèdent quelques capacités de raisonnement. On peut voir des animaux continuellement s'arrêter, réfléchir, puis se décider. Il est significatif que, plus un naturaliste étudie les habitudes d'un animal quelconque, plus ils les attribuent à la raison, et moins aux instincts non appris. »[67]

« Nous avons, je crois, montré désormais que l'homme et les animaux supérieurs, surtout les primates, ont quelques instincts en commun. Tous ont les mêmes sens, les mêmes intuitions et les mêmes sensations, - des passions, des affections et des émotions semblables, même les plus complexes comme la jalousie, la méfiance, l'émulation, la reconnaissance et la magnanimité. Ils pratiquent la tromperie et sont vindicatifs. Ils redoutent parfois le ridicule, et ont même le sens de l'humour ; ils ressentent l'étonnement et la curiosité ; ils possèdent les mêmes facultés d'imitation, d'attention, de délibération, de choix, de mémoire, d'imagination, d'association des idées et de raison, bien qu'à des degrés très différents. »[68]

Nous voici revenus au doute de Rousseau **« du plus au moins »**, mais maintenant étendu à un registre bien plus large. Puis, Darwin met l'accent sur l'origine de ce que nous ressentons comme les fondements de nos plus nobles comportements, sans faire intervenir ni l'âme ou ni d'autres considérations métaphysiques, mais uniquement la sélection naturelle la plus basique.

« Chez les animaux qui tiraient des bénéfices de cette vie en étroite association, les individus qui prenaient le plus grand plaisir à cette vie sociale étaient ceux qui échappaient le mieux à divers dangers ; tandis que ceux qui étaient les moins attachés à leurs camarades et qui vivaient d'une

---

[67] La Filiation de l'Homme Ed.Champion Classique Essais page 201
[68] La Filiation de l'Homme Ed.Champion Classique Essais page 206

façon solitaire, périssaient en grand nombre. En ce qui concerne l'origine des sentiments d'affection parentale et filiale, lesquels apparemment sont à la base des instincts sociaux, nous ignorons quelles ont été les étapes par lesquelles ils ont été acquis, mais nous pouvons inférer que cela s'est produit en grande partie par le jeu de la sélection naturelle »[69]

*« Néanmoins la différence entre l'esprit de l'homme et celui des animaux supérieurs, aussi grande soit-elle, est certainement une différence de degré et non de nature. Nous avons vu que les sentiments et les intuitions, les diverses émotions et facultés, tels que l'amour, la mémoire, l'attention, la curiosité, l'imitation, la raison etc…, dont l'homme se fait gloire, peuvent se trouver à l'état naissant ou même parfois un état bien développé chez les animaux inférieurs. Ils sont également susceptibles de bénéficier **d'améliorations héritées** … »*[70].

Outre que Darwin se joue un peu de son lecteur anthropocentrique « dont l'homme se fait gloire », il renverse l'ultime frontière érigée par Rousseau : seul l'homme est capable de perfectionnements hérités.

Cette ***excentration*** date de 1871, il y a déjà 150 ans. Il ne s'agit plus de parler de simple sensibilité, mais bien d'une possibilité « **du plus au moins** » dans tous les domaines de l'intelligence. La frontière infranchissable entre l'homme et l'animal se réduit peu à peu. Dans la « *Filiation de l'Homme* », Darwin a consacré pas moins de 110 pages d'argumentations sur ce thème, qui vont crescendo.

Par la suite, Darwin évoque la notion de conscience de soi, la question du langage articulé comparé à tous les autres modes de communication animale. Il montre ainsi son extraordinaire ouverture d'esprit à cet égard, mais nous traiterons plus largement de cette question dans un chapitre consacré aux connaissances les plus modernes de l'éthologie, connaissances que Darwin, j'en suis certain, aurait adoré avoir à disposition et qui confirment pour l'essentiel ses intuitions, bien avant que nous commencions à comprendre le fonctionnement du cerveau, bien avant les neurosciences...

Mais Darwin nous déconcerte une nouvelle fois :

---

[69] La Filiation de l'Homme Ed.Champion Classique Essais page 243
[70] La Filiation de l'Homme Ed.Champion Classique Essais page 270

« Comme le remarque Monsieur Lennan, l'homme doit forger pour lui-même quelque explication des phénomènes de la vie ; et à en juger par son universalité, l'hypothèse la plus simple et la première à s'être présentée aux hommes semble avoir été que les phénomènes naturels sont imputables à la présence chez les animaux, dans les plantes et les choses, et dans les forces de la nature, d'esprits incitant à l'action tels que l'homme est conscient d'en posséder lui-même ».[71]

Ici Darwin, reprenant les thèses de son collègue, n'est plus seulement naturaliste, éthologue, il devient anthropologue et montre clairement les bases de ce que nous désignons comme la pensée animiste, supplantée plus tard par les croyances religieuses en des dieux tout puissants. Nous avons vu chez Thalès le basculement entre ce mode de pensée, sans doute ancestral, et la pensée occidentale, rationnelle, qui a conduit à l'anthropocentrisme institutionnel dès que l'homme a commencé à comprendre la nature et s'est senti l'égal ou le presqu'égal des dieux. Enfin, il s'est affranchi de la religion, lorsque ses connaissances scientifiques ont définitivement pu prendre le relai de la pensée magique ou magico-religieuse.

Darwin pose la dernière pierre de cette excentration déterminante. Avec Darwin, l'humanité a gagné en sagesse et en humilité, ce qu'elle a perdu en « noblesse » de la lignée.

➢ *Les deux mythes nord-américains*

Mais une fois encore, l'homme n'a pas écouté ou n'a pas voulu entendre.

Quand bien même, nous renoncerions aux généralisations hâtives de la pensée de Descartes, aux approximations de Rousseau et aux préjugés de Kant, demeure le fondement le plus tenace de l'anthropocentrisme : la croyance, le postulat que tout appartient à l'Homme et qu'il peut en disposer à sa guise comme espèce et surtout comme individu.

Partout les ravages, les massacres sont à l'œuvre ; si la chasse est bien une action délibérée et incontrôlée, pour l'essentiel les dégradations ne sont pas forcément directement dirigées contre la faune et la flore ou

---

[71] La Filiation de l'Homme Ed.Champion Classique Essais page 226

contre les milieux naturels, mais sont la conséquence directe de l'expansion humaine, du laisser-aller démographique qui appelle toujours plus de routes, de voies de chemin de fer, de constructions, d'industries, de remembrements, d'assèchements et de mines…

L'artificialisation de la Terre explose en même temps que la population … partout, tout autour du globe.

Les milieux naturels disparaissent et les citadins ont peu l'occasion de le percevoir. Pour nombre d'entre eux, le parc urbain devient souvent la référence de la nature. Bref, nous avons exploité, fragmenté tous les derniers espaces naturels, nous les avons dénaturés.

Mais qu'importe, les PIB croissent, et même un peu plus vite que la population… et donc le confort matériel individuel s'améliore ; le paraître aussi, la sélection sexuelle semble de plus en plus sophistiquée. Le PIB, national ou mondial, devient l'instrument de mesure du bonheur humain et de la réussite de l'espèce.

Pourtant, dès la fin du XIXème siècle et surtout au début du XXème siècle, quelques visionnaires, parmi une élite plus ou moins intéressée (par exemple Emmanuel II en Italie), s'inquiètent de la disparition des derniers grands mammifères sauvages en Europe et aux Etats-Unis. Les premiers parcs nationaux apparaissent : le Gran Paradiso (1856) en Italie puis Yellowstone aux USA (1872).

Certains pionniers sont désolés de se voir privés de la beauté de leurs animaux sauvages préférés ou au moins de leur « cabinet de curiosité » in situ. Parfois, c'est la perspective de la fin de la chasse par disparition de la faune qui effraye. Ces « Res nullius » étaient bien commodes, non plus pour s'alimenter, mais pour satisfaire les loisirs cynégétiques.

Pour de très rares individus, ce n'est pas la raréfaction des « trophées », mais bien la disparition des espèces, clefs de voûte des écosystèmes, qui est annonciatrice de grands déséquilibres redoutés. C'est de ces pionniers dont je voudrais maintenant vous parler, les Henry David Thoreau, John Muir, Aldo Leopold, Baird Callicott.

Tous ces personnages sont nord-américains ; certains ont vu les dégâts de la conquête de l'ouest finissante. Ils se sont succédé : l'Amérique du XIXème pour Thoreau ; la fin du XIXème et le début du XXème pour John Muir

; surtout la première moitié du XXème pour Aldo Leopold ; enfin J.Baird Callicott nait en 1941 et développe sa philosophie vers la fin du XXème.

Au cours de son histoire, l'Amérique se construit autour de deux mythes. Pour certains, la nature est cette chose terrifiante qu'il a fallu affronter pour coloniser le continent. Pour d'autres, au contraire, la Nature était le symbole de leur pays, si différent de l'Europe, où tout semblait possible, dans ces grands espaces encore sauvages. Mais l'Amérique est à chaque génération plus défigurée, par l'accroissement de population et l'expansion économique, la mise en exploitation des anciennes prairies, l'exploitation des forêts, des mines. Chacun à leur manière, ces pionniers de la protection de la nature ressentent la blessure et tentent d'apporter une réponse. Que faire, et au nom de quoi, pour sauver ce qu'il reste du rêve de la « Wilderness » ... ou d'une région déjà bien impactée ?

Les réflexions tournent autour de thèmes centraux :

- Faut-il donner à la nature une « valeur en soi », une « valeur intrinsèque » au sens philosophique, moral ou éthique du terme pour mieux motiver la conservation, voire appuyer une prise en compte juridique ?
- Et si oui que faut-il mettre en avant : la protection des écosystèmes, des espèces, des individus ?
- Faut-il conférer aux animaux domestiques ou aux sauvages ou les deux, des droits appuyés sur la reconnaissance de leur valeur en soi ? Est-ce la vie en général qui est la valeur en soi ?

Mais en filigrane un autre débat : la nature appartient-elle à l'homme ou en est-il seulement le dépositaire ? La nature peut-elle se passer de la gestion humaine ?

Au fil de ces générations, le libéralisme économique règne de plus en plus en maître et cela pèse sur les modes de pensée plus ou moins utilitaristes de la nature.

Un débat n'apparaît jamais, **l'Homme fait-il toujours partie de la Nature** ? Même si le temps passant, elle est de plus en plus lointaine, lacérée en tous sens, ces américains ne semblent pas se poser la question. En effet, en Amérique du Nord, l'interprétation de la Bible n'est jamais très loin et pèse lourd dans les réflexions. Du point de vue monothéiste, la nature a été soit donnée, soit confiée à l'Homme. Comment l'homme pourrait-il en être exclu ou s'en être exclu ? De plus, la nature fait partie du rêve américain, du culte de la Wilderness, là où les deux Amériques se rencontrent : celle de l'amateur de nature vierge et celle des pionniers qui vont l'affronter. [72]

> ### Henry David Thoreau et John Muir

Faire remonter à Thoreau, la prise de conscience écologique n'est que justice. Il l'exprime dans son œuvre « Walden ou la vie dans les bois », publiée en 1854.[73] Il nous raconte le sentiment de liberté, d'accomplissement de soi au cœur de la Nature. Cette approche charnelle est essentielle, et nous la retrouverons souvent chez la plupart des philosophes de l'environnement. Rares sont ceux qui dissertent sur le droit, l'éthique de la nature sans avoir eux-mêmes fait, à des degrés divers, l'expérience personnelle de ce contact sensible.

A priori, cela devrait nous rassurer, mais combien de nos concitoyens peuvent aujourd'hui faire cette découverte, par eux-mêmes, seuls, libres en face du monde libre, de la vie sauvage. Ce livre est écrit pour qu'un jour ce **droit fondamental** redevienne réalité dans notre pays et dans le monde.

« *Notre existence au village croupirait sans les forêts et les prairies inexplorées qui l'entourent et il faut le tonique de la nature* **inculte** *; de temps à autre patauger dans les marais où guettent le butor et le râle et entendre le grondement de la bécassine ; renifler la senteur du roseau murmurant là où seul quelque oiseau plus sauvage et plus solitaire bâtit son nid et le vison rampe le ventre au ras du sol. Empressés à tout explorer, tout*

---

[72] Pour ceux qui voudraient approfondir les questions relatives à ces notions de « valeur en soi », de « valeur intrinsèque », ils peuvent se référer aux livres de Catherine Larrère :

- Les philosophies de l'environnement (1997)
- Du bon usage de la nature (1997 puis 2009 et 2022 pour les rééditions).

Vous trouverez aussi une collection de textes choisis émanant de nombreux philosophes de l'environnement et écologistes dans le livre de Dominique Bourg et Augustin Fragnière : « La pensée écologique ; une anthologie ».

[73] Walden ou la vie dans les bois – Henry David Thoreau – Ed Albin Michel Idées - 2017

*apprendre, nous requérons en même temps que tout soit **mystérieux et inexplorable** que la terre et la mer soient **infiniment sauvages, non visitées, et insondées** par nous, parce que insondables. Nous ne pouvons jamais avoir assez de la Nature. »*[74]

Notons que Thoreau est aussi un révolté, révolté contre l'esclavage et le racisme. Darwin aussi dénonçait l'esclavage, et démontrait l'aberration raciste. **L'écologie est avant tout un humanisme**, mais l'humanisme est sans doute à élargir. Thoreau fait l'éloge d'une vie simple à l'opposé de la société américaine, du matérialisme qui commence à triompher. Pour cet homme, la Nature n'est pas ce monstre harcelant les pionniers, mais une dimension essentielle, un point de repère qu'il convient d'admirer. Sa « retraite » à Walden est avant tout une démarche personnelle.

John Muir, lui, est né en Ecosse, mais arrive en Amérique à l'âge de onze ans. Il faut imaginer un homme curieux de tout et fasciné par la nature sauvage qu'il découvre au cours de ses périples. Ces premières découvertes sont consacrées à Yosemite, puis il escalade le Mont Rainier, voyage jusqu'aux îles Wrangel, explore la Floride sans doute dans des marais similaires aux Everglades …. Il faudrait un livre pour raconter sa biographie… et tous ses « petits métiers ». Mais que doit-on à Muir ? Eh bien d'abord le classement de Yosemite en Parc national après s'être adressé au Congrès en 1890. Puis, il crée une des premières organisations écologistes, je dirais plutôt naturalistes : le Sierra Club.

Mais surtout, il est le premier à penser que la Nature doit être protégée pour elle-même et par elle-même. Il se brouille avec son meilleur ami, Pinchot, un forestier. L'objet de la discorde porte sur une divergence qui peut paraître anecdotique. Pinchot soutient que les moutons doivent paître dans les réserves forestières. Pourquoi ? Je n'ai pas de document qui atteste des arguments exacts, mais on peut en imaginer quatre sans trop extrapoler :

- Il faut bien « valoriser » ces grands espaces,
- Il faut une gestion rationnelle de la forêt pour en accroître le rendement,

---

[74] Walden ou la vie dans les bois – Henry David Thoreau – page 409

• Il faut bien de la place pour les troupeaux d'une population humaine grandissante,

• Et peut-être (déjà ?) qu'il faut protéger la forêt contre les risques d'incendie.

Et John Muir s'y oppose formellement. Il n'est pas question de commercialiser la Nature. Ici encore, je ne connais pas la teneur exacte des échanges, mais il ne semble pas absurde d'imaginer que Muir considère que la Nature n'a pas besoin de l'homme pour se gérer ; et d'ailleurs la vallée de Yosemite que nous chérissons n'est en rien le fruit de l'action humaine, même si une ancienne piste amérindienne l'a traversée. Pour Muir, l'existence même de la vallée, de la Wilderness a une dimension spirituelle, peut-être plus proche d'un ressenti animiste que religieux. En tout cas, la Vallée et Yosemite, et plus généralement la Wilderness, sont un Tout et grâce à Muir pour toujours.

Et puis, la Wilderness fait partie des mythes fondateurs de l'« âme » de l'Amérique.

Ce débat entre Pinchot et Muir résonne en moi depuis longtemps. Le débat entre deux conceptions de la protection de la nature, d'une part, la **conservation** qui sous-tend l'exploitation raisonnée et prudente de la nature et, d'autre part, la **préservation** des espaces naturels, y compris de leurs ressources comme valeur intrinsèque. Même si je me range plus volontiers aux arguments de Muir qu'à ceux de Pinchot, les deux termes Conservation et Préservation relèvent d'une vision fixiste de la Nature. On voudrait que ce que nous voyons soit immuable. Un petit relent de créationnisme nous accompagne. Or le Processus aboutit à ce que rien n'a jamais été et ne sera jamais immuable.

• Doit-on conserver le paysage et ses composantes, tels qu'ils nous ont émus, à un instant donné du Processus ? Ou doit-on admettre que ce qui nous a ému puisse évoluer ? Nos émotions doivent-elles primer sur le Processus ?

• La Nature a-t-elle besoin de l'homme ou l'homme de la Nature ?

Ces deux questions sont au cœur de l'anthropoEXcentrisme.

Muir s'oppose fermement à la construction d'un barrage et à l'inondation de la vallée d'Hetch Hetchy qui, selon lui, surpassait en beauté la vallée de Yosemite. Pour Muir, aucun motif économique ne pouvait justifier ce massacre. Il vécut cette destruction de la vallée comme une blessure tant personnelle que collective.

« *Tout ensemble d'étendues sauvages devrait appartenir à l'Etat, et être géré par lui et affecté à un usage public.* » écrit-il dans « *Our national parks (1901)* ».

Si la nécessité de la propriété de l'Etat sur les bijoux de la nation semble évidente et bien dans l'esprit de son combat incessant, il reste un point essentiel, si ce n'est de divergence, en tout cas de débat et de besoin de précision : qu'entend-on par **gestion** ?

Le terme gestion n'est-il pas antinomique avec le terme sauvage ? Devons-nous privilégier telle ou telle vision de ce qui serait bon ou mauvais pour la Nature, ou bien faire confiance a priori à la Nature dans le cadre d'une Libre Evolution ? le Processus n'a-t-il pas permis l'existence de ce Tout que l'on considère, à juste titre comme sauvage ? La poursuite de l'Aventure, par essence non conçue, non planifiée n'est-t-elle pas antinomique avec la gestion, qui suppose un schéma préétabli ?

De même, « *affecté à un usage public* » pose question. La Nature peut être laissée à la libre disposition de ceux qui souhaitent développer un lien affectif avec elle, mais, la Nature, réellement sauvage, peut-elle devenir un « usage » ? Certes il faut sensibiliser à la notion de Bien Commun, mais un Bien Commun doit-il nécessairement devenir un usage à disposition des hommes ?

Nous allons voir que la notion de gestion et d'usage peuvent conduire à des interprétations que Muir n'aurait sans doute pas souhaitées.

➢ *Aldo Leopold et John Baird Callicott*

Ces deux personnages clefs de la pensée des protecteurs de la nature ont souvent été adulés. Je porterai une appréciation plus modérée à leur égard.

Il me semble intéressant de relire ces précurseurs pour, soit mettre en avant leurs apports essentiels à l'AnthropoEXcentrisme, soit, a contrario, montrer ce qui s'apparente à de l'anthropocentrisme.

Comprenons-nous bien, j'ai pour tous ces auteurs une infinie gratitude et un grand respect. Je veux mettre en exergue nos profondes solidarités, mais aussi nos quelques divergences, pour mieux faire sentir les progrès que nous pourrions réaliser, sachant que je souscris pour l'essentiel à la grande majorité de leur façon de concevoir la vie. Existe-t-il une meilleure méthode pour formuler, préciser ses propres questionnements, que d'analyser les réponses que semblent apporter les prédécesseurs les plus proches ?

✓ *Aldo Leopold*

Commençons chronologiquement par Aldo Leopold et l'« *Almanach d'un comté des sables* »[75]

« *L'écologie n'arrive à rien parce qu'elle est incompatible avec notre idée abrahamique de la Terre. Nous abusons de la Terre parce que nous la considérons comme une marchandise qui nous appartient* ». [76]

Cette dénonciation immédiate d'un des fondements de l'anthropocentrisme est limpide : la protection de la Terre sera difficile tant que nous la considérons comme notre propriété avec une valeur marchande.

Plus loin Léopold enfonce le clou :

« *Il n'existe pas encore d'éthique de la relation de l'homme à la Terre, ni aux animaux et aux plantes qui vivent dessus. La Terre ... est encore considérée comme une propriété. La relation à la Terre est toujours strictement économique, comportant des privilèges mais pas de devoirs.* » [77]

Leopold constate la tendance humaine à se constituer en communauté et propose de l'élargir. C'est un devoir éthique.

---

[75] Almanach d'un Comté des Sables – Aldo Léopold – Ed Flammarion GF – 2000

[76] Almanach d'un Comté des Sables – Aldo Léopold – page 14

[77] Almanach d'un Comté des Sables – Aldo Léopold – page 257

« L'éthique de la Terre élargit simplement les frontières de cette communauté, de manière à y inclure le sol, l'eau, les plantes et les animaux, ou collectivement, la Terre. »[78]

« En bref, une éthique de la terre fait passer l'homo sapiens, du rôle de conquérant de la communauté-terre à celui de membre et citoyen parmi d'autres de cette communauté. Elle implique le respect des autres membres et aussi le respect de la communauté en tant que telle. »[78]

La philosophie se précise : Non-propriété de l'homme et communauté de vie incluant non seulement les paysages grandioses, mais tout être vivant (plantes, animaux…), et aussi le support minéral, inorganique de la vie (l'eau, le sol… le biotope).

C'est bien la communauté, le Tout, qu'il faut protéger… C'est l'Ethique de la Terre. Une excentration admirable.

Et, ***l'homme fait partie de cette communauté***, et à ce titre doit respect à tous ses membres.

Mais si l'homme ne respecte pas le contrat, fait-il toujours partie de la communauté ?

La citation suivante doit être replacée dans son contexte. Depuis son plus jeune âge Aldo est chasseur, et un jour il tue une louve.

« Nous atteignîmes la louve à temps pour voir une farouche lueur verte mourir dans ses yeux. Je compris à l'instant, et je n'ai pas oublié depuis, qu'il y avait quelque chose de nouveau pour moi dans ces prunelles. Une chose qu'elle et la montagne étaient seules à connaître. J'étais jeune à l'époque et j'avais la gâchette facile ; comme les cerfs prospéraient lorsque les loups se raréfiaient, je pensais que supprimer ces prédateurs ferait naître le paradis des chasseurs. Mais après avoir vu s'éteindre cette lueur verte, j'ai senti que ni le loup, ni la montagne n'était de cet avis »[79]

Pour Aldo Leopold, la montagne est le symbole d'une **Nature** qui « aimerait » être perçue comme un Tout indivisible et qui considère que, **sans le loup, elle n'est plus**. Peut-être a-t-il de la compassion pour la louve

---

[78] Almanach d'un Comté des Sables – Aldo Léopold – page 258
[79] Almanach d'un Comté des Sables – Aldo Léopold – page 169

(la lueur verte), mais c'est surtout une inquiétude pour le Tout, sa montagne qui le perturbe. Le Tout semble plus important que l'individu.

Il est souvent attribué à Leopold une remarque essentielle sur la façon de sauvegarder la montagne et le Tout, remarque qui résume bien la philosophie de « penser comme une montagne » :

« Dans chaque cas, la surabondance des cerfs, quand ils sont privés de leurs ennemis naturels, [les loups], *a rendu impossible la reproduction où la survie des plantes dont ils se nourrissent »*.

Leopold affirme ici un principe, « évidence » aujourd'hui pour les écologistes scientifiques et de terrain : ce ne sont pas les cerfs qu'il faut réguler, mais leurs prédateurs qu'il faut préserver, pour assurer la pérennité du Tout, l'écosystème. Un plaidoyer pour la Libre Evolution, pour laisser le système s'équilibrer lui-même. Mais à long terme, si malgré tout le biotope évolue et entraine un déséquilibre, que faut-il faire ?

Il ressent clairement que la Nature était là avant l'homme et qu'elle devrait perdurer après sa génération. Parlant du retour annuel des grues dans le marais, « une *caravane interminable de générations a construit de ses propres ossements ce pont vers le futur, cet habitat où de nouveaux hôtes pourront à nouveau vivre et procréer et mourir .»* [80]

Jusqu'ici totale convergence de vision, mais à ce stade, nos points de vue commencent à diverger.

Dans son livre *« les philosophes de l'environnement »*[81], Catherine Larrère interprète la pensée de Leopold.

« Le chasseur se découvre ainsi compagnon du loup lancé dans des activités comparables dont le modèle est naturel : de chasseur il devient prédateur. Le décentrement s'accomplit. Point de vue intéressé, placé à égalité avec d'autres, l'homme se retrouve inclus dans une histoire de la nature qui n'a pas toujours eu besoin de lui pour s'accomplir, car il n'en est ni le commencement ni la fin ».

Décentrement ? Il est remarquable que C.Larrère emploie cette notion, si importante dans notre livre. Le « décentrement », l'excentration, pour

---

[80] Almanach d'un Comté des Sables – Aldo Léopold – page 128
[81] Les philosophes de l'environnement – Catherine Larrère – Ed PUF - page 63

Leopold consiste à affirmer que la Nature n'a pas toujours eu besoin de l'homme. Effectivement, c'est une prise de conscience essentielle et on perçoit Leopold en prise avec une petite contradiction : « ni le commencement, ni la fin » ; La Nature existait avant l'homme. Mais alors faut-il écrire, la Nature n'a pas toujours eu besoin de l'homme (« le commencement ») ou la Nature n'a jamais eu et n'aura jamais besoin de l'homme (ce qui peut inclure la « fin ») ? Pourquoi la Nature aurait-elle soudain besoin de l'homme ? La permanence du Processus depuis LUCA ne pousse-t-elle pas à être un peu plus direct en remplaçant « pas toujours » par « jamais » ?

Un mot éclaire peut-être le « pas toujours » : « Point de vue intéressé ». L'homme étant « intéressé », comme d'autres, devient-il soudain, par sa seule présence nouvelle et ses intérêts, utile à la nature ? En quoi le fait d'être intéressé est synonyme d'utile ? L'homme armé d'un fusil, artifice s'il en est, est-il l'équivalent d'un prédateur naturel ?

Ne serait-ce pas plus simple et plus franc d'écrire que « si la Nature n'a jamais eu besoin de l'homme, l'homme a besoin de la Nature » ? Qu'en penserait LUCA ? Mais que resterait-il alors de la justification de la chasse ?

Et Aldo Leopold précise sans ambiguïté l'idée qu'il se fait d'un espace sauvage :

« De *quel degré d'intégrité parlons-nous ? Un espace naturel est une chose relative. En tant que forme d'utilisation de la terre, ce ne peut pas être une entité rigide au contenu immuable excluant toute autre fonction. Au contraire, ce doit être une entité souple qui s'adapte à d'autres usages et se fond avec eux dans le système d'échanges très localisé d'aménagement du territoire fondé sur le critère **d'utilisation maximale**». »* [82]

La pensée est claire. Elle est celle d'un homme qui a toujours vécu des fruits de la terre, qui a du mal à se convaincre de la première phrase qu'il nous a proposé sous forme de critique fondamentale : « *La Terre reste considérée comme une propriété* ». Il demeure essentiellement, peut-être à contrecœur, utilitariste. Malheureusement, n'est-ce-pas cette excentration inachevée qui a conduit, partout dans le monde, à fragmenter

---

[82] Ethique de la Terre Ed.Payot Classique page 132.

nos espaces sauvages, à confondre de plus en plus nos Parcs Nationaux avec des bases de loisirs de plein air ?

Il nous faut méditer sur cette phrase célèbre de Aldo Leopold :

*« J'ai lu de nombreuses définitions de ce qu'est un écologiste… mais je soupçonne que la meilleure d'entre elles ne s'écrit pas au stylo mais à la cognée. La question est à quoi pense un homme au moment où il coupe un arbre, ou au moment **où il décide de ce qu'il doit couper.** Un écologiste est quelqu'un qui a conscience, humblement, qu'à chaque coup de cognée il inscrit sa signature sur la face de la Terre »* [83]

Qui suis-je pour décider que tel arbre doit être coupé et tel autre conservé ? De plus comment choisir ? Le plus grand, le plus vieux, le plus tordu, celui qui me gêne, celui qui ne m'inspire aucun respect ? Pourquoi aurai-je le droit de me substituer au Processus ?

Nous proposerons une tout autre « logique ».

[L'humanité est] *« un compagnon voyageur des autres espèces dans l'odyssée de l'évolution ».*[84]

Cette sentence est à la fois merveilleuse, puisque Leopold reconnait clairement le rôle fondamental de l'Odyssée (l'Aventure), mais perçoit-il que l'homme s'est complètement abstrait des règles de l'Evolution ? Peut-on être compagnon et suivre une direction opposée ? Et le compagnon n'est-il pas un passager bien tardif de l'Aventure ?

✓ *John Baird Callicott*

J.Baird Callicott a écrit deux ouvrages essentiels :

- *« Ethique de la Terre »* pratiquement le même titre que l'œuvre d'Aldo Leopold. [85]

- *« Genèse : Dieu nous a-t-il placés au-dessus de la nature ? »*[86]

---

[83] Almanach d'un Comté des Sables – Aldo Léopold – page 96

[84] Almanach d'un Comté des Sables – Aldo Léopold – page 145

[85] Ethique de la Terre – John Baird Callicott – Ed wild project/classique - 2020

[86] Genèse : Dieu nous a-t-il placés au-dessus de la nature ? - John Baird Callicott- Ed wild project/classique- 2021

Leopold est pour lui une source d'inspiration mais pour Callicott la question religieuse semble essentielle.

Il pense pouvoir contourner la critique de la Bible, présente dans la première citation de Leopold (« *idée abrahamique* »), critique qui attribue au Livre la première « institutionnalisation » de l'appropriation de la Terre par l'homme. Il défend une lecture plus douce du Livre. La Bible instituerait l'Homme, non comme propriétaire, mais comme gestionnaire de droit : l'Homme est l'**intendant** de Dieu sur Terre. Cette conception n'est pas seulement une discussion entre exégètes, elle a des implications bien concrètes. Cela peut surprendre l'Européen, et surtout le laïc français, mais, aujourd'hui encore, le Président américain jure sur la Bible de protéger et de défendre la Constitution.

Callicott propose une éthique environnementale dite de « l'intendance », laquelle semble fort sympathique, mais le « grand intendant », voire le « surintendant » n'aura-t-il pas tendance à se servir dans la caisse de la « communauté biotique » (ce qui est une grande constante de notre histoire et probablement de celle des USA !) ?

*« L'éthique environnementale judéo-chrétienne de l'intendance devrait par conséquent recevoir tout le respect intellectuel qu'elle mérite incontestablement. Son potentiel dépasse largement la tâche qu'on lui a assignée jusqu'ici d'enrôler une fraction aussi large que possible du public au nom de l'inquiétude environnementale. Pour le très grand nombre de ceux qui en acceptent les prémisses, qui croient en Dieu, à la création divine, à la place et **au rôle prédominant assigné aux êtres humains** dans le monde etc, elle constitue à mon avis l'éthique environnementale actuellement la plus cohérente, la plus puissante et la plus opérationnelle. »*[87]

Invoquer la croyance en la Création ne sonne-t-il pas bizarrement à ceux qui imaginent la vie comme une Aventure et non un point fixe ? Les démonstrations de Darwin n'ont-elles jamais traversé l'Atlantique ? Les non-croyants en la Création sont-ils exemptés d'éthique envers la « communauté biotique » ? Quant à l'anthropocentrisme, le grand mérite de Callicott est de l'assumer. Le ***rôle prédominant*** a été « ***assigné*** », il n'est

---

[87] Genèse : Dieu nous a-t-il placés au-dessus de la nature ? - John Baird Callicott- page 21

pas le fruit de l'Evolution. Peut-on espérer sortir d'une assignation, qui plus est de droit divin ?

Ne nous arrêtons pas à cette légère divergence, différence de culture, sans doute, entre européens et américains que l'on retrouve aujourd'hui dans le poids des évangélistes d'un côté et notre laïcité de l'autre. Essayons de nous concentrer sur ce que nous propose Callicott. Il nous promet une lecture un peu différente de celles de John Muir et Aldo Leopold : une lecture citoyenne de la Genèse.

*« … au lieu de penser la planète comme devant se décomposer en zones de développement économique humain en continuelle expansion – **censées être** inévitablement destructrices de l'environnement - d'un côté, et en espaces naturels ou refuges biologiques toujours plus petits de l'autre, songeons au contraire à créer une **planète jardin**…nous pouvons essayer de vivre harmonieusement dans et avec la nature, non pas en revenant à un état de sauvagerie préagricole, mais en employant toute notre ingéniosité technologique post-industrielle et notre compréhension de l'écologie à créer une civilisation durable et bienveillante à l'égard de l'environnement .»* [88]

Bref, l'Homme est le nouveau créateur (ou démiurge), et sa grandeur d'âme suffira à créer un monde merveilleux !

Le discours n'est-il pas un peu décalé, pour ne pas dire romantique, face à la réalité de terrain et nos huit milliards d'humains, dont un crie qu'il a faim (légitimement), quatre autres crient (légitimement) qu'ils sont méprisés, et une poignée qui affirme « qu'ils n'en ont jamais assez » ?

Callicott n'écrit pas en 1850, mais essentiellement à la fin du XXème siècle. A cette époque, et il le dit, les crises environnementales, de la biodiversité, alimentaire mondiale, et le début de la crise climatique sont avérés.

« Planète jardin » : ne se paye-t-on pas de mots ? Un jardin est-il la Nature ? « Censées être… » : Regarde-t-on avec la même objectivité l'état de la planète ?

Mais Callicott tempère son propos :

---

[88] Genèse : Dieu nous a-t-il placés au-dessus de la nature ? - John Baird Callicott-page 79

« Ne vous méprenez pas, je soutiens, tant par la plume que financièrement, aussi ardemment que n'importe quel environnementaliste, les espaces et réserves naturelles. Mais je pense qu'en plus de dédier des étendues de terrain à l'habitat exclusif d'autres espèces animales et végétales, nous pourrions aussi concevoir et tenter d'inventer des modèles de développement et des styles de vie humains qui soient adaptés aux écosystèmes naturels dans lesquels ils sont intriqués.

Les activités économiques humaines sont en principe compatibles avec la diversité, l'intégrité et la beauté écologique. Les activités humaines peuvent en principe contribuer à améliorer les écosystèmes naturels »[89]

Il est évident que nous faisons crédit à Callicott de son sentiment écologique profond. Comme je l'ai dit en introduction de ce chapitre, ce qui nous rapproche est sans doute plus important que ce qui nous sépare. La question n'est pas là.

Mais quelle taille pour ces espaces « naturels », pour qu'ils puissent porter justement l'adjectif de Naturel, c'est-à-dire permettant un exercice de l'Aventure ?

Callicott les imagine comme « intriqués », mais la fragmentation n'est-elle pas la pire des menaces pour les écosystèmes ?

Quant à l'amélioration des écosystèmes naturels, le seul fait de juxtaposer « amélioration » et « naturel » n'est-il pas antinomique ? Oui, l'Evolution conduit en règle générale au perfectionnement des espèces et des individus, conduit à des coévolutions bénéfiques à plusieurs espèces, mais il n'y a rien de prédéterminé dans l'Aventure, rien d'acquis d'avance, rien qui résulte d'une gestion prédéfinie. Callicott semble d'ailleurs avoir un doute puisqu'il précise « en principe ».

L'homme de Callicott n'est-il pas un nouveau ***démiurge autoproclamé*** ? La science écologique a-t-elle pour fonction d'améliorer la Terre, comme la technologie devrait améliorer le bien-être de tous ?

L'anthropocentrisme, même si Callicott s'en défend, est bien vivant. La finalité de l'écologie et même de la protection de la nature ne devient-elle pas le confort moral et affectif de l'Homme ?

---

[89] Genèse : Dieu nous a-t-il placés au-dessus de la nature ? - John Baird Callicott- page 21

Evidemment, sa position paraît de « bon sens », très pragmatique : puisque l'homme est partout, puisque tout est artificialisé, faisons contre mauvaise fortune bon cœur ; et bon cœur signifie, finissons d'aménager la Terre pour l'Homme en veillant à ce qu'il vive sans trop de regret ou de remord. Bref la Terre-jardin.

Mais si au lieu d'être partout, l'homme n'occupait plus que cinquante pour cent de la surface terrestre, la donne serait-elle radicalement différente ? Si ces huit milliards de mécontents, n'étaient **qu'un ou deux milliards de satisfaits**, cela rajeuniraient-ils nos neurones pour imaginer un autre monde ?

Pourquoi se l'interdire ? La Bible ! OK, désolé, j'avais oublié !

Mais ce serait évidemment faire injure à Callicott de réduire sa philosophie à ces quelques citations, car dans son ouvrage « *Ethique de la Terre* », il aborde un nombre considérable de sujets et met en exergue les principales contradictions qui animent les débats entre philosophes écologistes.

Parmi ceux-ci, une question nous tient à cœur :

« Comment *conserver une biocénose dynamique et toujours changeante quand les verbes mêmes de conserver et de préserver suggèrent d'arrêter tout changement surtout quand ils sont associés au terme d'intégrité et de stabilité ? La clé de l'énigme est dans le concept d'échelle. C'est un concept général de l'écologie qui inclut aussi bien l'étendue que le rythme, c'est à dire que le concept d'échelle est spacio-temporel.* »[90]

Mais Callicott ne semble pas tirer de conclusions de la nécessaire prise en compte de cette dynamique ancestrale, si ce n'est pour la relativiser. Il admet que le changement climatique est d'une rapidité trop importante par rapport aux variations naturelles, ce qui est exact. Mais pour lui, le problème est avant tout quantitatif et non qualitatif. En soit, le changement climatique n'est pas moins naturel qu'une éruption volcanique, un incendie déclenché par un orage ou une tornade, puisqu'il est d'origine anthropique et que l'homme fait partie de la nature, et qu'il en est même « l'intendant ». Alors Callicott généralise :

---

[90] Ethique de la Terre – John Baird Callicott – page 217

« Qu'y a-t-il donc de mauvais du point de vue de l'éthique de la Terre dans l'épisode actuel de réchauffement d'origine anthropique ? Nous faisons partie de la nature, aussi notre récente habitude de recycler le carbone piégé, peut-elle être biologiquement unique sans toutefois être contre-nature. »

« Pourquoi en conséquence les coupes rases, le bétonnage des côtes, les captages hydroélectriques et toutes les actions semblables seraient elles contraires à l'éthique. En tant que telle, elles ne le sont pas. Encore une fois c'est une question d'échelle. » [91]

« Question d'échelle » ! Oui effectivement et c'est bien là le cœur du problème aujourd'hui !

Les échelles ne sont-elles pas déjà excessives ? jusqu'où peut-on aller ? Effectivement, un château de sable sur une plage ne risque pas de perturber grandement le Processus, mais l'échelle de perturbation actuelle est à l'aune de huit milliards d'humains. Dans ce contexte, un tel propos n'est-il pas un blanc-seing si on se contente de déclarations vagues et qualitatives ?

Qui va décider de ce qui est excessif quand l'accroissement de la population mondiale génère chaque année plus de mécontents qui vocifèrent « qu'ils n'ont jamais assez », dont sept milliards légitimement ?

Quelle limite s'imposer si le postulat de départ est la « naturalité » de l'homme et que l'homme est l'intendant assigné ? Au nom de quoi, vais-je interdire à Turgot de faire ce que Fouquet et Voltaire ont fait avant lui … s'enrichir ?

Pour paraphraser Leopold ; « Un écologiste n'est-il pas quelqu'un qui a conscience, humblement, qu'à chaque coup de bulldozer, à chaque mégatonne de carbone, il inscrit sa signature sur la face de la Terre » ?

Effectivement, cette signature de l'écologiste ne devrait pas échapper aux générations futures, qui apprécieront ce témoignage du passé, n'en doutons pas.

---

[91] Ethique de la Terre – John Baird Callicott – page 221

L'Homme ne s'est-il pas de lui-même exclu du Processus et donc de la Nature ? N'est-ce pas lui qui contourne le Processus ?

Prétendre que l'homme fait **toujours** partie de la Nature aboutit nécessairement à la philosophie **parfaitement cohérente** de Callicott. Le « toujours plus », la dérive de l'artificialisation sont-ils contrôlables ? Où mettre dorénavant la limite ? Peut-on bâtir une éthique sur des bases aussi floues ?

Continuer à prétendre que l'homme fait toujours partie de la Nature n'est-il pas une façon de nous exonérer de notre responsabilité ? Ne rendons-nous pas ainsi toute dégradation des milieux naturels justifiable ?

De l'éthique de la « communauté » à l'éthique utilitariste, la frontière n'est-elle pas trop ténue si nous maintenons le postulat que l'homme est un acteur comme un autre ? « Que le plus fort gagne ! » aurait susurré le malicieux Descartes.

Thoreau, Muir, Leopold, Callicott ont eu, chacun à leur manière, l'immense mérite de nous sensibiliser au rôle des écosystèmes et du Tout ; mais n'ont-ils pas sacrifié les individus, voire les espèces au nom du Tout ? La métaphore de la cognée et du « bon chasseur » en est-elle le symptôme ?

> ➢ **« Communauté biotique » et « communauté mixte » selon J.B.Callicott**

Doit-on protéger des écosystèmes, des espèces ou des individus ?

Pendant que les uns sensibilisent à l'importance du Tout, d'autres accordent une tout autre signification à la « *petite lueur verte qui s'éteint dans l'œil de la louve* » au pied de la montagne.

En particulier, Peter Singer soutient que tout être vivant partage avec l'homme deux intérêts fondamentaux : ne pas souffrir, que ce soit physiquement ou moralement et ne pas être tué. Pour lui, le respect de ces deux intérêts est absolu et s'impose à l'homme dans ses relations à un animal quelconque, sachant que cet animal peut souffrir et qu'il a conscience de son existence.

Dans son livre « *La libération animale* », Singer n'utilise jamais les mots « écosystème », « biotope », « équilibre », « habitat » alors qu'ils sont au cœur des philosophies décrites précédemment. De fait, sa dénonciation de la cruauté envers les animaux est bien souvent centrée sur l'élevage. Nous en reparlerons.

Mais ici ressurgit la question de la sensibilité animale, la question du « Res Nullius ». L'être vivant, l'individu sauvage, est-il autre chose qu'une utilité pour le Tout, et l'animal domestique une utilité pour l'homme ?

Dans son article *"Animal Libération and Environmental Ethics: Back together Again"*[92], JB. Callicott, tente de répondre aux questions suivantes :

- Les droits des individus de la faune sauvage sont-ils les mêmes que ceux de la faune domestique ?
- Sur quoi ces droits peuvent-ils être fondés ?

Dans un premier temps, il cherche à réunir une éthique de la faune sauvage et de la faune domestique sous le vocable général de communauté :

- la « communauté biotique » à laquelle appartient la faune sauvage,
- la « communauté mixte » à laquelle appartiennent les animaux domestiques et de compagnie.

Pour la faune domestique, il imagine que les animaux vivent dans une « communauté mixte », qui unit leur destin à celui des hommes, communauté d'intérêt où chacun trouve son compte, et où la mort de l'animal fait partie du « contrat », juste rémunération de la peine que se donne les hommes pour protéger l'animal domestiqué. D'après Callicott, chaque espèce animale, notamment domestique, aurait un statut de reconnaissance particulier en fonction du niveau de relation entretenu avec les hommes.

« L'éthique du bien-être animal de la communauté mixte ne censurerait donc pas l'utilisation d'animaux de trait pour le travail ou même l'abattage d'animaux de boucherie pour l'alimentation, tant que l'élevage et l'utilisation de ces animaux ne constituent pas une violation, comme l'est manifestement l'élevage industriel, d'une sorte de contrat social évolué et tacite entre l'homme et la bête.

---

[92] Article publié dans le journal Between the Species: Vol. 4: Iss. 3, Article 3,1988

Mais il n'est pas dans mon intention d'essayer de détailler ici nos devoirs envers les différentes classes d'animaux qui composent les communautés mixtes. Je souhaite plutôt faire valoir que, quels que soient nos divers devoirs à l'égard des divers types d'animaux domestiques, de ce point de vue, ils diffèrent d'une manière générale et profonde de nos devoirs envers les animaux sauvages, membres de la communauté biotique. »[93]

Callicott évite de rentrer dans le détail de ce qui différencie une poule de bassecour, d'un mouton ou du chien qui, lui, a le privilège de pouvoir franchir le seuil de la maison.

Pourtant la question pratique n'est pas sans conséquence. Est-ce un niveau d'intelligence, de conscience de soi qui fait la différence ou le seuil de la porte ? N'est-ce pas un peu arbitraire ? Comment justifier que l'on ne tue pas son chien, que l'on endort (ou pas) le mouton avant de le saigner et que l'on donne un coup de hachoir au poulet vivant, voire que l'on broie les poussins à peine nés dans une déchiqueteuse ?

Callicott suggère que nous avons d'autant plus de devoirs envers un animal que nous entretenons des relations étroites avec lui. Il est clair que je peux entretenir des relations plus étroites avec mes parents qu'avec mes voisins, mais cela ne justifie pas nécessairement que j'use du hachoir contre ces derniers !

En quoi une hiérarchie des animaux, par un degré de proximité, peut-elle justifier la barbarie ?

Callicott condamne les pratiques excessives de l'agro-industrie et de l'élevage intensif, comme si c'était l'exception, et qu'il valait mieux détourner son regard pour promouvoir une éthique pour une infime minorité de la production de viande, celle qui respecterait la « communauté mixte ».

Certes, les pratiques à petite échelle sont (ou ont été) moins barbares que les pratiques industrielles, mais du point de vue éthique, où est la différence ?

« *Small is beautiful* » ? Les plus anciens d'entre nous se souviennent des porcs suspendus à un croc et égorgés vifs, pendant que leurs congénères entendent leur compagnon qui hurle et fini d'agonir ! Comment imaginer

---

[93] Article publié dans le journal Between the Species- Ref 40 page 167

que ces congénères ne comprennent pas ce qu'il se passe ? Et que fait-on de ce classement pour faire progresser le bien-être animal des moins bien classés de la « communauté mixte » ?

Le reste de leur vie a été digne, gambadant dans une verte prairie ou collectant les glands sous le bosquet de chêne, défendrons les tenants de la communauté mixte… et d'ailleurs Toutou et Ronron se prélassent au coin du feu !

Combien d'animaux ont encore la « chance » de mourir dans des conditions dignes, plutôt que dans des abattoirs industriels, après avoir vécu dans des conditions carcérales à la limite de l'ignoble, conditions qui salissent l'idée que l'humain se fait de lui-même ?

Nous sommes tous émus quand un éleveur nous parle de ses moutons égorgés par le chien errant, bien plus commun et dangereux que le loup, en caressant un agneau serré dans ses bras ! A cet instant, nous sommes priés de comprendre que l'agneau tient une place élevée dans la hiérarchie de la communauté. Mais dès lors que la bétaillère s'approche de l'abattoir, l'agneau passe brutalement du statut de l'être chéri et choyé au statut de « minerais », expression consacrée apparemment dans les abattoirs. Un peu difficile à suivre, si ce n'est d'admettre que la porte de l'étable est la matérialisation de la limite de la communauté mixte.

Chacun est libre de croire à cette mascarade.

Si cette situation, élevage industriel et carcéral, était une exception, nous pourrions nous consacrer à l'amélioration de la communauté mixte, mais ne nous voilons plus les yeux, l'industrie de l'élevage est la norme aujourd'hui et sur tous les continents.

Et la faune sauvage ? Etant encore plus loin de l'homme a-t-elle encore moins de droits ?

Callicott semble initialement satisfait d'avoir regroupé sous le vocable commun de « communauté », « mixte » d'un côté, « biotique » de l'autre, la faune domestique et la faune sauvage. Evidemment, il semble plus facile d'admettre ce parallèle lorsque l'on considère que la « communauté biotique », la nature doit être gérée par l'intendant.

Du point de vue du Processus, qui-a-t-il en commun entre des animaux (et des plantes) ayant toujours vécu sous le régime de la Libre Evolution, par essence non finalisée, et des espèces sélectionnées pour une fin prédéfinie ? Probablement rien.

Et d'ailleurs Callicott semble finalement conclure que les deux « communautés » ne peuvent revendiquer les mêmes droits et relèvent de deux éthiques différentes : « … *ils diffèrent de manière générale et profonde …* ». Et nous sommes totalement de cet avis. Mais les justifications divergent.

Effectivement, va-t-on condamner le puma parce qu'il a égorgé un cerf sans ménagement, au même titre que nous pouvons critiquer un éleveur qui n'étourdirait pas un porc avant de l'égorger ?

La logique du Tout n'a rien à voir avec de la gestion et de la sélection artificielle de la faune domestique. Mais est-ce à dire pour autant que les humains n'aient aucun devoir à l'égard des individus appartenant au Tout ? Ce n'est pas parce que la Nature n'est pas juste (« Nature is not fair ») et que la faune sauvage est appelée à souffrir que nous pouvons la chasser ou réaliser une régulation arbitraire. La souffrance induite par l'homme est immorale, suivant en cela Singer, mais pour nous elle est fondamentalement immorale car elle perturbe le Processus. L'Homme use d'artifices (fusils, pièges…) contre la faune sauvage et ici réside la distinction morale entre l'action de l'homme et celle du prédateur naturel.

Concernant le droit des animaux sauvages, Callicott conclut :

« *Quels que soient les droits moraux qu'un être peut avoir en tant que membre de la communauté biotique, le droit à la vie n'en fait pas partie. Au contraire, chaque être doit être respecté et laissé seul pour poursuivre son modus vivendi, même si son mode de vie cause du tort à d'autres êtres, y compris à d'autres êtres sensibles. L'intégrité, la stabilité et la beauté de la communauté biotique dépendent de la capacité de tous ses membres, en nombre approprié, à fonctionner selon leur mode de vie co-évolué.* »[94]

Effectivement, la non-intervention et la non-perturbation de l'Aventure doit être la règle, sauf que Callicott semble oublier la question cruciale de la « régulation » (et accessoirement de la chasse). En affirmant à la fois que la prédation fait partie de la règle du jeu dans l'écosystème, et par ailleurs que nous sommes les intendants, les « arbitres », ne risque-t-on pas

---

[94] Article publié dans le journal Between the Species- Ref 40 page 168

d'étendre l'absence de droit à la vie de la faune sauvage à la pratique de n'importe quelle régulation arbitraire ?

Qui décide de ce qu'est le **nombre approprié** ? Est-ce la Libre Evolution qui « décide » ou est-ce l'homme superintendant, usant d'artefacts, qui s'arroge le droit de décider ?

La souffrance que nous infligeons n'est-elle pas illégitime, car d'une part infligée à un individu par des moyens hors processus naturel de prédation, d'autre part « justifiée » par de la gestion arbitraire, de l'intendance... ? De plus, n'exerçons-nous pas une redondance de souffrances : élevage par sélection artificielle plus ponction dans la communauté biotique ?

Comme nous l'avons vu pour Aldo Leopold, sacrifier un arbre, un cerf n'est pas en soi répréhensible, pourvu que le Tout perdure. Le Tout, la communauté biotique, géré par l'intendant, ne devient-il pas chez Callicott un blanc-seing permettant de justifier la souffrance illégitime des individus sauvages ?

Concernant la « communauté mixte » une chose est certaine : en domestiquant la faune et la flore, nous avons contracté des devoirs spécifiques à leur égard, car nous les avons soustraits au Processus, nous avons réduit leurs capacités d'autodéfense. Notre devoir de protection et de respect doit être à la hauteur de ce que nous leur avons confisqué.

Mon livre a beaucoup plus pour vocation de réfléchir aux relations entre le monde libre et sauvage qu'aux relations au sein de la communauté humaine et de la « communauté mixte », mais notre réflexion ne peut pas rester suspendue dans l'éther. Nous devrons clairement développer la manière dont nous voyons ces interactions dans un contexte anthropoEXcentrique.

Nous ne pouvons donc pas passer sous silence, les travaux de Peter Singer, sur la « Libération animale », mais à ce stade nous serions conduits à nous détourner un peu trop de notre sujet principal actuel. Qu'est-ce que le Processus ? Qu'est-ce qu'un milieu naturel, faut-il le gérer ou vivre à côté de lui et se contenter de le visiter humblement ?

Cela ne signifie en rien que la « cause animale domestique » nous soit indifférente, nous en reparlerons et échangerons notre point de vue avec celui de Peter Singer dans un autre chapitre.

Pour finir d'apprécier où conduit la philosophie de l'intendant, je ne peux me résoudre à cautionner les propos de Callicott :

« Toutes les communautés humaines ont impliqué des animaux. Les animaux [...] se sont apprivoisés, non seulement par peur de la violence, mais aussi parce qu'ils ont pu nouer des liens individuels avec ceux qui les apprivoisaient en comprenant les signaux sociaux qui leur étaient adressés ».[95]

*« **Se sont** apprivoisés »* ? *« Par peur de la violence »* ? Effectivement il m'avait échappé que l'éléphant enchaîné et battu pendant des semaines avait choisi ce mode de vie et avait réclamé un contrat de travail par peur de la violence !

➢ *Le Rapport Meadows et ses implications philosophiques*

Vers les années 1980, le constat est partout le même : la pollution des villes s'étend désormais à toute la planète.

Couche d'ozone, pluies acides témoignent de changements de la composition même de l'atmosphère. Le globe semble ne plus pouvoir digérer les rejets des activités humaines. Tous ces déversements suivent inexorablement le même chemin que la croissance du PIB mondial. Et tout cela ira en empirant, comme vous le savez, avec le changement climatique.

Mais nous n'en sommes pas encore là.

En 1972, le Club de Rome reçoit le compte-rendu des recherches d'un groupe de scientifiques du MIT (Massachussetts Institute of Technology), qui sera consacré comme « le rapport Meadows ».

Le Club de Rome est une émanation de l'OCDE (Organisation de Coopération et de Développement Economique), qui s'inquiète du développement anarchique et de ses premières conséquences. Le groupe de réflexion, on dirait aujourd'hui un Think Tank, est composé de scientifiques, d'industriels, d'économistes et de représentants des Etats, bref rien d'une communauté de hippies dans les Cévennes. Sont-ils des philosophes ? Je le pense dans le sens où ils nous informent de la réalité et nous suggèrent une forme de sagesse.

---

[95] Article publié dans le journal Between the Species- Ref 40 page 165

Et donc le rapport issu du MIT s'intitule «Les limites de la croissance» [96]

L'étude réalisée correspond à une modélisation mathématique des conséquences à la fois de la croissance de la population et de la croissance économique :

« Notre modèle mondial a été spécialement conçu pour étudier cinq grandes tendances mondiales : l'accélération de l'industrialisation, la croissance rapide de la population, la malnutrition généralisée, l'épuisement des ressources naturelles non renouvelables et la détérioration de l'environnement. Ces tendances sont toutes interconnectées à bien des égards… Avec le modèle, nous cherchons à comprendre les causes de ces tendances, leurs interrelations et leurs implications sur une période allant jusqu'à cent ans…. À notre connaissance, c'est le seul modèle formel existant qui a une portée réellement globale, qui a un horizon temporel supérieur à trente ans et qui inclut des variables importantes telles que la population, la production alimentaire et la pollution, non pas en tant qu'entités indépendantes, mais en tant qu'éléments en interaction dynamique, comme ils le sont dans le monde réel. »[97]

*« La meilleure moitié des terres potentiellement arables de la planète est déjà cultivée, et l'ouverture de nouvelles terres est déjà si coûteuse que la société la jugera "non rentable". Il s'agit d'un problème social exacerbé par une limitation physique. Même si la société décidait de payer les coûts nécessaires pour gagner de nouvelles terres ou pour augmenter la productivité des terres déjà cultivées, il serait difficile de trouver des solutions pour acquérir de nouvelles surfaces ou pour augmenter la productivité des terres déjà cultivées. La figure 10 montre à quelle vitesse **l'augmentation de la population** entraînerait un nouveau "point de crise" »*[98]

Vers 1975, nous étions 4 milliards d'humains et nous avions déjà mis en culture la moitié des terres arables. Aujourd'hui, 50 ans plus tard, nous sommes 8 milliards. Nous savons que ces crises ont débouché sur la

---

[96] Rapport Meadows *The limits to growth* - Club de Rome-Universe book New-York – Potomac associates book -1972

[97] *The limits to growth* – ref 44 - page 21

[98] *The limits to growth* – ref 44 - page 52

déforestation massive partout dans le monde. La nature vierge a servi de variable d'ajustement à notre incapacité à maîtriser nos instincts reproductifs.

Le rapport reprend :

« Nos conclusions sont les suivantes :

1. Si les tendances actuelles de croissance de la population mondiale, de l'industrialisation, de la pollution, de la production alimentaire et de l'épuisement des ressources restent inchangées, les limites de la croissance sur cette planète seront atteintes au cours des cent prochaines années. Le résultat le plus probable sera un déclin soudain et incontrôlable de la population et de la capacité industrielle.

2. Il est possible d'infléchir ces tendances à la croissance et d'établir un état de stabilité écologique et économique qui soit durable à long terme. L'état d'équilibre mondial pourrait être conçu de manière à ce que les besoins matériels de base de chaque habitant de la planète soient satisfaits et que chacun ait des chances égales de réaliser son potentiel humain individuel.

3. Si les peuples du monde décident de s'efforcer d'atteindre ce deuxième résultat plutôt que le premier, plus tôt ils commenceront à travailler pour l'atteindre, plus grandes seront leurs chances de succès. »[99]

*« Le concept d'une société en état d'équilibre économique et écologique peut sembler facile à imaginer, bien que la réalité soit si éloignée de notre expérience qu'elle nécessite une **révolution copernicienne de l'esprit**. Traduire l'idée en actes, est une tâche remplie de difficultés et de complexités écrasantes. Nous ne pourrons discuter sérieusement de la question de savoir par où commencer que lorsque le message des Limites de la Croissance, et son sens de l'extrême urgence, seront acceptés par une grande partie de l'opinion scientifique, politique et populaire dans de nombreux pays. »* [100]

« Révolution copernicienne » : les auteurs ne nous appellent pas à un changement politique radical, ils nous conseillent une révolution philosophique, une excentration fondamentale. C'est bien l'objet de ce

---

[99] *The limits to growth* – ref 44 - page 23
[100] *The limits to growth* – ref 44 - page 196

livre, c'est bien comme cela que je vois la résolution des problèmes qui se posent à nous, nous enfermés dans notre **« Impasse Evolutive »** [101], en espérant qu'il ne soit pas déjà trop tard. Nous avons perdu cinquante ans d'errement, d'entêtement ultralibéral.

Les « *tendances actuelles de croissance de la population mondiale* » constituent un des facteurs essentiels et toutes les autres dérives, sans exception, sont quasiment linéairement corrélées à celle-ci, comme nous le verrons.

Evidemment, une fois encore l'humanité s'est bouché les oreilles, bandée les yeux.

De cette époque, pour une minorité, date la prise de conscience écologique, dont la mienne, qui se matérialisa assez rapidement en deux grandes directions.

Les uns ont traduit le mot écologie par science de l'habitat des hommes. Les autres ont plutôt gardé le sens original de science des écosystèmes et donc de l'habitat sauvage, avec un attachement intime à la Nature la plus sauvage possible.

Bien entendu, les seconds n'ont jamais contesté le bien-fondé du souci d'un habitat humain sain, mais ne se sont pas contentés de cet objectif d'« **humanisme restreint** ». Deux hommes pondèrent un peu différemment ces deux tendances, mais il serait exagéré de les opposer. Il s'agit de Hans Jonas et de Arne Naess.

➢ *Hans Jonas*

Dans son ouvrage, « *Le principe responsabilité* »[102] et dans un recueil d'articles et d'interviews, « *Une éthique pour la nature* »[103], Hans Jonas fait le constat initial en quelque sorte inverse de celui de Prométhée.

La nature, hier toute puissante et permanente menace pour l'Homme, est devenue fragile, voire confinée dans des contrées reculées. Inversement, et c'était, en quelque sorte, la promesse de Prométhée, c'est

---

[101] « *Démographie, l'impasse évolutive ; des clefs pour de nouvelles relations Homme-Nature* » : livre écrit par l'auteur du présent ouvrage, publié aux éditions BOD 2020.
[102] *Le Principe Responsabilité* - Hans Jonas Ed Flammarion collection Champs Essais-1979
[103] *Une éthique pour la nature* - Hans Jonas Ed.Arthaud Poche-2017

bien la technologie qui est devenue toute puissante et sans aucun égard pour les mises en garde des dieux. Le « progrès économique » semble avoir triomphé de la Nature. Epiméthée n'a pas crié assez fort ses mises en garde. Mais ce qui préoccupe le plus Jonas, n'est pas principalement la nature, mais bien les risques que cette technologie incontrôlée fait peser sur l'homme.

Jonas part du constat que la liberté qui nous a été accordée (liberté de propriété exclusive, liberté d'entreprendre...) a été mise en œuvre sans que nous lui associions une grande responsabilité.

L'humanité doit donc se donner des règles de responsabilité pour éviter que le progrès technique ne se transforme en fin de l'Humanité, c'est-à-dire pour garantir aux générations humaines futures un avenir décent. Pour Jonas, le droit à la vie est en soi une valeur essentielle, non seulement pour chaque individu, mais aussi pour l'Humanité en tant que telle. Notre responsabilité doit s'exercer à l'égard des droits à la vie décente des générations futures.

Parmi ces règles, à de nombreuses reprises, Jonas insiste sur la responsabilité démographique :

*« Il faut à nouveau parvenir à un équilibre un tant soit peu stable. Peut-être est-il trop tard, compte tenu du nombre sans cesse croissant des êtres humains, auquel cas, **l'accroissement de la population** tel qu'on l'a connu jusqu'à présent devra s'inverser au profit d'une diminution de la population mondiale ».*[104]

*« La **planète est surpeuplée**, nous nous sommes trop étendus, nous avons pénétré trop profondément l'ordre des choses. Nous avons par trop bouleversé l'équilibre et d'ores et déjà condamné à l'extinction trop d'espèces. »* [105]

Jonas défend, que l'impératif de la décroissance démographique s'impose à tous :

« Nous n'avons aucunement le droit d'exiger un quelconque renoncement de la part de ceux qui sont dans la nécessité et qui souffrent

---

[104] *Une éthique pour la nature*- Hans Jonas – page 34
[105] *Une éthique pour la nature*- Hans Jonas – page 37

de la faim, sauf en matière de procréation, domaine dans lequel les limites s'imposent. »[106]

Mais nous savons que la cause première de la surnatalité est justement la pauvreté, avec son corolaire : une éducation trop lacunaire et donc la dépendance aux traditions. Que faut-il faire : imposer la décroissance démographique ou s'attaquer aux racines de l'inégalité ?

Jonas redoute autant les conséquences hautement prévisibles, mais non maîtrisées, de l'action d'« *Homo Faber* », que les conséquences imprévisibles. En effet, nous faisons passer la technologie avant le savoir approfondi sur ses conséquences. Bref, il ne suffit pas d'appliquer une version légère du principe de précaution à ce que nous savons, mais aussi, et préalablement, à ce qu'il faudrait savoir pour décider en conscience.

« *Le savoir devient une obligation prioritaire au-delà de tout ce qui était dans le passé revendiqué comme son rôle et le savoir doit être du même ordre de grandeur que l'ampleur causale de notre agir* »… « *Le gouffre entre la force du savoir prévisionnel et le pouvoir du faire engendre un nouveau problème éthique.* » [107]

Ceci ne constitue en rien une condamnation du progrès, bien au contraire, mais un appel à ce que ce progrès ne puisse jamais agir au détriment de l'homme et de la biodiversité.

Ce principe de responsabilité débouche sur une maxime impérative :

« *Agis de façon que les effets de ton action soient compatibles avec la permanence d'une vie authentiquement humaine sur Terre.* » [108] Et la permanence suppose le savoir prévisionnel.

Cette maxime est très différente de celle de Kant, qui lui appelle à positionner notre éthique uniquement dans le temps présent, ou plus exactement ne projette pas ses maximes au-delà du temps présent.

Revenons à la notion de « permanence » comme ligne directrice de notre action ; doit-elle être limitée à « *une vie authentiquement humaine* » ? N'est-ce-pas encore un avatar de l'anthropocentrisme ?

---

[106] *Une éthique pour la nature*- Hans Jonas – page 47
[107] *Le Principe Responsabilité* - Hans Jonas – page 33
[108] *Le Principe Responsabilité* - Hans Jonas – page 40

En fait, Jonas ne néglige pas totalement, les responsabilités de l'homme envers les autres espèces (et les écosystèmes) actuelles ou futures, mais cette préoccupation n'est pas centrale, plutôt une conséquence heureuse, voire indispensable de la responsabilité intergénérationnelle.

« Du moins n'est-il plus dépourvu de sens de demander si l'état de la nature extra humaine de la biosphère dans sa totalité et dans ses parties qui sont maintenant **soumises** *à notre pouvoir n'est pas devenu par le fait même un* **bien confié à l'homme** *et qu'elle a quelque chose comme une prétention morale à notre égard non seulement pour notre propre bien, mais également pour son propre bien et de son propre droit. Si c'était le cas, cela réclamerait une révision non négligeable des fondements de l'éthique. Cela voudrait dire chercher non seulement le bien humain mais également le bien des choses extra humaines, c'est-à-dire étendre la reconnaissance de « fin en soi » au-delà de la sphère de l'homme et intégrer cette sollicitude dans le concept du bien humain. Aucune éthique du passé … ne nous a préparé à ce rôle de* **chargés d'affaires***… »* [109]

Ici Jonas endosse clairement les habits de l'« intendant » de la nature : « *bien confié à l'homme* ». Si nous sommes redevables envers elle, c'est parce que nous l'avons soumise. A nous de devenir des bons « *chargés d'affaires* ».

Mais alors que signifie les termes « fin en soi » ou « *son propre bien et de son propre droit* », si finalement la « gestion de la nature » demeure soumise à l'appréciation de l'intendant ?

Jonas propose quelques compléments

« L'intérêt de l'homme coïncide avec celui du reste de la vie qui est sa patrie terrestre au sens le plus sublime de ce mot. ». « La réduction à l'homme seul, pour autant qu'il est distinct de tout le reste de la nature, peut seulement signifier un rétrécissement et même une déshumanisation de l'homme lui-même. Dans une optique véritablement humaine, la nature conserve sa dignité propre qui s'oppose à l'arbitraire de notre pouvoir. »[110]

« *Dignité propre* », « *Qui s'oppose à l'arbitraire du pouvoir* ». Voilà qui nous satisfait pleinement. Mais n'est-ce pas un peu anthropocentrique de

---

[109] *Le Principe Responsabilité* - Hans Jonas – page 34 et 35
[110] *Le Principe Responsabilité* - Hans Jonas – page 262

laisser entendre que la protection de la nature a pour finalité d'éviter la « déshumanisation de l'homme » ?

Une petite phrase perdue au milieu du livre ouvre une merveilleuse perspective :

[La nature] « ***Pour autant qu'elle nous a produits***, *nous devons à la totalité apparentée de ces productions **une fidélité**, dont, celle que nous devons à notre propre être est **seulement** le sommet le plus élevé* ».[111]

Ici, apparaît, en filigrane, l'idée force de l'anthropoEXcentrisme : Pourquoi devrions-nous quelque chose à l'Aventure ? Parce que nous en sommes un de ses fruits, mais ce n'est pas parce que nous sommes (pensons être) le plus beau d'entre eux, que cela nous exonère de nos devoirs envers le Processus et ses productions.

Et cette idée même conduit au rejet de l'utilitarisme.

« Nous *allons encore plus loin et nous disons que la solidarité de destin entre l'homme et la nature, **solidarité nouvellement découverte à travers le danger**, nous fait également redécouvrir la dignité autonome de la nature et nous commande de respecter son intégrité par-delà l'aspect utilitaire.* »[112]

L'immense mérite de Jonas est de nous mettre en face de nos responsabilités, tant individuelles que collectives, en généralisant le Principe de Précaution. Mais n'est-ce pas un peu restrictif de compter sur la prise de conscience d'un danger pour l'humanité pour asseoir la nécessité de reconnaître la communauté biotique ? Vu le nombre de catastrophes chimiques, de catastrophes climatiques anthropiques qui s'accumulent depuis la publication de son livre (1979), apparemment le danger ne change pas grand-chose à nos comportements. De façon totalement irrationnelle, chacun pense que le danger est pour le voisin, et lui seul… et les effets sur la Nature le dernier de ses soucis.

Jonas nous rappelle que plus nous avons de liberté, de moyens et de pouvoir, plus notre responsabilité vis-à-vis des générations futures est grande. Evident, pensez-vous, mais pourquoi nous comportons-nous au

---

[111] *Le Principe Responsabilité* - Hans Jonas – page 262
[112] *Le Principe Responsabilité* - Hans Jonas – page 263

strict opposé ? Au fait, de quelles générations futures parle-t-on ? Celles des hommes ou celles de toutes les espèces de la communauté biotique ?

➢ **Arne Naess**

Arne Naess propose une critique encore plus directe de l'anthropocentrisme, notre philosophie « primale » dominante.

« *L'homme ne se situe pas au sommet de la hiérarchie du vivant, mais s'inscrit au contraire dans l'écosphère comme une partie qui s'insère dans le tout.* » Cette citation de Arne Naess daterait de 1960. Le propos est clair et cohérent avec ses ouvrages plus tardifs : « *Ecologie, communauté et style de vie* »[113] et « *L'écologie profonde* » [114]dans la suite du texte.

« *Pour la première fois dans l'histoire de l'humanité nous sommes confrontés à un choix qui s'impose à nous parce que la négligence avec laquelle nous avons laissé croître la production des choses et la **reproduction des êtres humains** a fini par nous rattraper. Daignerons-nous nous autodiscipliner et mettre en œuvre un plan raisonnable visant au maintien et au développement de la richesse de la vie sur Terre ou continuerons-nous à gaspiller nos chances en abandonnant le développement à des forces aveugles ? La situation actuelle est rendue particulièrement critique du fait de la combinaison de deux facteurs : d'une part une aggravation accélérée et partiellement ou globalement irréversible de la détérioration et de la dévastation environnementale rendue possible par les moyens de production et les modes de consommation bien établis et d'autre part **l'absence de toute politique adéquate touchant l'augmentation de la population humaine**.* »[115]

« *L'écologiste de terrain considère que le droit égal pour tous de vivre et de s'épanouir est un axiome de valeur évident et intuitivement clair. La **restriction de cet axiome aux hommes** est le fait d'un anthropocentrisme dont les effets préjudiciables s'exercent sur la qualité de vie des hommes eux-mêmes. Cette qualité de vie dépend en partie de la satisfaction et du désir profond que nous éprouvons à vivre en association étroite avec les*

---

[113] *Ecologie, communauté et style de vie* – Arne Naess – Ed Dehors -2008

[114] *Ecologie profonde* – Arne Naess – Ed PUF - 2021

[115] *Ecologie, communauté et style de vie* – Arne Naess – page 51

autres formes de vie. La tentative visant à ignorer notre dépendance et à établir une distribution des rôles entre d'une part un maître et d'autre part un esclave a contribué à l'altération de l'homme lui-même. » [116]

Pour Naess, il n'est pas utile de chercher à justifier cette égalité devant le droit à la vie de tous les membres de la communauté biotique, il la déduit de son expérience de terrain, de sa vie personnelle en étroite proximité avec les grands espaces sauvages de Norvège.

Et cette approche est particulièrement claire dans les premiers points de la « *plateforme de l'écologie profonde* », « *Deep Ecology* » :

« 1) L'épanouissement de la vie humaine et non humaine sur Terre à une valeur intrinsèque, la valeur des formes de vie non humaines est indépendante de l'utilité qu'elles peuvent avoir pour des fins humaines limitées.

2) La richesse et la diversité des formes de vie sont des valeurs en elles-mêmes et contribuent à l'épanouissement de la vie humaine et non humaine sur Terre.

3) Les humains n'ont pas le droit de réduire cette richesse et cette diversité sauf pour satisfaire des besoins vitaux.

...

*5) L'épanouissement de la vie humaine et des cultures est compatible avec une **baisse substantielle de la population humaine**. L'épanouissement de la vie humaine nécessite une telle baisse… ».* [117]

Le terme « limitées » dans le point 1 doit être compris comme : d'un intérêt limité aux seuls intérêts humains.

Cette déclaration de principe est en tout point un virage historique essentiel qui permet de différencier une philosophie anthropoEXcentrique d'une écologie politique ayant pour principale priorité l'amélioration des conditions de vie humaine sans aucune rupture philosophique avec le passé, passé qui a conduit aux dérives qu'elle prétend combattre.

L'écologie politique tente, vainement d'ailleurs, de s'attaquer aux conséquences. C'est ce qu'A.Naess appelle l'écologie superficielle. Cela ne

---

[116] *Ecologie, communauté et style de vie* – Arne Naess – page 59
[117] *Ecologie, communauté et style de vie* – Arne Naess- page 60

signifie aucunement qu'il ne faut pas chercher à éviter aux hommes les souffrances induites par leur comportement irresponsable, mais qu'il faut d'abord s'attaquer à la racine du mal, faute de quoi, tôt ou tard, l'écologie superficielle en vient à prendre des orientations clairement anthropocentriques. La critique de l'utilitarisme de la Nature (point 1 « *indépendante de l'utilité* ») est une démarcation fondamentale.

A.Naess évoque la question de l'Evolution Naturelle, du Processus, mais ce point n'est pas central dans son système de valeur. Une des rares allusions se trouve dans une « remarque accessoire n°5 » : « Le *combat pour la préservation et l'extension d'espaces de nature sauvage ou proches de la nature sauvage doit se poursuivre en se concentrant sur les fonctions écologiques générales de ces espaces à commencer par la spéciation évolutive des animaux et des plantes.* » [118]

Pour Naess, les choses vont de soi. Le respect de l'Evolution Naturelle doit probablement être dans son mode de pensée une conséquence directe « *du droit égal pour tous de vivre et de s'épanouir* ».

Naess développe par la suite une philosophie de l'épanouissement de l'individu humain devant aboutir à un sentiment de profonde « symbiose » entre lui et le reste du vivant au sein d'un « *Soi* », beaucoup plus profond, beaucoup plus enrichissant que Moi.

Peut-être est-ce là la faiblesse du système de Naess. A titre personnel, je ressens profondément ce Soi, et peut-être arriverais-je à vous le faire sentir ; mais seule l'expérience personnelle, une profonde communion avec le milieu naturel, quasi charnelle, conduit à ce sentiment.

Comment le faire partager massivement tant que 95% de nos contemporains n'ont pas accès à une Nature évoluant sous le régime de la Libre Evolution ? Nous ne vivons pas tous sur les Fjaell de Norvège ou en Alaska. Naess n'est évidemment en rien responsable de cet état de fait, mais une quête trop personnelle ne risque-t-elle pas de retarder un changement philosophique partagé par le plus grand nombre ?

---

[118] *Ecologie, communauté et style de vie* – Arne Naess – page 63

Peut-être doit-on d'abord offrir les bases matérielles pour que chacun puisse vivre son Soi « naessien », notion assez proche de certains fondements de la pensée de Gandhi.

Peut-être faut-il avant toute chose, faire en sorte que l'axiome du « *droit égal pour tous de vivre et de s'épanouir* » soit partagé comme allant de soi, car découlant de l'histoire de l'Homme comme fragment de l'Aventure.

En tout état de cause, la **convergence de vue** entre la plateforme d'Ecologie Profonde de Naess et la vision de l'anthropoEXcentrisme est très large. Les fondements sont sensiblement différents et certaines déductions aussi ; nous en reparlerons. Mais Naess est le premier philosophe qui condamne sans ambiguïté et de façon cohérente l'anthropocentrisme.

Au contraire de Luc Ferry, je soutiens que la « Deep Ecology » est un approfondissement de l'humanisme ; elle permet la réalisation de soi tout en l'augmentant d'une dimension nouvelle, la réalisation de Soi en communion avec notre environnement et nos racines. Il n'y a pas lieu de faire la guerre à la Nature pour se sentir libre ! Bien au contraire, la guerre contre la Nature est une aliénation mentale, une perte irrémédiable d'une dimension fondamentale de l'être.

Nous n'en avons pas fini avec les philosophes contemporains. J'aimerais partager avec vous les écrits de trois auteurs, deux français François Terrasson et Baptise Morizot et un australien Tim Flannery.

➤ *François Terrasson*

Dans ses livres, la « *Civilisation antinature* », « *En finir avec la nature* » et surtout « *La peur de la nature* »[119], **François Terrasson** met en exergue une des causes de l'anthropocentrisme contemporain : notre peur de la Nature, née de son incompréhension, de son éloignement. De la crainte objective et salutaire des premiers hommes, immergés dans le danger potentiel omniprésent, mais pour l'essentiel gérable par la connaissance « charnelle » du milieu, nous sommes passés à une peur irrationnelle de ce que nous ne connaissons pas ou si peu.

---

[119] *La peur de la nature* – François Terrasson – Ed Sang de la Terre - 1997

De la cellule clanique protectrice, nous sommes passés à la protection de la foule, de la société, à laquelle nous demandons tout, et pourtant souvent la foule et la société sont objectivement bien plus dangereuses que la savane sauvage.

Comme nous nous sommes exclus du Processus, tout ce qui nous le rappelle nous inquiète. L'idée même de la mort est devenu taboue. Nous sommes d'évidence jeunes et immortels, croyance divine ou pas. Alors la nature est devenue le parc urbain, la zone humide s'est mutée en un étang de pêche où l'on accède en voiture jusqu'aux pieds dans l'eau, le ski se pratique sur un ruban blanc au milieu d'une forêt ou d'une lande dorénavant totalement dépouillée de neige naturelle.

Jusque dans les parcs nationaux, dont j'appelle pourtant à l'extension, nous devons suivre les sentiers, provoquant ravinement et cicatrices dans le paysage. Et comment contester ces règles et dorénavant les quotas de fréquentation, tant nous sommes trop nombreux pour de si petits territoires. Ici, le propos n'est pas de discuter du bien-fondé de ces règles, évident dans les circonstances actuelles de sur-fréquentation, mais comment ne pas s'étonner que ces contraintes s'imposent à nous alors que nous recherchons, en ces lieux liberté, sérénité et nature sauvage.

Pire, cela nous rassure, alors que sortant de la ville, nous devrions chercher la possibilité de « gambader » où bon nous semble. Fondamentalement, nous avons une crainte irrationnelle de l'inconnu, de l'« extérieur » (le socle du racisme par ailleurs).

Paradoxalement, c'est parce que nous n'avons plus accès à l'aventure sauvage, que nous en avons peur et que nous sommes contraints d'appréhender la nature uniquement suivant une version domestiquée : comme si le domestique était devenu synonyme de nature, alors que s'en est l'antonyme.

Donnez à tous la chance de pouvoir découvrir par eux-mêmes l'objet de leur peur, donnez-leur la chance de voir de près la fragilité d'une vipère, donnez-leur la chance d'imaginer le loup, l'ours ou le renard passant indifférents à trente mètres d'eux...et la terreur s'évanouira ! Donnez à chaque enfant le droit de s'approcher d'une droséra, d'une libellule, d'un « affreux » crapaud dans son milieu naturel ...et la peur disparaitra. Donnez-leur la chance d'avoir à remonter la pente quand ils se seront trop griffés les doigts et les jambes contre un roncier, donnez-leur la chance de se tromper de sentier, d'accepter l'imprévu si indissociable de la Nature....

Alors donnez-leur de l'espace pour affronter eux-mêmes, et si possible solitairement, leurs peurs irrationnelles. Elles disparaîtront aussi sûrement que lorsque les enfants de différentes couleurs étendent leur conception de l'intérieur-extérieur dès lors qu'ils ont la possibilité de jouer ensemble.

Ainsi ils se mettront à chérir l'imprévisible, à rire de l'orage, à compter les éclairs. Alors ils aimeront la nature, la Nature qui n'est ni gentille ni méchante, qui est juste ce que l'on aime : le non planifié, le spontané, en un mot l'Aventure. Alors oui, dès que nous aurons assez d'espace, nous réclamerons et vivrons notre liberté, celle de quitter les sentiers battus, nous prendrons notre risque, risque minime mais qui nous rend totalement solidaire de la faune et de la flore sauvages ; oui alors nous comprendrons ce que le mot « communauté biotique » veut dire lorsque nous parlons de la Nature.

Cette peur nous accompagne chaque fois qu'il faut quitter le chemin, le sentier, couper à travers bois ; et pourtant chaque fois que nous arrivons à vaincre cette appréhension, nous ressentons un bien être indicible. Ici, rien ne dépend de nous, nous sommes invités, nous marchons en silence, honteux d'être assez balourds pour avoir cassé une branche morte et troublé le silence.

Alors nous n'avons plus besoin de mots pour partager la notion de Nature.

 Mais puisque nous n'en sommes pas encore là, écoutons la définition que Terrasson donne du mot nature, oh combien polysémique.

« Dans *la forêt tropicale, plus ou moins vierge, cet aspect-là est encore plus fort. Les puissances qui s'y déploient ont encore moins besoin de l'homme. Même pas du tout. Elles font jaillir du sol un foisonnement végétal invraisemblable et entremêlé où l'œil se perd dans un fouillis bleuâtre, sans un signe, sans une marque d'humanité. Ça c'est de la Nature (1)! Parce qu'ils marchent sans nous, que notre volonté n'y est pour rien, ils sont « naturels ». Et pendant ce temps-là, le vent souffle où il veut. Pas où nous le voulons. Le voilà lui aussi force naturelle, tout comme le caillou, le cristal qui dort sur la montagne. Et la montagne elle-même.*

Parce que nous ne les avons pas faits ! Parce qu'ils étaient là avant nous ! Parce que leur être se déploie sans notre intervention.

La Nature[120], c'est ce qui existe en dehors de toute action de la part de l'Homme. »[121]

Et Terrasson de rajouter qu'il demeure une part de nature dans le poireau du jardin, c'est ce qui ne doit rien au jardinier. Sans doute son origine alors qu'il n'était pas sélectionné, sans doute le hasard de la météo ; bref précisément ce qui nous fait peur et ce que nous voudrions oublier.

Et la peur revient :

« Mais admettons. Voilà que maintenant nous aimons presque tous la nature. Alors quelle nature ? Où va-t-on de préférence ? Dans les sombres marais fangeux qui ne pensent qu'à nous engloutir, dans les chemins de campagne ou dans de somptueux parcs jardinés ? Quelle dose de nature apprécions nous ? Pure ou bien diluée dans l'humanisation ?»[122]

Terrasson rapporte les écrits d'un **chargé de l'environnement** d'un organisme patronal, (point de vue malheureusement largement partagé) dans le bulletin des anciens élèves de l'Ecole Nationale d'Administration (ENA) :

« Rien de plus sinistre, de plus inhospitalier, de plus inhumain, que la nature laissée à elle-même...

Prenez le jardin le mieux entretenu, fait du gazon le plus anglais, avec des allées bien sablées, des massifs artistiquement ordonnés, revenez dix ans après, le gazon sera remplacé par du chiendent, les allées auront disparu, les espèces arborescentes dominantes seront la ronce et la viorne ; le jardin, faute d'entretien par l'homme, sera devenu inhabitable. Troncs d'arbres pourrissant sur le sol ou appuyés à d'autres branches mortes suspendues à d'autres branches, toiles d'araignée en tous sens, champignons protéiformes... bref une vision de cauchemar. »[123]

---

[120] Le N majuscule est présent dans le texte de Terrasson, dans un sens très proche de celui que j'emploie.

[121] *La peur de la nature* – François Terrasson – page 20
[122] *La peur de la nature* – François Terrasson – page 23
[123] *La peur de la nature* – François Terrasson – page 60

Tout est dit… et étonnamment je partage deux points :

« *Rien de plus… inhumain que la Nature.* » Effectivement, la Nature ne se résume pas à Homo sapiens, la Nature existait avant Homo sapiens, la Nature a été « inhumaine » ! Mais ici inhumain ne rime pas avec dépourvu d'intérêt. Inhumain n'est pas l'horreur, ici, inhumain est seulement l'absence d'arbitraire préconçu, juste le respect de l'autre, des autres membres de la communauté biotique.

« *Le jardin… sera devenu inhabitable* ». Inhabitable pour qui ? Effectivement, le Processus ne conduit pas spontanément à la Galerie des glaces ou à un T4. Mais les friches, les bois morts regorgent de vie !

Mais les mots ont un poids, ce n'est pas seulement que l'homme ne reconnait aucune valeur à l'Evolution Naturelle, à qui pourtant il doit son poste prestigieux, mais il a une peur totalement irrationnelle du Processus : « *vision d'horreur* » !

Quant à l'araignée, il faut croire que notre ingénieur en chef a été piqué des dizaines de fois par une mygale dans sa plus tendre enfance ! Dommage, il aurait peut-être suffi que quelqu'un lui donne l'occasion de découvrir par lui-même la beauté d'une argiope frelon, de l'épeire diadème ou les mœurs aquatiques de l'argyronète pour que sa vision de la nature soit tout autre. Je dis bien beauté et étonnement et non un long exposé abstrait sur le rôle de l'araignée dans la chaine alimentaire.

Je plains sincèrement cet homme à qui il manque une dimension essentielle de sa personnalité : son « Soi » à savoir la sensibilité pour le naturel, le beau, le simple, le gratuit (gratuité qui ne gâche rien quoique cela ne contribue pas au PIB !).

Mais nous sommes tous persuadés que nous aimons la nature et que si nous l'aimons c'est nécessairement qu'elle est à notre image, des êtres par essence doux et pacifiques. La nature doit donc être belle et propre.

On retrouve cette idée chez Terrasson.

« [Alors] *s'exprime une répugnance de ce qui rappelle aux citadins qu'il est lui-même un animal organique. On ne comprend même pas que la nature produise des choses pareilles. Les épines et ronces, les fondrières, les flaques d'eau, les broussailles des taillis, voilà une exubérance végétale méchante et hostile. Ces aspects-là ne sont pas qualifiés de naturels. Ils sont même un peu perçus comme étant anti-naturels, pas normaux en quelque sorte, puisqu'on a décidé que ce qui était naturel était bon. Tout ce qui ne sera pas facilement aimable et amical pour l'homme ne sera pas pris en compte comme nature. Quantité d'aspects appartenant à la réalité des écosystèmes, pour le citadin, ne font donc pas partie de la nature et si on les détruit, il n'aura pas l'impression que l'on aura agi contre la préservation de la nature ».*[124]

Voilà bien le problème. Les documentaires animaliers, comme les informations, se terminent toujours par un Happy End. Le petit faon rejoint sa mère tandis que le loup affamé lèche affectueusement ses petits ; Et pourtant, une fois de plus, « Nature is not fair ». Le Processus est seulement neutre, sans a priori, et donc nous sommes déboussolés.

Merci François pour cette excentration à une nuance près que ce comportement n'est pas uniquement celui du citadin, tant s'en faut. D'ailleurs, si tel était le cas, la situation de la faune et de la flore de France ne serait pas aussi désastreuse dans le monde rural.

> ## *Baptiste Morizot*

Baptiste Morizot, philosophe, homme de terrain, naturaliste et défenseur incontesté de la cause du loup en France et au-delà, a publié de nombreux ouvrages consacrés à la philosophie des rapports entre l'homme et le reste du vivant.

Je voudrais ici mettre en exergue trois textes :

« *Les Diplomates* »,[125]

« *Manières d'être vivant* »,[126]

« *Raviver les braises du vivant* ». [127]

Les sources d'inspiration, c'est-à-dire le terrain concret de l'observation de la nature, le bonheur des grands espaces, la reconnaissance du rôle essentiel de la libre évolution, de son sens historique, la nécessité

---

[124] *La peur de la nature* – François Terrasson – page 141-142

[125] *Les diplomates* - éditions WildProject collection Domaine Sauvage- 2016

[126] *Manières d'être vivant* – éditions Acte Sud collection Mondes Sauvages - 2020

[127] *Raviver les braises du vivant* – Préprint téléchargeable par HAL Open Science

d'accorder place et égard aux grands prédateurs, comme des éléments essentiels d'un tissu d'interaction entre espèces, les questionnements sur l'espace et le rôle de la propriété, du territoire, convoquent nombre de convergences entre ses modes de pensée et ceux défendus dans ce livre.

Les apports de Morizot sont essentiels. Il nous appelle à des rapports avec le vivant qui tranchent avec les visions utilitaristes (où la nature est vécue comme une mine de ressources minérales et biologiques), avec une vision de gestionnaire dans laquelle la nature est « infantilisée » et doit être mise sous tutelle pour être « protégée » à partir de visions finalistes. Il nous suggère des rapports nouveaux qui contrastent avec une vision de la nature comme objet de peur-repoussoir où l'inconnu, l'imprévisible nous sont devenus insupportables... Son rapport avec les protections de type Réserves et Parcs Nationaux est peut-être plus ambigu, un peu comme chez Terrasson, tantôt semblant se méfier de la « sanctuarisation », tantôt faisant l'éloge appuyé des « Réserves de Vie Sauvage » où règne la Libre Evolution.

Surtout, Morizot nous appelle à plus d'« égard », avec la faune sauvage et nous montre que nous pouvons nous reconnecter à elle en recherchant sincèrement comment lire dans les signes qu'elle nous adresse, ses propres façons de vivre, façons de vivre parfaitement respectables, voire inspirantes. Cette quête de l'« autre » est le fruit matériel et philosophique d'un investissement personnel considérable pour pister le loup afin de proposer des modes de coexistence issus de l'éthologie. Finalement, il nous invite à une nouvelle diplomatie de cohabitation avec le vivant.

Il nous invite à prendre conscience de la dimension temporelle, qui n'est pas sans rappeler la métaphore de LUCA, avec de nombreuses références à l'histoire de l'évolution, à notre histoire, pour nous convaincre que la problématique de la disparition des espèces n'est pas simplement que nous « brûlons » la bibliothèque des écrits passés de la vie, mais aussi que nous interdisons au Processus (et à nous-mêmes) des avenirs possibles.

« On ne brûle pas seulement ce qui est arrivé, mais tout ce qui pourrait arriver. C'est ce qu'on appelle les potentiels évolutifs de chaque population d'être vivant qui partent en fumée dans les fourneaux de la machine

extractiviste et ressourciste qui constitue l'économie politique des pays dominants. Leur aveuglement au vivant non humain. »[128]

C'est peu dire que je partage l'essentiel de la vision du monde de B.Morizot, sur le rôle central de l'évolution, sur la source d'inspiration dans la Nature elle-même, sur le rejet de l'utilitarisme et la critique de l'intendant-gestionnaire…sur les « égards » que nous devons à nos « co-locaTerres » de cette planète.

Peut-être parce que je me sens si proche de sa vision du monde, je vais chercher à mettre en exergue nos rares divergences, ou plutôt les variantes de sensibilité. Lire Arne Naess ou Hans Jonas m'inspire les développements éthiques et ontologiques de ce livre, décrits dans la partie 2, lire Baptiste Morizot (et François Terrasson) me pousse dans mes retranchements, me force à questionner mes convictions, m'oblige à préciser mes points de vue et à les justifier. Parfois, cela m'amènera à tempérer mon discours, à la façon du « diplomate », parfois a contrario à affuter les arguments, à des formulations plus tranchées.

Aussi le lecteur ne cherchera-t-il pas dans les lignes qui suivent une « critique » de B.Morizot, mais plus un support pour expliciter des points particuliers de mes propres réflexions, par quelques rares entorses au parallélisme des parcours.

Une grande partie de l'œuvre de B.Morizot est construite autour de son expertise du comportement du loup, de son éthologie qu'il a longuement étudiée en France et ailleurs.

Chez nous, le loup est sans doute l'animal qui cristallise le plus les tensions entre deux logiques : une logique de protection du prédateur au sommet de la chaîne alimentaire, comme clef de voute de l'ensemble des écosystèmes prairiaux et forestiers, comme symbole de liberté, de comportement social et territorial, comme intégrateur d'une multitude d'interactions au sein du clan, entre les clans et entre espèces, d'une part, d'autre part une logique purement économique, qui considère que la faune domestiquée doit être protégée en priorité, comme simple ressource, qui considère finalement que l'homme est de fait propriétaire et bénéficiaire de tout ce que peut produire le milieu naturel, et de l'espace lui-même. Se

---

[128] *Manière d'être vivant* – Baptiste Morizot – page 167

superposent à ces logiques d'autres contradictions qui proviennent des logiques cynégétiques et forestières. Le loup est considéré par les uns comme un concurrent, puisque la faune sauvage est Res Nullius et peut être appropriée par le chasseur, les autres comme un potentiel allié face à l'abroutissement des jeunes plants par les proies favorites du prédateur… par ailleurs convoitées par les hardes de joyeux nemrods, le chevreuil par exemple.

Les tenants de la logique économique évoquent également leur attachement « sentimental » aux êtres dont ils ont la garde… et dont ils tirent leur subsistance. Je ne rentrerai pas en polémique pour faire remarquer, à nouveau, que leur affection pour l'agneau prend fin aux portes de l'abattoir. Enfin, pour finir de complexifier le débat, le populisme (les populismes) ne manque pas d'attiser le feu au nom d'une ruralité complètement mythifiée, d'une tradition de façade.

L'immense mérite de B.Morizot, en particulier dans « *Les diplomates* », mais le thème est repris en partie dans « *Manière d'être vivant* », est de nous proposer une recherche de voie de compromis, une voie de « sortie de crise » de la question lupine.

Je veux saluer cette tentative, qui comme toutes celles qui tentent de rapprocher les points de vue, en se mettant délibérément dans la logique du contradicteur, s'attire les foudres des uns et des autres… et un peu les miennes !

Alors je vais forcer le trait, non pour exacerber les passions, mais pour éclairer mes réticences.

Je veux juste dire que j'ai beaucoup de mal à croire à la voie proposée, non qu'elle ne soit éminemment sympathique et généreuse, mais qu'elle me semble trop complaisante avec l'anthropocentrisme.

Baptiste Morizot apporte une réponse aux conflits liés aux loups, symptomatiques d'ailleurs de tous les conflits sur les espaces naturels, qui apparaît de bons sens de prime abord : la voie du milieu, la « voie de la sagesse » !

*« La **seule solution** est une **voix média** qui consiste en une cohabitation réelle, non pas un zonage en espaces séparés, mais un partage des usages d'un même territoire. Le zonage repose sur des croyances fausses sur l'habitat nécessaire au loup. Ce dernier réinvente sa manière de faire*

*territoire, non plus dans des espaces naturels intacts, mais plus près des hommes, tissé dans les interstices de **nos espaces quadrillés.** »*[129]

Que nous soyons dans une impasse est partagé, mais « *la seule solution* » pourrait être relativisée par l'expression « dans le contexte local et actuel ».

Cette phrase n'est en aucune façon « anecdotique », extraite de son contexte. Elle est même sans doute le pilier de la pensée de Baptiste Morizot, concernant la « gestion du loup ». « *La seule solution* » n'est pas un postulat, mais découle de l'analyse « réaliste », à ses yeux, de l'impasse dans laquelle nous semblons être, coincés entre la nécessité morale et juridique de protéger le loup et l'impossibilité de faire supporter à une fraction de la population le poids de la prédation, le constat de l'échec de toutes les politiques lupines antérieures.

Mais ce qui est bien un postulat sous-jacent non explicité, car évidemment en contradiction avec l'ontologie de l'auteur, c'est que la Nature nous appartient (même si à titre personnel il ne partage évidemment pas cette vision typiquement anthropocentrique), et qu'au mieux nous pourrions concéder une cohabitation. Cohabitation ?

En fait, le juste partage consiste à convaincre le loup de se contenter des « *interstices* » non valorisables pour l'activité humaine. Point de colocation ou de copropriété réelle, expulsion ! A moi les zones riches, à toi les **interstices**. A moi, le séjour et la chambre aux baies vitrées, à toi l'alcôve.

Et pourquoi ? Car si nous offrons au loup un domaine réservé, il ne s'en contentera pas et sa nature dispersive va l'amener ailleurs. Soit ! Mais avant d'être dispersif, le loup cherche à se reproduire dans son territoire. Le loup ne cherche ni le conflit, ni la proximité de l'homme. En quoi le fait de lui accorder des interstices va résoudre les conflits de l'accès à la source de nourriture la plus docile, quand l'interstice ne peut suffire à se reproduire et élever ses portées, ses proies naturelles étant décimées par la chasse ? Bien au contraire accroître les interfaces homme - loup est la meilleure façon de générer des conflits entre l'homme et le loup, comme c'est souvent le cas d'ailleurs entre les hommes.

---

[129] *Les diplomates* – Baptiste Morizot – Page 24

Franchement, je ne suis pas séduit par cette notion d ' « interstices ». Le postulat sous-jacent acte deux points très caractéristiques de l'anthropocentrisme diffus (qui j'en suis certain est étranger à B. Morizot) :

- Nous sommes propriétaires, et nous décidons du fermage,
- Nous ne remettrons pas en cause l'espace que nous pensons nous revenir de droit et que nous occupons illégalement du fait de notre surpopulation. Compte-tenu de notre démographie, nous ne pouvons-nous passer de ce territoire pour survivre.

Et donc, le loup doit restreindre sa population, la contenir, mais l'homme pas. L'hypothèse que l'homme pourrait contenir son expansion démographique n'est jamais évoquée comme un paramètre possible de la réduction des conflits. Dès lors, la solution apparaît unique car nous n'envisageons jamais de « sortir de la boite » démographique.

Le loup est par ailleurs « invité » à repenser sa notion de territoire. Ah non pardon, le loup repense volontairement, spontanément, sa notion de territoire. Mais ne serait-il pas plus conforme à la réalité d'écrire : la gente lupine n'a d'autre choix que de renoncer à son territoire naturel et à sa façon de vivre en équilibre, toujours précaire et mouvant, avec ses proies naturelles et ses congénères ?

Finalement, ne projetons-nous pas sur le sort futur du loup, animal par nature sauvage et libre, une pensée héritée de tous les conquérants historiques : vous vivrez dans les interstices les plus pauvres et vous vous conformerez à mes mœurs !

L'Homme prétexte la tendance du loup à se disperser pour lui concéder des interstices. Mais qui est l'Homme si ce n'est le roi de la dispersion et quand cela ne suffit plus de la conquête. La dispersion de l'homme a toujours pris place au détriment de la faune et la flore sauvages, non sur le mode de la douce dispersion cohérente avec le Processus, mais sur le mode de la conquête, de l'exclusivisme.

Il est quand même un peu surprenant de prendre la capacité du loup à s'adapter à tous les milieux, comme argument pour le contraindre à utiliser nos seuls interstices. Que dirait-on d'un envahisseur, qui au prétexte que l'homme peut s'adapter aussi bien aux déserts qu'aux contrées glacées, expliquerait qu'il va nous chasser de nos terres les plus riches et tempérées…et que la balle en caoutchouc (version « soft ») est l'argument décisif de toute négociation ?

Voilà le fait accompli érigé en droit, puis en vertu. Voilà le vaincu appelé à modifier ses mœurs, sa culture. Ce comportement, historiquement, porte un nom, dont nous aimerions tant oublier le sens historique.

« *Espaces quadrillés* » : oui la fragmentation des milieux est une des origines du mal. Et pour moi, la reconstitution de grands ensembles continus en Libre Evolution est la solution la plus viable à long terme.

Pourtant Baptiste Morizot conclut son livre de façon admirable, et je crois que cette citation reflète bien mieux le fond de sa pensée :

« C'est *toute l'appropriation humaine de la nature comme attitude incorporée que les loups remettent en question du seul fait d'être revenus là où nous avons désapproprié. Ce que nous croyons être nos forêts et nos montagnes sont habitées par des grands prédateurs qui remettent en cause notre sentiment « inquestionné » d'être les propriétaires de ces espaces.* »[130]

Nous sommes totalement d'accord. Eh bien remettons vraiment et sincèrement en cause cette appropriation et n'acceptons pas par avance le fait accompli. Reconstruisons à partir de cette déconstruction de l'anthropocentrisme, à partir d'une désappropriation issue d'une maîtrise de notre démographie.

« *L'analogie avec le conflit entre peuples (compétition pour les ressources et diabolisation) nous fournit l'hypothèse d'un nouveau modèle, d'une nouvelle carte.* »[131]

Effectivement. Et cette nouvelle hypothèse, cette nouvelle « carte » doit consister en un partage, non métaphorique, mais réel sur la vraie carte géographique, objective, sincère. Nous pourrons rebâtir une nouvelle histoire, redonner vie au Processus…rejoindre l'Aventure ; L'histoire nous instruit que la paix suppose toujours la reconnaissance du territoire de l'autre, un territoire suffisamment vaste et continu pour que l'espèce, le peuple puisse vivre dignement et conformément à sa culture. Respect de

---

[130] *Les diplomates* – Baptiste Morizot – page 303
[131] *Les diplomates* – Baptiste Morizot – page 29

l'espace vital, respect de la dignité, respect de la culture…peut-être un autre passage obligé de la diplomatie.

Et le loup qu'en pense-t-il ? Etonnamment, il a repris le territoire abandonné par les hommes lors de l'exode rural. Il s'exprime clairement ; « Il vote avec ses pattes et ses fèces ». Ici aussi l'histoire a parlé.

Renégocions ? Oui, répond-t-il, mais d'abord sur les frontières et jamais sur mon mode de vie.

Ce n'est pas parce qu'un loup s'est fait écraser en Bretagne, a été assassiné en Saône et Loire… que le loup a traversé la Ruhr, qu'il choisit la proximité de l'homme. Il a simplement marché vers l'ouest et n'a jamais rencontré d'espace sauvage suffisant, loin des hommes où il aurait pu fonder un avenir décent pour sa descendance… Voilà l'histoire ! De guerre lasse, il tente de survivre dans des interstices de plus en plus réduits, fragmentés ; émigré, déraciné en son propre pays.

Ce n'est pas par amour de la promiscuité des hommes que le loup se retrouve en marge des villes, pas plus que le banlieusard vit ravi dans un HLM. Ils n'ont juste souvent pas d'autre choix.

Si je devais être totalement impertinent, je dirais que nous avons déjà moultes races de chiens plus ou moins dégénérés, nous n'avons pas vraiment besoin d'un bon gros nouveau toutou bien policé par quelques effaroucheurs. Et ce n'est évidemment pas ce que veut B.Morizot non plus. La limite est ténue entre l'animal sauvage et l'animal terrorisé, dont le comportement est si loin du Processus, car nous lui imposons une finalité, des contraintes arbitraires.

La tentative de sortie de crise proposée par Baptiste Morizot est à coup sûr un acte positif, un acte de foi en l'intelligence humaine, mais je crains que cela ne résolve pas grand-chose à long terme, comme tout acte « politique », si les fondements de notre pensée anthropocentrique ne sont pas préalablement remis en cause.

Finalement, je crois que nos petites divergences portent sur la nuance entre tactique et stratégie. B.Morizot nous propose sans doute une tactique raisonnable, une politique pour éviter le pire pour le loup en Europe occidentale. Sa proposition est peut-être la moins dommageable au loup à court terme, et nous devons l'en remercier. Personnellement, je ne me situe pas dans ce contexte d'urgence, je veux voir une stratégie, une vision à long terme pour l'avenir de la Libre Evolution, le Processus et l'Aventure. A ce titre, le sort du loup n'est pas LE problème, ni même l'exemple emblématique. Il s'inscrira naturellement dans une logique de revitalisation du vivant. Le loup tiendra sa place, « fera territoire » au milieu d'autres espèces faisant elles-mêmes territoire. Le loup participera de la multitude d'interactions et le cas échéant pourra jouer le rôle de « clef de voûte ».

D'ailleurs à lire B.Morizot, on ne peut s'empêcher de partager avec lui le sentiment que la présence du loup, dans son essence même, est synonyme de grands espaces non fragmentés, et non d'interstices : « *Nous nous avançons dans la gaieté du matin, les becs-croisés, les mésanges, les geais font leur vocifération quotidienne, débauche d'énergie expressive sur le plateau désert. Nous n'avons pas vu un humain. Alors que je joue des coudes pour creuser une brèche entre deux arbres, une empreinte me saute aux yeux. Elle est très discrète à peine marquée.* »[132] (citation dans l'esprit de tant d'autres).

Et B.Morizot nous ouvre aussi la piste vers une autre façon de percevoir la sortie de crise.

« *Le fait est que l'une des causes majeures de l'extinction actuelle de la biodiversité est l'***écofragmentation***. A savoir la fragmentation invisible des habitats des autres vivants, qui les détruit sans qu'on s'en rende compte, parce qu'on a fait passer nos routes, nos villes, nos industries sur les chemins discrets et familiers qui assurent leur existence, leur prospérité durable comme populations.* »[133]

Ici nos chemins se rejoignent. Mais alors qu'est-ce que l'interstice si ce n'est le résultat de la fragmentation.

Et nos chemins sont franchement parallèles lorsque dans « *Raviver les braises du vivant* », B.Morizot fait l'éloge, pour ne pas dire la promotion, d'espaces en Libre Evolution, concept central dans notre propre démarche.

« *A l'opposé, un territoire en libre évolution c'est un espace-temps où l'on laisse la diversité s'installer spontanément, celle des individus (âge,*

---

[132] *Manière d'être vivant* – Baptiste Morizot – page 131
[133] *Manière d'être vivant* – Baptiste Morizot – page 28

conformation), des espèces …, des formes (lianes, sous-bois, strates), des dynamiques de création du paysage et de successions… ». [134]

Cette conception est effectivement à l'opposé de la logique gestionnaire, celle de J.B.Callicott par exemple, qui « *consiste à défendre la nécessité d'aménager, par des interventions actives, les milieux sauvages dédiés à la protection, une conservation paysagiste jardinée, incapable d'accepter l'ascèse de ne rien faire.* » [135]

« *Il ne s'agit pas…de préserver des écosystèmes tels qu'ils auraient été avant l'arrivée des humains… dans un état de prétendue virginité patrimonialisée. La libre évolution accepte l'histoire des forêts en Europe. Elles sont souvent tissées d'usages humains anciens complexes d'exploitations forestières, d'arrivées d'espèces nouvelles. Il ne s'agit pas de revenir en arrière vers une prétendue pureté mais de laisser les forces spontanées de la forêt reprendre la main c'est ce qu'on appelle la féralité : laisser s'exprimer les puissances d'un écosystème capable de se régénérer de lui-même après avoir été transformé par les humains. Laisser c'est-à-dire rendre la vie sauvage à elle-même.* »[136] , et je rajouterai pour elle-même.

Nous prenons la situation en l'état et nous faisons confiance à la Nature, dont nous n'avons plus peur, pour laisser le Processus « décider » de l'avenir de l'Aventure. La trace ne sera pas exactement celle qu'elle nous aurait laissée sans intervention humaine, mais peu importe, cette trace était de toute façon une parmi une multitude d'autres possibles, et ce qui compte est moins ce que nous avons perdu, que ce que le Processus va régénérer ou créer. Un nouvel équilibre dynamique se mettra en place et le moteur de spéciation, infiniment patient, le moteur de perfectionnement, infiniment patient, reprendra son activité, car il en a toujours été ainsi, même après les pires cataclysmes… ce qui ne justifie aucunement de faire n'importe quoi en dehors de ces zones.

Et la philosophie du lieu est précisée : « *Tout le monde peut donc entrer ici, en laissant ses outils et ses armes à la porte…* » … « *et surtout tout le monde peut en sortir : la réserve de vie sauvage constitue un espace de*

---

[134] *Raviver les braises du vivant* – Baptiste Morizot – page 5

[135] *Raviver les braises du vivant* – Baptiste Morizot – page 5

[136] *Raviver les braises du vivant* – Baptiste Morizot – page 5

régénération où la vie reprend ses droits, pour ensuite irriguer de vitalité tout le territoire alentour ».[137]

Mais le diplomate resurgit, semble-t-il inquiet des réactions qu'a suscité la mise en place de la réserve ASPAS du Vercors, la plus belle et significative expérience collective en France de rétablissement de Libre Evolution sur environ 500 hectares ? Alors il tente de rassurer, de donner des gages aux opposants. « *C'est un foyer qui ruisselle de vie, vers le dehors, qui déborde de vie* »[138]. L'image est belle, et je la partage pour l'essentiel, mais je ne sais pourquoi l'évocation du ruissellement me laisse un goût d'inachevé.

« *Mais le point du problème est ailleurs, c'est une question d'échelle spatiale qu'il ne faut jamais oublier. Car ce n'est pas le monde en général qu'il s'agit de laisser à lui-même, de rendre à lui-même, mais des parcelles de vie sauvage dans un territoire français qui est à 99% exploité, transformé, chassé, anthropisé. Ce sont des confettis que ces réserves essayent aujourd'hui de soustraire aux activités humaines destructrices…*»[139] et à partir de ces confettis la nature est censée irriguer, ruisseler…

Et ici, nos chemins divergent un peu à nouveau. Si évidemment, je soutiens sans réserve l'initiative de l'ASPAS, je ne peux croire que la vie va ruisseler bien loin, tout comme je ne crois pas aux interstices. Je crois que nous devons avoir le courage de dire que des confettis ne suffisent pas, ils risquent même d'être vidés de leur sens du fait du réchauffement climatique. Aujourd'hui et surtout demain ce sont de vastes espaces en Libre Evolution, connectés par autre chose que des jardins ou des parcs humanisés, des corridors rabougris, dont le Processus a besoin pour revitaliser l'Aventure. C'est tout l'objet de ce livre et je pense que B.Morizot en est également persuadé. Nous ne devons pas avoir une stratégie « honteuse », nous devons l'afficher clairement, quitte à adopter des compromis tactiques nécessaires en l'instant.

Ce n'est pas de gage dont les opposants ont besoin, mais comme nous tous, d'un changement radical d'ontologie, et je ne suis pas certain que ce

---

[137] *Raviver les braises du vivant* – Baptiste Morizot – page 9

[138] *Raviver les braises du vivant* – Baptiste Morizot – page 9

[139] *Raviver les braises du vivant* – Baptiste Morizot – page 6

soit par eux qu'il sera le plus opportun de commencer, tant il y a à faire partout pour nous départir de notre sentiment de toute puissance.

Si les « Espaces de Vie Sauvage » doivent déborder, ce n'est pas de vie en direction de l'anthropisation des 99% du territoire, mais d'exemplarité des possibles généralisables qu'ils nous donnent à voir, exemplarité car ici le refus de la finalité, le refus de l'artificiel est proclamé.

Finalement n'y a-t-il pas une question non posée et en conséquence non résolue : l'Homme peut-il toujours prétendre faire partie de la communauté biotique ou s'en est-il exclu de lui-même ?

Nous ne voulons pas réellement renoncer à ce qui détruit la Nature, notre population excessive et notre mode de vie, nous prétendons maintenir notre statut dominateur de droit divin et la propriété associée, mais « esthétiquement », et surtout pour justifier notre pouvoir, nous aimerions être considérés comme des quidam vivant en harmonie avec la communauté biotique. Le beurre et l'argent du beurre en quelque sorte.

Nous ne sommes plus, depuis longtemps, un vulgum pecus, chasseur-cueilleur. Nous ne pouvons plus nous leurrer nous-mêmes en faisant mine de croire que nous pouvons redevenir des animistes distingués, si tant est que l'animisme n'ait jamais été un modèle irréprochable de relation Homme-Nature. Cette vision psychologiquement confortable, qui permet de tout justifier, de tout tolérer, en particulier l'immobilisme, tient du romantisme, un peu l'équivalent écologique du « romantisme révolutionnaire » de la petite bourgeoisie.

Je préfère de beaucoup défendre l'idée, choquante a priori, que nous nous sommes exclus du Processus donc de la Nature, et qu'il nous faudra beaucoup d'effort et d'imagination constructive pour refonder un nouveau pacte qui ne ressemblera en rien à celui du passé, définitivement bafoué, historiquement révolu.

Quelle communauté pourrait durablement accepter ses parasites ? Si l'homme comme il le prétend fait partie de la communauté biotique alors son empathie doit englober tous les êtres vivants de cette communauté et pourtant l'homme n'a qu'une empathie formelle, vaguement morale et faiblement éthique, pour le reste du vivant.

Il faut l'admettre, se regarder dans la glace, l'homme s'est exclu lui-même de la communauté, ce ne sont ni les ours, ni les loups, ni les épervières piloselles qui l'ont chassé. Il lui appartient de rejoindre un jour la communauté à condition de renoncer :

- À son statut de propriétaire autoproclamé et exclusif,
- À sa population excessive au regard des capacités terrestres.

Alors que faire : eh bien revenir à des frontières raisonnables qui permettent au Processus de fonctionner et à l'Aventure de reprendre sa marche en avant ; et comme le loup fait partie du Processus et que le loup a besoin d'espace, alors c'est l'espace sauvage qu'il faut agrandir.

Cela ne fera que déplacer le problème, me direz-vous : pas certain, car en dédiant à la Nature un vaste espace continu, on réduit la proportion des frontières (contrairement à la notion d'interstices). De tout temps, les hommes ont signé la paix en réduisant la fragmentation de leur Nation. Mais lorsque l'on veut s'obstiner à faire cohabiter sur de petits territoires « imbriqués », deux peuples qui ne partagent pas la même culture, alors la guerre dure depuis quatre-vingts ans et cela ne semble pas résolu… (Balkans, Proche-Orient…).

Les diplomates ont beau se mobiliser, et ce ne sont pas les plus mauvais négociateurs qui sont à l'œuvre, les deux peuples ne rêvent même plus de partage équitable, mais d'éradication mutuelle ! Comment ne pas les comprendre, quand les deux Etats seraient si petits et si imbriqués, qu'aucun n'aurait le sentiment du minimum d'espace vital, du minimum de surface pour faire vivre sa culture ! Mais à qui appartiendra le fleuve si vital dans ces contrées arides ?

Alors ce ne sont pas des lambeaux de terre qu'il faut partager mais des espaces « vitaux ».

Totalement irréaliste, criez-vous ! : nous sommes partout, l'homme est partout, partout il y a des propriétaires privés et donc la situation est figée. Comme le loup, nous devons acter cette contradiction insoluble !

Contradiction, quelle contradiction ? La contradiction est dans nos têtes car nous croyons, contre vents et marées, que l'espace nous appartient en tant qu'espèce et accessoirement en tant qu'individu. Nous sommes prisonniers de notre incapacité à sortir du cadre : et si nous étions quatre fois moins nombreux, ne pourrions-nous libérer de l'espace ?

Depuis 150 ans, Darwin nous appelle à penser autrement.

Bien, mais le temps presse. La biodiversité s'effondre. Si tous nos débats s'éternisent, ne se concluront-ils pas finalement par une longue rubrique nécrologique, entrainant au néant, pêle-mêle, individus, espèces et écosystèmes ?

Pourtant un homme dit que si la Nature meure, elle renaîtra, avec ou sans l'homme. Espérons encore que ce sera avec lui.

> **Tim Flannery**

Cet homme, Tim Flannery serait sans doute surpris de figurer dans ma liste des grands philosophes. Effectivement, il ne s'intéresse guère à la « valeur en soi », à l'éthique, à la morale ; il nous raconte notre histoire, celle de l'Europe.

Il n'est pas philosophe mais il donne à penser. Flannery est un paléontologue australien qui se passionne pour l'Europe. Le titre du livre est « *Le Supercontinent* » et le sous-titre « *Une histoire naturelle de l'Europe* »[140]

Il a, à son actif, la découverte d'une trentaine de mammifères depuis longtemps disparus...et tant d'autres ; il est un ardent défenseur de la planète.

Son livre ne se lit pas, il se « visite », il se « remémore », il se « projette », il se « revisite ».

Il fait revivre l'Evolution, l'histoire des descendants de LUCA, non pas essentiellement comme l'histoire des individus et des espèces, à la façon de Darwin, mais plutôt à la façon de Wegener, l'homme qui a mis en évidence, théorisé la dérive des continents. Non, il faudrait plutôt lire ce livre comme si Wegener et Darwin s'étaient réunis pour nous conter notre histoire, celle de l'Europe et de ses habitants.

Ce livre nous démontre au moins une chose essentielle : ne nous arcboutons pas sur ce que nous voyons aujourd'hui de la nature largement anthropisée pour en faire un référentiel, un état stationnaire qu'il conviendrait de conserver comme un aboutissement. Il n'y a pas, il n'y a

---

[140] *Le Supercontinent* – Tim Flannery - Ed Flammarion -2019

jamais eu, il n'y aura jamais de référentiel dans la Nature et au cours de l'Aventure.

Chaque instant de l'évolution doit être considéré comme un nouvel état initial, parmi d'autres possibles, à partir duquel le Processus, fait de quelques règles de sélection et de beaucoup de hasard, tant géologiques, climatiques que génétiques, perpétuera l'Aventure.

Alors citer Flannery est délicat, tant ce qu'il nous montre s'étale sur des millions d'années, millions d'années qui nous racontent toujours la même histoire.

Lisons un bref passage, choisi un peu au hasard, choisi aussi parce qu'il n'est pas trop éloigné de nous, parmi des centaines d'autres témoignages d'espèces « invasives », puis « exvasives », puis « ré-invasives », flux et reflux incessant de dispersion et de retraite sous l'action des variations du climat, et de séparation – reconnexion des continents.

« Près de 10 000 ans après l'arrivée du lion et de la hyène rayée en Europe, un petit carnivore se fraye un chemin vers l'ouest tout seul et sans aucune mesure de protection. Jusqu'il y a un demi-siècle, le chacal doré ne vivait qu'à l'est du Bosphore en Turquie. » [141]

Ah bon l'hyène rayée et le lion en Europe ? Et il y a 10 000 seulement ? Mais c'était bien après l'émergence du néolithique ?

Fichtre, un nouveau prédateur majeur, plus grand que le renard, « envahit » de nos jours l'Europe ? Comment est-ce possible qu'un des sommets de la chaîne alimentaire, s'installe ainsi dans nos écosystèmes « stables » ?

Pourquoi ce que nous voyons, ce que nous avons vécu, devrait être un Alpha et Omega que nous devrions « conserver » en l'état de nos jeunes années ?

La flore, la faune européennes ont vécu une longue aventure, faite d'isolements sur quelques îles, de reconnections, parfois à l'Afrique, parfois à l'Asie ; de climats changeants, d'invasions d'espèces exotiques, de reculs de ces envahisseurs, devenus endémiques chez nous, et qui à leur tour seront envahisseurs de l'Asie...

---

[141] *Le Supercontinent* – Tim Flannery – page 339

Alors Tim Flannery nous invite au réensauvagement de l'Europe.

« Quelle pourrait être une autre Europe ? Un nouveau concept de gestion humaine des systèmes naturels est en train d'émerger. Le concept de réensauvagement (de l'anglais rewilding) c'est-à-dire la réimplantation de créatures sauvages disparues et la restauration de processus écologiques perdus, est en train de devenir populaire dans toute la planète, mais ses origines sont européennes, et c'est sur ce continent que les projets les plus ambitieux dans ce domaine ont été réalisés jusqu'ici. L'organisation indépendante du Rewilding Europe a lancé d'importants programmes en ce sens. Son objectif est de restaurer les processus naturels dans les écosystèmes, de créer des zones de nature sauvage là où la présence humaine est minime et d'introduire de grands herbivores et des prédateurs supérieurs dans les régions où ils ont été éradiqués. »[142]

Alors comment devrons-nous mettre en œuvre ce réensauvagement ? Flannery nous suggère quelques idées forces :

 • Il faut profiter des évolutions sociologiques et de la désertification des secteurs les moins productifs, pour recréer des espaces libres et sauvages,

 • Que nous jugions nécessaire, ou pas, de repartir d'un état initial le plus proche possible de ce qu'aurait produit une absence de perturbation humaine, nous devons laisser dès que possible ces espaces en Libre Evolution, alors la Nature revivra,

 • Elle sera différente de celle que nous avons connue, des images fantasmées de nos enfances ; pas de regret, de toute façon, la Nature aurait été différente et d'autant plus dans ce climat changeant rapidement.

Associer l'appel de F.Terrasson, de cesser d'avoir peur de la nature sauvage, à l'appel de B.Morizot pour la Libre Evolution, à l'appel de Flannery à « réensauvager » voilà déjà une base de profondes réflexions.

Comment doit-on restaurer les grands équilibres écologiques, notamment entre flore, herbivores et prédateurs, la question reste ouverte avec « Le Supercontinent » ?

---

[142] *Le Supercontinent* – Tim Flannery – page 355

Doit-on redisperser les espèces anciennes d'herbivores qui ont miraculeusement pu être sauvegardées jusqu'à nos jours (Bison d'Europe, Cheval de Przewalski...) ? Doit-on soutenir les programmes visant à « reconstituer » par exemple l'auroch, à partir des races de vaches les moins artificiellement sélectionnées ? Doit-on miser sur le cheval de Przejwalski ou le Tarpan pour maintenir des milieux ouverts ? Doit-on attendre que la chaîne trophique soit entièrement reconstituée avant de laisser la Libre Evolution reprendre le cours de l'Aventure ? Doit-on aller plus loin encore pour reconstituer la grande faune européenne ? Questions ouvertes auxquelles notre intelligence collective doit s'atteler.

Une chose est certaine, si nous cessons de martyriser les prédateurs et si nous faisons en sorte qu'ils disposent de suffisamment de proies, ils reviendront d'eux-mêmes pour autant que des continuités fonctionnelles soient rétablies.

Mais il faut de l'espace n'est-ce-pas ? Oui, c'est le nœud du problème, à la fois la pierre d'achoppement et la pierre angulaire du renouveau. Oui il faut de l'espace pour les grands herbivores et prédateurs et les écueils des expériences néerlandaises (par exemple Oostvaardersplasse) le montrent à l'envi. Et c'est pour cela qu'il faut engager d'urgence le « désarmement démographique », apprendre à nous désapproprier la nature, apprendre à partager géographiquement et démographiquement.

Ce que nous montre Flannery est peut-être le complément indispensable de l'idée que nous devons redistribuer des terres aux êtres vivants.

Ici se termine la balade à travers les principales sources bibliographiques qui ont alimenté notre réflexion sur l'origine de l'anthropocentrisme, sources qui nous ont fourni une partie des briques nécessaires à fonder l'anthropoEXcentrisme.

La bibliographie est essentielle, mais l'expérience de 45 années de contemplation de la nature, d'immersion sous différents climats, d'approche parfois sensible, parfois plus analytique de la Nature, l'est encore plus. Bibliographie, terrain mais aussi collectif. L'expérience acquise au sein de la LPO auvergne, puis AURA, l'expérience au sein des Conservatoires d'Espaces Naturels, l'expérience de simple adhérent de l'ASPAS, le suivi de la vie de FNE et de la FRANE, de FERUS aussi, le suivi de la Vie de Démographie Responsable, bref toutes ces sources de réflexions collectives, de convergences et de divergences, disséquées et synthétisées, ont motivé ce livre iconoclaste et irrespectueux. Je ne cherche ni consensus mou, ni provocation, juste à livrer une synthèse de ces 45 années de collecte, que j'espère faire partager.

Avant de passer à la seconde partie du livre, Il est nécessaire d'ajouter un point essentiel, induit par l'accélération du réchauffement climatique. Il est peu dire que l'avènement de cette réalité a changé profondément mon approche de la « protection de la nature ». On ne saurait évidemment faire grief aux auteurs précédents de ne pas avoir pris la mesure de l'ampleur du phénomène et de ses conséquences. Il y a quinze ans seulement, rares étaient ceux qui anticipaient à quel point le changement climatique allait bouleverser nos vies, celle des écosystèmes et des espèces.

Trois questions essentielles surgissent:

• Que signifie conserver, préserver et même protéger un écosystème quand il est dorénavant évident qu'il va subir d'importantes modifications sous l'effet d'un déterminisme physicochimique, déterminisme provoqué, mais bien réel, par notre extractivisme, notre exclusivisme ? Comment nos « confettis », nos « interstices » peuvent-ils survivre à ce maelström ?

• Que signifie biodiversité, espèces invasives dans un tel contexte ?

• Que signifie « protéger » ici et maintenant quand chaque jour nous déchargeons dans la nature des produits chimiques, dont certains sont tellement stables que leurs effets nocifs perdureront des milliers d'années et se disperseront sur des milliers de kilomètres ?

PARTIE 2

Anthropocentrisme actuel : dévastation et irresponsabilité !

A ce stade, nous avons réalisé un large aperçu, quoique non exhaustif, de la pensée anthropocentrique et de l'émergence de ses remises en cause. Nous pourrions passer directement à l'exposé des valeurs de l'anthropoEXcentrisme, mais il est préférable de traiter d'abord de certains des piliers et des manifestations actuelles de l'anthropocentrisme pour que les propositions nouvelles apparaissent plus clairement comme l'ébauche d'un changement de hiérarchisation de nos valeurs, une nouvelle relation au monde, une nouvelle ontologie. Les chapitres suivants vont nous conduire sur ce cheminement :

- L'Homme « maître » de la nature.
- L'Homme « possesseur » de la nature.
- L'Homme « intendant » de la nature.
- L'Homme, juge et partie de sa participation à la communauté biotique.
- L'Homme, plus bourreau qu'éthologue ?

1) *L'Homme maître de la nature ou la mort du Processus*

Nous voici donc « maîtres de la nature ».

Peut-être est-il temps de dresser un bilan de ce que nous avons fait de ce pouvoir exclusif et inconditionnel.

Ce bilan, il convient d'abord de le dresser au niveau de la planète.

Que reste-t-il comme milieux réellement naturels, c'est-à-dire échappant à toute logique de domination humaine ?

Pratiquement partout la croissance démographique, avec son corollaire de croissance des besoins alimentaires, des besoins en énergie et en matières premières…etc, s'est réalisée au détriment des derniers milieux naturels.

Que l'on pense à la forêt boréale en Scandinavie ou au Canada, à la forêt Congolaise, à la savane africaine, aux forêts asiatiques, à l'Amazonie, au Cerrado, le bilan est partout le même. Les milieux naturels sont dorénavant totalement isolés les uns des autres par un réseau toujours plus dense d'urbanisation, de moyens de transports, de moyens de production d'énergie, d'agriculture industrielle, de stations de loisirs, de mines et industries.

L'effet dévastateur n'est pas seulement lié à la surface des terres sauvages ainsi artificialisées mais à leur morcellement. La notion d'écosystème n'a de sens que si l'ensemble des espèces qui le constituent peuvent survivre et se déplacer librement...etc. Sinon, il faut trouver un autre vocable : « écosystèmoïde », pseudo-écosystème, simili-écosystème, écosystème de domestication... Souvent les espèces clefs de voûte des véritables écosystèmes sont des grands prédateurs, qui, par nature, ont besoin d'espace pour répartir leur pression sur un très grand nombre de proies.

D'autres espèces clefs de grande taille ne peuvent exercer leur rôle écologique, souvent des herbivores, qu'à travers de longues migrations annuelles, par exemple les éléphants, les zèbres, les bisons...sous l'effet des modifications d'habitat liées aux variations saisonnières.

Mais le fractionnement affecte aussi l'ensemble de la communauté biotique, animaux et végétaux, en limitant ou stoppant le flux des variations génétiques liées aux individus dispersants, en perturbant les cycles de vie aux abords des lignes de fragmentation, en introduisant des concurrences indues entre des espèces exogènes et les espèces indigènes de l'écosystème.

La fragmentation, s'est aussi la voie ouverte à tout type de perturbations du milieu naturel : pollutions, chasse et braconnage, dérangements de la faune par les loisirs agressifs, **bruits**, éclairages nocturnes...Ce faisant, nous perturbons gravement le Processus. Il en résulte des déséquilibres au sein des écosystèmes, qui peuvent entrainer des cascades d'effets sur la faune et la flore sauvages. Ces effets délétères ont été démontrés et ils sont souvent différés dans le temps. De fait, ils échappent totalement aux études d'impact, et se révèlent des années plus tard.[143]

Le résultat est sans appel pour la biodiversité : aujourd'hui 60% de la faune supérieure a disparu dans le monde. En Europe, il ne reste plus que 30% des insectes présents au milieu du siècle dernier… et l'érosion s'accélère. Nous ne sommes pas ici dans une vague fluctuation de population, mais au cœur de la **sixième extinction de masse**. Et celle-ci n'intervient pas sur quelques centaines de milliers d'années, mais en cent ou deux cents ans.

« L'activité humaine menace d'extinction globale un nombre d'espèces sans précédent. En moyenne, 25% des espèces appartenant aux groupes d'animaux et de végétaux évalués sont menacés, ce qui suggère qu'environ 1 million d'espèces sont déjà menacées d'extinction, beaucoup dans les décennies à venir…Faute de mesures, l'augmentation du taux global d'espèces menacées d'extinction va encore s'accélérer, alors qu'il est déjà au moins des dizaines voire des centaines de fois plus élevé que la moyenne sur les 10 millions d'années écoulés ».[144]

Aujourd'hui, du fait de sa démographie débridée, l'homme et ses animaux domestiques, principalement destinés à l'alimentation humaine, pèsent plus lourd que toute la faune sauvage du globe.

Les humains (390 millions de tonnes) et les mammifères d'élevage ou de compagnie (630 millions de tonnes) représentent 94% de l'ensemble de la masse des mammifères de la planète. Les mammifères sauvages terrestres et aquatiques ne constituent plus que 6% (60 millions de tonnes) du total, alors qu'ils constituaient la quasi-intégralité il y a 100 000 ans. Il n'y a plus que 6% de la masse des mammifères sur lequel le Processus a encore partiellement prise !

---

[143] Pour plus de détail voir l'article scientifique d'origine : « Habitat *fragmentation and its lasting impact on Earth Ecosystems* » Science Advances20/03/2015 Vol 1 n°2.

[144] Rapport IPBES de 2019 (Plateforme intergouvernementale scientifique et politique sur la biodiversité et les services écosystémiques).

Ces chiffres impressionnants sont issus de l'étude "*La biomasse globale des mammifères sauvages*" « *The global biomass of wild mammals* ».[145]

Mais la biodiversité n'est qu'un des aspects de notre gabegie, de notre incapacité à respecter la vie. Les scientifiques s'accordent à définir et évaluer des limites planétaires à ne pas franchir, sous peine de déstabiliser l'écosystème Terre :

- le changement climatique,
- l'érosion de la biodiversité,
- la perturbation des cycles de l'azote et du phosphore,
- le changement d'usage des sols (artificialisation),
- le cycle de l'eau douce,
- l'introduction d'entités nouvelles dans la biosphère,
- l'acidification des océans,
- l'appauvrissement de la couche d'ozone stratosphérique,
- l'augmentation de la présence d'aérosols dans l'atmosphère.

Seules les trois dernières limites ne sont pas encore dépassées. Heureusement, car l'effondrement serait proche, par exemple du fait de la fin du bouclier qui protège la vie des rayonnements solaires les plus nocifs ou d'une perturbation définitive du cycle trophique, de la vie des océans, à travers son acidification.

Et le site gouvernemental français « *notre-environnement* » du «Ministère Français de la Transition Ecologique » (Commissariat Général au Développement Durable) de conclure :

« *Avec six limites franchies sur neuf, la planète se trouve aujourd'hui bien au-delà de l'espace de fonctionnement sûr pour l'humanité* ».

Pour l'Humanité ? Non pour la vie tout court ! L'Homme, dans son naufrage, entraine tout le vivant, voilà ce qu'il faudrait écrire.

Les seuils de ces limites et l'évaluation de leur niveau font l'objet d'un consensus scientifique international que le gouvernement français ne

---

[145] publié dans la revue PNAS Lior Greenspoon , Eyal Krieger, Ron Sender and Ron Milo February 27, 2023 PNAS Vol 120 N°10

conteste nullement et pourtant, sur la biodiversité, sur le cycle de l'eau, sur le phosphore et l'azote, nos gouvernants se moquent éperdument de leur franchissement et pour seul exemple subventionnent un accroissement démentiel de l'irrigation, des pesticides… subventionnent généreusement les activités les plus néfastes à la biodiversité : chasse, fragmentation par création de nouvelles voies de communication…. La liste serait interminable, si nous entrions un peu dans le détail.

Nous savons que dorénavant la Vie est en jeu, nous l'écrivons, le publions, le proclamons, mais rien ne change dans nos mentalités… et dans la conscience dominante, la vie se résume toujours à l'Homme !

Il va sans dire que le franchissement d'une seule de ces limites est une perturbation extrêmement grave du Processus, et ceci non pas à une échelle locale, mais à l'échelle planétaire.

Dans le même ordre d'idée, le Jour du Dépassement montre aussi que nous consommons beaucoup plus chaque année que la planète peut régénérer de matière renouvelable. Pour la quasi-totalité des matériaux strictement non renouvelables, les minerais et minéraux, nous épuisons rapidement les réserves.

Bref, pratiquement tous les voyants sont au rouge.

Il est évidemment difficile de dire laquelle de ces limites est la plus grave. Par exemple, la pollution par les pesticides affecte tous les milieux de vie à l'échelle planétaire et frappe de façon indifférenciée et aveugle tout le vivant.

Parmi ces limites, le réchauffement climatique constitue une menace de plus en plus massive pour la faune sauvage… et il n'est pas nécessaire d'invoquer le sort de l'ours polaire, même si, bien malgré lui, il peut servir d'emblème. En réalité, la catastrophe induite par le changement global affecte d'ores et déjà l'ensemble des écosystèmes et un nombre croissant d'espèces sur tous les continents et ceci d'année en année.

Nous assistons impuissants à des catastrophes massives du fait des effets directs : inadaptation aux températures, aux inondations, aux sécheresses, glissements de terrain… et à des effets indirects (incendies, acidification des océans, modification massive d'albédo…).

De façon étonnante, nous ne semblons pas avoir peur collectivement des conséquences pour notre espèce, alors que les catastrophes frappent de plus en plus près et de plus en plus souvent. Nous vivons dans l'espoir fou que nous passerons individuellement à travers les gouttes. Cette insouciance semble malheureusement contredire Hans Jonas et son Principe Responsabilité, livre dans lequel l'auteur semble miser sur la peur comme moteur d'une prise de conscience collective.

Le constat actuel est alarmant, mais le pire est peut-être devant nous. Nous sommes dorénavant à la merci de phénomènes d'« auto-emballement », d'auto-amplification des changements climatiques sous l'effet du réchauffement des océans (moins de piégeage du CO2), des incendies de forêt, du relargage du méthane, de la variation d'albédo des zones arctiques…**L'Homme, qui se prétend maître de la nature ne maîtrise plus rien**. Il n'a probablement plus son destin entre ses mains. L'homme semble un maître bien peu précautionneux, même pour la pérennité de son empire !

Alors si, même les catastrophes, qu'affronte l'espèce humaine de façon directe, nous laissent indifférents, combien faudra-t-il de catastrophes pour la faune et la flore, dans notre contexte anthropocentrique, avant que la terreur de la sixième extinction nous incite à la sagesse ? Peut-être est-il plus raisonnable de ne pas trop compter sur l'effroi et plutôt opter rapidement pour un changement volontaire, conscient de philosophie, d'ontologie.

Pourtant, le changement climatique, par son ampleur planétaire, affectant tous les milieux naturels, terres émergées comme mers et océans, est un phénomène gravissime pour le Processus. Ce réchauffement est intégralement engendré de façon artificielle par l'homme, et perturbe définitivement le cours de l'Aventure. Au vu de notre inconséquence, nous pouvons même affirmer que ce mécanisme contrenature est parfaitement **planifié**, car ses conséquences à court, moyen et long terme sont connues. Nous choisissons délibérément la catastrophe pour nous-mêmes et pour toutes les autres formes de vie.

Nous imposons à toute la communauté biotique, et à nous-même, un nouveau déterminisme délétère, sous la forme de changement brutal des conditions physico-chimiques.

En court-circuitant tous les mécanismes de régulation naturels, en nous plaçant de façon parfaitement consciente en « boucle ouverte », nous réduisons le Processus, par nature aléatoire et non planifié, à la portion congrue. Nous nous excluons encore plus franchement de la Nature.

Ce n'est pas un petit changement, c'est un renversement de toute la logique qui a conduit à la Vie sur Terre.

La plupart des naturalistes eux-mêmes ne semblent pas prendre clairement conscience du danger. Ils continuent pour l'essentiel à raisonner avec des concepts en grande partie dépassés car imaginés pendant une période de relative stabilité des conditions physico-chimiques. Ils persistent à se référer aux mêmes descripteurs qu'autrefois, par exemple la notion d'écosystème basé sur une liste d'espèces, voire dans le meilleur des cas, sur une liste accompagnée d'abondance par espèce.

Nous avons vécu avec l'idée, plus ou moins vérifiée, que la stabilité d'un écosystème était basée sur la biodiversité, comprise comme un nombre d'espèces en interaction sur un type d'habitat donné.

Mais au train où vont les choses, les espèces risquent fort de se déplacer, de s'efforcer de migrer, plus au nord ou plus en altitude pour tenter de s'adapter aux nouvelles conditions, ce que l'on observe déjà. Si un écosystème est défini par une liste d'espèces en interaction, en équilibre les unes avec les autres, il y a de forte chance que les espèces changeant, l'écosystème ne pourra que s'appauvrir, le nombre d'espèces arrivant en un lieu ne pouvant en aucun cas compenser les départs et les extinctions locales.

Plus aucun écosystème ne pourra être considéré comme un milieu en équilibre, tout au plus comme la situation la moins instable à un instant donné.

Situation la moins instable possible, si l'écosystème ne s'effondre pas complètement. Si des espèces clefs de voûte disparaissent, soit qu'elles s'éteignent sur place, soit qu'elles arrivent à migrer, pour toutes les autres espèces animales et végétales incapables de migration, la situation locale deviendra critique, car le cortège végétal et animal évoluera dans une direction peu prévisible.

Toutes les notions basées sur des niches écologiques, sur des systèmes permanents, sont à redéfinir dans un contexte où la stabilité fondamentale requise, celle des conditions physico-chimiques, n'est plus assurée à l'échelle de temps de l'adaptation des espèces, pour au moins un millier d'années. Les associations d'espèces vont évoluer partout et en permanence. Les écosystèmes supportaient des fonctionnalités, d'où découlaient des services écosystémiques. Il n'est pas évident que nous retrouvions des milieux naturels, en perpétuel changement, pouvant jouer durablement les rôles fonctionnels perdus.

➢ Mais où est passée l'empathie, comme troisième volet du Processus ?

L'égocentrisme, l'individualisme, le libertarisme, actuellement exacerbés, valorisés, s'opposent frontalement à l'empathie, à la liberté, à la solidarité dans des temps qui s'annoncent difficiles.

L'évolution des mentalités est d'autant plus surprenante que, ce faisant et parfaitement sciemment, nous mettons en cause la survie des générations futures, alors que l'Aventure a favorisé l'apparition de l' « empathie », puis de la sélection sexuelle, comme garantie du maintien de l'espèce à travers la protection à apporter aux générations futures. Du Processus, nous détruisons jusqu'aux mécanismes protecteurs les plus profonds.

Certes la question de l'intérieur et de l'extérieur joue pleinement son rôle de limiteur d'empathie, nous le savons, mais nous n'arrivons même plus à considérer les **générations humaines futures** comme membres de l'intérieur de la communauté… même pas nos petits-enfants. L'égocentrisme semble souvent plus puissant que l'anthropocentrisme lui-même.

Tout au plus envisage-t-on d'investir dans l'adaptation humaine face aux effets les plus désagréables dans l'instant, alors que la lutte contre les conséquences instantanées et locales coûtera bientôt plus cher que la lutte contre les causes. Evidemment dans ce repli sur soi, parfois sur nous, les catastrophes écologiques à long terme sont glissées sous le tapis. Les impacts massifs contre la communauté biotique passent au second plan. Les cataclysmes d'origine anthropique sont désignés comme

« catastrophes naturelles », pour mieux masquer la réalité et fuir notre responsabilité.

➢ *Le rôle de la démographie*

Comment se fait-il que toutes ces limites planétaires soient dépassées pratiquement simultanément, rapportées à l'échelle des temps géologiques, à tel point que cette période, infiniment courte, porte désormais le nom d' « anthropocène » ?

En réalité, la chose est si évidente qu'il paraît dérisoire d'avoir à l'exposer :

- La pollution est à l'ordre 1 proportionnelle au nombre d'humains que multiplie la pollution moyenne par habitant.

- L'artificialisation des terres est à l'ordre 1 proportionnelle au nombre d'humains que multiple l'artificialisation moyenne par habitant.

- Le réchauffement climatique est à l'ordre 1 proportionnel au nombre d'humains que multiplie la quantité de gaz de serre que nous rejetons en moyenne par habitant.

- L'acidification des océans est à l'ordre 1 proportionnelle au nombre d'humains que multiplie la quantité de CO_2 rejetée en moyenne par habitant.

- La perturbation des cycles de l'eau douce est à l'ordre 1 proportionnelle au nombre d'humains que multiplie la quantité d'eau consommée, polluée, ou détournée en moyenne par habitant.

- La perturbation des cycles du phosphore et de l'azote est à l'ordre 1 proportionnelle au nombre d'humains que multiplie la quantité de ces matières consommées pour satisfaire les besoins moyens de la survie d'un habitant …

Chacun de ces facteurs individuels doit être multiplié par le nombre d'habitant sur Terre.

Certes, il existe d'énormes disparités de consommation individuelle et cela est parfaitement injuste. Et ces disparités doivent être combattues avec la dernière des énergies, sachant que 90% des Français font partie des 10% les plus riches sur Terre, en PIB par habitant à parité de pouvoir d'achat, comme en capital. Mais cela ne change rien au résultat de la Moyenne X Nombre d'humains, comme descripteur macroscopique de la pression de l'Homme sur la planète.

Parfois l'effet est un peu plus violent que la simple proportionnalité, parfois un peu moins rapide, mais globalement la cause la plus directe est toujours *la démographie*.

La démographie non maîtrisée est à la fois le facteur le plus néfaste pour la planète et le meilleur révélateur de l'anthropocentrisme.

Elle traduit notre incapacité à concevoir un monde de partage équitable entre tous les êtres vivants, notre incapacité à nous auto-limiter, car nous nous arrogeons le statut de maître de la nature.

Etrangement, l'« écologie politique » refuse d'affronter cette réalité pourtant bien identifiée par ses illustres pionniers : Darwin, Callicott, Meadows, Jonas, Naess et tant d'autres !

> ➢ *La médecine, la plus belle conquête de la science humaine*

D'Hippocrate à Descartes, les anciens se sont toujours préoccupés d'éviter aux hommes des souffrances inutiles. La médecine moderne a permis de franchir des pas décisifs avec les vaccins (Pasteur, Koch…), avec les antibiotiques (Fleming…), avec les anesthésiques, avec les techniques d'observation du corps humain (radiologie d'abord, puis IRM…), avec les moyens de décider soi-même de sa reproduction ou non.

Certains de ces progrès sont le fruit d'autres sciences (chimie et surtout physique…) et de fait le résultat est là comme une promesse pour l'Humanité :

- baisse partout dans le monde de la mortalité infantile,
- accroissement partout dans le monde de l'espérance de vie, du moins jusqu'à une date récente.

Ce faisant, nous nous sommes quasiment soustraits au mécanisme fondamental du Processus : la sélection de survie. En effet, chaque individu, à quelques pays près, dispose d'une chance voisine de 95 % d'arriver à l'âge de la procréation. L'effet de l'accroissement de la durée de la vie joue évidemment sur l'accroissement de la population, mais la durée de vie au-delà de 60 ans ne peut pas en elle-même conduire à une explosion exponentielle de la démographie, puisque les plus âgés ne peuvent se reproduire.

En revanche, c'est bien la survie des jeunes jusqu'à l'âge reproductif qui est à l'origine de cette explosion démographique que nous avons constatée depuis un siècle ou deux.

Constatée ou plus exactement subie. Car, à aucun moment, les gouvernements, quels qu'ils soient, n'ont anticipé que les individus ne réagiraient pas immédiatement à l'accroissement du taux de survie de leurs enfants pour réduire leur réflexe de procréation, hérité d'un temps où il fallait avoir une large progéniture pour espérer voir quelques enfants arriver eux-mêmes à l'âge adulte. Non seulement, ils n'ont rien fait, mais ils ont continué, et continuent, à encourager la reproduction pour satisfaire les besoins de la Grande Armée et/ou du Grand Marché intérieur et ceci depuis l'oubli des causes des drames humains liés au « Déluge ».

Car il n'y a là aucun humanisme, juste un désir de puissance étatique ou religieuse : la grandeur du pays, la suprématie de telle ou telle religion, voilà les seuls véritables ressorts des politiques natalistes. L'anthropocentrisme généralise l'égocentrisme et les Etats, les religions, dans leur souci de faire triompher leur « intérieur » au détriment de l'empathie, provoquent l'exacerbation de la peur de l' « extérieur » pour imposer leurs désirs monopolistiques.

Finalement, ce sont les femmes qui, dans leur souci d'émancipation, ont freiné ce mécanisme délétère, mais malheureusement bien trop tard. Entre le moment où la mortalité infantile commence à chuter et le moment où la natalité diminue, il se passe une longue période entrainant une croissance exponentielle. Puis, sur sa lancée l'humanité continue de croître fort longtemps, car les jeunes en âge de se reproduire sont nombreux et même si leur taux de fécondité individuel chute, la croissance demeure forte. On nomme ce phénomène inertie démographique.

Pour le coup, il aurait fallu anticiper, mais la finalité, une humanité moins nombreuse et plus libre, en équilibre avec son milieu de vie, n'a jamais été envisagée. Imaginer que « pas plus nombreux, nous serions plus sereins » était hors de portée du raisonnement individuel, et plus encore des gouvernements. Le drame réside dans la croyance irrationnelle, entretenue par les oligarques et les théocrates, que la croissance de la population demeure une mesure du succès de l'Homme, de l'orgueil d'espèce.

Pire, comme nous avons contracté toutes sortes de dettes, nous sommes dans une impasse, car il faut toujours plus de jeunes pour les rembourser, et s'appauvrir encore. Tout notre système n'est qu'une gigantesque pyramide de Ponzi, dont il faudra bien sortir un jour avant l'implosion.

Aujourd'hui la démographie est telle que nous exerçons sur le Processus une pression qui annihile toutes ses capacités régulatrices et régénératrices.

Soyons clairs : ce n'est ni la physique quantique, ni Marie Curie…ni les Koch ou Flemming, ni même l'application de toutes ces sciences, qui sont en cause, mais l'incapacité d'anticipation des conséquences pour l'environnement induite par le pire abandon du Processus : la non-maîtrise de la démographie. Et pourtant, le Processus se montre admirablement efficace chez les autres espèces vivantes, à travers notamment la sélection écologique, afin de maintenir les équilibres à long terme. Notre cécité est mortifère.

Les très anciens mésopotamiens, grecs, assyriens…amérindiens… nous avaient mis en garde contre le non-respect de ces équilibres, mais nous sommes passés outre. Tant que nous n'avions pas pillé totalement la planète, il suffisait de piller un peu plus loin chaque année, dilapider un peu plus vite l'héritage d'année en année, pour se donner l'illusion que le tour de passe-passe, la tricherie, la dissimulation, pourraient demeurer éternels.

Mais tout cela s'achève : nous n'avons plus les moyens d'acheter la paix sociale à l'international et l'humanisme recule, car notre égoïsme, ne peut plus se cacher derrière nos incantations à la gloire de l'universalisme, vidées de toute signification concrète.

A en juger par le niveau injustifiable d'inégalités sociales internationales, nous avons tué l'Universalisme et l'Humanisme en même temps que le Processus. Alors en retour, ce que nous considérons comme l'« Extérieur » s'attaque à ce que nous croyons indestructibles : les conquêtes des Lumières…Et parce que nous refusons de faire évoluer ces avancées remarquables, nous nous interdisons de les porter à un niveau plus général... bref nous nous arcboutons sur un glorieux passé, passé dans lequel plus aucun déshérité ne veut ou ne peut se reconnaître.

Et les limites planétaires sont enfoncées une à une, méthodiquement, systématiquement, inexorablement, entrainées par notre submersion démographique.

A l'intérieur, les idéaux démocratiques reculent, et plus le gouvernement cède aux intérêts corporatistes et féodaux (pardon régionaux), plus nous nous endettons : une dette non seulement financière mais surtout écologique et finalement morale.

Ce que nous refusons d'admettre, c'est qu' **« il n'y en a plus pour tout le monde »**. La planète est exsangue, épuisée et les moralistes, y compris écologistes natalistes, refusent de voir que le maintien de notre système de Ponzi impose le maintien de quatre milliards d'hommes (au minimum), dans un état social inacceptable. Si nous voulions un minimum de justice internationale, par exemple que les huit milliards d'humains puissent consommer au moins 70% de ce que nous nous octroyons, alors il serait physiquement impossible de satisfaire les besoins légitimes de tous.

Je ne parle pas ici des seuls besoins alimentaires, mais aussi de la satisfaction, pour tous, de la pyramide de Maslow, ce qui devrait être un fondement de l'Humanisme et de l'Universalisme.

Et si nous devions, ce qui est un impératif moral, satisfaire aux conditions de la perpétuation de l'Aventure dans le futur, alors il est clair que nous devrions être sérieusement moins nombreux...

Puisque ce sont effectivement les 10% les plus riches qui s'approprient la majorité des moyens, contribuent le plus à l'artificialisation, ont de tout temps exercer la plus forte pression sur le Processus ... alors se sont à eux, à nous, de donner l'exemple de la sobriété, de la décroissance démographique.

Evidemment, sauf à sombrer dans l'aveuglement idéologique, il est clair que ce système ne peut perdurer puisqu'il est éminemment instable, comme toute pyramide de Ponzi.

Dans notre obsession nataliste, nous nous sommes enfermés dans un endettement sans fin pour payer nos dettes passées. Pour maintenir la paix sociale, nous croyons qu'il faut continuer à s'endetter en accroissant indéfiniment la population, les nouvelles générations étant censées financer les dettes des anciens. Nous refusons de voir que les limites planétaires étant dorénavant franchies, le paradigme des nouvelles générations plus aisées que les précédentes, bref la base de notre stabilité sociale, est révolu.

Nous repoussons l'évidence que l'endettement des générations futures ne pourra plus que s'accroître, relativement aux richesses réellement disponibles à l'avenir.

Et si encore un tel système assurait la justice et le maintien des conditions de vie sur Terre ! Ce n'est plus le cas et depuis déjà des dizaines d'années.

Ce n'est pas à travers des débats sans fin sur l'injustice sociale à l'intérieur des Etats riches ou sur les avantages mutuels de l'éolien ou du nucléaire que nous résoudrons le problème. Notre dérive sans fin est structurelle, pas conjoncturelle. L'issue est philosophique, pas politique.

Des âmes bien pensantes nous expliquent que, comme seulement dix pour cent des humains consomment trop, il suffirait qu'ils consomment un peu moins pour régler le problème : affabulation ! Soit, ils sont complètement inconscients des **ordres de grandeur** des efforts à consentir par ces dix pour cent, pour rétablir les équilibres écologiques et la justice internationale, soit, ils sont bien au courant des réalités et ils cherchent en fait à maintenir le système en place, le cas échéant avec quelques aménagements et « adaptations » pour éviter aux nantis les affres du changement climatique.

En effet, l'enjeu n'est pas de baisser de quelques pour cent le **PIB par habitant** de 10% des Français, mais de le diviser par un **facteur quatre environ** pour quatre-vingt-dix pour cent des Français. Ils savent pertinemment qu'une telle perspective n'est pas socialement acceptable dans un régime démocratique, et donc que le système va perdurer… ce qu'appellent en réalité de leurs vœux ces hypocrites. Ces pourfendeurs de la dénatalité cherchent à repousser indéfiniment les efforts à consentir, endettant toujours plus les générations futures. Bref une variante nouvelle du suprématisme à l'égard d'une part immense de l'Humanité… et de leur propres descendants… et bien entendu un suprématisme à l'égard de la communauté biotique.

Si l'effort à consentir était une baisse de dix pour cent du PIB par habitant dans les pays riches, un tel discours non favorable à une baisse drastique de la natalité, voire franchement hostile, pourrait se comprendre, mais dix pour cent n'a rien à voir avec l'enjeu. Rappelons que le PIB par habitant, ce n'est pas ce dont nous disposons à titre individuel, mais l'ensemble des dépenses de l'individu et de sa part des dépenses consenties pour lui par l'Etat (sécurité, santé, enseignement, voirie, allocations diverses…). Voilà le problème.

Une telle attitude rétrograde, réactionnaire, est déjà indéfendable du point de vue de l'« Humanisme restreint » ; elle est juste inopérante, hors de propos, pour la restauration des équilibres écologiques, du Processus et de l'Aventure des communautés biotiques, dont l'Homme était un des éléments, et qui pourrait le redevenir, si nous le décidons.

> **Alors où en est-on du Processus, de l'Aventure ?**

Du point de vue planétaire, l'Homme a pratiquement tout artificialisé, jusqu'à ses propres moyens de subsistance. Il a réduit à trois fois rien, ce qu'il reste géographiquement, qualitativement et numériquement de fonctionnement naturel de la Vie.

Il a voulu tout domestiquer, tout contrôler, tout planifier. En fait en s'excluant volontairement de la communauté biotique, en quittant la Nature, en croyant échapper ainsi à la sélection de survie et à la sélection écologique, l'Homme s'est mis lui-même sous l'influence grandissante et dévastatrice de mécanismes non aléatoires : le déterminisme climatique et le déterminisme de la composition de l'eau, des sols et de l'atmosphère.

Ces déterminismes d'origine artificielle, antinomiques du Processus, parfaitement planifiés par l'Homme, car il en connait les origines anthropiques, les modes d'action et les conséquences, se retournent contre leur concepteur, leur inventeur, leur mauvais génie.

Nous avons voulu oublier que la Nature ce n'est pas seulement le Processus, ce sont aussi des conditions physico-chimiques qui relèvent d'autres lois.

Maître de la nature, peut-être, mais maître de la Nature, c'est une autre histoire !

Ce faisant, nous entrainons avec nous le reste des espèces, tentant de survivre dans le respect du Processus. Nous tuons le vivant pour lui substituer un seul être, un être hybride, antinaturel, qui s'abâtardit à force de substitutions de ces capacités naturelles exceptionnelles par des artefacts, par une déresponsabilisation.

Et parmi ces artificialisations, l'homme dévoie même son mode de sélection privilégié. La sélection sexuelle le force à toujours plus d'artefacts, à un esclavage vis-à-vis du paraître, de l'argent facile, de l'individualisme, du patriarcat, des plaisirs artificiels et dérivatifs. D'exagération en exagération, il a réduit la notion d'« intérieur » à l'égocentrisme le plus restreint et la notion d' « extérieur » aux autres en général, et aux générations futures en particulier. En nous autoproclamant maître, nous tuons un des plus beaux moteurs de l'Aventure, à savoir l'empathie, et en particulier l'empathie pour nos descendances et le reste du vivant.

Vil maître, pauvre maître !

2) L'Homme possesseur de la nature

Dès lors que nous chercherons à renoncer à l'anthropocentrisme, nous devrons remettre en cause un de ses fondements : « possesseur de la nature ».

De quel droit l'Homme serait-il possesseur ou propriétaire de la Nature ?

Evidemment, nous récusons par avance tout argument de type religieux ou découlant d'un mythe de Création quelconque. Les dieux, illusion de l'Homme, à la fois pour flatter son orgueil et pour calmer son angoisse de la mort et de la nature, n'ont rien à faire dans un débat rationnel.

Mais avant d'aborder cette question essentielle du droit autoproclamé de la propriété humaine, nous allons d'abord rappeler ce qui, dans le contexte actuel, donne à une communauté ou à un individu, un statut de propriétaire, statut qui présuppose toujours l'espèce homo sapiens comme propriétaire initial « naturel ».

➢ **Le droit de propriété selon Rousseau**

Sans négliger les multiples contributeurs à ces questions de droits de propriété (Locke…), nous allons repartir des écrits de Rousseau, non que nous approuvions toutes ses conclusions, mais parce qu'il a abordé tous les points essentiels relatifs à cette question, et que finalement ses propos résonnent encore dans notre droit, dans notre code civil.

Nous allons puiser à la fois dans le « Discours sur l'Origine des Inégalités »,[146] dans le « Du Contrat Social »[147] et dans une œuvre que nous n'avons pas encore citée, le « Discours sur l'Economie Politique »[148]

Dans l' « Etat de nature », comme le désigne Rousseau, l'homme n'est pas encore propriétaire.

---

[146] *Discours sur l'origine et les fondements de l'inégalité parmi les hommes* – Jean- Jacques Rousseau – Ed Flammarion – GF - 2008

[147] *Du contrat social* – Jean- Jacques Rousseau – Ed Librio - 2013

[148] *Discours sur l'Economie Politique* - Jean- Jacques Rousseau – www.rousseauonline.ch/pdf/rousseauonline-005.pdf

Cette absence de propriété n'est pas une incongruité, mais une forme d'être, de vivre en collectivité, aujourd'hui rarissime. Par exemple, le peuple achuar, d'après P. Descola, vit en ignorant totalement ce concept de propriété au sein de la tribu, ce qui n'exclut pas cependant des affrontements entre clans, mais ceux-ci ne portent pas (ou exceptionnellement) sur des questions frontalières. De même, les aborigènes d'Australie ignoraient, jusqu'à l'arrivée des occidentaux, une telle idée ; elle était complétement extérieure à leur ontologie, ce qui n'a pas manqué de créer des incompréhensions avec les européens. Nous n'en conclurons évidemment pas que ces peuples ne faisaient pas société, mais que les fondements moraux de leur communauté étaient complètement différents des nôtres. Le mode de vie de chasseur-cueilleur, la faible densité de population, n'exigeaient probablement pas le recours à cette division des terres, d'autant moins lorsque ces hommes étaient nomades ou semi-nomades.

La sélection écologique imposait sa loi, notamment sur le contrôle de la démographie.

Mais approche la fin de l'état de nature, précédant l'établissement de toute société au sens occidental du terme. L'homme se sédentarise. Rousseau explique que cette absence d'appropriation de la terre ne survivra pas à la sédentarisation, et au partage du travail qui en découle. Et dès lors, l'Homme ressent le besoin de définir son domaine, de le matérialiser… et les affrontements naissent de cette primitive appropriation.

« Le premier qui ayant enclos un terrain, s'avisa de dire ceci est à moi, et trouva des gens assez simples pour le croire, fut le vrai fondateur de la société civile. Que de crimes, de guerres, de meurtres, que de misères et d'horreurs n'eût point épargnés au genre humain celui, qui arrachant les pieux ou comblant le fossé, eût crié à ses semblables : Gardez-vous d'écouter cet imposteur ; vous êtes perdu, si vous oubliez que les fruits sont à tous et que la terre n'est à personne. »[149]

---

[149] *Discours sur l'origine et les fondements de l'inégalité parmi les hommes* – Jean- Jacques Rousseau – page 109

De l'appropriation naîtront les premières disparités sociales : terres plus ou moins riches, plus ou moins vastes, proximité de l'eau. Finalement, ceux qui ne possèdent rien doivent vendre leur force de travail aux fermiers, aux forgerons…pour subvenir à leurs besoins.

« *Mais dès l'instant qu'un homme eut besoin du secours d'un autre …l'égalité disparut, la propriété s'introduisit, le travail devint nécessaire et les vastes forêts se changèrent en campagne riante qu'il fallut arroser de la sueur des hommes et dans laquelle on vit bientôt l'esclavage et la misère germer et croître avec les moissons. La métallurgie et l'agriculture furent les deux arts dont l'invention produisit cette grande révolution.* »[150]

« *Si nous suivons le progrès de l'inégalité dans ces différentes révolutions nous trouverons que l'établissement de la loi et du droit de propriété fut son premier terme …* » [151]

La propriété privée émane d'un premier partage inéquitable et entretient, voire accentue, les inégalités initiales… Ces constats devraient logiquement déboucher sur une condamnation morale de l'abandon de l'égalité sociale entre les hommes. Chez Rousseau, rien n'indique pourtant comment remédier à cet état de fait : c'est ainsi …

D'ailleurs, Rousseau concède qu'il faut soit entériner les inégalités, soit redistribuer les propriétés mal acquises au moment de la mise en place d'un Etat démocratique.

Quoi qu'il en soit, puisque le « droit naturel » reconnait le droit à se « sauvegarder soi-même », on ne peut contester aux propriétaires actuels, en place, le droit à l'exploitation du fonds nécessaire à leur subsistance.

De fait, ce droit de propriété sera accordé et reconnu par la nouvelle communauté et il deviendra un droit fondamental au même titre que la liberté.

---

[150] *Discours sur l'origine et les fondements de l'inégalité parmi les hommes* – Jean-Jacques Rousseau – page 119

[151] *Discours sur l'origine et les fondements de l'inégalité parmi les hommes* – Jean- Jacques Rousseau – page 140

L'homme troque sa liberté naturelle à user de tout, liberté sans cesse contestée par ses voisins, prétendant aussi légitimement que lui à user de tout, contre sa nouvelle liberté à exploiter son fonds *de manière exclusive*.

« Réduisons toute cette balance à des termes faciles à comparer. Ce que l'homme perd par le contrat social, c'est sa liberté naturelle et un droit illimité à tout ce qui le tente et qu'il peut atteindre. Ce qu'il gagne, c'est la liberté civile et la propriété de tout ce qu'il possède. Pour ne pas se tromper dans ces compensations, il faut bien distinguer,

> *la liberté naturelle qui n'a pour bornes que les forces de l'individu, de la liberté civile qui est limitée par la volonté générale,*

> *et la possession qui n'est que l'effet de la force ou le droit du premier occupant, de la propriété qui ne peut être fondée que sur un titre positif. ».*[152]

Rousseau découple deux notions, d'une part la possession, pas nécessairement légitime, d'autre part la propriété qui le devient par convention sociale.

« Ce qu'il y a de singulier dans cette aliénation, c'est que, loin qu'en acceptant les biens des particuliers, la communauté les en dépouille, elle ne fait que leur en assurer la légitime possession, changer l'usurpation en un véritable droit, et la jouissance en propriété. »[153]

Et voilà l' « usurpation » changée en droit réel ! En quelque sorte les pendules sont remises à zéro ; le droit naturel, la possession, qui fait la part belle au plus fort, est devenu droit de propriété **exclusif et pérenne**, garanti par la communauté.

Mais ici intervient une nuance importante, les propriétaires, les anciens possesseurs et donc à un moment ou un autre usurpateurs, deviennent dépositaires d'une partie des terres de l'Etat.

« Alors les possesseurs étant considérés comme dépositaires du bien public, leurs droits étant respectés de tous les membres de l'État …, par une cession avantageuse au public et plus encore à eux-mêmes, ils ont, pour ainsi dire, acquis tout ce qu'ils ont donné. Paradoxe qui s'explique aisément

---

[152] *Du contrat social* – Jean-Jacques Rousseau – page 17
[153] *Du contrat social* – Jean-Jacques Rousseau – page 19

par la distinction des droits que le Souverain et le propriétaire ont sur le même fonds. » [154]

Rousseau admet donc un double système de propriété : l'Etat et l'individu sur « le même fonds », mais dès lors que l'Etat reconnait l'individu comme propriétaire, celui-ci pourra exploiter le fonds à sa guise…sauf quelques exceptions.

Enfin, Rousseau achève l'exposé de sa conception du droit de propriété par cette sentence :

« Car tous les droits civils étant fondés sur celui de la propriété, sitôt que ce dernier est aboli, aucun autre ne peut subsister. La justice ne seroit plus qu'une chimère, et le gouvernement qu'une tyrannie. » [155]

Fin de l'usurpation, le droit de propriété devient le pilier de la société civile, et même de la liberté au sens large, en opposition à la tyrannie.

Nous ne pouvons qu'être frappés par l'incohérence apparente de Rousseau si nous rapprochons la première citation de la dernière. En effet passer de « *Le premier qui enclos son terrain* » est à l'origine des malheurs des hommes… à, sans propriété privée, l'humanité retournera à la tyrannie, apparaît contradictoire.

De l'absence de notion de propriété à la propriété individuelle telle que définit dans notre code civil, c'est-à-dire un droit exclusif attribué à un individu, Rousseau balaye tout l'éventail des possibles. À la suite de la Révolution et au code napoléonien, la dernière vision est celle qui figurera jusqu'à nos jours dans le Code Civil (art 554 à 557).

*« La propriété est le droit de jouir et disposer des choses de la manière **la plus absolue**, pourvu qu'on n'en fasse pas un usage prohibé par les lois ou par les règlements.*

Nul ne peut être contraint de céder sa propriété, si ce n'est pour cause d'utilité publique, et moyennant une juste et préalable indemnité.

---

[154] *Du contrat social* – Jean- Jacques Rousseau – page 19

[155] Rousseau « Fragments politiques » rapporté par Mikhaïl Xifaras « La destination politique de la propriété chez Jean-Jacques Rousseau ».

La propriété d'une chose soit mobilière, soit immobilière, donne droit sur tout ce qu'elle produit, et sur ce qui s'y unit accessoirement soit naturellement, soit artificiellement. Ce droit s'appelle "droit d'accession" ».

Mais que devient la nature et les autres êtres vivants partageant initialement ce territoire : **« Res Nullius ».** Pour la faune et la flore, l'usurpation est totale. Pire l' « usurpateur » acquiert un droit de vie et de mort sur l'usurpé. Chaque propriétaire peut se servir sans retenue sur son fonds.

« Les fruits naturels ou industriels de la terre, les fruits civils, le croît des animaux, appartiennent au propriétaire par droit d'accession. »

Définitivement, la propriété est attachée à une personne, c'est un droit fondamental de l'homme-individu. L'humanisme, c'est-à-dire la conquête de la liberté politique, de l'égalité devant la loi, le rejet de l'obscurantisme, la tolérance, s'est transformé en la justification du droit de l'individu d'exploiter à sa guise le sol et le sous-sol (sauf les mines), bref de s'approprier la Nature, « les fruits naturels », non plus en tant qu' «espèce supérieure», mais en tant qu'individu ; en tant qu'individu mais étant bien conceptualisé, sous-jacent, que **ce droit individuel est fondé sur l'idée que l'Homme est une espèce supérieure en droit sur toutes les autres.**

Non seulement l'Homme, Humanité, s'était arrogé la propriété de tout, mais dorénavant c'est l'homme, individu, qui est propriétaire exclusif de son bout de nature. L'égocentrisme, l'orgueil individuel, prend le dessus sur l'anthropocentrisme, l'orgueil d'espèce. L'un et l'autre s'arcboutent, les deux faces d'une même pièce.

Mais c'est bien l'anthropocentrisme qui est à l'origine de la dérive progressive, car dans cette élaboration du Contrat Social, jamais il n'a été envisagé que l'Homme effectue un *partage initial équitable avec les autres êtres vivants*. L'égocentrisme du propriétaire, son droit exclusif sur la Nature, découle d'un simple partage, plus ou moins inéquitable, certes, mais au sein de l'espèce, **entre soi**.

Et Rousseau justifie la subordination, voire l'abandon du droit naturel, au nom de comportements moins violents entre les hommes. *« Je terminerai ce chapitre et ce livre par une remarque qui doit servir de base à tout le système social ; c'est qu'au lieu de détruire l'égalité naturelle, le pacte fondamental substitue au contraire une égalité morale et légitime à ce que la nature avait pu mettre d'inégalité physique entre les hommes et que pouvant être inégaux en force ou en génie, ils deviennent tous égaux par convention et de droits. »*[156]

Il est à remarquer que la force physique ne semble pas imposer de droits supérieurs chez les achuars. Droit naturel et violence aveugle sont deux notions radicalement différentes. Bien au contraire la guerre est une invention récente, fruit de l'établissement de la propriété privée ou étatique… l'exact opposé des espoirs et du postulat de Rousseau. La possession, l'exclusion d'autrui, entraine souvent frustration et jalousie qui peuvent se dissoudre dans le sang.

Evidemment l'abandon du droit naturel ne rendra pas moins pauvre, le déshérité, dépourvu de propriété, laissé-pour-compte de l'usurpation initiale…, bien au contraire puisqu'il devra respecter le droit exclusif qui lui interdit de se servir comme dans l'état de nature ; alors Rousseau cherche à en atténuer l'effet :

« C'est donc une des plus importantes affaires du gouvernement de prévenir l'extrême inégalité des fortunes, non en enlevant les trésors à leurs possesseurs, mais en ôtant à tous les moyens d'en accumuler … ».[157]

*« Il est certain que le droit de propriété est **le plus sacré de tous les droits des citoyens**, et plus important à certains égards que la liberté même… parce que la propriété est le vrai fondement de la société civile … D'un autre côté, il n'est pas moins sûr que le maintien de l'État et du Gouvernement exige des frais et de la dépense, et comme quiconque accorde la fin ne peut refuser les moyens, il s'ensuit que les membres de la société doivent contribuer de leurs biens à son entretien. »*[158]

Bref, les plus riches devront contribuer aux finances de l'Etat… et le cas échéant lors de la succession, ce qui d'ailleurs conduira à un morcellement rapide des parcelles cadastrales. Accessoirement, il serait « moral » que cet impôt évite l'**accumulation**, morceau de phrase vite oublié par le

---

[156] *Du contrat social* – Jean-Jacques Rousseau – page 19

[157] *Discours sur l'Economie Politique* - Jean-Jacques Rousseau – page 14

[158] *Discours sur l'Economie Politique* - Jean-Jacques Rousseau – page 16

« libéralisme » naissant. Libéralisme qui conduit tranquillement à juger que « le droit de propriété…est plus important, à certains égards que la liberté même… ». A certains égards…lesquels ?

En langage moderne, la redistribution devra s'occuper des plus pauvres, sans remettre en cause le droit de propriété des plus riches. De là à accorder, à tous, un droit à la propriété initiale d'un bien, il y a un fossé. L'Etat sera simplement le garant que celui qui s'est enrichi par son travail puisse librement négocier l'achat d'un bien.

> **Mais finalement au nom de quoi, untel ou untel est-il propriétaire ? Comment acquiert-on ce titre ?**

De fait, justement par l'échange libre des droits de propriété entre individus, cela va de soi. La liberté des acteurs sociaux d'échanger leurs biens devient le garant, en quelque sorte, du droit de propriété. Et comme, Rousseau nous l'affirme, si le droit de propriété s'effondre, nous reviendrons à la tyrannie, la conclusion s'impose : la liberté des échanges d'individu à individu devient consubstantielle à la liberté politique.

Je ne souhaite pas, à ce stade, m'aventurer plus avant dans le débat sur les fondements et la moralité de la propriété privée et en quoi elle apporte une réponse satisfaisante à la question « comment réduire les inégalités parmi les hommes ». D'ailleurs Rousseau n'a pas cherché à répondre à cette question mais à celle de « … *sur l'origine de l'inégalité parmi les hommes.* ».

Ce qui nous préoccupe ici ce sont les conséquences pour le Processus d'un tel raisonnement, raisonnement qui sera entériné par la Révolution de 1789 et consolidé par le Code napoléonien. Il s'agit plutôt de discuter de l'anthropocentrisme en tant que « philosophie première », ontologie fondamentale.

Admettons donc cette équivalence entre liberté individuelle, liberté politique, droit de propriété et liberté des échanges … comme rejet de la tyrannie !

Mais avant les échanges, il faut bien un premier propriétaire privé, celui qui a planté les premiers piquets, celui pour qui on vient de « changer l'usurpation en un véritable droit ».

Alors relisons Rousseau (toujours lui !) :

« En général pour autoriser sur un terrain quelconque le droit de premier occupant, il faut les conditions suivantes :

• Premièrement que ce terrain ne soit encore habité par personne,

• Secondement qu'on n'en occupe que la quantité dont on a besoin pour subsister,

• En troisième lieu qu'on en prenne possession, non par une vaine cérémonie, mais par le travail et la culture, seul signe de propriété qui au défaut de titres juridiques doit être respecté d'autrui. » [159]

Evidemment, je vous laisse juge de la réalité actuelle du second point, qui n'a pas survécu à Rousseau ! Passons sur cette petite entorse au « règlement », et intéressons-nous aux points un et trois, le second étant mort-né.

« De la culture des terres s'ensuivit nécessairement leur partage ... C'est le seul travail qui donnant droit au cultivateur sur les produits de la terre qu'il a labourée, lui en donne par conséquent sur le fond, au moins jusqu'à la récolte, et ainsi d'année en année, ce qui faisant une possession continue, se transforme aisément en propriété. »[160]

Nous noterons que l'appropriation de l'Amérique du Sud et du Nord, puis de l'Australie et de l'Afrique, par les européens, au détriment des peuples « autochtones », s'est appuyée sur le point 3, la « valorisation », en faisant fi du point 1 (et 2 naturellement).

En résumé, le droit de propriété initiale repose sur trois piliers :

- Le droit du premier occupant.
- Le droit lié à l'exploitation, la mise en valeur du terrain.
- Le droit lié à la continuité d'occupation.

---

[159] *Du contrat social* – Jean-jacques Rousseau – page 18

[160] *Discours sur l'origine et les fondements de l'inégalité parmi les hommes* – Jean-jacques Rousseau – page 121

Suivant les cas, nous retrouvons ces trois aspects dans notre droit français (par exemple, pour le dernier item l'« usucapion » ou prescription acquisitive trentenaire).

Voici donc les hommes bien armés pour gérer la propriété, en particulier foncière. Les bases semblent assez morales :

J'étais là le *premier et de plus j'ai enrichi le lopin par mon travail ou je l'ai acheté à un prédécesseur lors d'une libre négoc*iation, intégrant, le cas échéant, le prix de son travail pour la mise en valeur. Donc je suis propriétaire exclusif !

Mais souvenez-vous de la rare suggestion non-anthropocentrique de Descartes. Ce n'est pas parce que la Terre nous a été donné par Dieu, qu'elle n'a pas été octroyée à d'autres qui l'exploitent aussi pour subvenir à leur propre besoin (droit naturel des autres espèces). Oublions la référence à Dieu et remplaçons ce terme par le Processus, l'Evolution Naturelle.

Ce n'est pas parce que nous avons acquis un droit de propriété, autodélivré par la société humaine, que cela nous donne ipso facto un droit à l'« usurpation » des ressources des êtres vivants non-humains, qui étaient présents avant nous et exploitaient ce terrain pour leur subsistance et leur survie, leur droit naturel.

Rien dans tout le raisonnement des Rousseau, Locke et autres…ne dit un mot du fait que les « premiers piquets » plantés par l'homme, ne sont pas seulement une « usurpation » à l'égard de ses semblables, mais aussi à l'égard des besoins vitaux des autres espèces. Rien dans leur philosophie ne justifie que les autres espèces deviennent « Res Nullius », si ce n'est des affirmations discutables, et d'ailleurs non explicites dans ce contexte, sur le niveau d'intelligence « du plus au moins ». En quoi le fait que je sois moins intelligent, moins capable de me perfectionner que la moitié de mes concitoyens, devrait me priver du droit de propriété ? En cette matière de propriétés exclusives des humains, seule la force et la contrainte, c'est-à-dire la tyrannie, ont fait et font office de loi.

Et ici interviennent les véritables questions :

• Que fait-on quand le premier occupant n'est pas l'homme ?

• Que fait-on quand d'autres espèces, notamment sauvages, exploitent pour leur survie, le même terrain que nous, et souvent depuis bien plus longtemps ?

A chacun de se servir, répond Descartes, mais d'évidence à armes inégales, déséquilibre de force tyrannique qui n'a fait que croître avec la technologie, avec le changement de destination des terres (forêt, prairie, champ… lotissement) et surtout avec la démographie…

Tout ceci me rappelle le film de cet orang-outang tentant d'attaquer un bulldozer déracinant l'arbre dont il dépend pour vivre libre, lui et son clan. Descartes a raison sur le fond, mais nous sommes parfaitement hypocrites, pour ne pas dire cyniques dans l'application.

Et même si nous faisions abstraction (au nom de quoi ?) de la contrainte liée aux premiers occupants, pour nous réfugier derrière l'argument que le terrain appartient à celui qui l'a mis en valeur … (ou dégradé si l'on se place du point de vue de la faune sauvage et même de l'anthropocène) que devrions-nous en tirer comme conclusion ?

Si nous nous référons, comme semble le souhaiter Rousseau, à la mise en valeur plutôt qu'au premier occupant, pourquoi l'écureuil ou le geai ne seraient-ils pas les propriétaires de nos forêts, eux qui depuis la fin des dernières glaciations ont contribué à les développer et les entretenir sans faire autre chose que ce que leur concédait Descartes : le droit à la vie et à la subsistance ?

Pourquoi le castor ne serait-il pas propriétaire des marais qu'il a créés, des rivières qu'il a régulées ? Pourquoi les pollinisateurs ne seraient-ils pas propriétaires des prairies fleuries… et des fruits de tous les arbres fruitiers avec lesquels ils ont co-évolué bien avant que l'homme ne les cultive ? Pourquoi l'éléphant ne serait-il pas copropriétaire de la savane avec les zèbres, les buffles et les termites ?

Où est la morale fondamentale qui justifie cette expropriation ?

Plus généralement, la première mise en valeur du terrain, c'est-à-dire la richesse du sol, l'humus, l'hygrométrie, c'est le Processus et non l'homme qui l'a réalisé. Ce dernier l'a même plutôt dégradé… et il ose pleurnicher sur les services écosystémiques perdus, « ses » services écosystémiques, objets de toutes les ***externalités négatives***.

Le droit lié à l'exploitation **exclusive** du terrain par l'homme est de toute évidence un droit d'expropriation qui n'a jamais dit son nom… et qui prend l'ascendant définitif sur le droit de premier occupant et de premier « mettant en valeur ».

Nous nous sommes arrogé un droit de propriété exclusif, non seulement sur les terres, que nous les exploitions ou pas, mais aussi sur les océans, que nous ne contribuons en rien à valoriser, mais que nous contribuons à appauvrir et polluer.

Ce n'est pas tant la propriété privée exclusive qui est en cause que l'usurpation initiale au seul bénéfice des hommes, la propriété exclusive de l'espèce. Si nous renonçons à cette dernière, la première n'aura plus grand sens.

> ➢ *La question des Biens Communs*

Comme nous l'avons vu, l'Etat se réserve le droit d'expropriation :

« *… pour cause d'utilité publique, et moyennant une juste et préalable indemnité.* »

Rousseau l'avait clairement justifié et avait mis en garde.

« *Il peut arriver que les hommes commencent à s'unir avant que de rien posséder, et que, s'emparant ensuite d'un terrain suffisant pour tous, ils en jouissent en commun, ou qu'ils le partagent entre eux, soit également, soit selon des proportions établies par le souverain [l'Etat]. De quelque manière que se fasse cette acquisition, le droit que chaque particulier a sur son fonds est toujours subordonné au droit que la communauté a sur tous.* »[161]

On aurait pu espérer que cela nous inciterait à protéger, voire développer les Biens Communs. Rien n'y fit : l'Etat, la communauté, cèdera sa propriété, la morcèlera et inexorablement les « Biens Communs » se verront réduits à peau de chagrin sous les coups de boutoir de la logique « libérale ».

Bref, aujourd'hui, les biens communs sont réduits au domaine public maritime, au domaine public fluvial et aux grandes voies de

---

[161] *Du contrat social* – Jean-jacques Rousseau – page 17

communication : l'agrandissement éventuel ne peut être réalisé que par recours à l'expropriation pour utilité publique. Le domaine privé de l'Etat, quant à lui, est géré, non comme un bien commun suprême, mais comme un bien échangeable dans le cadre de négociations privées.

Mais dans tous les cas, les biens communs sont conçus comme une prérogative, un privilège humain. Cela ne change strictement rien à l'appropriation de la Nature par l'Humanité. Et d'ailleurs les défenseurs des biens communs aujourd'hui nous donne une lecture pour le moins ambigüe. Citons par exemple, l'« Université du Bien Commun Paris »[162], dont je partage pourtant bien des idées :

« Un bien commun est une ressource essentielle et non substituable, matérielle ou immatérielle, nécessaire à la vie d'une communauté, quelle qu'en soit l'échelle : du foyer, du quartier, de la ville, à l'humanité tout entière. »[163]

« Nous nous accordons tous sur l'existence des biens privés ou publics : celle des biens communs est tout autant indispensable à l'humanité. »[163]

Et lorsque l'on évoque le rôle des écosystèmes, c'est bien, in fine, l'individu humain qui doit bénéficier de ces biens communs :

« Le passage à l'anthropocène, l'« ère de l'homme », c'est-à-dire la sur-influence de l'activité humaine sur l'évolution de la biosphère, et la crise environnementale ainsi générée, ne pourra être surmontée sans l'avènement de nouvelles politiques qui reconnaissent que tout individu ou collectifs doivent pouvoir accéder aux biens communs et en disposer librement. »[164]

En disposer librement ! Mais qui dispose librement de quoi ?

Tout comme, nous concevons les services écosystémiques comme des **services dus par la nature à l'Homme**, les Biens Communs sont un droit de partage des bienfaits de la nature entre les hommes. Une telle vision est bien trop restrictive.

Néanmoins, cette initiative de reconnaissance des Biens Communs, que je salue, est, pour l'« Humanisme Restreint », un progrès réel puisqu'il fait

---

[162] https://www.universitebiencommun.org

[163] https://www.universitebiencommun.org/?page_id=436

[164] https://www.universitebiencommun.org/?page_id=436

reculer l'égocentrisme… mais au profit d'un anthropocentrisme ancestral. Il devient impératif d'élargir la liste des bénéficiaires des Biens Communs à l'ensemble de la communauté biotique.

En effet, notre propos n'est pas de défendre l'« Humanisme Restreint », tel que conçu du temps de Rousseau, mais de s'appuyer sur lui afin de lui donner une dimension supérieure, de l'enrichir pour sortir « par le haut » du dilemme, Biens Communs ou propriété privée, en reconnaissant des Biens Communs à l'ensemble des êtres vivants ; Biens Communs qui de fait bénéficieront *aussi* à l'Humanité. L'ordre de l'exposé n'est pas une simple coquetterie, c'est un changement de paradigme.

Cette nouvelle morale respectera le fondement réel et naturel du droit, non nécessairement le droit des premiers occupants, mais le droit du Processus comme premier artisan de la mise en valeur collective de la communauté biotique et ceci pour le bénéfice interspécifique, et **par conséquent et en compensation** de sa sagesse retrouvée, pour le bénéfice de l'espèce humaine sur le long terme. Car, du fait du nombre de copropriétaires, du caractère non-stationnaire des espèces propriétaires elles-mêmes, ce droit n'est pas un droit des écosystèmes figés, un droit « du dernier des premiers occupants » mais un droit de l'Evolution Naturelle.

L'évolution assure la transmission de l'héritage. Elle l'a réalisé à merveille depuis LUCA.

L'Evolution Naturelle est le seul garant de l'intégrité des Biens Communs et apporte une réponse à la question de la multi-utilité soulevée par Descartes. Le seul Bien Commun fondamental est le Processus lui-même.

Chaque espèce a reçu ce don de la Nature, à elle de l'exploiter au mieux de ses intérêts, d'évoluer, de co-évoluer, de se perfectionner, en répondant au seul souci de l'individu : se préserver. Aucune espèce ne doit provoquer la disparition d'aucune autre, suggérait Epiméthée, … et le Processus le garantit par la sélection écologique sur la démographie. Une espèce ne doit disparaître que si elle-même devient inadaptée au monde qui l'entoure.

En ce sens, ce droit fondamental confère à l'espèce humaine un devoir de modération, tant démographique, économique que géographique. Nous y reviendrons bien sûr.

> ➤ *Sur le domaine de l'Etat*

En réalité, le principe de la propriété privée en soi comme principe moral peut être discuté, mais la déviance provient d'une part de son caractère exclusif spoliant les autres espèces, d'autre part d'une de ses conséquences particulièrement néfastes : les territoires sont ainsi dramatiquement morcelés. Cet état de fait réduit à presque rien tout espoir de reconquête de grands ensembles connectés, qui pourraient, sous certaines conditions que nous discuterons, permettre un retour du Processus.

La propriété privée, ce ne sont pas seulement des piquets autour d'un pré, un droit exclusif, c'est d'abord l'incohérence des modes d'occupation des terres, la fragmentation des milieux naturels.

Cette fragmentation est la cause principale de la disparition d'écosystèmes et surtout de leurs fonctionnalités. Elle est largement liée à la densité de population. Les transmissions à de très nombreux descendants, ont été, sont encore parfois, la cause de la division des propriétés. C'est l'un des effets de la Révolution Française sur la structure de nos campagnes : « Par ailleurs, **l'augmentation de la population** entraîne dans certaines régions une surcharge démographique et un manque relatif de terre. »[165]

Finalement la Révolution ne « redistribua » qu'un dixième du territoire. Mais souvent, certains biens communs, par exemple des communaux, de grands ensembles habituellement utilisés comme pacage, furent démantelés, des écosystèmes fragmentés.

De plus, comme déjà évoqué, la propriété privée masque notre anthropocentrisme derrière l'égocentrisme : deux obstacles à franchir pour restaurer le Processus. Faire valoir les droits de copropriété de la

---

[165] La Révolution française et la question agraire Bernard Bodinier. Histoire & Sociétés Rurales 2010/1 (Vol. 33), pages 7 à 47

faune et de la flore sauvages sur un vaste ensemble collectif n'est pas chose aisée, mais cela devient juste impossible du fait du morcellement privé.

En fait, dans la philosophie de Rousseau, le fondement du droit de propriété privée, est bien le partage initial du domaine public, préexistant à l'établissement de l'Etat démocratique, en rétrocédant une partie de ce domaine aux propriétaires privés. Sans doute, ce partage fut réalisé au détriment du clergé et de la noblesse, mais en réalité, au moment où se réalise la cession, les biens privés sont déjà omniprésents, à travers le principe du cens.

La France, en particulier, est totalement occupée par les activités humaines privées et les « metteurs en valeur humains » ont ruiné depuis longtemps les milieux naturels, les ont artificialisés, dégradés. Nous n'avons pas eu la sagesse primordiale de soustraire une part importante de notre territoire à la « mise en valeur », à l'artificialisation et donc au domaine privé.

Pourtant Rousseau insiste sur la nécessité de Biens Communs dès la constitution de la République :

« *Quiconque aura suffisamment réfléchi sur cette matière, ... regarde le* **domaine public** *comme le plus honnête et le plus sûr de tous les moyens de pourvoir aux besoins de l'État ; et il est à remarquer que le premier soin de Romulus dans la division des terres, fut d'en destiner le tiers à cet usage*» [166]

Malheureusement, ce domaine public est conçu par Rousseau et ses contemporains, comme une source de revenu pour les besoins de la bonne administration des hommes, et non pour protéger les milieux naturels. Mais la proportion de biens communs est intéressante : un tiers dit Romulus lors de la fondation de Rome.

La question du domaine public est essentielle, mais plus fondamentale encore celle de savoir à qui appartient vraiment le domaine de l'Etat ; L'Etat en tant que représentant des Homo Sapiens relevant de sa juridiction, ou Etat en tant que représentant des intérêts de la communauté biotique, de l'Evolution Naturelle, évolution qui solidarise de proche en proche l'ensemble des êtres vivants sur la planète.

---

[166] *Discours sur l'Economie Politique* - Jean-Jacques Rousseau – page 18

Oui, recréer un Domaine Public élargi est d'intérêt public, domaine où règnerait le Processus, à savoir la Libre Evolution.

Agir massivement sur le foncier paraît irréaliste et pourtant c'est bien ce qui a déjà été réalisé dans les années de remembrement agricole, malheureusement au détriment une fois de plus de la faune et la flore sauvages, puisque leurs droits sur les territoires n'étaient pas reconnus.

Alors un remembrement pour l'utilité publique de revitalisation du Processus pourquoi cela serait-il impossible, puisqu'un tel événement serait fondamentalement moral ?

Le cas échéant, pour reconstituer ce domaine, que nos ancêtres auraient dû constituer dès la fondation de la République, le recours à l'expropriation est-il illégitime au regard des enjeux ? Un tel remembrement au nom de l'intérêt général, prérogative de l'Etat, serait-il plus illégitime que pour un aéroport ou une autoroute ?

Reste à en évaluer la proportion nécessaire pour garantir la survie du Processus, propriétaire légitime, détenteur « *du plus sacré de tous les droits* » au titre de premier pourvoyeur des besoins de toutes les espèces et seul garant de leur pérennité. Cette proportion ne doit pas être juste symbolique, elle doit être suffisante pour assurer à chaque espèce l'intégralité de ses exigences biologiques, y compris en termes de migration. Alors et alors seulement, l'Homme bénéficiera des bienfaits de la Nature, des services écosystémiques régénérés, des Biens Communs. Nous en reparlerons.

Mais quelles modalités dans un pays où le nombre de parcelles est de 93,9 millions, et le nombre de propriétaires considérables ? C'est impossible ! C'est une utopie !

Peut-être, sauf si nous revenons à la cause première du morcellement : la démographie incontrôlée.

➢ ***Vivre ensemble sur un même territoire suivant le Processus, est-ce possible ?***

Eh bien apparemment oui.

Lorsque nous laissons la Nature évoluer librement, cohabitent une multitude d'espèces et d'individus. Le loup, le renard, le blaireau, la martre, le lièvre, la fourmi et le lapin et tant d'autres cohabitent. Parfois le marquage des différents territoires sont très proches. Chacun sait que l'autre vit aussi sur le territoire. Les niches écologiques sont là pour limiter la concurrence. Cela ne signifie pas que la prédation est abolie, bien au contraire, mais le Processus, en particulier à travers la sélection écologique, se charge de rééquilibrer très vite une surpopulation momentanée. Ce qui est vrai pour les prédateurs, l'est autant pour les autres groupes.

La gazelle de Grant, la gazelle de Thomson, le buffle, le rhinocéros noir, l'impala, le lion, le léopard, le guépard, l'éléphant …moultes cisticoles et termites, cohabitent, certains plus inféodés que d'autres à un niveau spécifique de couverture végétale, mais les traces s'entremêlent pour passer d'un milieu à l'autre. Le baobab, les acacias, les légumineuses, les malvacées, les graminées cohabitent avec les herbivores.

Mais aucun n'utilise d'artifices massifs pour se maintenir en place.

Et, il en est de même chaque fois que nous faisons confiance à la Nature, que nous oublions nos peurs ancestrales.

La Nature nous montre à l'envi comment faire territoire et territoires ensemble : qu'aucun n'utilise d'artifices massifs pour s'en approprier l'exclusivité. Se disperser, oui, conquérir non ! Aucune finalité prédéfinie, aucuns privilèges, voilà la règle du Processus.

Mais alors l'homme peut-il respecter cette règle de maintien du Processus, de **non-finalité** ? Manifestement, non. Le chapitre précédent a montré à quel point nous avions tué en nous, toute référence au Processus, et dans la Nature toute possibilité au Processus de s'exprimer à son plein potentiel. Il n'est pas possible, en tout cas **à court terme** et sans conditions exigeantes, de faire cohabiter sur un même territoire l'homme et ses artifices avec le reste de l'*intégralité* du vivant. A peine installé, l'homme n'aura qu'une préoccupation : imprimer sa marque et l'imposer comme « despote éclairé ». La Nature lui appartient et il est persuadé de pouvoir dicter ce qui est bon pour elle. Invraisemblable orgueil du fils ingrat de l'Aventure.

Je comprends que cela fasse plaisir et très chic de prétendre que nous faisons toujours partie de la Nature, mais les faits ont démontré, à l'échelle locale comme planétaire, que ce n'est qu'une illusion idéologique, un vœu pieux. Mieux vaudrait faire, une bonne fois pour toutes, le deuil de nos prétentions et procéder à un partage équitable. L'enjeu n'est pas de savoir si je me sens proche de la nature à travers quelques-unes de ses représentations près de chez moi, la mésange charbonnière et le chevreuil, l'ophrys abeille et le chêne pubescent, la question est : suis-je prêt à accepter la non-finalité ?

Si nous décidons enfin de nous replier en bon ordre, de laisser de vastes espaces continus au Processus, l'homme pourra explorer ces lieux de vie authentiques, s'y ressourcer, mais il le fera comme simple visiteur, comme invité et non comme gestionnaire ou intendant, et en tout cas pas comme occupant permanent.

➤ *Quel statut juridique pour d'immenses zones en Libre Evolution ?*

John Muir nous l'a soufflé il y a bien longtemps : « *Tout ensemble d'étendues sauvages devrait appartenir à l'Etat…* ».

Mais n'est-ce-pas là poser un postulat que rien ne tend à étayer ?

Alors nous allons faire une petite expérience par la pensée, suggérant que la propriété collective peut offrir un niveau d'émerveillement supérieur aux fractionnements privés : quelque chose comme une démonstration par l'absurde.

Imaginons un seul instant que nous disposions collectivement d'un immense territoire dans lequel nous pouvons circuler librement, juste et uniquement pour nous ressourcer sans autre activité que l'observation et la marche lente et respectueuse, condition d'une bonne observation des mécanismes de la vie. Calme, respect, cadre naturel, capacité à imaginer l'infini devant nous : émerveillement.

Imaginons encore que, ravis de notre expérience de découverte, nous voulions prolonger, pérenniser ce petit moment de bonheur en nous projetant dans une vision individualiste : « Pour pérenniser mon émotion positive, le mieux serait que je possède une part de cette étendue réellement sauvage. Après tout, je suis citoyen humain et à ce titre « copropriétaire », je demande seulement « ma » juste part, rien de plus. De plus, je serai un bon gestionnaire, mon attachement personnel au lys orangé, mon « totem », est là pour en témoigner ».

Evidemment, tout un chacun, dans un bel élan d'égalité devant la loi, aura aussi cette excellente idée et fera valoir ses droits « légitimes » à son pré carré de nature sauvage.

Que ferions-nous ? Nous allons diviser ce parc en 68 millions de lopins que chacun va gérer « à sa sauce », que chacun va enclore. Qui cultivant le lys orangé parce qu'il le trouve beau (il a bon goût), le second l'edelweiss, car il est « douillet » (il a raison), le troisième le génépi ou la gentiane jaune (on se demande bien pourquoi !), le quatrième viendra l'hiver apporter du foin à « son » bouquetin enfermé dans sa parcelle...

Avez-vous déjà oublié ? « *Le premier qui, ayant clos un terrain...* » ; c'est en ce sens, et dans notre contexte moderne, qu'il faut relire Rousseau.

Et chacun de chercher la meilleure « adaptation » de sa plante, ou son totem, jouer son petit rôle d' « intendant » face au réchauffement climatique (mettre quelques glaçons au pied de mon Edelweiss me semble assez pertinent) ...

Evidemment, l'espace naturel cesserait immédiatement d'exister, non en tant qu'entité administrative mais en tant que Tout naturel, en tant que « non finalisé ». Adieu émerveillement.

Ce cheminement que nous venons de vivre en pensée montre tout le désagrément de cette perspective individualiste mortifère. Puisque nous sentons bien que nous briserons notre bonheur et nos rêves dès lors que nous chercherons à l'étreindre individuellement, alors pourquoi ne pas tenter de prendre le chemin diamétralement opposé, qui pourrait nous conduire à un bonheur partagé, non seulement entre les hommes, mais surtout entre tous les êtres vivants ?

La vision égocentrique, ce cheminement désagréable et contreproductif du morcellement du rêve, nous fait toucher du doigt deux points essentiels :

- C'est bien le Tout qu'il faut protéger et non seulement ses composantes, c'est bien un Tout qui doit s'adapter par lui-même et pour lui-même qu'il faut préserver, c'est bien la dynamique spontanée qu'il faut chérir.

- On comprend bien que la propriété privée est, de ce point de vue, totalement contradictoire avec l'objectif de pérennité de la vie, et en même temps de la réalisation de **Soi** ; l'exercice fondamental de ma liberté passe par l'abandon de sa forme dévoyée que l'on nomme propriété privée, ***lorsqu'elle devient la norme ultime et exclusive***.

Evidemment, je troque volontiers mon statut de propriétaire de confetti contre celui, non d'usufruitier, mais d' « usucontemplateur ». Et le miracle renaît quand je vais dans le parc des Pyrénées, en Guyane ou dans le Gran Paradiso. Car, dans la Nature non divisée, mon moi peut tout contempler à ma guise ; propriétaire nulle part, je ne suis jamais chez moi, mais partout je suis chez « nous-moi », « nous-moi » étant mes contemporains, mais aussi l'ensemble du cortège de la vie. Je ne suis propriétaire de rien, mais dans ma tête, mon esprit peut rêver jusqu'à l'horizon. Et même au-delà de la crête, je peux imaginer que le lynx est là caché sur le versant opposé ou de l'autre côté de la barre rocheuse. Je n'ai pas nécessairement besoin de voir le lynx, rêve inaccessible ; il est déjà merveilleux de pouvoir l'imaginer ayant suffisamment de place pour qu'il vive son Soi… Dans la Nature, je suis libre justement parce que je ne possède pas, ni en tant qu'espèce, ni en tant qu'individu.

Le moi a pris une tout autre dimension, celle du **Soi** que Arne Naess tente merveilleusement de nous faire sentir.

Ceci ne signifie en rien que la propriété privée soit à bannir partout, quelle constitue le « mal absolu ». Mais elle est contradictoire avec la notion de Nature, en tant que « non conçu », « non finalisé », « non délimité ». Pour gérer les affaires des hommes, elle est souvent utile, du fait de notre densité de population et des conflits qui peuvent en résulter. Mais nous devrions la vivre comme un mal nécessaire, et non comme le symbole de notre liberté. Nous devrions la vivre comme une forme d'aliénation, car à bien y réfléchir, ma propriété individuelle est avant tout une interdiction de profiter de la propriété des autres… et les autres sont infiniment plus nombreux que moi.

« *On respecte moins dans ce droit ce qui est à autrui, que ce qui n'est pas à moi.* » Qui a écrit cela ? Devinette ! Et au bout de ce grand partage, il n'y a pas grand-chose qui ne soit pas à autrui, et mon Moi se rabougrit, mon Soi dépérit !

Il ne s'agit évidemment pas de retirer tout droit de propriété privée, mais d'effectuer un partage initial équitable, sincèrement équitable, pas « un cheval, une alouette », avec les autres formes de vie, donc de traiter d'immenses surfaces comme des Biens Communs à la communauté biotique. La Libre Evolution sera la garantie de chances réellement égales au sens du Processus, c'est-à-dire de la liberté pour tous de faire les bons ou les mauvais choix.

Nous devrions tous manifester pour réclamer que chaque enfant puisse avoir accès à moins d'une demi-heure de son école, d'un Parc National suffisamment grand pour qu'il puisse disposer d'un aperçu de ce qu'est la vie, de ce qu'est un écosystème, lorsque nous laissons la Libre Evolution faire son œuvre magnifique (ce qui n'est malheureusement plus le cas dans nos Parcs Nationaux actuels, mais c'est une autre histoire... et un autre combat). J'ai écrit « près de son école » pour exprimer que cela devrait faire partie du cursus éducatif, mais il est clair que ce n'est pas en classe constituée que la découverte doit se faire pour que l'enfant puisse s'identifier à la Nature, s'identifier au Tout. La découverte doit être proprement individuelle, profondément sensible, silencieuse ; non pas un cours magistral sur le « cycle du carbone », mais une imprégnation personnelle ; sentir que je suis moi en communion avec un Tout pour devenir un Soi élargi, un Soi que je pourrai éventuellement un peu plus tard partager avec ma classe... de retour en ville. Alors et alors seulement, il sera temps de parler de chaîne alimentaire...

Bien entendu, partant d'une situation où le parcellaire, en particulier français, est déjà totalement divisé et « attribué » pour 95% du territoire (j'inclus le domaine privé de l'Etat), il faut bien prendre des mesures de conservation locale pour les parcelles, parfois des confettis, accueillant, de façon, vous l'avez compris, totalement transitoire dans le cadre du réchauffement climatique, des cortèges d'espèces particulièrement rares. Cela passe par des acquisitions foncières, éventuellement privées, car l'état de notre législation et de la réalité du « terrain » ne laisse pas d'autre choix. En ce sens, vous pouvez tous contribuer en soutenant les associations ASPAS, CEN, LPO. Mais cet aspect conjoncturel ne peut en aucune façon remplacer, et surtout entraver, une stratégie beaucoup plus ambitieuse en faveur de grands espaces les plus connectés possibles les uns aux autres pour permettre la migration de la grande faune ; mais aussi et de façon plus générale la migration des espèces animales et végétales, qui, sous l'effet du changement climatique, et conformément au Processus et à leur intelligence, tentent de s'adapter en fuyant vers le nord ou en altitude. Le moins que l'on puisse dire est que la division de notre parcellaire, la fragmentation des milieux naturels, chacun étant maître chez soi, ne va pas leur faciliter la tâche !

Heureusement, nul ne pense à privatiser les Parcs Nationaux et les vendre à la découpe (quoi que !), pourtant créer un nouveau Parc, et même une misérable petite réserve naturelle, est à chaque fois un drame, alors que ce devrait être une fête. Les locaux devraient évidemment être largement dédommagés de leur acte hautement civique en acceptant de revendre leurs parcelles à l'Etat ; mais nous sommes là déjà dans le détail de la mise en œuvre. Commençons par faire chacun notre petit pas vers l'anthropoEXcentrisme. Pensons à notre liberté, celle que l'on acquerra à travers un Contrat Social Elargi à l'ensemble de la Communauté Biotique. Une liberté qui ne découle pas de notre capacité à jouir exclusivement de notre parcelle, mais de la liberté de jouir et respecter le Tout.

Si nous étions moins nombreux, l'objectif serait d'évidence plus facile à atteindre.

Mais notre expérience quotidienne est toute autre : une aliénation fondée sur une usurpation primitive !

Vil possesseur de la nature, pauvre possesseur !

3) L'homme « intendant » de la nature

Avec les philosophes de l'environnement (chapitre 4), nous avons vu se dessiner un débat entre deux visions très différentes de la nature et de ses défenseurs.

Pour les uns, aujourd'hui encore minoritaires, la Nature est un Tout qu'il faut défendre globalement à travers le maintien de sa capacité d'évolution et de ses fonctionnalités renouvelées. Pour les autres, les intendants ou gestionnaires, la nature est une notion très relative, relative à un lieu et à un contexte donné, un concept assez vague en général, souvent fourre-tout.

Les premiers prêchent pour de grands espaces en Libre Evolution, car ils conçoivent et respectent la Nature comme un Processus non finalisé.

Les seconds s'accommodent d'une artificialisation plus ou moins marquée, respectueuse de certaines espèces animales et végétales jugées d'« intérêt ». Et surtout, ils plaident, comme Callicott, pour l'omniprésence des hommes comme gestionnaires indispensables du maintien des « écosystèmes ».

Il va sans dire que parmi les partisans de la gestion des milieux naturels, les intendants, existe toute une gradation d'attitudes de « sans l'homme, la nature n'a pas de sens », jusqu'à de véritables protecteurs de la vie sauvage. Ces derniers passent leur vie à chercher comment limiter les dégâts de l'anthropocentrisme. Ce terme est souvent absent de leur vocabulaire, car pétris d'« humanisme restreint », ils craignent par-dessus tout d'être traités d'« extrémistes », de misanthropes, de partisans du retour au néolithique… Conscients des reculs de la biodiversité, de l'artificialisation ravageuse, ils ne voient pas de solution globale et concentrent leur énergie sur ce qu'ils pensent honnêtement constituer le moindre mal, ce qu'ils peuvent faire là et maintenant. Leur action est souvent admirable d'abnégation. Souvent, ils se spécialisent sur un sujet (défense des oiseaux, voire des rapaces, des bourdons, des orchidées sauvages, des tourbières…). Sans eux, nous aurions déjà perdu des « trésors » de « biodiversité locale ». Merci à tous. Je les connais bien, puisque j'ai modestement participé à mettre en place cette vision, … mais depuis toujours avec un doute, doute dont le fondement est intimement lié à la combinaison du changement climatique, du niveau de fragmentation des milieux naturels et du caractères hautement dispersifs des polluants chimiques (insecticides, PFAS (polluants éternels…).

➢ *Les modes de pensée et les non-dits de l'intendant*

Les réflexions de l'intendant et leurs conséquences reposent sur quatre piliers :

• il juge avoir une responsabilité personnelle vis-à-vis de la nature menacée,

• car il est animé du sentiment qu'il fait partie de la nature,

• nature souhaitée la plus conforme possible au paysage et à la biodiversité qu'il a connus et qui l'ont ému autrefois, vision qu'il entend faire partager comme référentiel,

• il espère donc le maintien en l'état des écosystèmes vus comme un ensemble immuable, quitte à agir, plus ou moins consciemment, contre la Nature non finalisée, infondée, « inconçue », illimitée… libre et évolutive.

Il est difficile de sérier totalement ces quatre aspects qui tendent, chacun, à consolider les trois autres, et qui finalement convergent vers une vision fixiste des écosystèmes et de la nature, bien différente de la réalité du Processus.

L'intendant est un écologiste intimement convaincu que **la Nature a besoin de lui**, qu'il lui appartient, par un savoir omniscient, de définir ce qui est bon ou mauvais pour elle. Il pense intimement qu'il fait toujours partie de la nature, qu'il est un membre comme un autre de la communauté du vivant, simplement un membre plus « éclairé » que les autres. Cette appartenance supposée lui confère à la fois la responsabilité d'agir et le pouvoir de décider.

A ce titre, l'intendant va choisir le type de milieu qu'il convient de privilégier, le type d'espèces qu'il convient de préserver (voire favoriser) et le cas échéant celles qu'il convient d'éliminer si d'aventure elles osent se mettre en concurrence avec les espèces tant admirées. Bien entendu, il sera très généralement favorable aux milieux ouverts et n'hésitera pas à intervenir à la cognée ou pire à la tronçonneuse pour maintenir ce milieu tel qu'il l'a connu autrefois ou « restauré ». Il est conforté par ses propres constats, qu'à un instant donné, le milieu ouvert, surtout s'il est entouré par des écotones (c'est-à-dire des milieux de transition entre différents types d'habitats), semble offrir un optimum de biodiversité, biodiversité mesurée à travers un nombre total d'espèces en interaction, ou mieux encore un nombre d'espèces dite patrimoniales (ou rares ou spécialisées…).

Le raisonnement s'appuie sur quelques dogmes :

• plus un milieu possède d'espèces, plus il est stable, voire « riche »,

• plus un milieu est stable et « riche », plus grande sera la réussite du gestionnaire - intendant.

L'intendant se donne pour mission de maintenir le domaine dans un état le moins dégradé possible dans le contexte général du maître et possesseur : « On m'a confié un milieu, une espèce rare, et j'entends les restituer en l'état aux générations futures ».

A priori, l'intention est louable, et d'ailleurs de nombreux protecteurs de la nature, dont je suis, on vécut, agit efficacement avec cette conviction. Un tel raisonnement était parfaitement justifié tant que nous pouvions assurer cet objectif avec un minimum d'intervention. Ponctuellement, et de façon espacée dans le temps, nous pouvions intervenir en cas de « dérive » manifeste. Chacun avait pour mission de maintenir la biodiversité de « son » aire protégée… et globalement l'ensemble de la biodiversité se maintenait, puisque chacun la maintenait localement…

Ce type de schéma semblait parfaitement adapté à la protection des espèces ne nécessitant pas de grands espaces, de grands « cantons » (passereaux, microfaune, flore…), car hormis les périodes de migration active (oiseaux, papillons…), ces espèces ne quittaient pas ou peu le « domaine protégé ». De fait, nous avons ainsi pu échantillonner un peu tous les milieux en obtenant la gestion de nombreux domaines parfois très petits, parcelles recelant quelques espèces particulièrement rares, du fait souvent d'un biotope remarquable, voire exceptionnel. Et tout naturellement la gestion avait pour but, au minimum de garantir le maintien de ces espèces patrimoniales.

Cette stratégie de protection, basée sur une liste d'espèces était très cohérente avec la maîtrise foncière de surfaces parfois restreintes, qui ne pouvaient évidemment pas être assimilées sérieusement à des écosystèmes tant les interactions avec le milieu extérieur, totalement artificialisé (sylviculture, élevage et agriculture intensive) étaient dominantes ; le terme d'habitat était bien plus approprié. La présence massive d'écotones était renforcée par la petitesse des parcelles, ce qui paradoxalement avait pour effet d'accroître artificiellement la biodiversité, telle que mesurée à travers un nombre d'espèces.

L'**illusion** était parfaite : en soit, les écotones peuvent être perçus momentanément comme un bienfait tant que les conditions physicochimiques sont stables et qu'ils ne constituent pas des voies de pénétration d'agressions extérieures.

> ### *Les modes de pensée de l'intendant se heurtent aux échelles des perturbations*

Mais le doute s'installe. Doute que l'ampleur du réchauffement climatique, de la fragmentation des milieux naturels et de la diffusion des rejets de pesticides et PFAS (polluants perpétuels) a fini par transformer en remise en cause. A moyen et surtout à long terme, cette stratégie de « silotage », de superbe isolement de petites « réserves », est vouée à l'échec, car nul milieu naturel de taille réduite, nulle espèce ou population isolée ne résistera longtemps dans le statut de « citadelle assiégée ». En effet, le réchauffement, l'évapotranspiration, les pesticides, le bruit anthropique incessant ne respectent aucune limite spatiale.

Aujourd'hui où plus rien n'est stable, la petitesse des parcelles apparaît comme une menace pour les espèces enfermées dans des milieux restreints, séparées artificiellement d'autres zones, inaccessibles plus au nord ou à plus haute altitude, devenant pourtant plus favorables (voire refuges indispensables). Les perturbations sont à l'échelle du globe, et l'intendant raisonne à l'hectare. Les perturbations sont à l'échelle du siècle ou du millénaire et le gestionnaire se demande ce qu'il doit faire demain.

La compréhension des causes de cette logique « fixiste » doit être approfondie car elle est à la base de bien des contresens de l'histoire naturelle.

La théorie de l'Homme intendant est en réalité bien ancrée dans une origine religieuse, clairement explicitée dans l'ouvrage de J.B.Callicott « *Genèse : Dieu nous a-t-il placés au-dessus de la nature ?* »[167].

Evidemment cette idéologie est tout-à-fait cohérente avec le créationnisme et tous ses avatars plus ou moins édulcorés. Par exemple, l'idée que « **ce que j'ai vécu, a toujours été et demeurera** » est éminemment rassurante. En ce sens, la vision religieuse ancestrale peut facilement être supplantée par une version laïque. Ce fondement de l'« intendance » a largement prévalu jusqu'ici.

Mais aujourd'hui cette vision « fixiste » d'une nature immuable est battue en brèche par l'émergence chaque jour plus violente du changement climatique, par sa propre échelle de temps qui impose des modifications évidentes, même à l'échelle d'une vie humaine. Alors la tentation de l'intervention pour freiner le changement s'impose, souvent au nom de la logique d'« adaptation ».

Aldo Leopold, porté s'il en est à la gestion, à la cognée si nécessaire, était aussi en réalité sincèrement convaincu de l'importance de la dimension temporelle et non fixiste. On peut comprendre que, dans le monde de Leopold, où les variations des conditions physiques étaient lentes, où les fragmentations des milieux demeuraient à petite échelle spatiale, ce point n'ait pas été central dans ses réflexions.

Mais actuellement plus aucun écosystème ne peut être considéré comme un « Tout immuable ». Malheureusement, il y a fort à parier que, du fait de la modification climatique globale, tous les écosystèmes soient amenés à changer violemment de composition, voire de localisation. Pour fixer un ordre de grandeur, 1°C de réchauffement correspond à une remontée de l'isotherme de 200 km vers le nord, ou à une remontée de l'isotherme de 160 mètres en altitude…Or pour la France continentale, par exemple, le risque est dorénavant extrême que la température de la fin du siècle soit, de cinq degrés, supérieure aux normales préindustrielles. Cinq degrés, mille kilomètres, la distance du sud au nord de notre pays !

---

[167] Genèse : Dieu nous a-t-il placés au-dessus de la nature ? - John Baird Callicott- Ed wild project/classique- 2021

Dans chaque habitat, des espèces exogènes à l'« écosystème initial », faussement imaginé comme une entité fixe et figée, vont s'installer et par ailleurs des espèces, probablement encore plus nombreuses, vont le quitter ou disparaître sur place.

En d'autres termes, l'écosystème initial va disparaître pour laisser la place à un autre, probablement moins riche, si nous nous arcboutons sur l'idée que la richesse d'un écosystème se mesure au nombre d'espèces, à la biodiversité « locale ».

Plus aucun doute n'existe : chaque fois qu'une espèce, c'est-à-dire des individus, ont la possibilité de migrer vers des lieux représentant l'optimum de leurs conditions de vie, ils le font et à une vitesse qui sidèrent les biologistes. Face au changement des conditions physicochimiques, nous assistons, en temps réel, à un « sauve-qui-peut » des individus et **à travers eux** des espèces. Nous pourrions déjà écrire un livre sur ce sujet.

Malheureusement « qui-peut » est bien peu probable car nous avons totalement fragmenté l'espace. Les aires protégées, grandes ou sous forme de parcelles, sont aujourd'hui tellement éloignées les unes des autres que seuls certains oiseaux et quelques rares insectes ont la possibilité de franchir les « déserts biologiques » qui les séparent, faits de grandes cultures, de sylvicultures industrielles, d'urbanisation, de voies de communication, de zones industrielles ou logistiques, de zones touristiques tentaculaires.

Il est démontré que la fragmentation des milieux naturels est la pire chose que l'homme puisse faire comme agression contre la Nature et le Processus.

En réalité, coincés dans des espaces sans issues, des populations et des espèces, puis des écosystèmes, vont s'effondrer sur place, dorénavant inadaptés aux nouvelles conditions imposées par la pire et la plus rapide des évolutions que la vie a eu à supporter sur Terre : le changement climatique anthropique. Nous ne sommes pas en train d'exposer ce qu'il va se passer en 2050, mais ce qu'il se passe, s'est passé depuis 20 ans, et continuera à se passer pour au minimum un millier d'années.

Que restera-t-il ? Dans les milieux fragmentés, certainement pas une liste d'espèces intactes sur des surfaces petites et isolées les unes des autres. Toute illusion en la matière serait irresponsable.

Alors, tout le monde s'affole, quand les méduses, les rascasses volantes (Pterois volitans ou « poisson-lion ») déferlent sur les côtes de la méditerranée, quand tel moustique ou araignée envahit la France en l'espace de vingt ans.

Mais qui est le coupable ? La rascasse volante bien sûr, le « méchant moustique tigre », c'est évident, et surtout pas l'anthropocentrisme qui nous offre toujours la même réponse : « il faut sortir de cette affaire avec encore plus de pesticides, encore plus d'interventionnisme sur les milieux naturels ».

Bref pour « s'en sortir », nous devons jouer pleinement notre rôle, quasi-divin d'après Callicott, de gestionnaire de la nature, d'intendant. Et qui va choisir qu'elles sont les espèces qu'il convient d'éliminer (pardon de réguler) lorsqu'elles arrivent spontanément chez nous en réponse à un nouveau déterminisme provoqué par l'homme ?

Quelles espèces éliminer ? La réponse est simple et claire : celles qui gênent les hommes ! Et parfois malheureusement, celles qui contrecarrent l'idée que l'intendant, toujours à l'écoute de la Vox Populi, se fait de ce que doit être la nature, une nature bien propre, bien domestiquée.

Bref, celui qui décide n'est même plus un gestionnaire ou un intendant mais un « **despote éclairé** » autoproclamé. Alors un petit cénacle va affubler telle ou telle espèce du vocable infamant d'espèce envahissante. Au nom de quoi ? Au nom de la volonté ascientifique du despote qui ne supporte pas que l'Aventure s'oppose à son dessein d'une nature bien policée.

Il va sans dire que des **espèces réellement invasives** existent (toujours comme conséquence de nos comportements anthropocentriques imprévoyants), mais en pratique la réponse est différenciée. Le séneçon du Cap (Senecio inaequidens) ne semble déranger personne, tandis que l'ambroisie (Ambrosia artemisiifolia) est combattue au niveau national. Pourtant le séneçon se répand bien plus vite le long de nos voies de communication. Alors pourquoi ce traitement différencié de la part du despote éclairé ?

L'ambroisie est fortement allergisante alors que le séneçon « décore » le bord de nos routes d'un jaune vif six mois de l'année…Logique scientifique ? Non, logique anthropocentrique symptomatique !

Autre exemple, le despote décide qu'il faut éliminer les pins dans les tourbières. Peut-être, pourquoi pas, mais pourquoi ces tourbières sont-elles demeurées exemptes de pins pendant 5000 ans de relative stabilité climatique, sans intervention de l'homme ? Pourquoi tout à coup, les pins apparaissent par miracle ? Est-ce que par hasard les conditions physicochimiques n'auraient pas évolué ? N'est-ce pas aux causes de ces changements qu'il faut s'attaquer (changement du régime des pluies, des vagues de sécheresse et d'inondations, des vagues de chaleur…fertilisation par apport des cultures ou prairies surpâturées environnantes) ?

Non, les intendants nous l'expliquent, ce n'est pas aux causes anthropogènes qu'il faut s'attaquer, il faut juste intervenir, intervenir de plus en plus fréquemment, intervenir de plus en plus violemment, et forcer la nature à s'adapter pour contrecarrer les effets de nos comportements irresponsables et délétères. Il ne faut surtout pas « emmerder les autochtones » !

Alors, on ressort la cognée, puis la tronçonneuse, la débroussailleuse, puis le bulldozer pour construire des digues, déplacer des milliers de tonnes de sable pour réensabler nos rivages…Rivages sans cesse plus menacés par la montée des eaux, par l'absence de rechargement du fait des nouveaux barrages sur les rivières, par les tempêtes sans cesse plus violentes…

Et l'intendant en chef semble ne pas trop avoir à redire : « *L'échelle spatio-temporelle est bien la clé de l'évaluation de l'impact écologique direct de l'homme. De violentes perturbations qui ne sont pas d'origine anthropique adviennent régulièrement. Les volcans enfouissent les biocénoses de montagnes entières sous la lave et les cendres. Des tornades déchirent les forêts, mettant les arbres à bas. Les ouragans érodent les plages. Des incendies de forêt balayent forêts et savanes. Les rivières noient les plaines inondables. Les sécheresses tarissent lacs et cours d'eau. Pourquoi, en conséquence, les coupes rases, le bétonnage des côtes, les captages hydroélectriques et toutes les actions semblables seraient-elles contraires à l'éthique ? En tant que telles elles ne le sont pas. Encore une fois c'est une question d'échelle.* »[168]

---

[168] Ethique de la Terre – John Baird Callicott – page 221

Ce texte appelle deux commentaires. Le premier est que, de proche en proche, cette logique affecte l'ensemble de la planète et si la notion d'échelle est effectivement fondamentale, alors force est de constater que l'anthropocentrisme à la main lourde en matière d'artificialisation. Car nous sommes huit milliards à appliquer partout ce raisonnement en espérant que le voisin face preuve de retenue. Le second est bien justement la différence fondamentale entre une artificialisation, et l'action du Processus. La longue liste des « horreurs » produites par la Nature, visant à impressionner le lecteur, n'est rien d'autre que l'action du Processus lui-même, n'est rien d'autre que l'histoire de l'Aventure et finalement de la **Vie**. Il n'y a que dans l'esprit de l'intendant qu'il est possible d'attribuer le même sens éthique à l'origine de la vie et à un bulldozer.

S'il devait y avoir un plaidoyer pour dédier d'immenses espaces au Processus, le voici formulé par l'aveu de l'intendant lui-même : une question d'échelle !!! En dehors de cette prise en compte de l'étendue des espaces sauvages indispensables, règne la confusion des genres, le fourre-tout, le fouillis, et in fine le grignotage infini avec la bénédiction du relativisme.

Alors on va construire de nouvelles digues autour des rivières, de nouveaux barrages...sauvegarder des lambeaux aussi exigus que dispersés, sans jamais se poser la seule question qui ait un sens : que faisons-nous ici si nombreux entassés autour des cours d'eau ou à dix mètres des plages qui reculent ? Les mésopotamiens nous avaient pourtant fait part de leur expérience malheureuse : trop nombreux, trop près... et « des corps par milliers rejetés par la mer... ».

➤ *Et si chaque vie venait à compter ?*

En fait, plutôt que de raisonner uniquement de façon holistique, au niveau de l'ensemble d'un écosystème considéré comme fixe, non soumis à évolution, nous devrions, plus sagement, conserver la vision du Tout, mais un tout mouvant, relatif. Plus rien ne sera fixe, ni la composition « biodiversité », ni le nombre d'individus par espèce, ni les individus, fussent-ils surprotégés par l'intendant nostalgique.

De ce fait, il faudrait protéger les espaces et laisser évoluer les écosystèmes, les populations, les individus. Contrairement à la vision antérieure purement écosystémique, nous serions bien avisés de revenir aux fondamentaux de la sélection naturelle :

- la population locale, seule potentiellement porteuse de mutations génétiques ancestrales non exprimées actuellement, mais qui seront susceptibles de s'exprimer à nouveau pour permettre une adaptation aux nouvelles conditions ambiantes, et de survivre dans un nouvel écosystème,
- voire l'individu, seul porteur potentiel de la mutation du « monstre génial », qui tolèrera le changement imposé par le nouveau déterminisme.

Dans un tel contexte, quelle est la réaction, la tentation de l'intendant ?

Comme nous l'avons vu, pour Aldo Leopold et les intendants qui lui ont succédé, c'est « La Montagne », l'écosystème qu'il faut protéger et non l'individu. Après extermination des loups, il faut réguler le cerf ou le chêne…La petite étincelle dans l'œil de la louve n'est au mieux qu'un léger remord.

Mais les temps ont changé. La question de savoir si nous devons protéger l'écosystème, l'espèce ou l'individu est vidée de sens par ce déterminisme climatique d'origine anthropique. Certes l'individu peut être né et se développer dans un écosystème, et à ce titre on peut être tenté de privilégier ce dernier comme « pouponnière » (vision purement holistique), en cherchant à le maintenir en l'état ancien à grands coups de cognée ou de débroussailleuse, pour tenter de sauver l'espèce en place. Certes l'individu est né de parents et donc il faudrait privilégier l'espèce et la population locale. Mais cette vision est purement fixiste. La seule chose qui ait un sens est que **dorénavant la vie de chaque individu compte,** car nul ne sait lequel, lesquels seront adaptables.

Il faut protéger les espaces, et cesser ce débat entre la santé des individus ou la santé de l'écosystème.

Aurait-on idée de choisir entre la santé de Pierre et la santé de la population ? Aurait-on idée d'euthanasier Pierre pour préserver la population en cas de pandémie ? Et si Paul était porteur d'une mutation résistante, mais avait eu le malheur d'avoir un tronc un peu bossu, aurait-on eu raison d'utiliser la cognée ? Qui suis-je, intendant, pour choisir, a priori, qui sera résistant à des conditions inexplorées jusqu'ici ?

Autrefois, protéger les espaces et protéger les écosystèmes constituaient une seule et même vision, puisque l'objet de la protection de l'espace était la protection de l'écosystème. Mais aujourd'hui que les deux notions divergent, ne vaut-il pas mieux protéger l'espace conçu comme le **biotope** et non l'écosystème.

Un biotope est le lieu dans lequel se développent les individus, les espèces et l'écosystème. Nous utilisons ici le terme biotope comme la composante inanimée, support initial de l'écosystème : le sol, l'eau, la géologie, la latitude, la longitude, l'altitude, l'orientation. Bref si l'écosystème, la couche biotique, disparait ou se modifie fortement, pour l'essentiel le biotope perdurera à sa position initiale.

Si un ancien écosystème était particulièrement riche en espèces rares, espèces d'« intérêt », espèces « patrimoniales», espèces « emblématiques »… cela tenait à la fois à la rareté du biotope et aux exigences particulières de ces espèces pour des conditions physico-chimiques satisfaites par ce biotope. Les biotopes rares demeureront rares, mais les espèces exploitant ce biotope vont changer et la composition de l'écosystème aussi. Ce biotope accueillera probablement toujours des espèces rares, donc exigeantes, mais pas forcément les espèces initiales… et nul intendant (ou « gestionnaire ») ne sait comment cela se produira dans le détail et quels seront les « gagnants ».

Dans une vision plus réaliste, c'est-à-dire tenant compte de l'évolution réelle des conditions physico-chimiques, évolution du déterminisme, c'est bien d'immenses espaces de biotopes originaux connectés entre eux qu'il faut conserver. Quant aux individus, aux espèces et aux écosystèmes qui peuplaient ces biotopes, nous devons adopter une vision dynamique. Nous n'avons pas d'autre choix. Et qui mieux que les individus, les espèces et finalement les écosystèmes évolutifs pourront choisir leurs lieux de développement dans le cadre du Processus préservé, avec ses composantes sélectives, sélection de survie, sélection écologique et sélection sexuelle ?

Alors du fait de l'évolution climatique, la seule chose que les protecteurs de la nature puissent et doivent faire est de laisser la plus grande surface possible de biotopes en Libre Evolution, c'est-à-dire au libre choix des individus et des espèces par elles-mêmes et pour elles-mêmes. Laisser faire ? Voilà qui s'oppose frontalement à la mentalité de l'intendant.

Cette vision dynamique du « laisser s'adapter » suppose que partout nous disposions d'espaces qui accueilleront les espèces, les écosystèmes chassés de leurs lieux d'origine vers le nord ou en altitude. Une part significative des espèces rares sera ainsi sauvée, mais ne nous berçons pas d'illusion, la probabilité pour qu'une espèce chassée de son biotope exceptionnel d'origine retrouve l'équivalent plus haut en latitude ou plus au nord est faible.

Nous subirons des pertes du fait du changement climatique et des changements déterministes de conditions physicochimiques (pollution de l'air, des sols et de l'eau), mais nous pouvons limiter les dégâts.

Ces grands biotopes enfin reconstitués et connectés serviront de base à des écosystèmes par nature évolutifs, et nous accueillerons cette évolution non comme une calamité, mais comme une opportunité de moins mauvaise solution. Nous pourrons alors protéger à nouveau chaque « écosystème dynamique » particulier comme un Tout, comme une communauté biotique, mais une communauté mouvante en composition.

Voilà en quelques mots ce qu'il conviendrait de faire pour sauvegarder le maximum d'individus et d'espèces dans le cadre d'un monde dorénavant rapidement changeant. Cette logique de non-finalité, celle du Processus naturel, est peu conciliable avec la logique et les prétentions de l'intendant.

➢ *L'intendant doit renoncer au statu quo*

Inversement, il serait dénué de bon sens de chercher à maintenir, contre vents et marées, la vision idyllique de notre enfance ou, pour être moins polémique, la **vision culturelle** de ce qui nous semble devoir être beau et propre. Il est vain de lutter contre les effets d'un déterminisme, de nous accrocher à notre passé. Nous ferions alors le lit de bien des déceptions, voire des dépressions chez les générations futures. En fait, si nous y réfléchissons bien la « gestion de la nature », ou si vous préférez le rôle que se fixe l'intendant est, dans l'immense majorité des cas, dicté par le souhait de maintenir en l'état ce que nous avons connu et aimé des milieux naturels. Mais les milieux naturels ne demandent qu'à évoluer pour eux-mêmes et par eux-mêmes afin de s'adapter au mieux sous la pression des changements climatiques et de la diffusion des polluants favorisée par la fragmentation.

Chercher à bloquer l'évolution, à contraindre le Processus, est une **erreur fondamentale**, car nous ne ferons que maintenir des écosystèmes dans un **état de plus en plus déséquilibré** par rapport à ce qu'aurait réalisé spontanément le Processus sous les contraintes nouvelles des déterminismes artificiels induits par l'anthropocène.

Processus, rappelons-le, qui a réussi à maintenir la vie sur Terre pendant quatre milliards d'années malgré des changements physicochimiques violents. L'Evolution Naturelle, l'Aventure, ce n'est pas seulement la mère d'une liste d'espèces qu'elle nous a léguée, et que la sixième extinction est en train d'annihiler, c'est aussi la promesse d'opportunités, d'avenirs, de « possibles » ...

Mais, comprenons-nous bien, ces « possibles » seront d'autant plus diversifiés que nous aurons évité d'exterminer des écosystèmes, des espèces et des individus actuels. En ce sens, il est clair que nous ne donnons aucun blanc-seing pour plus d'artificialisation, donc plus de contraintes produites par des déterminismes artificiels. Nous ne pouvons accepter encore plus de relativisme quant au niveau de « naturalité », ce serait un non-sens. Certes, la vie de chaque espèce, de chaque population, de chaque individu doit être préservée en luttant ardemment contre les causes des déterminismes d'origine anthropique... mais nier les effets de ces déterminismes, ramer à contre-courant est absurde et contreproductif.

> ### *L'intendant est nu !*

Oui, le gestionnaire est devenu un despote, malgré lui, et particulièrement mal éclairé, ce qui semble souvent le cas dans l'Histoire, car le gestionnaire agit dorénavant dans la panique. Il n'est qu'à discuter avec des forestiers, plutôt protecteurs ou plutôt partisans de la « manière forte », peu importe leur approche et leur sensibilité, pour sentir à quel point **l'intendant est nu**, perdu face à une force, un rouleau compresseur qui le dépasse totalement : un nouveau déterminisme qui remplace le doux travail précautionneux du Processus.

A qui la faute ? Regardons-nous dans la glace et arrêtons de pleurnicher sur les paysages, les espèces, les individus de notre enfance que l'on tue à bas bruit lorsqu'il s'agit d'un bourdon, à coup de sonnerie aux morts, de requiem de Mozart ou de marche funèbre de Chopin lorsqu'il s'agit de l'ours polaire ou de la girafe…

Nous sommes les uniques fautifs de l'arrivée du moustique tigre et nous avons le culot de le désigner comme coupable. Et bien sûr, nous allons lutter à la fois comme espèce anthropocentrique et de façon individuelle comme quidam égocentrique contre ce « fléau ». Tous les coups seront permis, au moyen d'épandage de pesticides, cause de massacres indifférenciés d'insectes et d'oiseaux insectivores…Tous les coups seront permis, sauf celui de se retourner contre nos agissements simplement stupides.

Et que dire du COVID et des nouvelles épidémies qui nous pendent au nez ? Le « monde d'après » est -il si différent ? Avons-nous changé quoi que ce soit à nos comportements anthropocentriques à risque ? N'avons-nous pas envahi les derniers espaces naturels, augmentant les opportunités de contact avec des espèces potentiellement contaminantes ? Même, ce réflexe d'autodéfense, nous l'avons oublié. Tels des Mésopotamiens, nous recommençons indéfiniment les mêmes erreurs… certains que la science nous sauvera la mise une nouvelle fois !

Despote, incompétent, irresponsable et lâche : voilà le résultat de l'anthropocentrisme et de l'égocentrisme. Que nous soyons incompétents, nus, face à la complexité d'un monde régit par des milliers d'interactions évolutives, n'est pas une honte. Ce qui est problématique est de prendre des décisions et agir, engager l'avenir en choisissant **a priori** une direction parmi des milliers d'autres possibles, en désignant les victimes de l'euthanasie et tout ceci en toute méconnaissance des conséquences. Que devient le principe de précaution ?

Un gestionnaire honnête, qui refuse de devenir un effroyable despote mal éclairé doit abandonner le débroussaillage **systématique**, la cognée, la faucheuse, la tronçonneuse, le tracteur…et laisser le Processus faire en sorte que les déséquilibres entre la faune et la flore futures et le biotope soient, à chaque instant, en chaque lieu, minimisés au cours du changement dorénavant inéluctable.

Plutôt que d'« user le soleil » à chercher à maintenir un état de plus en plus artificiel, toute l'énergie doit être consacrée à accroître les grands espaces libres, à les reconstituer géographiquement, à les reconnecter pour donner une petite chance aux espèces de migrer vers des lieux plus cléments, vers des biotopes adaptés.

Quand j'entends des naturalistes rejeter, d'un revers de manche désabusé, l'idée d'un Parc National du Val d'Allier, une des dernières rivières sauvages d'Europe, je n'ai qu'un seul sentiment, l'incompréhension, ou plutôt une seule réaction biologique : la nausée !

Ce n'est pas que la conception et la gestion actuelle des Parcs Nationaux soit la panacée, mais au moins nous nous donnons une chance de disposer de vastes espaces continus. Il restera à convaincre qu'un espace naturel peut se passer de troupeaux domestiques, de chasse, de surfréquentation, mais au moins aurons-nous franchi une première étape, le Nerf de la Paix : **l'espace**.

Le « gestionnaire » a-t-il conscience des enjeux face au réchauffement climatique, face à la fragmentation des milieux ? A-t-il compris les mécanismes de ce nouveau déterminisme ? J'espère qu'il est juste mal « éclairé » !

Non, la Nature ce n'est pas le paysage de notre enfance. Non, la Nature ce n'est pas ce que j'ai décidé. **La Nature c'est, l'absence de finalité**. A nous de savoir admirer ce qui résulte de la Libre Evolution, à nous de trouver notre plaisir dans le jeu du « hasard et de la nécessité ».

Nous, naturalistes, nous avons conçu nos stratégies de protection il y a quarante ou cinquante ans, alors que nous pouvions avoir l'illusion, à la misérable échelle temporelle d'une vie humaine, que les écosystèmes étaient stables, que la stabilité était vertu, que de protéger une parcelle suffisait à protéger à tout jamais ses habitants légitimes, les espèces, les populations et les individus. Nous nous sommes trompés, je me suis trompé. Cela n'était pas bien grave en 1980, c'est juste une hérésie aujourd'hui et je refuse dorénavant de continuer à endosser le costume de « despote éclairé ».

Le nombre d'interactions dans la Nature, entre espèces et individus, interactions sans cesse en mutation et si rapidement changeantes par apparition ou disparition de membres de la communauté, est tel que le plus sage est de reconnaître notre incompétence à vouloir décider à la place du Processus.

Désormais, la seule attitude honnête et digne est de laisser le Processus reprendre son œuvre merveilleuse, de consacrer notre énergie, non à la contrecarrer, mais à lutter contre la cause première du nouveau déterminisme que nous nous sommes imposé, la surpopulation humaine, et de faire en sorte de reconstituer le plus vite possible de grands ensembles naturels interconnectés et laisser ces ensembles en Libre Evolution totale, en renonçant définitivement à en définir la moindre finalité.

Il n'est nullement nécessaire que ces espaces soient à un niveau de « naturalité » parfait, il suffit de faire confiance à la Nature, de ne pas en avoir peur, d'être patient sur plusieurs générations pour disposer de la certitude que l'Aventure renaîtra, se poursuivra et renouvellera la « Naturalité ».

Le réveil est douloureux : les écosystèmes évoluaient lentement et, de fait, nous ne pouvions percevoir facilement notre erreur à vouloir les maintenir en l'état.

Excusez-moi d'insister. La situation est devenue tellement sérieuse pour la faune et la flore sauvages que nous devons faire une **seconde révolution culturelle**. Nous avons tout misé sur la notion d'écosystème, appuyée sur des listes d'espèces menacées à protéger en priorité (« emblématiques »). Mais aujourd'hui, ce ne sont plus seulement les écosystèmes et les espèces qu'il faut protéger mais **les individus**. Aujourd'hui nous devons revenir au fondement de la sélection naturelle et de l'évolution : ce sont les individus (à la limite une petite population), porteurs des mutations génétiques originales, fussent-elles infimes et sans importance dans un monde stable, qui peuvent aider à supporter les nouvelles conditions de vie.

Et qui sait quel individu est porteur de cette mutation favorable à la survie de l'espèce tout entière dans un écosystème modifié ?

Alors exit la cognée ! L'euthanasie, décidée par un gestionnaire « éclairé », est non seulement moralement discutable, mais scientifiquement sans fondement. Et le justifier par un maintien de l'écosystème ancien est juste absurde ou hypocrite, puisque de toute façon les écosystèmes sont appelés à changer, bon gré, mal gré.

Dorénavant, la vie de chaque individu compte et nous n'avons plus le droit de choisir à la place du Processus, car nous ne savons pas, car nous ignorons tout de l'avenir dans le détail ! Nous sommes nus !

> ***Tout va changer pendant au moins un millénaire, nous le savons !***

Tout ce que nous savons est que tout va changer et au moins durant un millénaire !

Il ne sera pas nécessaire de lancer de nouvelles études scientifiques sur le fonctionnement de tels biotopes préservés, et surtout inutile de justifier des prélèvements d'individus pour suivre les populations. Tout ce que nous aurons à faire est de faire confiance à la Nature, de **compter sur le temps**... et c'est sans doute **le défi** le plus difficile pour notre psychologie, bornée à notre propre existence. Faire confiance et se contenter d'admirer... sans a priori, sans plan, sans finalité !

Alors à nous de changer de logiciel, de paradigme tant qu'il est encore temps de le faire.

Pouvons-nous nous convaincre que la Nature ainsi redéfinie n'aura nul besoin d'être « défendue », car elle a juste besoin d'espace, juste besoin de ne pas être empêchée de dériver « au fil de l'eau » ?

Mais comment peut-on imaginer reconstituer de grands ensembles biologiques interconnectés et vivant sous le seul régime de la Libre Evolution et du Processus ? Comment permettre à l'Aventure de reprendre sa marche en avant ? « Impossible », nous accable la sentence de l'intendant en chef !

Le despote manque peut-être d'imagination, à moins qu'il ne s'autocensure...

J.B.Callicott, probablement bien à ses dépens, nous suggère un début de réponse : « En *l'état actuel des choses, les réserves naturelles reconnues sont peu nombreuses et précieuses. De tels espaces servent la cause de la biodiversité avant tout comme **refuge** pour des espèces peu tolérantes à l'égard des êtres humains, ou qui ne sont pas tolérés par eux.*

*Personnellement, j'aimerais qu'il y ait plus de réserves naturelles qui soient créées pour remplir ce rôle de refuge mais **étant donné que la population humaine globale approche des six milliards de personnes,** la plupart des meilleures terres seront soumises à une exploitation économique que cela nous plaise ou non à nous autres écologistes. »*[169] Le lien de cause à effet entre population et pression sur les espaces naturels est bien sous-entendu, voire explicite. Six milliards vers 1995, 8 milliards aujourd'hui… Peut-être une piste pour inverser la tendance à la destruction et la fragmentation des milieux de vie !

Oui monsieur Callicott, nous sommes bien d'accord et ce qui nous rapproche demeure un puissant trait d'union ! Oui, il faut plus de réserves naturelles, mais pas forcément de simples **refuges** fixistes, « citadelles assiégées » … La Nature a juste besoin d'espace, beaucoup d'espace, des lieux de vie, des lieux de renaissance du Processus. Eh oui, pour ce faire, il est indispensable que la pression anthropique diminue drastiquement, notamment à travers la maîtrise de la démographie.

Enfin, nous devons prendre acte que le contexte physico-chimique change vite et pas dans le bon sens. Aucune cognée, aucun engin de chantier ne stoppera la diffusion des gaz à effet de serre, des « phytosanitaires » et des PFAS !

Alors nous remettons en cause la stratégie de l'intendant, certes, mais cela ne peut suffire. Il faudra bien montrer qu'une solution globale existe … et c'est cette stratégie, basée sur un changement d'ontologie, que je souhaite exposer comme alternative : une alternative évolutionniste qui prend en compte les échelles de temps et les échelles spatiales, les véritables ordres de grandeur des agressions que subissent les milieux naturels.

Pauvre intendant, si nu, si démuni et si peu imaginatif !

---

[169] Ethique de la Terre – John Baird Callicott – page 233

4) *L'Homme juge et partie de son action au sein de la communauté biotique.*

L'Homme maître, l'Homme possesseur, l'Homme intendant de la nature ou despote éclairé, quelques-unes des manifestations de notre anthropocentrisme … La dernière colonne de l'anthropocentrisme reste à ériger : se proclamer juge ! Alors, tous les courants de pensée, dans un bel élan collectif d'« humanisme restreint » soutiennent que **l'Homme fait partie de la nature**. Puisqu'il fait partie de la nature, et comme il se conçoit comme seul apte à juger raisonnablement au sein de la communauté biotique, alors il décide, il légifère... souvent, toujours à son avantage. L'Homme s'érige en magistrat, **législateur suprême** de ce qui est acceptable ou intolérable dans son action à l'égard de la nature, à l'égard du reste de la communauté.

➢ ***L'Homme fait partie de la nature : l'alibi inattaquable !***

Effectivement, historiquement, biologiquement l'homme est bien issu du Processus. A ce titre son origine « naturelle » ne fait aucun doute. Que l'homme soit un animal parmi des dizaines de millions d'autres espèces, ce n'est pas dans ce livre que nous le contesterons.

Mais depuis combien de millénaires, voire de dizaines de milliers d'années s'est-il affranchi partiellement puis totalement du Processus ? Si la nature est un concept vague englobant tout, de la pelouse tondue chaque fois qu'une fleur de pâquerette dépasse la surface vert fluo de quelques millimètres, jusqu'à la Wilderness des Américains, alors l'homme peut se glisser allègrement dans le fourre-tout.

Peut-être doit-on admettre des nuances, pour évaluer le niveau de participation de l'homme à la communauté biotique en fonction des lieux et circonstances ? Un pied dedans, un pied dehors ? Quelques scientifiques ont introduit une échelle : celle de « naturalité », à savoir un plus ou moins grand degré de « non artificiel ». Cette idée est sans doute la plus pertinente pour exprimer le niveau de décrochage par rapport à ce qu'aurait produit le Processus non empêché, à savoir la **Nature**. Cependant, une chose est un peu gênante, et nous reviendrons dessus plus tard. Cette échelle de naturalité à tendance à figer les positions : un milieu dégradé est évidemment mal coté, et pourtant il peut receler, il doit receler un pouvoir de régénération, bien utile pour la suite de l'Aventure. Ne protéger que des aires témoignant de 80 ou 90% de naturalité, c'est acter la mort de l'intégralité du Processus par fragmentation, tant ces aires sont rares et déconnectées. Cette perspective est inacceptable, car non inéluctable, pour autant que nous cessions de nous illusionner, de nous donner le beau rôle, d'agir en maître et possesseur. Et puis, une telle échelle admet finalement, que, pour peu que l'on utilise le bon microscope électronique, on finira par trouver de la vie partout ou quasiment. Donc puisqu'il existe de la nature partout, tout ce que nous faisons d'artificiel fait partie de la nature. Nous sommes la nature que nous créons, démiurge omnipotent !

Toujours est-il que nous voyons s'opposer deux types de référentiel pour cette tragicomédie :

- l'homme fait partie de la nature puisqu'il est un animal issu du Processus,
- l'homme s'est lui-même banni de la nature puisqu'il ne respecte plus aucun critère du Processus.

En réalité, ceux qui prétendent que l'Homme fait toujours partie de la nature, le font pour des raisons opposées. Ils ne se retrouvent que dans la revendication d'être seul juge !

Les premiers à clamer que l'homme fait partie de la nature sont les « extractivistes », les utilitaristes. Evidemment les maîtres et possesseurs trouvent dans « l'homme fait partie de la nature » un argument rêvé pour justifier la conquête, l'artificialisation, le pillage. Puisque l'homme dispose de ce statut, il a au minimum les mêmes droits que les autres êtres vivants et comme il est mieux armé pour l'adaptation à toute circonstance, au final, il a tous les droits, en tout lieu et en tout temps. Rien n'est artificiel, tout est naturel, jusqu'aux catastrophes anthropiques, puisque l'artificiel même est le fruit de l'homme, espèce membre de la communauté biotique... Imparable ! Les PFAS (polluants « éternels ») et les pesticides font partie de la nature ! Le résultat est celui qui nous vivons. Aucune limite... si ce n'est les limites planétaires, mais que nous transgressons allégrement. Charge aux générations futures de faire le ménage des pollutions pour tenter de survivre dans un monde essentiellement abiotique.

L'homme est légitime à faire tout ce qui lui plait, parfois même, au nom de la « tradition ». Au nom du premier occupant, on justifie les pires exactions contre la Nature. Puisque nos ancêtres faisaient partie de la nature et se comportaient de façon peu recommandable, alors en tant qu'« autochtone » tout est justifiable et la nature peut être artificialisée jusqu'au dernier arpent. (arpent fait plus tradition, couleur locale et authentique qu'hectare !). En y regardant de plus près, ces traditions ont rarement plus de deux cents ans de vitalité, et encore ; clairement elles ne remontent pas au néolithique, époque où l'homme s'était déjà largement soustrait au Processus...et personne ne peut en France être certain d'être « autochtone », de descendre en droite ligne et sans métissage de ces temps immémoriaux...Parmi ces défenseurs de « je ne vois pas où est le problème ! », on trouvera les aménageurs bétonneurs de tout poil, les ennemis irréductibles du « Zéro Artificialisation Nette », les chasseurs, les agriculteurs intensifs, les partisans de la tauromachie, les aficionados de l'égorgement des moutons et des porcs vivants, les « ruralistes » qui défendent que la France, hors les villes, leur appartient à eux et à eux seuls…, les **nouveaux féodaux** donc ! « Nous avons toujours fait partie de la nature, nous l'avons faite, elle est notre œuvre et nous savons « comment ça marche » », affirment-ils. Effectivement, dans ce bric-à-brac, on peut abriter toute l'agriculture intensive comme une innovation majeure, comme une grande œuvre sculptant une nature nouvelle : le néant biologique. C'est en contemplant cette sculpture, ces « moquettes » vertes que l'on mesure le mieux à quel point nature et culture ne font qu'un ! Et ces « œuvres monumentales » ne sont pas l'exception, c'est devenu la règle !

Bref la mauvaise foi est l'apanage de ces spécialistes de l'anthropocentrisme, de la conception prédatrice, « extractiviste » de nos milieux naturels.

➢ *Je fais partie de la nature : l'honneur est sauf !*

Etonnamment, la majorité des défenseurs de la nature pose aussi comme un principe que l'homme est une des composantes de la nature. Ils ne semblent pas entendre les applaudissements des pires dépréciateurs, lorsqu'ils se répètent à l'envi :

« Je suis un bon protecteur de la nature, d'ailleurs j'en fais partie … et donc toutes mes actions sont, par nature, favorables à la nature puisqu'elle et moi ne faisons qu'un et que je la respecte comme la prunelle de mes yeux ».

« Et nous aussi, nous faisons partie de la nature, et depuis plus longtemps que vous ! Et chez nous, comme « autochtones » ! » … reprennent en cœur les précédents à l'anthropocentrisme exacerbé et assumé !

Evidemment les intentions sont opposées et on comprend bien qu'à travers cette revendication des seconds se profile le rejet sincère de l'agression de la Nature. « Je suis solidaire de la Nature outragée et d'ailleurs pour le proclamer je revendique d'en faire partie » et « Chaque fois que la Nature saigne, c'est un peu de moi-même qui disparaît » ! Je connais bien ce sentiment d'avoir une partie de mon âme que l'on m'arrache lorsque je vois une haie passer de vie à trépas… « J'ai mal au bide », je ne peux m'empêcher de penser « encore une niche de hérisson, encore un couple de moineau friquet inutilement massacrés, encore un chêne pédonculé multi centenaire arraché à la vie » …

Alors j'ai envie de gueuler : « la Nature, c'est moi ! ». « C'est moi qu'on assassine ! ».

Oui, nous devons nous révolter. Mais non, ce n'est pas pour cela que je fais partie de la Nature, tout simplement, car ma survie personnelle ne dépend pas, ne dépend plus de l'arrachage du bosquet. Si je faisais partie de la Nature, du Processus, je serais probablement condamné et mon éventuelle descendance aussi. C'est un crime contre le hérisson, contre l'espèce hérisson à travers cet individu peut-être porteur d'adaptation « géniale », mais ce n'est pas un crime contre moi. Cela affecte mon confort psychologique, une douloureuse séparation comme nous en vivons au cours de notre existence… mais le supermarché n'est pas loin, et la maison est toujours chauffée ! Si je faisais partie de la Nature, si je dépendais du Processus, si la survie du conducteur de la pelleteuse dépendait du Processus, la haie serait toujours en place.

Ce sentiment de séparation douloureuse, de deuil face au paysage autrefois familier, face à la liste d'espèces de l'environnement quotidien qui se rabougrit, est légitime… Ce sentiment est souvent à l'origine de nos engagements pour la « protection de la nature ». Pour beaucoup d'entre nous, l'investissement personnel part de cette spoliation. Finalement peut-être que ce hérisson était « le mien », mon « pote » dont les sourds grognements m'amusait tant la nuit venue… Cette démarche est saine, normale, légitime et fait partie de la « prise de conscience », mais il faut vite oublier « le mien », « mon pote » …

Se déclarer « membre de la communauté du vivant » semble une façon d'affirmer la solidarité, une réelle compassion. Et dans un élan un peu victimaire : « Je fais partie des offensés ».

Je comprends, je partage… et je sais bien comment, de là, nous arrivons subrepticement à la notion de gestionnaire, d'intendant, comment nous souhaitons **protéger ce qui nous a émerveillé**. « Si j'en avais eu le pouvoir, moi, je l'aurais protégé ce hérisson en sauvegardant sa haie », oubliant que les hérissons meurent aussi en nombre sous nos multiples roues, parce que les routes fractionnent, dissèquent le paysage, parce que nous sommes beaucoup trop nombreux à les parcourir en tous sens. Certainement, je n'aurais pas été responsable de la disparition directe du hérisson, pour sûr j'aurais sauvegardé la haie ou le bosquet, voire l'« écosystème » du hérisson…mais plus globalement pourquoi les hérissons disparaissent-ils à l'échelle d'un continent ?

Alors les gestionnaires, pour l'immense majorité totalement sincères, contrairement aux « extractivistes », pensent que la Nature a besoin d'eux, et pour cela ils ressentent le besoin de faire partie de la Nature. Car à un moment du raisonnement, il faut une rupture qui justifie l'intervention : ils savent ce qui est bon ou mauvais pour la Nature, ils savent mieux que le Processus lui-même… car **ils sont les représentants les plus éminents de la Nature elle-même**…Il est limpide que s'assumer comme un intervenant totalement extérieur au Processus, hors de la Nature, ruine en partie l'argumentaire du « je suis légitime à gérer », « je suis légitime à la cognée », et finalement « **je suis seul juge** », « je rends mon verdict **au nom du peuple** de la communauté biotique ».

En fait, les intendants sont des hommes et des femmes du gradient, qui admettent volontiers des degrés de naturalité comme une finalité et comme un gage de réalisme. Mais le degré de naturalité est pour eux souvent un constat instantané, un état des lieux, un état de référence à conserver **et non une promesse de dynamique**. Mais il n'y a pas, il n'y a jamais eu, il n'y aura jamais d'état de référence. Tout est dynamique et le nier c'est s'opposer à la Vie elle-même, à son essence.

Je ne crois pas, je ne crois plus, que ce soit uniquement le niveau de naturalité qui fait la Nature, mais le niveau de non-intervention, de non-finalité.

Et d'ailleurs, entendez-vous aujourd'hui, même chez les pires extractivistes, quelqu'un proclamer : « je suis l'ennemi de la nature, je hais la nature »… La notion de nature est devenue tellement floue, polysémique, protéiforme que tout le monde peut s'en revendiquer. Mais, en revanche, combien associent à la Nature les termes : imprévu, non conçu, non planifié, non finalisé… tout simplement **libre**. Cette définition exclut l'homme dans 99,9% de son activité. Cela n'en fait pas nécessairement un ennemi de la Nature, pour autant qu'il ait la sagesse de clairement réfréner son envie, difficilement répressible j'en conviens, de tout contingenter, partout et en tout temps.

> ➢ *L'artificialisation comme manifestation ultime de l'Homme faisant partie de la nature.*

Sinon dans le fourre-tout, on s'accommode volontiers de l'artificialisation la plus totale, pourvu que l'on puisse détecter un soupçon de vie à maintenir en l'état. Parfois, la remise en état d'une ferme abandonnée pour prétendre réinstaller l'Homme dans la communauté biologique, à coup de tronçonneuse et de tractopelle, ne choque pas, même si c'est au détriment du Processus en train d'agir tranquillement pour reconstituer une communauté authentique. La « nature humanisée » devient peu à peu la valeur de référence.

Dans un gradient, un continuum, et souvent par désespoir de constater que la « campagne » est lentement désertée par la faune et la flore sauvages, surgit un dernier recours : la « nature en ville ». Ce concept me laisse un peu dubitatif :

- Soit il s'agit, de reconvertir des milliers d'hectares de la ville en les reliant par des corridors avec le milieu naturel, après une désartificialisation, ces milieux étant par la suite laissés à la Libre Evolution, au moins pour l'essentiel, mais alors il ne s'agit plus de la ville au sens strict. En outre, il faut proposer une stratégie concomitante pour **réduire préalablement la pression** de la densité de population humaine.

• Soit il s'agit de planter un peu de verdure entre les immeubles, ou de créer quelques petits parcs urbains, ce qui est évidemment recommandable comme adaptation au changement climatique, essentiellement pour le confort humain, mais alors cela n'a strictement rien à voir avec la Nature, c'est au mieux de la planification jardinée.

Evidemment, à long terme, la première version serait préférable, nous la prônons, mais nous n'en prenons pas le chemin.

L'action de l'intendant, qui détourne pudiquement les yeux de ce qu'il ne veut plus voir, est cher payée par la Nature. Aujourd'hui tout le monde « fait partie de la nature » et le résultat global n'est pas brillant.

« L'Homme fait partie de la nature », combien d'écocides ont été perpétrés au nom de cette maxime ? Combien de sentences de mort ont été prononcées en son nom par le juge autoproclamé ?

Peut-être vaut-il mieux faire notre deuil, admettre que l'homme ne fait plus partie de la Nature, au moins pour quelques générations, le temps que les équilibres soient rétablis, que nous ayons sincèrement changé d'ontologie. Et je vais choquer mes amis, il est venu le temps d'acter cette séparation par la régénération de grands espaces sauvages en Libre Evolution, totalement hors action humaine planifiée, préconçue. Ce n'est pas une honte, c'est une nécessité pour le renouveau du Processus, c'est une conséquence des dérives de notre ontologie passée et actuelle...

A nous de changer de philosophie, à nous de réapprendre à laisser ces espaces réellement « inconçus », non finalisés, réapprendre à ne pas intervenir, à laisser le temps au temps, à nous départir de notre statut de juge suprême. Parallèlement, et en cohérence ontologique, dans les domaines qui resteront sous notre juridiction, à nous de réinventer des modes de vie modernes mais compatibles et respectueux de la faune et la flore sauvages à travers un rejet sincère de l'anthropocentrisme et de ses conséquences les plus néfastes, pour un jour peut-être ré-inverser la règle du jeu. Ce changement philosophique effectué, nous pourrons refusionner ces deux mondes, tant l'Evolution Naturelle nous apparaitra comme désirable et protectrice. Alors l'homme pourra prétendre réintégrer la communauté biotique et proclamer à nouveau son appartenance à la Nature.

> ### *Les droits de la Terre ou le droit à la terre ?*

A l'opposé de cette vision, nous retrouvons toute une tradition humaniste, tout-à-fait respectable, même si je la considère comme un « humanisme restreint », restreint à l'anthropocentrisme, restreint à la pensée dominante de l'Homme maître, possesseur, intendant et juge. Pourtant de cette tradition humaniste émerge, depuis une quarantaine d'années, ce qui pourrait conduire à une excentration majeure : la question des « droits de la nature » ou « des droits de la Terre ».

Pour construire les derniers chapitres de ce livre, les plus importants puisqu'ils proposent une mise en pratique de cette nouvelle ontologie, il est indispensable de comprendre les origines de ce concept de « droits de la nature » et pour cela le livre de Valérie Cabanes « Un nouveau droit pour la Terre » est un incontournable.[170]

L'autrice retrace la longue marche pour faire reconnaître des droits à la planète. Hormis quelques passages relatifs aux constitutions d'inspiration amérindienne (Equateur et Bolivie en particulier, sur lesquelles nous nous appuierons dans une certaine mesure dans la troisième partie de ce livre), force est de constater que l'orientation générale de toutes les conférences internationales, de toutes les tentatives pour faire reconnaître les écocides, analysées dans son livre, sont empreintes de considérations anthropocentriques. Clairement, c'est l'avenir de l'humanité qui est la préoccupation primordiale. Evidemment, cette préoccupation n'est nullement hors sujet, mais le centrage est bien trop limitatif. Souvent, c'est au nom des générations humaines futures que le plaidoyer se développe. Cela constitue évidemment un progrès considérable face à l'égoisme générationnel, mais cela ne constitue pas vraiment une rupture ontologique : Homo Sapiens reste l'objet de toutes les attentions. V.Cabanes n'y est pour rien, elle ne fait que rapporter un état de fait. Quelques citations pour bien nous imprégner de la philosophie dominante.

---

[170] Un nouveau droit pour la Terre – Valérie Cabanes – Ed Anthropocène Seuil - 2016

La Déclaration de Rio de 1992 fait office de référence souvent citée. [171]

Parmi les attendus on peut lire :

« *Reconnaissant que la Terre, foyer de l'humanité, constitue un tout marqué par l'interdépendance* »

Ici, et la suite le montrera, interdépendance doit être compris comme interdépendance des hommes peuplant la planète, et la planète est le foyer de l'Humanité. Peut-être un peu restrictif.

Les trois premiers principes de la convention précisent :

« *Les êtres humains sont **au centre des préoccupations** relatives au développement durable. Ils ont droit à une vie saine et productive en harmonie avec la nature.* » Au centre des préoccupations…

« *Conformément à la Charte des Nations Unies et aux principes du droit international, les Etats ont le **droit souverain d'exploiter leurs propres ressources** selon leur politique d'environnement et de développement, et ils ont le devoir de faire en sorte que les activités exercées dans les limites de leur juridiction ou sous leur contrôle ne causent **pas de dommages à l'environnement dans d'autres Etats** ou dans des zones ne relevant d'aucune juridiction nationale.* » Bref évitez de polluer chez vos voisins humains !

« *Le droit au développement doit être réalisé de façon à satisfaire équitablement les besoins relatifs au développement et à l'environnement des **générations présentes et futures**.* » Des générations présentes et futures, humaines ou de la communauté biotique ? Evidemment, nous saluons les préoccupations pour les hommes et femmes de demain, mais il ne fait aucun doute que l'environnement est conçu comme l'habitat humain…

Et tout est à l'avenant. Le mot biodiversité est totalement absent.

« *Les forêts naturelles constituent également une **source de biens et de services**, et leur conservation ainsi que leur gestion et **leur utilisation***

---

[171] SOMMET PLANETE TERRE Conférence des Nations Unies sur l'environnement et le développement Rio de Janeiro, Brésil 3-14 juin 1992

écologiquement viables devraient être encouragées. » Source de biens et de services pour qui ? L'homme ou la communauté biotique ? « Gestion », « utilisation » l'intendant et le despote éclairé reviennent au galop !

Les mots faune et flore apparaissent une fois, et le contexte est explicite :

« *Les ressources et les terres forestières doivent être gérées d'une façon écologiquement viable afin de répondre* **aux besoins sociaux, économiques, écologiques, culturels et spirituels des générations actuelles et futures. L'homme a besoin** *de produits et de services forestiers tels que le bois et les produits à base de bois, l'eau, les produits alimentaires et fourragers, les plantes médicinales, le combustible, les matériaux de construction, l'emploi, les loisirs, les habitats de la faune et de la flore … ».*

Bref, la nature est bien considérée comme un réservoir de ressources pour Homo Sapiens et non comme une entité autonome. Il faut beaucoup d'optimisme pour y voir l'ébauche d'un « Droit de la Terre », cela ressemble plutôt à un **droit à la terre**… et le juge suprême entérine ce dernier illimité, inconditionnel !

➢ *Ecocide, écocides ?*

Dans son livre Valérie Cabanes développe largement le thème de la définition des écocides. Comme l'autrice le fait remarquer, « *Pour cela, la valeur intrinsèque des composants, processus et cycles vitaux de la terre doit être reconnue car ils sont tous d'un intérêt commun pour la biodiversité terrestre et l'humanité. Cela* **permettrait** *que l'incrimination d'écocide puisse s'appliquer aux dommages causés aux écosystèmes et s'étende aux composants essentiels à la vie afin d'assurer la continuité de la vie et la pérennité de l'humanité* »[172]

Nous ne pouvons que souscrire surtout si nous ajoutons un « donc » avant la pérennité de l'humanité pour établir une hiérarchisation logique. Cette phrase proclame l'essentiel : le sort de l'humanité ne peut être séparé de celui de la biodiversité et surtout des processus vitaux. Malheureusement, comme vous l'avez remarqué, la phrase est au

---

[172] Un nouveau droit pour la Terre – Valérie Cabanes – page 314

conditionnel, le concept d'écocide semble toujours encalminé et ses définitions bien loin de refléter cette sagesse.

En effet, même la définition de l'écocide, pourtant très anthropocentrique, proposée par la juriste anglaise P.Higgins (2010) ne semble pas avoir eu de suite : « la destruction partielle ou totale d'un écosystème sur un territoire donné, les dommages massifs générés par l'action humaine ou tout autre cause ayant pour résultat d'empêcher **les habitants du territoire** concerné d'en jouir en toute quiétude ». Inspiration anthropocentrique sauf à lire de façon très optimiste que les habitants sont la communauté biotique tout entière ! [173]

Nous pouvons encore citer comme très représentative cette phrase de C.Tomuschat pour aider à la définition de l'écocide :

« Si *ces dégâts par définition ne détruisent pas immédiatement et directement des **vies humaines**, leur effet à long terme peut être catastrophique de mille manières. Des **êtres humains** peuvent être atteints de lésions congénitales, des contrées entières devenir **inhabitables** ou, dans le pire des cas, l'**humanité** peut être menacée d'extinction. Dans toute situation où le milieu est gravement touché, il peut donc y avoir déclenchement d'une série d'événements qui risquent de **menacer la paix et la sécurité internationale** dans la mesure où **les populations** atteintes tenteront d'exercer leurs droits à la vie par tous les moyens dont ils disposent. Bref, il est clair qu'il y a, à côté du critère de gravité, celui de l'effet destructeur sur les **fondements de la société humaine**.*»[174]

Sont-ils tous des anthropocentristes forcenés ? Certainement pas, mais voilà à quoi aboutit la logique si on tente de faire dépendre la survie des écosystèmes des Droits fondamentaux de l'Homme dans une vision humaniste restreinte. Cela ne peut pas fonctionner, car l'homme ne récuse pas par avance son statut de maître, possesseur, intendant et juge. Il faut une définition plus large de l'écocide, qui justifie un droit, supérieur aux Droits de l'Homme, un droit qui ***englobe et protège*** les droits humains dans un cadre plus vaste, un « humanisme élargi » à toute la communauté biotique. La logique et la hiérarchisation doivent être inversées.

---

[173] Un nouveau droit pour la Terre – Valérie Cabanes – page 305
[174] Un nouveau droit pour la Terre – Valérie Cabanes – page 307

Le livre de V.Cabanes présente le grand mérite d'insister sur la difficulté du Droit de la Terre liée à l'absence de droit supranational et aucun des textes actuels ne permet de renoncer aux droits nationaux. Pourtant, il est clair qu'aujourd'hui nombre de problèmes s'expriment à l'échelle internationale : réchauffement climatique, pollution plastique des mers, insecticides diffusants, PFAS, acidification des océans…Mais ce serait peut-être une erreur d'attendre une décision internationale pour changer nos propres Constitutions, instaurer une Constitution non anthropocentrique, à condition que cette Constitution accorde une large place à un exposé suffisamment universaliste pour qu'elle dépasse le cadre strictement humain de l'humanisme restreint et chaque contexte national. Dès lors, elle pourrait acquérir une vertu supranationale, puisqu'elle dépasserait les intérêts privés et ceux des Etats. Nous en donnerons un aperçu possible.

> ➤ ***Autochtone ou sagesse exemplaire ?***

Il existe un domaine où les textes onusiens sont particulièrement clairs, c'est celui des droits des « peuples autochtones ».

« Les populations et communautés autochtones et les autres collectivités locales ont un rôle vital à jouer dans la gestion de l'environnement et le développement du fait de leurs connaissances du milieu et de leurs pratiques traditionnelles. »[175]

Evidemment, les peuples autochtones doivent disposer du droit de ne pas voir leurs richesses naturelles pillées. C'est un droit, comme celui de tout un chacun, à la propriété privée ou collective, tel qu'exposé précédemment, au titre de premier occupant humain, au titre de la continuité d'occupation, bref au titre de la vision « rousseauiste » de la propriété. Le pillage colonialiste est évidemment à réprouver dans le cadre de l'humanisme restreint, notamment parce que le colonialisme exclut le principe de réciprocité. Mais il devrait l'être de façon encore plus large, puisque nous avons vu que la propriété du premier occupant peut être une usurpation à l'égard de la communauté biotique. Ce qui est donc admirable, et porteur d'exemplarité, ce qui doit être protégé, ce n'est pas tant d'être « autochtone », ce ne sont pas en soi « les pratiques traditionnelles » mais le fait que ces pratiques mettent en place sur des

---

[175] Principe 22 de la conférence de RIO réf note 119

256

territoires particuliers des relations avec le vivant qui ne soient pas de type « extractivistes ».

Nous avons d'ailleurs vu à quel point l'argument de l'autochtone et de ses traditions, partie intégrante de la Nature, peut être détourné au profit d'activités prédatrices.

En réalité, le soutien nécessaire de l'ensemble de l'humanité à ces communautés qui luttent pour le maintien de leur art de vivre en équilibre avec le milieu ambiant, provient de leur mode de vie et non de l'appartenance à telle ou telle ethnie. En pratique, les deux particularités se recouvrent largement, mais je ne vois que colonialisme déguisé à assigner tel ou tel individu, telle ou telle tribu aux traditions de leurs ancêtres. Ils ont le droit de changer de mode de vie, mais alors la vertu disparaissant, les droits spécifiques associés aux pratiques vertueuses suivent.

Nous ne devons rien faire qui entraverait leur désir de trouver un équilibre raisonnable entre les modes de vie ancestraux et des changements qui, à l'excès, les amèneraient, contre leur volonté, à un mode vie extractiviste. Mais, la décision leur appartient et s'ils désirent rompre avec la pratique de leur coutume, s'ils ne veulent conserver que la langue et quelques souvenirs festifs, s'ils ne veulent conserver que le souvenir de leur mode de coexistence pacifique avec la communauté biotique environnante, sans le vivre au quotidien, c'est leur droit le plus strict. Leur capacité à nous restituer les pensées qui sous-tendaient leur mode de vie ancestral est déjà un héritage merveilleux pour l'humanité, le perdre serait un désastre.

Une conviction encore plus forte m'anime, profondément antiraciste, celle que tous les hommes sont issus de la même souche, ont le même cerveau, la même intelligence, la même sensibilité moyenne, la même capacité moyenne à l'empathie…ou à juger rapidement que l'autre fait partie de l'extérieur. Une conviction que ce sont les circonstances, les expositions aux milieux naturels, plus ou moins généreux, plus qu'une prédisposition qui ont dû conduire à ces comportements vertueux. Parmi ces contingences, je suppose que la pauvreté du milieu et des retours de bâton pas forcément agréables de la sélection écologique ont pu forger cette mentalité aujourd'hui porteuse d'exemplarité. Comme je l'ai déjà dit, l'arrivée d'homo sapiens en Amérique et en Australie n'a pas été un long fleuve tranquille pour la faune indigène, et sa raréfaction peut avoir favorisé l'émergence de cette sagesse.

Mais peu importe pourquoi et comment ces peuples sont devenus un peu plus vertueux, un peu moins anthropocentriques que nous, nous devons aller chercher auprès d'eux, non pas une recette, mais quelques fondations, notamment sur le principe de parcimonie économique (voire démographique), et à partir de là, construire une vision plus universaliste, plus universalisable, qui peut se passer de totémisme, d'animisme. Car s'il est vrai que ces peuples représentent quelques pourcents de la population mondiale, il faut aussi penser aux autres, ultra majoritaires, et tenter de leur parler dans leur référentiel, souvent la pensée occidentale dite « naturalisme » ou asiatique dite « analogisme ».

Arguer que l'homme fait partie de la nature en mettant en avant ces cultures amérindiennes, somme toute minoritaires, me semble faire fi des presque huit milliards d'humains qui vivent dans un mode de relation au reste du vivant très largement artificiel, qui n'ont plus qu'un contact bien corrompu avec la Nature.

Bref, ce n'est donc pas à une minorité, fût-elle exemplaire et admirable, qu'il faut accorder des droits particuliers, mais à l'ensemble de l'humanité : le droit de trouver un mode de vie moderne respectueux de tous les différents passés culturels, bien sûr, mais aussi de ce qui nous est commun : l'histoire de la vie. Chacun le déclinera suivant sa culture s'il le souhaite, mais le cap doit devenir universel.

Le chemin sera long, escarpé, mais ce n'est pas une raison pour renoncer. Nous allons cesser de nous autocensurer pour imaginer un autre référentiel, sortir de la boite, de l'épure.

Avant d'ébaucher la reconstruction d'une ontologie nouvelle autour de l'anthropoEXcentrisme, offrons-nous un instant, sur un ton plus léger pour sourire (quoique le fond ne porte pas à s'esclaffer), pour souligner à quel point nous sommes imprégnés de notre orgueil d'espèces.

Faisons un petit tour des expressions trop souvent entendues.

Un enseignant se fait assassiner de façon odieuse dans la région parisienne. Première question des journalistes spécialisés dans ce type d'évènements : « A-t-on affaire à un « *loup solitaire* » ou à un acte coordonné ? »

Un loup solitaire ? Mais le loup n'est pas un terroriste, n'est surtout pas l'archétype du terroriste. Il tue pour manger et nourrir sa descendance et son acte est bien plus légitime en droit naturel que le martyr des animaux domestiques dans certains abattoirs. Et le loup n'a pas vocation à agir solitairement. Il a vocation à fonder une meute.

Bref, honte à ceux qui emploie cette expression, pour tenter de nier que l'espèce humaine peut engendrer des monstres. Alors pour éviter tout risque d'introspection salutaire, on nous propose un dérivatif, bien accrocheur, bien sanguinolant en jouant sur nos réflexes ancestraux, sur nos peurs séculaires de l'« extérieur ».

Nous disposons d'assez de mots en français pour exprimer l'horreur de **nos** actes : assassin, criminel, terroriste, bourreau, meurtrier, boucher … pour pouvoir nous affranchir de ces abus sémantiques.

Que dirait d'ailleurs le syndicat des charcutiers, si à chaque attentat la question était systématiquement « a-t-on affaire à un charcutier solitaire ? » ?

En outre, l'emploi de ce terme de loup solitaire n'est certainement pas un hasard, n'est pas innocent, mais participe à la campagne de dénigrement de l'espèce.

Continuons sans détailler :

• Tel ou tel événement relate une curiosité malsaine, et le fautif devient une fouine.

• Telle ou telle personne est considérée comme peu sociale ou renfermée, elle devient un ours plus ou moins mal léché.

• Tel ou tel comportement est particulièrement écœurant ou déplacé, et le fautif devient un porc.

• Tel ou tel supporte mal les remarques ou les critiques et devient un « caractère de cochon ».

• Tel ou tel a tendance à s'obstiner et camper sur ses positions : tête de mule !

• Tel ou tel ne brille pas par son courage : poule mouillée !

• Tel ou tel est un peu étourdi : tête de linotte ou cervelle d'oiseau !

• Tel ou telle est un peu ingénu(e) : une oie ou bête comme une oie !

• Tel ou tel tient des propos plus ou moins malveillant : langue de vipère !

• Tel ou tel est particulièrement dur, voire malhonnête, en affaire : un requin !

• Tel ou tel groupe humain manigance les uns contre les autres : panier de crabes ou la jungle !

• Tel ou telle proposition paraît louche : il y a un loup !

Et évidemment faire une vacherie, se comporter comme un animal, être des vrais bestiaux n'est pas spécialement flatteur.

Juste un tout petit florilège parmi tant d'autres expressions, qui jour après jour, journaux TV après documentaires, plaisanteries grasses après gauloiseries … ancrent en nous ce sentiment d'innocence de l'espèce humaine, nous imprègnent de la symbolique de l'animal comme incarnation du mal. A terme, le conditionnement des enfants est accompli avant l'adolescence...le juge convaincu par avance.

Et peut-être le summum de l'anthropocentrisme pour dédouaner définitivement homo sapiens :

« L'homme est un loup pour l'homme », alors que la bonne expression serait plutôt « L'homme est un homme pour l'Homme ».

Nous nous vivons, en tant qu'espèce (et individu) comme proches de la perfection (toujours à l'image des dieux) et si l'un d'entre nous sort de cette épure, cela ne peut en rien affecter la vision idyllique de l'espèce. Son comportement asocial est simplement déshumanisé, « animalisé ».

« Ce n'est pas moi qui ai fait pipi au lit, c'est le nounours ! ». Belle capacité d'introspection individuelle et collective, sens admirable des responsabilités !

Il s'ensuit que je ne suis jamais le « pollueur », que je ne participe pas au réchauffement climatique, que ma descendance n'est jamais excessive, que je ne consomme pas trop, que je ne détruis pas une vie, j'arrache seulement une mauvaise herbe, je délivre l'humanité de l'animal nuisible (ou plus euphémiquement de l'« espèce susceptible de provoquer des dégâts » (ESOD))...

Le juge est bien magnanime avec lui-même !

Anthropocentrisme et égocentrisme se rejoignent une fois de plus comme les deux images superposées d'une même mentalité que personne n'ose affronter dans le miroir. La perte du goût du vivant, du spontané, bref de la Nature.

L'Homme moderne est à ce jour si déconnecté, devenu si étranger à l'Aventure, que nous avons perdu toute forme de référentiel Nature.

Voici quelques exemples parmi des dizaines … chaque mois.

Apparemment, certain en sont tellement éloignés que leur conception de l'esthétique est un peu déformée.

Citons ici Madame Lambert, ex dirigeante de la FNSEA lors d'un interview: « *La France est belle parce qu'elle est cultivée partout* ». [176]

J'avoue que je manque sans doute de poésie, mais la vue de la Beauce, où rien ne dépasse sur des dizaines de kilomètres, la vue de l'uniformité de la Limagne, la vue de plantations d'épicéas bien alignés à perte de vue, ne m'inspire que tristesse, me plonge dans un spleen insondable. Comment puis-je être à ce point inculte en art moderne que je préfère les paysages du Mercantour à un champ de pommier golden d'un kilomètre de long sur 500 mètres de large. Comment puis-je être devenu à ce point insensible aux charmes d'un élevage industriel ou d'une porcherie modèle !

Etonnement, les étrangers ne se précipitent pas pour admirer les champs de betteraves « glyphosatisés » des plaines du Nord. La FNSEA devrait mieux exploiter ce filon de diversification touristique !

La déconnection du vivant libre et spontané, l'incompréhension de ce qu'est la Nature, infondée, aléatoire, inconçue, est admirablement retransmise par cette journaliste qui commente la visite d'Etat du Roi Charles III à Versailles en septembre 2023. Je n'ai malheureusement pas pu retrouver l'enregistrement original, donc je résume : « Nous connaissons tous l'attachement profond du Roi Charles pour la Nature et **les grands**

---

[176] Emission C à vous sur la France 5 le 31/01/2024 à 19h30

espaces sauvages, et donc pour l'honorer, lui offrir ce que nous avons de mieux en la matière, nous avons décidé de lui proposer un tour des Jardins à la Française de Versailles… ».

Alors là, je veux bien battre ma coulpe, admettre que je sépare à l'excès nature et culture, mais sur une échelle de « naturalité » de 0 à 100, je n'aurais pas spontanément mis Versailles vers la côte 100 ! J'apprécie Versailles comme un sommet de la capacité à dompter le vivant, à lui imposer l'opposé de son essence… et à obtenir un résultat planifié, pré-dessiné admirable de symétrie et d'agencement de couleurs. Pas de souci sur la performance artistique, mais je trouve aussi un charme certain aux jardins à l'anglaise, voire à l'absence de jardins et de Parc, si on m'offre en échange l'accès à la Nature sauvage et aux espaces exempts de toute gestion quotidienne.

Pire je crains qu'un tel exemple induise chez les jeunes citadins encore plus d'incompréhension de ce qu'est la Nature : un « inconçu », fruit du Processus, une trace instantanée de l'Aventure, appelée à se métamorphoser sans cesse. Une beauté sauvage que l'on ne peut étreindre sous peine de la voir s'évanouir ! Ce n'est pas rendre service aux générations futures de leur proposer ces ersatz pour modèle de nature. Nous devons leur offrir autre chose, une approche sensible de l'imprévu, de l'indompté, de l'évolutif. Ce n'est pas parce que c'est vert, que c'est la Nature. Si nous popularisons le concept de nature en ville, cela deviendra très vite un alibi pour soumettre encore plus l'extérieur des remparts de la cité à des pressions anthropiques insupportables. La nature en ville comme principal modèle accessible et perceptible ? Bref, l'ersatz en ville, l'artificiel indifférencié autour.

Pour finir, un troisième exemple, toujours résumé, entendu ces jours-ci sur une radio nationale :

Le journaliste : Tout le monde le constate, du pêcheur au mareyeur, des halls de Rungis à l'assiette du pauvre consommateur : le bulot [Buccinum undatum pour faire cultivé] est en train de se raréfier en mer, au large de la Normandie, sous l'effet du réchauffement climatique.

Les pêcheurs s'inquiètent puisque **la ressource**, et non les effectifs de l'espèce, chute. La **production** a chuté de 14 000 tonnes anciennement à moins de 8000 tonnes en 2023. Le journaliste affiche son désarroi car le

prix s'envole dans les poissonneries parisiennes, plus 30%. Le monde vacille, sous les mouvements incessants des pauvres bulots agglutinés dans le panier. Le pêcheur, représentant de la profession, s'offusque que les bulots viennent de plus en plus d'Irlande.

Alors le journaliste conclut cette vision d'apocalypse culinaire, ce Trafalgar du plateau de fruits de mer, par un message d'espoir. Il faut que les consommateurs français achètent plus de bulot français, en consomme plus, en mange plus… ainsi sera sauvée l'espèce en voie de raréfaction. La population s'effondre et pour sauver les derniers spécimens, consommons plus…mais français bien sûr.

A aucun moment le risque, lié au changement climatique, pour l'espèce elle-même et tant d'autres n'est évoqué. Après tout le bulot, cela reste un bulot, un vague coquillage, ce n'est pas un ours polaire quand même !

Et stopper la pêche le temps que les populations se reconstituent ? Silence et omerta, ce n'est pas le moment de parler de sujets qui fâchent ! Car enfin, il va sans dire que le pêcheur et le mareyeur, « autochtones et éclairés » en tant que « partie de la communauté biotique marine », sont les **meilleurs juges** de la gravité de la situation. Bref !

> ### *« La nature reprend ses droits ! »*

Pourtant nous prononçons parfois une expression qui devrait nous remplir d'espoir : « La nature reprend ses droits ». En fait, souvent, l'énoncé précède ou suit un long soupir, un peu désabusé, un relent de Prométhée ! Tout sauf un espoir. Un sentiment d'échec de cinq mille ans de domestication, d'artificialisation… en vain. La Nature est plus forte…et dangereuse, imprévisible. Qu'y-a-t-il d'imprévisible dans le recul du trait de côtes lorsque l'on bloque les sédiments dans les barrages et que le niveau de la mer monte du fait du réchauffement ? Rien !

Qu'y-a-t-il de surprenant lorsque la fonte du permafrost abat des tonnes de rocher sur une route en contre-bas ? Rien !

La Nature n'est pas méchante, elle ne se venge pas, elle n'est pas un dieu maléfique. Elle est. La physique et la chimie sont. C'est ainsi, nul complot funeste. A nous de connaitre, de comprendre et respecter ces lois.

Alors si au lieu de gémir, de pester contre les « éléments », nous prenions cette formule, ce dicton, « La Nature reprend ses droits » pour une merveilleuse promesse, celle d'un équilibre qui peut se reconstituer, d'une nouvelle alliance entre l'Homme et le reste de la communauté biotique dont il s'est exclu… ?

Cette phrase possède un message juridique très fort. La Nature, le Processus, l'Aventure ont des droits, et nous les leur reconnaissons puisqu'ils les « reprennent ». Nous admettons par la même l'usurpation initiale, chère à Rousseau. Voilà de quoi reconstruire un monde, une ontologie. Assez de jérémiades, nous savons très exactement ce qu'il faut faire. Juste une question de courage !

L'Homme, juge suprême autoproclamé, ne peut à la fois prétendre faire partie de la communauté biotique et décider du partage et des lois à son seul profit, au sein de la communauté. Il est ainsi juge et partie. Comble d'imposture, il prétend souvent rendre son verdict au nom du peuple biotique.

Piètre juge, pauvre juge !

Pour sortir de ce dilemme, un droit supérieur assurant l'impartialité et l'équité au sein de la communauté biotique, doit être instauré. Il doit englober et protéger les Droits de l'Homme. Nous devons nous atteler à cette tâche.

5) *L'homme plus souvent bourreau qu'éthologue ?*

Depuis les philosophes grecs et romains jusqu'à nos jours, la question du droit des animaux, des relations entre l'homme et l'animal se pose avec plus ou moins d'acuité.

En fait, ce débat recoupe plusieurs volets : celui de la souffrance animale, celui de la domestication, celui de la chasse et du braconnage, celui de la personnalité même de l'animal, de son individualité...

Le débat est souvent rendu obscur par l'absence d'une dichotomie claire entre le droit de la faune sauvage et le droit des animaux domestiques. Et parmi les animaux domestiques, il convient sans doute de distinguer le droit des animaux de compagnie, du droit des animaux exploités uniquement à des fins strictement utilitaires pour l'homme, soit comme auxiliaire (moyen de locomotion, protection civile, chasse...), soit comme nourriture.

Etonnamment, nous ne nous posons guère la question du droit de la flore sauvage et domestique. Nous y reviendrons.

De même, nous nous soucions moins du sort des poissons ou des crustacés que de celui du « toutou » de la famille.

Le poisson, le crustacé, la mante religieuse et la carotte ne crient pas : voilà qui suffit à les éloigner suffisamment de nous pour que nous jugions presque sans objet de leur accorder des droits, voire même le moindre égard.

Alors ici, nous allons délibérément créer une totale dichotomie entre les êtres sauvages (flore et animaux) et les êtres domestiqués que l'homme a sélectionnés pour un usage ou un autre. Comme signalé précédemment, J.B.Callicott s'était aussi rangé à cette idée, après avoir tenté de définir la « communauté mixte ».

En réalité, vous distinguerez sans difficulté d'un côté des êtres qui ont réussi, contre vents et marées, à demeurer pour l'essentiel sous le régime du Processus et de la sélection naturelle, et de l'autre des êtres totalement artificiels et abâtardis par des siècles de sélection dirigée pour l'essentiel vers une finalité, un service pour l'homme.

La question est bien philosophique. Le romantisme et la mauvaise conscience nous conduisent à vouloir considérer, quand cela nous arrange, l'Homme comme faisant toujours partie de la Nature, donc du Processus… et donc la domestication et ses produits comme une forme particulière de la Nature.

Dès lors, les illusionnistes veulent maintenir hypocritement l'ambiguïté de l'homme ayant toujours le privilège d'appartenir à la communauté biotique, dans l'objectif final inavouable de disposer à leur guise du privilège de la détruire. Ils trouveront parfaitement logique de ne pas faire de dichotomie entre les êtres sauvages et les êtres programmés par l'homme pour son service. De toute façon, pour ces anthropocentristes forcenés, la notion de nature n'a de sens que comme ressource, comme une corne d'abondance infinie créée pour les besoins exclusifs des hommes. Que l'on parle d'êtres sauvages ou domestiques peu importe : nous sommes maîtres et possesseurs. Alors un loup est acceptable dans un zoo ou dans un documentaire au fin fond de l'Alaska. Ailleurs, il est indésirable puisque le chien domestique est bien plus utile, docile et fidèle. Combien de fois ai-je entendu ces hypocrites, incapables d'assumer leur haine de la faune sauvage, déclarer : « Je n'ai rien contre le loup, mais pas ici ! », une phrase qui ressemble tellement à « Pas de çà chez nous ! ».

On versera des tonnes de larmes de crocodiles sur l'ours polaire ou le panda, sans aucun égard pour les millions de poissons agonisant asphyxiés dans les chalutiers usines ou dans les rivières qui s'assèchent du fait du changement climatique. On va s'émouvoir du faon de l'impala rattrapé par le guépard, mais on tolère légalement que 500.000 chevreuils soient tués chaque année par une chasse légale en France, uniquement à des fins « ludiques ».

Le toutou ayant droit à plus d'égard que le loup, le chat domestique ayant droit à plus d'égard que le guépard : est-ce raisonnable ? Le poisson d'aquarium admiré quand des millions de cabillaud finissent en « poissons carrés », quelle logique ? L'artificiel nous colle à la peau ! Le Processus nous effraie !

Donc, stoppons l'hypocrisie et sérions définitivement des problèmes qui n'ont qu'un point en commun, mais essentiel : la souffrance animale. Donc, avant de parler des droits de la faune et de la flore sauvages, je voudrais d'abord parler du droit des animaux domestiques…

> ➢ *L'animal domestique*

Tout animal domestique a le droit à ne pas souffrir, le droit de vivre dès lors qu'il naît. L'homme lui doit protection puisque pour l'essentiel il l'a abâtardi, il l'a rendu inapte à se protéger lui-même, à se procurer même sa propre nourriture.

Le terme abâtardit n'a ici rien de péjoratif à l'égard de l'animal, qui dans cette affaire est la victime. Il s'agit d'un constat de fait que l'animal domestique, à force de croisements et de sélections contre nature, a perdu la plupart des qualités dont il disposait naturellement à l'état sauvage initial.

A titre d'exemple d'animaux abâtardis, nous citerons le comportement des moutons que nous avons progressivement privés du sens de la dispersion et de la fuite vers les crêtes rocheuses lors d'une attaque de loup, stratégie efficace pratiquée spontanément par les souches sauvages du mouton. Au contraire, nous les avons conditionnés à se regrouper, ce qui conduit à des dégâts plus importants qu'une simple attaque sur un animal isolé.

Aujourd'hui, on remarque quelques attaques, fort rares, de loups contre des bovins. En réalité, les bovins sont normalement parfaitement dotés pour se défendre face aux loups. Par exemple, les vaches Salers adoptaient spontanément jusqu'au XIXème siècle la stratégie que l'on connait aujourd'hui chez le bœuf musqué, à savoir de se disposer en cercle, cornes en avant et veaux protégés au centre du cercle.[177] Les vaches Salers, avec leurs cornes acérées et puissantes, se défendaient efficacement à tel point que les écrits de l'époque évoquent des attaques efficaces contre les ovins mais pratiquement aucune prédation sur les bovins. « …elles se rassemblaient, s'agglutinaient comme les soldats de César en 'testudo' …

---

[177] Référence : Les loups en Auvergne thèse Favrot Claude vétérinaire , Maisons Alfort 1986.

cette masse serrée fondait impétueuse sur les loups, la corne en avant.»[178] Il paraît évident que des vaches auxquelles nous avons pris l'habitude de couper ou émousser les cornes seront moins aptes à se défendre.

L'homme, en affaiblissant de façon délibérée les animaux domestiques à partir de leurs souches sauvages, a donc contracté **une dette, et non un avoir**, à l'égard de la faune qu'il exploite. L'homme doit protection à l'animal, mais en aucune façon cette dette ne doit être « remboursée » en prenant le prédateur sauvage éventuel pour bouc émissaire. Ce n'est pas le prédateur qui est responsable de l'incapacité du mouton ou du veau à se défendre ou être défendu, mais bien la pratique de sélection exercée depuis des millénaires. A l'élevage, ou plutôt à la société (l'Etat) de financer intégralement les conséquences de nos pratiques ancestrales en fournissant des protections qui n'interfèrent en rien avec la vie sauvage du loup, de l'ours... Oui, nous avons contracté une dette, celle de la protection, celle du bien-être que l'on doit à nos créations génétiques.

Et la dette ne s'efface pas à l'entrée dans la bétaillère ! Alors sans aucune hésitation, nous devons soutenir toutes les initiatives visant à faire cesser les maltraitances animales. Les actions de L214 doivent être saluées comme des actions pionnières qui changent notre vision du monde, de notre rapport à la faune domestique, nous mettent face à nos responsabilités. Les actions de L214 constituent un des rares cas où je considère l'utilisation de moyens en limite de légalité comme parfaitement légitimes. Il ne s'agit finalement jamais que de filmer l'insoutenable que nous refusons souvent de voir, films qui devraient être mis à la disposition de tous par les services de l'Etat et les services vétérinaires. Puisque l'Etat ferme les yeux sur des faits répréhensibles parfaitement connus de ses services, ou qu'il pourrait connaître bien plus facilement qu'une simple association, puisque l'Etat est défaillant à assurer le strict minimum de comportement empathique à l'égard de la faune domestique, alors les citoyens sont en droit de substituer leur vigilance au laxisme manifeste des autorités nationales ou locales. L'Etat est en la matière en carence

---

[178] Référence Jean Anglade « La vie quotidienne dans le massif central au XIXème siècle » Page 126

manifeste d'autorité. Les vidéos de L214 sont des preuves irréfutables, non seulement de comportements répréhensibles, mais de la passivité de l'Etat, de la complicité de l'Etat dans ces souffrances ignobles et évitables.

Evidemment, toute autre forme de souffrance animale volontairement infligée est inacceptable, non pas, comme le veulent certains philosophes, parce qu'elle salit l'image de l'homme à travers l'individu déviant, mais parce qu'il est intrinsèquement immoral d'infliger volontairement une souffrance arbitraire à un animal, qui plus est, incapable de se défendre puisqu'abâtardit par la sélection artificielle. Tout acte à caractère « ludique » conduisant à un stress (voire pire) de l'animal domestique est répréhensible, par exemple la tauromachie ou même les courses de taureau, les combats de coq...etc. Ces pratiques et tant d'autres relèvent de la cruauté anthropocentrique, du besoin de se défouler, de refouler nos complexes pré-prométhéens, complexes d'infériorité de l'homme face à l'animal, bref du besoin de simple vengeance inassouvie. Lâcheté et dégoût !

Vous noterez que souvent toute cette noirceur est justifiée par la tradition et le droit culturel des « autochtones » ! Lâcheté et féodalisme !

Si ce point de la cruauté envers les animaux devrait faire relativement consensus, la question de la consommation de produits issus d'animaux est beaucoup plus problématique. Tout ce que je vais écrire suppose évidemment que la question de la souffrance animale, souffrance physique comme psychologique, ait été traitée préalablement de façon satisfaisante.

Nous ne pouvons pas nous épargner le débat sur l'alimentation humaine.

Rappelons, peut-être les définitions, en tout cas celles que j'utilise ici et généralement bien admises aujourd'hui, de quatre comportements typiques vis-à-vis de notre alimentation et consommation plus ou moins carnée :

   •Je suis omnivore et consomme sans modération des produits d'origine animale (régime carné). Je ne conçois pas un repas digne de ce nom sans protéine animale. C'est une « tradition ».

• Je suis omnivore mais limite, à ce que je considère être le minimum, ma consommation de produit issus d'animaux (régime carné restreint ou flexitarien).

• Je ne mange pas de viande, mais consomme du lait, du fromage, des œufs, du miel… ainsi que des produits manufacturés issus d'animaux (cuir…) (régime végétarien).

• Je ne consomme jamais et sous aucune forme que ce soit de produits issus des animaux ou produits par eux (véganisme).

Les partisans de la cause animale ont depuis longtemps un représentant remarquable, le philosophe Peter Singer, qui dans son livre « *Animal Liberation* »[179] (AL) se prononce sans ambiguïté pour le régime végétarien.

A l'origine de sa démarche, il justifie clairement son choix comme découlant du refus de la souffrance animale, notamment à travers les conditions d'élevage et les conditions de mise à mort. Il assoit son combat sur la conscience de soi « animale ».

« Personnellement, je ne vois aucune raison de concéder l'esprit à mes semblables et de le refuser aux animaux…. Je ne peux au moins pas douter que les intérêts et les activités des animaux soient corrélés à une conscience et à des sentiments de la même manière que les miens, et qui peuvent être, pour ce que j'en sais, tout aussi vifs. »[180]

« Au cas où quelqu'un penserait encore qu'il est possible de trouver une caractéristique pertinente qui distingue tous les êtres humains de tous les membres d'autres espèces, considérons à nouveau le fait qu'il existe des êtres humains qui sont clairement en dessous du niveau de conscience, de conscience de soi, d'intelligence et de sensibilité de beaucoup d'êtres non humains. »[181]

Mais cette notion de conscience, si elle est parfaitement claire pour un chien, un loup ou un chimpanzé, peut devenir assez ténue pour un lamellibranche.

D'ailleurs, il reconnaît lui-même avoir hésité à stopper totalement sa consommation de moules, d'huitres … pensant que ces animaux n'ayant

---

[179] Animal Liberation – Peter Singer – Réédition Open Road Media - 2015
[180] Animal Liberation – Peter Singer – page 43
[181] Animal Liberation – Peter Singer – page 345

pas le même système nerveux que nous, ne devaient pas souffrir. Finalement, il invoque le doute sur cette capacité à souffrir pour stopper également la consommation de ces êtres vivants.[182]

Il traite également en profondeur la question du véganisme.[183]

Je renvoie donc le lecteur à la lecture de ce pionnier.

Je vais être franc. Je ne saurai conseiller à quiconque une attitude totalement végétarienne ou le véganisme, car je ne l'applique pas à moi-même, et que je continue de penser que nous sommes fondamentalement des chasseurs-cueilleurs…des omnivores. Le combat que je mène ici en faveur de la faune et de la flore sauvages ne suppose pas a priori l'application de ces principes, mais l'anthropoEXcentrisme suppose une lutte déterminée contre les abus de nos modes de consommation et de nos pratiques ludiques ou d'élevage.

➤ *Modération : pourquoi ?*

Il est donc clair que l'anthropoEXcentrisme prône sans ambiguïté une limitation de notre consommation de viande, et en particulier de viande rouge, pour quatre raisons :

- pour des raisons écologiques immédiates (réchauffement climatique),
- pour faciliter le rétablissement des grands équilibres écologiques à travers les surfaces en libre évolution.
- pour chercher à faire pression sur les éleveurs et les abattoirs pour obtenir de meilleures conditions de vie et de mise à mort des animaux d'élevage,
- pour notre propre santé.

L'ordre des items ne relève pas du hasard.

Concernant le dernier argument, il relève du droit des individus à nuire à leur propre santé, comme cela est largement démontré. Nuire à sa propre santé est un acte de liberté…un peu masochiste il est vrai. A la limite, l'égocentrisme devrait nous conduire à ces réductions de consommation.

---

[182] lire par exemple à partir de la page 256 ses réflexions sur la pêche
[183] par exemple à partir de la page 258.

Cela relève aussi globalement de la santé de la population et de l'équilibre des comptes de la sécurité sociale, mais tout cela est hors sujet dans ce livre.

L'argument pour l'avant dernier point a déjà été évoqué : toute action visant à promouvoir un comportement digne à l'égard des animaux domestiques est bonne à mettre en œuvre dans l'urgence. Populariser notre attitude écologique (et sanitaire) de refus de la surconsommation de viande peut être accompagné d'un message de dégoût face aux conditions scandaleuses d'élevage et d'abattage des animaux. La filière finira bien par adopter des méthodes moins inadmissibles si elle comprend que ces conditions d'élevage sont une partie essentielle du rejet des consommateurs. De plus, la réduction de la consommation entrainera, au moins peut-on l'espérer, une réduction de la densité des élevages et donc une amélioration des conditions de vie (si ce n'est de l'abattage) pour la faune domestique. Il s'agit ni plus ni moins de rendre non rentables les fermes usines. Nous votons avec nos assiettes !

La première motivation est donc d'ordre écologique global et d'urgence immédiate, pour l'essentiel bien connue :

•	Effet sur le changement climatique à travers les émissions de méthane et CO2, en particulier du fait du métabolisme des bovins mais aussi à travers l'ensemble des consommations d'énergie liées à cette filière (culture, transformation et transport des végétaux pour nourrir les bovins et ovins, transports des animaux vivants, abattoirs, chambres froides…). On peut rattacher à cet item les pollutions des fleuves, nappes phréatiques, plages (algues vertes) …etc.

•	Effet de gaspillage de ressource alimentaire et d'eau potable à travers le faible rendement énergétique du métabolisme des animaux transformant une énorme quantité de ressource végétale, directement consommable par l'homme, en une faible quantité de viande. Il est bien plus efficace au niveau nutritionnel global de consommer directement le soja plutôt qu'un animal domestique gavé avec ce fourrage.

Mais l'effet principal recherché à travers notre sobriété est de lutter contre l'artificialisation des terres, à savoir les immenses surfaces consacrées à la fabrication artificialisée d'aliments pour le bétail, voué par ailleurs à être incarcéré dans des enclos. Ce point est en partie relié à la question du métabolisme, mais ici nous voulons le voir sous l'angle positif de l'opportunité de réduction de la surface artificialisée, surface qui pourra profiter en partie à la faune domestique, par limitation de l'intensification des élevages et d'autre part, ce qui est le cœur de notre message, par la possibilité de restituer des terres à la Nature, par la restauration d'immenses espaces pour la faune et la flore sauvages, espaces rendus au Processus à travers la Libre Evolution.

Cet effet positif est directement proportionnel à la réduction de notre consommation collective globale, c'est-à-dire au produit de notre consommation individuelle par la population consommatrice.

La maîtrise de la démographie, la réduction drastique de la surpopulation humaine a un effet direct sur l'artificialisation des terres et sur les conditions de vie déplorables dans les élevages. Sauf à convaincre l'ensemble de la population d'adopter un comportement de véganisme complet (consommation individuelle strictement nulle de produits issus de l'élevage), la proportionnalité de l'artificialisation avec le nombre d'habitant consommateur-moyen est imparable. Et a contrario, les gains de « réensauvagement » seront strictement proportionnels à la réduction de notre population.

Quatre fois moins nombreux en France, cela signifie que nous pourrions à la fois augmenter considérablement la surface de zones en Libre Evolution et réduire simultanément l'intensification de l'élevage et son corollaire, les cultures industrielles.

Si nous acceptons de nous tourner de façon volontariste vers cette voie, le mal-être animal, conséquence de l'industrialisation de nos modes d'élevage et d'abattage, deviendra encore plus injustifiable. Entendons-nous bien, l'objectif n'est pas de réduire de moitié le nombre d'animaux maltraités (car la maltraitance d'un seul être vivant est de toute façon moralement condamnable), mais bien de profiter de la réduction du nombre d'animaux domestiqués pour leur fournir de meilleures conditions de vie tout en offrant de l'espace pour que le Processus retrouve ses droits pour le plus grand bien de la communauté biotique tout entière.

Nous pourrions, par exemple, nous passer facilement de présence de moutons dans nos Parcs Nationaux et éviter ainsi des conflits éleveursprédateurs, tout en laissant la Nature restaurer les milieux naturels aujourd'hui totalement artificialisés et dégradés par le surpâturage.

Cette vision de la nécessité de diminution de nos consommations de viandes revêt ici une préoccupation totalement anthropoEXcentrique : celle de réduire l'empreinte humaine excessive, exclusive, à travers nos renoncements individuels ET nos réductions collectives par la réduction de la population consommatrice.

➢ *Et si chacun limitait le nombre de ses animaux domestiques ?*

Mais l'élevage pour l'alimentation humaine n'est pas le seul problème écologique induit par la faune domestique. Je sens que mon propos ne va pas m'attirer que des sympathies parmi les « amis des bêtes ». En France, les particuliers possèdent 15 millions de chats domestiques et 8 millions de chiens, 4 millions de petits mammifères, plus quelques reptiles, poissons, oiseaux…

En moyenne, un chien consomme 300 grammes de nourriture par jour, un chat de l'ordre de 200 grammes. Au total, nos compagnons, chiens et chats seulement, consomment de l'ordre de 2 millions de tonnes annuellement, c'est-à-dire 10% de ce que consomment les animaux d'élevage (21 millions de tonnes). Une bonne partie de cette production occupe des espaces agricoles qui pourraient être consacrés au Processus. Sans doute un petit sujet de réflexion et de responsabilisation !

Il n'est pas question ici de remettre en cause le rôle essentiel de certains de nos chiens (chiens de malvoyants, chiens de compagnie pour personnes âgées, chien d'avalanche et de recherche de personnes ensevelies…), mais plutôt, comme pour la consommation de viande, de réfléchir à deux fois aux conséquences collectives des choix individuels de 68 millions de français. Ai-je vraiment besoin d'un chien ou d'un chat ?

En plus de leur alimentation, les animaux de compagnie ont un impact écologique non négligeable en tant que prédateurs artificialisés. Le cas des chats domestiques est particulièrement catastrophique avec une pression énorme sur les populations de passereaux, de lézards… On estime à 70 millions le nombre d'oiseaux prédatés chaque année en France par les chats domestiques qui échappent à la surveillance de leurs propriétaires.[184] Même si ce chiffre est peu précis, l'ordre de grandeur est catastrophique.

Et que dire des chiens ! En Grande Bretagne, où ne vit aucun loup, les chiens égorgent chaque année de l'ordre de 20 000 têtes de brebis.

« Sur la base des demandes d'indemnisation en 2015, la mutuelle NFU a estimé que 18 500 animaux d'élevage (au Royaume-Uni) avaient été tués par des chiens... Les chiffres des demandes d'indemnisation indiquent que les attaques de chiens sur les ovins et les bovins en Écosse ont quadruplé au cours des deux dernières années et atteignent un niveau record. Cependant, là encore, ces données ne donnent pas une image complète : notre enquête a révélé que la grande majorité (96 %) des agriculteurs ne font pas de demande d'indemnisation lorsqu'ils subissent des pertes à la suite d'attaques de chiens. »[185]

En France, le gouvernement ne tient aucune statistique de la prédation des brebis par les chiens, préférant, sous la pression des lobbies agricoles et cynégétiques, attribuer un maximum de la prédation aux loups. Le loup est ainsi souvent injustement accusé, car un nombre considérable de brebis tuées (15 000 probablement) le sont par des chiens errants (dont des chiens de chasse et des chiens de berger mal disciplinés, des chiens de particuliers irresponsables ...). Les chiens tuent logiquement à peu près autant de brebis qu'en Grande Bretagne (population canine du même ordre dans les deux pays, un peu supérieure chez nos voisins anglais). Je vous laisse juger des conclusions de cette comparaison France - Grande-Bretagne !

Evidemment, j'entends d'ici l'argument de circonstance du type : un animal domestique est bon pour le développement des enfants. Je ne doute pas que dans des cas particuliers, liés par exemple à un développement spécifique de tel ou tel porteur de handicap, il soit nécessaire de recourir à ce soutien animal. Mais aujourd'hui 43% des foyers en France possèdent un chien ou un chat. Je ne suis pas certain que

---

[184] Oiseaux Magazine n°144 (2021)

[185] « Sheep attacks and harassment » : Agriculture and Rural Economy Directorate 06/12/2019

l'argument du développement harmonieux de tous ces bambins, sans problème psychologique majeur, soit recevable. D'ailleurs, par bonheur, les enfants des 57% de foyers restant ne génèrent pas autant d'asociaux ou de psychopathes. Si tel était le cas, nous devrions l'avoir remarqué depuis longtemps dans les statistiques criminelles !

Alors prenons nos responsabilités écologiques et réfléchissons à deux fois avant de prendre une décision parfois compulsive, même avec les meilleures intentions du monde. Nos chiens, nos chats consomment et tuent au détriment de la Nature ! Le chien, le chat domestiques sont des marqueurs de notre anthropocentrisme, finalement, reconnaissons-le, de notre volonté dominatrice inassouvie et inavouée. « *On a toujours besoin d'un plus petit que soi* » dit la fable (mais pas pour les mêmes raisons).

En résumé pour la faune domestique :

Nous avons contracté une dette de protection envers ces animaux, dette qui ne saurait être payée par la faune sauvage.

- Nous devons limiter autant que possible, idéalement à l'indispensable, notre consommation de viande.
- Nous devons limiter au strict indispensable la possession d'animaux de compagnie.
- Nous devons combattre toute gestion de la faune domestique qui ne s'appuierait pas sur un code éthique visant à limiter au maximum les souffrances physiques et psychiques de nos compagnons et animaux d'élevage.
- Nous ne pouvons prendre la faune sauvage comme bouc-émissaire des problèmes économiques des filières d'élevage et des conséquences de la domestication.

➤ *La faune sauvage*

La faune sauvage présente deux points de similitude avec la faune domestique :

- L'humanité a également contracté une dette à son égard, mais morale et foncière.
- En dehors des règles du Processus, il n'existe aucune justification à quelque forme que ce soit de souffrance psychique ou physique de la faune sauvage.

Ici s'arrête la comparaison, car la dette n'est pas de même nature et l'homme ne peut même pas tenter de justifier les souffrances par « son investissement » à travers son travail d'éleveur.

En réalité, la différence réside dans cinq aspects essentiels :

• Nous avons usurpé la propriété foncière de la faune sauvage, et ici réside la dette matérielle.

• La faune sauvage ne nous doit rien, car son existence découle de l'Aventure, Processus aléatoire indépendant de l'action de sélection délibérée de l'homme.

• Si les hommes sont responsables en partie de l'état de la faune sauvage, c'est toujours et sans exception dans le sens d'une dégradation de ses conditions de vie, de l'espace qui lui revient. C'est toujours dans le sens de l'usurpation de l'antériorité de la propriété et de la mise en valeur.

• Parce que nous ne pouvons exclure qu'un individu de la faune sauvage soit porteur d'une mutation aléatoire qui bénéficiera à son espèce, à sa population ou à son écosystème, nous devons le considérer comme potentiellement unique ; il devient donc une personne libre et non un objet.

• Parce que nous ne pouvons exclure qu'un animal sauvage innove dans son comportement, en créant une culture favorable à son espèce, sa population ou son écosystème, nous devons le considérer comme unique, et donc comme une personne libre.

Ce dernier point est largement documenté par Yves Christen, spécialiste des neurosciences, dans son ouvrage « *L'animal est-il une personne ?* ». [186] Il nous montre à quel point il est inopportun de se poser la question de savoir quelle est le « propre de l'homme », dans l'objectif trop évident de rabaisser l'animal et de nous propulser sur notre piédestal, bref d'asseoir l'anthropocentrisme. En effet sur des centaines de pages, décrivant toutes les tentatives avortées pour trouver où faire passer la frontière entre l'homme et l'animal (jusque dans les derniers recoins du cerveau, du génome et de l'expression des gènes), il donne à penser que le

---

[186] L'animal est-il une personne ? – Yves Christen – Ed.Flammarion Champs Science 2021

perfectionnement doit être évalué par rapport à l'animal lui-même, espèce par espèce, individu par individu, par rapport à ses exigences propres dans son milieu naturel. S'il est aujourd'hui présent sur la surface de la sphère du vivant, à égale distance temporelle de LUCA, c'est que l'animal est fort bien perfectionné pour les besoins actuels de son espèce, sinon la sélection l'aurait éliminé depuis longtemps. En aucun cas, la « mesure » d'un écart avec l'homme n'est pertinente. Pour la chauve-souris, l'homme est gravement handicapé, sans aucune capacité d'écholocation par exemple.

« S'il existait un modèle de perfection dans la nature, doué d'une absolue supériorité en tout domaine, il se serait imposé à tous par le moyen de la sélection naturelle. En fait les circonstances font qu'une multitude de possibilités conviennent. Toutes présentent des avantages et des inconvénients. Le système relève d'un principe d'économie. Nous ne pouvons tout avoir car chaque chose a un coût. » « Chaque être doit donc mettre en balance bénéfice et handicap associé à une structure ou à un comportement. Il doit viser à un optimum et se débarrasser des ressources les moins nécessaires. Voilà bien la vision qu'impose la théorie de l'évolution et elle contredit celle d'une supériorité totale. Aucun vivant ne concentre toutes les performances, pouvoir voler, nager, voir et disposer d'un sonar, être le plus fort et le plus souple, le plus lourd et le plus rapide, le plus visible et le plus discret etc. »[187]

Le terme perfectionnement que j'invoque souvent au sujet du Processus comporte donc une certaine ambiguïté. Car le perfectionnement animal est trop souvent compris, par l'homme, comme évolution le rapprochant de l'Homme, comme si ce dernier était le sommet de l'évolution et donc la finalité à rejoindre. Le perfectionnement, et le droit au perfectionnement, est un droit intrinsèque à chaque individu, à chaque population, à chaque espèce, à chaque écosystème, et non un droit relatif à une jauge humaine. Souvenons-nous que c'est in fine sur la base de la spécificité humaine comme capacité de perfectionnement que Rousseau a fondé sa conception des Droits de l'Homme… et nous connaissons les conséquences de ce choix malheureux !

La notion de personne au sujet de l'animal peut surprendre tant nous nous sommes persuadés que nous seuls avions une individualité. Mais le

---

[187] *L'animal est-il une personne ?* – Yves Christen – pages 496-497

règne animal, nous montre, jusqu'à plus soif, des êtres individuels, différents les uns des autres au sein de leur espèce et même au sein de leur population, de leur clan et de leur cellule familiale. Les exemples éthologiques, tant sur le terrain qu'en laboratoire, abondent témoignant que la présence ou l'absence d'un seul individu peut changer la vie de toute la communauté… et c'est bien à travers son caractère propre que l'innovation se produit, et non comme un pion lambda au sein d'un dénombrement anonyme. L'individu n'est pas seulement porteur potentiel d'une mutation du type « monstre génial », mais aussi « pourvoyeur de sociabilité » tout simplement par son rôle interactif unique au sein d'une communauté. Son exemple sera suivi ou pas, et donc deviendra culture du groupe, de la population, voire de l'espèce… ou pas. Peu importe que l'exemple soit positif ou négatif, cette possibilité nous interdit de l'éteindre au nom d'une sélection arbitraire, une gestion déshumanisée, plutôt désanimalisée. Et même si son exemple ne « fait pas culture », sa présence comme élément différent influençant à un instant donné le cours de l'Aventure, le comportement du groupe, suffit à lui donner le nom de personne et nous oblige à le considérer comme tel : inestimable, inimitable, « in-interchangeable » !

Pour bien préciser son propos, Yves Christen nous propose deux mises en situation :

« Certains écologistes raisonnent en termes de biomasse, d'effectifs de populations, etc, sans poser les animaux concernés comme sujets. Dans son combat au service de l'éléphant, lutte que je soutiens pleinement, le zoologue Pierre Pfeffer, ne critique pas la chasse au pachyderme si elle est nécessaire à l'équilibre des populations. Il se préoccupe de l'« espèce éléphant » plus que des éléphants. Pour ma part, je me soucie des deux et, viscéralement, surtout des éléphants. Des éléphants en tant que personnes.

Prenons un exemple. Imaginons, ce qui est trop souvent réalité, un groupe d'enfants tués dans un village, alors même que surviendrait autant de naissances nouvelles. Songerait-on à dire que le maintien de l'équilibre de la population rend cette tragédie moins insupportable ? De toute évidence pour les parents des disparus, et même pour les autres, les heureux événements ne sauraient supprimer la douleur liée au fait que des êtres manquent à leurs proches. »[188]

« Je *suis convaincu que les grands singes, comme tous les autres vivants, sont des êtres très complets, absolument parfaits pour ce qui est de leur aptitude à user de leur répertoire comportemental et résolument honorables. Leur **dignité profonde** ne tient pas à ce qu'ils sont presque comme nous, mais plutôt au fait qu'ils sont intégralement eux-mêmes, c'est-à-dire différents.* »[189]

Evidemment, on peut s'interroger sur le pourquoi du déséquilibre constaté par P.Pfeffer, puisque les éléphants ont vécu des centaines de millions d'années en équilibre avec leur milieu. Mais ici n'est pas la question : refuser le statut de personne à un animal découle de notre difficulté à voir le monde à partir de la perspective de LUCA, à partir de la logique du Processus évolutif, mais aussi de notre anthropocentrisme de possesseur. « *Le concept de personnes s'oppose à celui de chose ou de propriété. Refuser à l'animal le titre de personne c'est implicitement, comme on le fit pour l'esclave, affirmer qu'il est la propriété d'un homme ou d'une communauté.* »[190]

Il est peu dire que je partage cette analyse de Y.Christen et des propos dans le même esprit de Pierre Jouventin, éthologue, dans son excellent livre « *L'Homme, cet animal raté* »[191].

Si, à la limite, on peut concevoir un certain droit de propriété de l'éleveur sur l'animal qu'il a modifié et auquel il apporte une certaine forme de protection (je veux m'accrocher à cette vision idyllique !), il n'en est jamais de même de la faune sauvage. Ce n'est pas parce que j'ai capturé, tué un animal sauvage que j'en deviens propriétaire ! Tout ce que j'ai fait est de perturber le Processus, ce Bien Commun à l'ensemble de la communauté biotique. C'est un vol, non au regard du droit des hommes, mais à l'égard du Droit Naturel, celui du respect du Processus, celui du devoir de continuation de l'Aventure.

---

[188] L'animal est-il une personne ? – Yves Christen – page 530

[189] L'animal est-il une personne ? – Yves Christen – page 156

[190] L'animal est-il une personne ? – Yves Christen – page 529

[191] L'homme cet animal raté – Pierre Jouventin – Ed Libre et Solidaire - 2020

Si certaines exceptions sont réellement inévitables, elles doivent être comprises, étiquetées comme telles et toujours spécifiquement justifiées comme dérogatoires, donc infiniment rares.

> ➢ **_L'abolition des privilèges_**

Concernant les activités « ludiques », notamment la chasse, plus rien de nos jours (à l'exception de quelques peuples primitifs sans aucun contact, bénéfice ou artifice venant de la « civilisation ») ne peut justifier de perpétuer cette activité d'accaparement du Bien Commun de la communauté biotique pour satisfaire des jouissances malsaines et des compensations de frustration par une minorité d'activistes. Partout et en tout temps, la chasse, en tant qu'activité de « loisir » doit être **abolie comme un privilège** d'un autre temps que le pire anthropocentrisme accorde à notre espèce.

Aujourd'hui, la recherche de protéine animale ne peut justifier cette pratique, tant nous en disposons à profusion par ailleurs dans nos supermarchés et qu'il serait sage d'en réduire la consommation.

L'effet direct catastrophique de la chasse sur l'équilibre des communautés, des milieux est évident si l'on songe, un exemple parmi des dizaines d'autres, à la situation des populations de sangliers, liée au lâcher pour la chasse, à la destruction des grands prédateurs en particulier du loup, aux suppressions d'habitats naturels au profit de monocultures (maïs par exemple).

La chasse n'est jamais une solution, c'est la source de la majorité des problèmes de déséquilibre dans la nature. L'Abolition est la solution historique à cet anachronisme. La faune sauvage doit acquérir d'urgence un autre statut que Res Nullius ou tous les avatars de cette conception archaïque. Encore une fois, si des peuples dépendent **_de façon vitale_** de cette pratique, des dérogations seront les bienvenues, mais l'argument de la « tradition » et de l'« autochtone » ne saurait être évoqué dans notre contexte moderne. Ces exceptions supposent la démonstration d'un mode de vie, traduction d'une ontologie, qui n'a rien à voir avec celle de 99% de l'humanité. La peine de mort et le refus de l'avortement étaient aussi des « traditions » ...heureusement abolies.

Parmi les autres formes importantes de prélèvement de la faune sauvage, nous devons citer la pêche industrielle. Voir agoniser des tonnes de poissons sortis de l'eau par des chaluts immenses, est non seulement la source d'un dégoût profond pour l'inhumanité du traitement réservé à des êtres sensibles qui souffrent un calvaire sans un cri, mais aussi un non-sens à long terme à l'égard des écosystèmes marins, fluviaux et lacustres.

Malheureusement, compte tenu de l'état de la démographie mondiale, et du nombre d'hommes qui survivent grâce à la pêche, il faudra sans doute surseoir un certain temps au renoncement à cette situation moralement inacceptable. Dans ce cas, la solution est claire : elle passe, comme pour la lutte contre l'élevage intensif, par une réduction drastique de la consommation mondiale de produits de la mer. Comme il n'est guère envisageable de porter la consommation individuelle à zéro, la solution passe par une réduction majeure du nombre de consommateurs, à savoir la population humaine…une fois encore. En effet, nous pouvons prendre le problème par toutes les extrémités, dans tous les sens, les faits sont têtus : notre consommation collective est toujours le produit de notre consommation individuelle moyenne par le « nombre de têtes de pipe ». Refuser les bateaux-usines tout en continuant à consommer, même raisonnablement du poisson sauvage, passe par une réduction du nombre de consommateurs.

Ici le problème est sans doute compliqué par le fait que le poisson est souvent la principale source de protéine animale bon marché pour les peuples de pays défavorisés. Notons cependant, que loin d'aider à leur alimentation, la pêche industrielle contribue à un pillage des ressources indispensables à leur survie. Dans ce cas, ce n'est pas la pêche de survie qui est blâmable, mais bien la pêche prédatrice des chalutiers géants. Cette remarque ne contredit pas le fait que pour leur développement, ces peuples auraient tout intérêt eux aussi à mieux maitriser leur démographie.

Certes cela ne résoudra pas intégralement la question de la souffrance des individus pêchés, mais au moins les méthodes de pêche les plus agressives pour les poissons et crustacés, en tant qu'êtres sensibles, et pour l'écosystème océanique, deviendront moins rentables. Peut-être peut-on espérer une prise de conscience qui permette des recherches pour limiter les tortures infligées aux animaux marins sauvages ? Est-il préférable de faire de l'élevage ou de la pêche en milieu naturel ? La question est clairement ouverte et doit être évaluée sous le double point de vue de l'effet sur l'écosystème et de l'effet sur la souffrance animale.

En tout cas, la tolérance envers la **pêche nourricière** devra être plus large que face à la chasse. Dans un cas, il est difficilement envisageable de se passer immédiatement d'animaux marins pour nourrir l'humanité actuelle, dans l'autre, on a affaire à un jeu morbide sans aucune utilité sociale. La Nature s'est dispensée pendant des millions d'année de la « gestion » par la chasse, elle le fera très bien pendant encore un million d'années si nous lui en laissons le loisir. La chasse n'est pas un mode de gestion, mais un mode de destruction systématique et gratuite des équilibres écologiques et une des pires atteintes au Processus.

Encore une fois si on peut tolérer, comme un mal inévitable dans le contexte actuel, la mise à mort d'un animal d'élevage ou d'un animal sauvage dont notre survie dépend directement, il n'est plus admissible que cet acte soit réalisé comme un simple divertissement. Afin de bien comprendre l'irresponsabilité d'un tel acte, il nous faut sans doute approfondir la notion d'être sensible à travers les réalités scientifiques émanant de l'éthologie moderne.

> ### *Que nous enseigne l'éthologie actuelle ?*

Depuis Darwin, l'éthologie a considérablement progressé à travers deux voies :

- l'observation in situ des animaux sauvages dans leur comportement naturel,
- l'observation en laboratoire de leur attitude et réaction durant des expériences mettant en jeu un contrôle strict et reproductible des paramètres, expériences non traumatisantes cela va de soi.

Il se trouve que ces deux approches radicalement différentes dans les méthodes et l'esprit convergent vers les mêmes résultats. Le nombre d'ouvrages consacrés à ce sujet est tellement vaste que je ne peux en donner ici une bibliographie complète.

Le lecteur pourra se référer aux œuvres des pionniers de la première approche, Aristote, Plutarque et Darwin bien sûr, mais aussi beaucoup plus récemment Dian Fossey, Jane Goodall.

Parmi les représentants de la deuxième démarche, saluons les percées à portée scientifique et philosophique majeures de Frans de Waal, décédé il y a moins d'un mois à l'heure où j'écris ces lignes. De Waal s'appuie largement sur des observations en laboratoire, mais intègre à ses réflexions des études de terrain.

De façon assez symptomatique, Dian Fossey, Jane Goodall et Frans de Waal sont tous primatologues, souvent spécialisés sur le chimpanzé ou le bonobo. Il est évidemment moins difficile d'observer nos proches cousins que des bulots, mais ce qu'il ressort de fondamental dans leurs observations est résumé par de Waal dans son livre « The Age of Empathy »[192] : « *C'est toujours la même histoire. Nous commençons par postuler des frontières nettes, telles qu'entre les humains et les grands singes, ou entre les grands singes et les singes, mais avons en fait affaire à des châteaux de sable qui perdent beaucoup de leur structure lorsque la mer de la connaissance les recouvre. Ils se transforment en collines, nivelées de plus en plus, jusqu'à ce que nous revenions **là où la théorie de l'évolution nous mène toujours : une plage en pente douce.** *»[193]

La pente douce signifie un continuum, une variation infinitésimale d'une espèce à l'autre, d'une génération à l'autre, une absence de rupture vu du point de vue de LUCA : **du plus au moins** !

« L'âge de l'Empathie », voici qui nous ramène à la sélection sexuelle, chère à Darwin et au « paradoxe du handicap ». De Waal nous montre que non seulement les primates sont capables d'empathie, nous savons que la chose est commune à de nombreux groupes animaux, mais aussi de coopération et de réconciliation après conflit. La jalousie et le sentiment d'injustice ne leurs sont en rien inconnus.

Mais les chimpanzés ne sont pas les seuls : par exemple Shirley C.Stum, nous raconte des observations semblables dans « *Voyage chez les*

---

[192] L'âge de l'empathie – Frans de Waal – Edition Babel Essai - 2011
[193] L'âge de l'empathie – Frans de Waal - page 220

babouins ».[194] Cynthia Moss montre dans « *Portraits in the Wild* »[195] que ces singes possèdent des cultures propres à chaque clan :

« Les animaux changent d'habitudes ou en acquièrent de nouvelles pour un certain nombre de raisons. À long terme, ils acquièrent des traits comportementaux qui sont avantageux dans leur environnement particulier. Certains changements de mœurs, tels que l'apprentissage d'une nouvelle habitude auprès d'autres membres du groupe, peuvent être dus à des modifications sociales. Lorsqu'une habitude est reprise par l'ensemble d'un groupe et transmise à la jeune génération, on peut parler de tradition.» *« Les babouins sont intelligents. Je suis frappée par leur intelligence sociale. Ce sont de fins négociateurs. Pour eux, les stratégies sociales, les manœuvres sophistiquées et la réciprocité sont des facteurs de survie. A la fois en tant qu'individus et comme membres d'un groupe familial, ils font preuve dans leurs interactions, d'une intelligence, d'une faculté de calcul et d'une perspicacité extraordinaire. »*[196]

Mais l'empathie, la capacité d'apprentissage, de transmission des acquis est bien plus répandue que chez les seuls primates. Nous en retrouvons des récits pour d'autres espèces (par exemple chez Cynthia Moss ou dans « *Behavior guide of African mammals* ».[197]

Plus encore, des « cas » manifestes d'altruisme sont tellement fréquents que j'ai eu l'opportunité, simple visiteur occasionnel, de les observer directement ; l'altruisme, le sacrifice pour une cause plus grande que nous, cette qualité, que nous nous complaisons à croire strictement humaine. L'altruisme, pas plus que n'importe quel comportement ou sentiment humain, n'est le propre de l'Homme. Je ne résiste pas à l'envie de vous conter une scène dont je fus donc le témoin immédiat.

Imaginez un long vallon aux pentes un peu raides quelque part au Kenya, un peu loin des pistes battues par les flots de guides pressés, soucieux de satisfaire leurs clients... En haut de ce vallon, des gnous, des centaines, sont serrés les uns contre les autres, toutes les têtes sont

---

[194] Voyage chez les babouins – Shirley C Stum - Ed Sciences Point (1990)

[195] Portrait in the Wild – Cynthia MOSS - ELM tree books 1982

[196] Portrait in the Wild – Cynthia MOSS – page225

[197] The behaviour guide to African mammals - Richard Despard Estes -Ed University of California Press - 1991

immobiles, légèrement orientées vers le bas. De fait les pointes des cornes pointent bien en évidence ; Ils font tous face à la pente et le rang de front est inhabituellement long. Je ne pense pas qu'ils aient lu un traité d'art militaire, mais nos généraux ne désapprouveraient pas l'idée que « qui tient le haut tient le bas », que la ligne doit être suffisamment dense et longue pour ne pas être menacée sur les flancs.

En bas du vallon, trois lionnes ont les muscles bandés et scrutent la ligne de défense. La tension est palpable, l'attention des protagonistes extrême. Puis les trois lionnes chargent en remontant la pente. Trois fois, elles se replient, renoncent momentanément. Normalement, les gnous auraient dû se diviser, fuir devant la charge et par la même sacrifier un jeune ou un impotent. Vous avez tous vu ces débandades dans les documentaires animaliers avides d'hémoglobine…où les « méchantes » et indomptables lionnes triomphent de l'animal le plus faible ; documentaire qui se termine normalement par un happy end du type : « mais heureusement la nouvelle génération de gnous est née dans l'immensité herbeuse de la savane… » … Bla, bla, bla !

De longues minutes passent, les lionnes menaçantes, les gnous impassibles.

Puis, la suite nous sidère. Quatre gnous se détachent de la ligne. Vont-ils prendre la fuite en premier ce qui leur assurera la survie ? Ils font un détour d'une trentaine de mètres, descendent dans le vallon, et font face aux lionnes. « Ce n'est pas possible, ils vont « au casse-pipe » ». Puis ils feignent une première charge, la tête baissée au ras du sol pour mettre les pointes en avant ; devant la détermination des quatre gnous, à la deuxième charge, les lionnes se divisent ; deux lionnes abandonnent le terrain et se retirent de l'arène. A la troisième charge, les gnous se concentrent sur la dernière lionne, qui est bousculée. La lionne abandonne à son tour, malgré son morceau de bravoure…

Que conclure si ce n'est que le troupeau de gnou a agi de façon rationnelle et coopérative, que dire si ce n'est que les quatre gnous « héroïques » ont agi de façon libre et désintéressée en risquant leur vie. Que mettre en avant, si ce n'est que la dernière lionne a fait aussi preuve d'un désintéressement particulier, car si elle avait vaincu elle aurait dû partager le repas avec tout son clan…Elle aurait pu abandonner avec les deux autres, au lieu de cela, pour elle la journée se conclura probablement par une cicatrice.

Acte instinctif ou acte de liberté ? A ce stade pour conclure à une réaction instinctive, il faudrait expliquer pourquoi seuls quatre gnous ont « exprimé » l'instinct en question, pourquoi ce jour-ci les gnous ont décidé de ne pas fuir…ont réussi à rester solidaires, peut-être justement en se faisant violence contre leur instinct de fuite…

Je ne veux pas ici me lancer dans des controverses éthologiques sur le thème de l'anthropomorphisme[198], à mon avis en partie biaisé par l'anthropocentrisme lui-même, pour savoir comment qualifier ce comportement ; je me contente de constater que si ce n'est pas de l'altruisme, je ne connais aucun autre mot pour désigner ce que j'ai vu. Ce comportement existe chez les gnous, les zèbres et probablement tant d'autres. Des observateurs rapportent même des actes d'altruisme interspécifique.

Evidemment, mon témoignage n'est qu'une anecdote parmi tant d'autres ; rien à voir avec les études systématiques des auteurs précités, mais cela suffit à vous faire tomber de votre piédestal d'anthropocentriste distingué lorsque vous assistez par vous-mêmes à ce type de scène.

Que nos plus proches cousins fassent preuve de similitude de comportements, passe encore, mais des gnous… Les gnous, troupeau informe, misérables têtes baissées pour offrir leur cou aux léopards, les apparentes victimes expiatoires de la savane, le pauvre hère à qui on prévoit un destin à la hauteur de nos moutons de boucherie ! Eh bien non, les gnous sont plus sociaux et coopératifs que nos moutons de panurge que nous avons rendu assez stupides pour se jeter comme un seul homme du haut d'une falaise !

Et que dire de cette femelle bonobo qui reconnait sa sœur sur une photo après 26 ans de séparation !

Bien sûr plus le temps passe, plus les éthologues nous rapportent des exemples de ces comportements sociaux dans d'autres groupes (cétacées,

---

[198] Risque d'attribuer à tort à un animal un comportement humain.

poissons, oiseaux…) et chaque semaine la frontière entre l'intelligence humaine et l'intelligence animale (jusqu'aux poulpes…) parait de plus en plus ténue…. « **Du plus au moins** » aurait dit Rousseau. La question n'est même plus du « plus au moins ». Des intelligences différentes se développent sur une autre échelle parallèle à la nôtre, avec d'autres unités de mesure, chaque espèce se perfectionnant par elle-même, pour elle-même, avec sa propre jauge. La question de la « différence intrinsèque, irréductible » perd tout son sens. Nous sommes simplement tous engagés dans l'histoire d'expansion de la sphère, une sphère qui ne demande qu'à se perpétuer, chaque branche suivant son propre chemin. Tout ce que nous pouvons dire est que nous avons hérité de comportements en commun, nous avons partagé un long chemin.

Mais chacun utilise à sa façon sa part de l'héritage.

Et Frans de Wall de conclure : …. « *Je crains que le fait de considérer notre espèce comme tellement extraordinaire ne soit la cause fondamentale des problèmes écologiques que nous connaissons actuellement.* » .[199] N'est-ce pas le fondement de l'anthropocentrisme qui est remis en cause ?

Considérer l'animal comme une personne devrait nous amener à changer radicalement notre point de vue sur la vie et à amplifier les combats pour des droits spécifiques pour les animaux.

Peut-être ce long intermède éthologique suffit-il à vous convaincre que nous avons besoin d'un Droit de l'Animal Sauvage basé surtout sur ses spécificités, mais aussi sur ses innombrables similitudes avec l'Homme. Effectivement, nous pourrions nous contenter de reprendre à notre compte la phrase suivante, très simple, de Frans de Waal :

« *Nous n'avons plus aucune excuse pour traiter les animaux comme nous le faisons.* »

Certes, je partage sans la moindre hésitation ou nuance, que l'animal est une « Personne », je pense l'avoir suffisamment soutenu. Mais deux écueils s'offrent à nous :

---

[199] Interview au journal Le Temps (Publié le 25 janvier 2019 à 11 : 29. / Modifié le 10 juin 2023)

• je ne suis pas certain (euphémisme) que les chasseurs, les pêcheurs industriels se montrent un tant soit peu perméables aux vérités scientifiquement démontrées, cela se saurait,

• protéger théoriquement les animaux sauvages, en se limitant à s'interdire tout prélèvement par exemple ou en leur évitant de mauvais traitements, ne les sauvent pas pour autant.

Car le « nerf de la Paix » n'est pas seulement un statut sur une liste d'espèces, mais surtout l'espace libre, seule garantie de la pérennisation du Processus, seule garantie qu'ils pourront vivre libres, se perfectionner, interagir, évoluer…Bref c'est la Libre Evolution qui sauvera globalement la faune sauvage, en autorisant l'équilibre dynamique en tout temps et en tout lieu…

La seule défense du droit de l'animal sauvage, même en tant que Personne, ne protège en rien le biotope et les écosystèmes (par nature évolutifs) qui supportent ses conditions de vie, pas plus d'ailleurs que le statut de Personne ne protège un insulaire contre la montée des eaux et la salinisation de ses terres du fait du changement écologique majeur lié au réchauffement global.

Une telle démarche, axée sur la « conscience de soi », ne laissera-t-elle pas beaucoup de monde sur le bord de la route ? Souvenez-vous des hésitations de Peter Singer au sujet des moules et crustacées. Et alors que dire de la flore sauvage ?

➢ *La flore sauvage*

Beaucoup d'entre nous, sont aujourd'hui choqués par le sort que nous réservons aux autres êtres sensibles. Mais généralement, nous considérons que cette compassion concerne le monde animal.

En réalité, n'est-ce pas un biais considérable d'aborder le droit des animaux sous l'angle de la souffrance, voire même de leur Personne ?

Une telle restriction pose a priori un double problème :

• Le premier consiste à supposer que la forme de sensibilité, voire de souffrance, que nous percevons assez spontanément chez d'autres, par analogie avec la nôtre, est la seule qui mérite d'être considérée.

• La seconde réside dans l'aspect écologique global.

Le droit naturel le plus élémentaire est le droit à la vie. Cette qualité d'être vivant ne suppose en rien que nous appartenions à l'une ou à l'autre branche de l'Arbre de Vie. Elle suppose seulement que nous ayons pour ancêtre commun LUCA. De plus, ce droit à la vie n'est pas seulement un droit individuel à ne pas être tué, mais le droit de pouvoir vivre dans un environnement qui ne nous condamne pas a priori à manquer d'un élément essentiel à notre survie.

Cette dernière remarque est essentielle puisqu'elle conduit à considérer que le droit naturel impose que chaque espèce et surtout chaque individu de chaque espèce, individu porteur du code génétique éventuellement adapté aux nouvelles conditions physico-chimiques, puisse vivre dans un milieu de vie sain, c'est-à-dire composé de l'ensemble des ressources qui lui sont nécessaires. Parmi ces ressources, le droit de chacun soutient le droit de tous les autres membres de la communauté biotique. Nous reviendrons largement sur cette notion fondamentale qui sous-tendra une grande partie de nos recommandations.

Mais commençons par le premier point. Précédemment, nous avons basé largement le droit des animaux sur le droit à ne pas souffrir, que ce soit physiquement ou moralement, psychiquement en tant que Personne. A priori, un tel droit n'est pas transposable à la flore.

En réalité, la chose n'est pas absolument certaine. Pendant des milliers d'années, nous avons douté de la souffrance « des autres » dès lors qu'ils apparaissent différents de nous, qu'ils ont un statut social (esclavage, servage… notamment) inférieur au nôtre, une couleur de peau différente, une langue différente… Cette barrière raciste franchie, il nous a fallu quelques autres centaines d'années pour reconnaître la souffrance animale et encore avons-nous cherché à la compartimenter.

Pour être franc, je pense que la sensibilité des plantes, en tout cas la capacité à réagir à un danger imminent, sera universellement reconnue dans quelques siècles (j'espère décennies !) et que nous passerons alors pour des brutes incultes. Tout le monde connaît la réaction des « sensitives » au toucher de leur foliole par un corps étranger, ma main par exemple. Immédiatement, la sensitive (Mimosa pudica) replie ses folioles, possiblement agressées par un herbivore. L'ampleur du mécanisme de réponse s'effectue sur une distance plus ou moins éloignée du point d'impact et semble liée à l'intensité « ressentie » de l'« agression ». Par ailleurs, de nombreuses plantes réagissent à la prédation par un herbivore en cherchant à produire une substance soit directement toxique, soit fortement désagréable au goût ou à l'odorat pour l'agresseur.

Peut-on parler de douleur ? N'est-ce pas qu'un simple réflexe ? Réflexe sans doute car la vitesse de réaction nous surprend, mais après tout lorsque je retire spontanément ma main d'un point chaud pour éviter de me brûler, je ne prends pas le temps de réfléchir, et heureusement. J'ai à peine le temps de sentir la douleur, avant que mon corps envoie l'influx nerveux qui m'éloignera du danger. Réflexe ici, réflexe là ! Il est vrai que la réaction est un peu plus lente chez la sensitive, mais nous sommes dans le domaine « du plus au moins ».

Sensiblerie évidemment ! La plante ne souffre pas, vous êtes fou ! Pourtant, il existe un fait scientifique nouveau bien plus troublant.

Dans le corps humain, comme dans celui de la plupart des animaux, si ce n'est de tous, il existe un neurotransmetteur fondamental : le GABA. Il intervient pour inhiber ou exciter la transmission d'influx nerveux chez les animaux (mammifères, oiseaux, insectes...). En d'autres termes, il intervient dans la gestion de la douleur. [200]

Le GABA est une classe d'acides aminés à quatre atomes de carbone (Acide gamma amino butyrique [NH_2-$(CH_2)3$-$COOH$)]) qui existe donc largement chez les animaux. Il est utilisé comme neurotransmetteur inhibiteur important chez les animaux et est principalement concentré dans le système nerveux central des mammifères. GABA est connu pour participer aussi à l'adaptation des végétaux. En fait, GABA fait partie de la boite à outil commune héritée de longue date et chacun peut l'utiliser dans son contexte, animaux et plantes, l'adapter à d'autres contraintes, fruits de l'évolution différenciée.

« À mesure que le climat mondial change, l'environnement dans lequel vivent les plantes devient de plus en plus complexe. Face à divers stress biotiques et abiotiques (sécheresse, sel, haute température, froid, etc.), les plantes développent différents mécanismes de défense.» « Ces dernières

---

[200] Voir par exemple : Journal de la Société de Biologie, 203 (1), 87-97 (2009 Récepteurs GABA(B) et sensibilisation douloureuse Marc Landry et Frédéric Nag.

années, un nombre croissant d'études ont été menées sur le rôle du GABA dans la réponse de défense des plantes. » « Le GABA s'accumule rapidement dans les plantes sous divers stress et peut participer directement à la réponse de défense des plantes en tant que substance défensive et à la réponse au stress en tant que molécule de signalisation. » [201]

« L'adaptation des plantes à des environnements instables repose sur leur capacité à percevoir leur environnement et à générer et transmettre des signaux correspondants à différentes parties de la plante afin de susciter les changements nécessaires à l'optimisation de la croissance et de la défense. Les plantes, comme les animaux, disposent d'un vaste répertoire de signaux intra et intercellulaires, comprenant des molécules organiques et inorganiques. L'apparition de molécules de signalisation de type neurotransmetteur dans les plantes est un domaine de recherche fascinant. Parmi celles-ci, l'acide γ-aminobutyrique (GABA) a été découvert dans les plantes il y a plus d'un demi-siècle, et les études sur son rôle en tant que métabolite primaire ont été bien documentées, en particulier dans le contexte des réponses au stress. En revanche, les preuves du mécanisme potentiel par lequel le GABA agit comme molécule de signalisation dans les plantes n'ont été rapportées que très récemment. »[202]

Bref, les travaux sont en cours et les découvertes devant nous. En tout cas, ce qui serait surprenant est que le Processus n'est pas sélectionné des mécanismes d'autodéfense chez les plantes face à un stress. C'est, si je puis dire le B.A.BA de la sélection de survie. Par ailleurs, d'autres symptômes de la réaction végétale au stress, voire des réactions de « solidarité » apparaissent dans la littérature.

Le fait que la même molécule intervienne en situation de stress chez les animaux et les plantes peut relever d'une simple « convergence » d'utilisation d'une molécule commune disponible, mais peut-être également d'un mécanisme de sélection ancestral commun. En tout cas,

---

[201] Zhujuan Guo et al. Métabolites. 2023 juin ; 13(6): 741

[202] *"GABA signaling in plants: targeting the missing pieces of the puzzle"* Hillel Fromm. J Exp Bot 2020 Oct 22;71(20) :6238-6245.

que les plantes réagissent au stress externe par un mécanisme de type neurotransmetteur semble aujourd'hui admis. Stress, peur, douleur… nous sommes dans des registres assez proches. Il ne s'agit évidemment pas de sombrer dans l'anthropomorphisme, ni de soutenir que le stress de la plante est source de douleur physique, au sens humain du terme. En effet, une plante peut s'autoréparer, « repartir de la racine » plus facilement qu'un animal. Le danger est donc moins systématiquement létal, jusqu'à un certain point car la « blessure » reste un traumatisme. Il s'agit juste de souligner que le danger est perçu par les deux grandes familles de la vie. En d'autres termes les plantes sont des êtres sensibles, car réactifs aux agressions. Sensibles à quoi, pourquoi, comment ? Ici n'est pas le « problème et je laisse volontiers à la science future le soin d'avancer !

D'ailleurs Peter Singer ne pouvait manquer d'aborder ce thème « *Les plantes, elles, ne souffrent pas. À ce stade, quelqu'un ne manquera pas de demander : "Comment savons-nous que les plantes ne souffrent pas ?"* »[203]…et Singer répond « *et il est difficile d'imaginer pourquoi des espèces incapables de s'éloigner d'une source de douleur ou d'utiliser une source de douleur pour éviter la mort… auraient développé la capacité de ressentir la douleur.* »[204]

Il est « *difficile d'imaginer* » ou « *elles ne souffrent pas* » ? Ce n'est pas la même chose. Mais il est clair qu'imaginer qu'elles subissent un stress fragilise l'argumentation de P.Singer sur le végétarisme. Son livre date de 1975.

En réalité, nous sommes ici dans un domaine de totale incertitude et face à l'incertitude, il faut s'interroger… et douter.

S'interroger, en l'occurrence, c'est constater l'incroyable fragilité d'un fondement du droit des animaux sur leur niveau supposé de souffrance psychique et/ou physique. Car, il n'est pas exclu que d'ici peu, nous aurons démontré qu'il existe un continuum depuis la douleur psychique jusqu'au stress végétal, apparemment le plus réflexe. Et comme l'ont écrit Darwin ou Rousseau et d'autres, dans « du plus au moins », nous ne saurons jamais où positionner une limite scientifiquement fondée qui n'existe que dans

---

[203]Animal Liberation – Peter Singer – page 339
[204] Animal Liberation – Peter Singer – page 339

nos têtes anthropocentriques. « c'est toujours la même histoire » écrivait Frans de Waal !

• Douter et donc revendiquer que du point de vue de l'individuation et de la réponse au stress, **le continuum bénéficie à toutes les espèces vivantes**. En quelque sorte, monsieur le procureur qui plaidez la sentence de mort, à vous de prouver que l'accusé ne ressent jamais rien ! Inversons la charge de la preuve.

• Mais douter aussi que ce droit à ne pas souffrir, ce droit à une personnalité soit suffisant et efficace. Nous le conservons, cependant, comme un droit fondé sur la morale du droit naturel rousseauiste, droit à se protéger soi-même. A ce titre, il doit figurer aux frontons de nos monuments aux morts de l'anthropocentrisme.

• Mais cela est totalement insuffisant, voire inopérant dans le cadre de la faune et la flore sauvages, s'il ne s'appuie pas sur un droit plus large.

Car tel est bien le second problème : dans la Nature, et non en laboratoire, la « revendication » de non-stress, de non-douleur et de non mort est une aberration, un non-sens. Certes tout être vivant dispose a priori du droit de se protéger lui-même, de subvenir à ses besoins. Mais tout être vivant est aussi appelé à mourir et souvent à souffrir durant sa vie. La douleur ne peut pas être un fondement solide du droit en milieu naturel. Tout au plus la mort et/ou douleur infligées volontairement par l'Homme doivent-elles devenir immorales. C'est bien, mais trop limitatif.

Une autre voie de protection est possible, plus générale et donc plus solide, fondée sur un tout autre principe.

> ### *Le droit à la vie basé sur le respect du Processus et de la Libre Evolution.*

Plutôt que de tenter de justifier des droits de la faune et de la flore sauvages sur leur plus ou moins grande sensibilité au stress, à la douleur psychique ou physique, une autre approche est indispensable.

Elle consiste à baser le droit de tous sur le ***respect du Processus***, sur la nécessité **de continuation de l'Aventure**, sur la **Libre Evolution** comme seule réponse cohérente aux changements brutaux que subit et subira la

Nature. Nous l'avons déjà largement développé, le Processus est à l'origine de la vie telle que nous la connaissons, mais aussi telle qu'elle a toujours existé et, nous l'espérons, telle qu'elle nous survivra. Alors que nos errements anthropocentriques nous conduisent à une faillite écologique, une faillite démocratique et universaliste, il serait raisonnable de revenir aux fondamentaux.

Ce n'est pas seulement parce qu'un animal souffre, qu'une plante est stressée, qu'un animal sauvage est « emblématique » ou une plante « jolie » que nous devons les protéger, ce n'est même pas parce que certains sont censés être des clefs de voûte d'un écosystème, mais bien parce qu'ils sont les produits de l'Evolution et à ce titre bénéficient tous des mêmes droits, **l'héritage commun de LUCA**. En protégeant le Processus, nous sommes amenés à protéger, sans aucune hiérarchisation a priori, les individus, les espèces et les écosystèmes. Et parce que le monde physicochimique change, c'est la dynamique de réparation, de restauration spontanée et d'adaptation perpétuelle qu'il faut protéger.

Alors, cette logique s'imposant, les individus en tant qu'être sensibles ou potentiellement stressés retrouveront leur droit naturel. Celui de pouvoir utiliser à leur guise toutes les potentialités *non artificielles* qu'offrent la Nature pour se nourrir, se reproduire et se maintenir en vie.

Aucun être vivant ne peut prétendre être protégé par aucun autre, y compris l'homme, mais aucun être vivant, n'utilisant aucun artifice, ne risque de déséquilibrer durablement la communauté biotique.

Ceci ne signifie aucunement que le grand koudou acquiert un droit à ne pas souffrir lorsqu'il est attrapé par une lionne, mais qu'il a disposé toute sa vie des mêmes atouts de départ que les autres êtres vivants, disposé de la même liberté fondamentale de faire les bons et les mauvais choix, disposer de la même liberté de manger de l'acacia sensitive ou une plante ayant réagi en synthétisant une toxine.

Et l'Homme dans tout cela ? Eh bien dans ce contexte l'Homme dispose des mêmes droits, celui de faire les bons ou les mauvais choix dans de vastes espaces en Libre Evolution mais en n'utilisant aucune **forme d'artifice**.

Pour résumer, nous ne pouvons traiter de la même façon le droit de la faune et de la flore sauvages et le droit de la faune et de la flore domestiques.

Les premières, sauvages, disposent d'un droit absolu à « gérer » leur propre vie en toute liberté, mais « assument » en cela le risque de souffrir, bref elles disposent du droit naturel. Finalement, le droit de la faune et de la flore sauvages est avant tout le droit à disposer d'espaces en Libre Evolution, des espaces suffisamment vastes, suffisamment connectés, suffisamment représentatifs de tous les biotopes (altitudes, latitudes, profondeurs...), de toutes les écologies et géologies pour que les espèces les plus exigeantes puissent vivre pleinement leurs droits naturels. Parmi les droits naturels, il y a le droit à la migration comme élément indispensable à la biologie de certaines espèces. Ce droit à aller et venir, droit à la libre circulation, sera la norme dans les espaces naturels nécessairement largement connectés entre eux.

Les secondes, domestiques, puisqu'elles sont en elles-mêmes des artifices, ne peuvent prétendre à la gestion de leur propre liberté, mais en revanche disposent du droit à la protection (dette contractée à leur égard) et du droit à ne pas subir de stress (ou de douleur) qui ne soit pas rendu strictement inévitable du fait de leur statut (et souvent du statut de moyen de subsistance (plantes ou animaux).

Nous verrons que le droit de la faune et flore sauvages découle du droit fondamental de la Libre Evolution, du Processus, droit qui abritera les droits humains et ceux-ci abriteront les droits de la faune et flore domestiques.

Ce faisant, nous posons les bases du partage de l'espace. Puisqu'il est évident que l'Homme s'est exclu lui-même du Processus, alors il doit accepter un partage massif de l'espace. Une partie sera régie par la Libre Evolution, une autre sera dédiée aux activités humaines et le partage ne peut pas être du type un « cheval, une alouette ». Le renoncement à l'anthropocentrisme passe par ce partage « honnête ».

La faune et la flore domestiques trouveront leur place dans la part dédiée aux hommes et ceci à l'exclusion de toute intrusion dans le domaine d'Evolution Naturelle et c'est bien la matérialisation de la dichotomie entre une flore et une faune sauvages et une faune et flore artificielles, car sélectionnées pour une fin particulière.

Cette nécessité d'accorder de vastes espaces connectés au Processus suppose d'une part, une réduction drastique de la population (nationale et mondiale), d'autre part une forme de réorganisation du territoire (dés-aménagement), et ceci sur au moins deux générations.

Une telle perspective implique nécessairement un type spécifique de décroissance économique, décroissance par ailleurs nécessaire et inéluctable, décroissance que nous appellerons homothétique car pilotée par celle de la population.

Nous posons comme **a priori** la continuité des droits de tous les êtres vivants, nous leur reconnaissons à tous les mêmes droits, mais ces droits découlent et sont garantis par le respect de la Libre Evolution et des espaces qui lui sont dédiés.

Est-ce à dire que nous ne pouvons consommer ni viande, ni végétaux ? Evidemment non, mais ceux-ci seront extraits uniquement des zones non dédiées à la Libre Evolution. En quelque sorte, nous nous accordons une dérogation, puisque dans notre incapacité à vivre dignement dans la communauté biotique, nous vivons ailleurs avec d'autres lois, des lois qui découlent de plus en plus de comportements finalisés et donc artificiels. Ce n'est pas tant une césure entre nature et culture, c'est une césure entre finalité et imprévisibilité.

Est-ce à dire que nous pouvons faire n'importe quoi en dehors des zones de Libre Evolution ? Certainement pas et nous avons déjà traité de ce sujet dans le chapitre « L'Homme juge et partie ».

A la fin de ce petit travail de « déconstruction » de l'anthropocentrisme, il est temps de commencer le long travail d'élaboration et d'agencement des briques pour aboutir à l'anthropoEXcentrisme.

PARTIE 3

Vers une nouvelle relation au vivant : l'anthropoEXcentrisme

1) *La décroissance homothétique*

L'anthropocentrisme, qui dit rarement son nom, est une ontologie, une philosophie sous-jacente à notre rapport au monde et à la Nature. Elle présume l'absolue suprématie humaine sur le reste du vivant et à ce titre, elle postule que l'humanité dispose de tous les droits et ne contracte aucun devoir.

La conséquence « pratique » est notre incapacité à concevoir le partage avec la communauté biotique, non seulement comme notre intérêt bien compris, mais surtout comme un devoir moral, un devoir qui découle de notre histoire même. Nous sommes un des fruits de l'Aventure et non sa finalité.

Cet orgueil d'espèce nous conduit à épuiser la planète à travers les consommations de ressources, à la coloniser, à tel point que la faune et la flore sauvages, tout autant, si ce n'est plus, légitimes à revendiquer la propriété, sont repoussées dans les confins strictement inhabitables, à tel point que nous occupons, exploitons plus de 90% de la surface des terres émergées. Le Processus immémorial lui-même est mis à mal.

Surconsommation de ressources « renouvelables », épuisement des ressources minérales et organiques, expansionnisme illimité, surpopulation : quelques-unes des conséquences de l'anthropocentrisme. Renforcé par l'égocentrisme, il aboutit de plus à un niveau d'injustice sociale, notamment internationale, qui ôte déjà toute crédibilité à l'universalisme tant proclamé.

> ### ➤ *Surconsommation de ressources ? Surpopulation ? Expansionnisme ? Quel lien ?*

Le PIB mondial, le PIB des Etats est la moins mauvaise estimation actuelle de nos consommations de ressources, estimation largement imparfaite, je ne suis pas à convaincre. Cet indicateur est la traduction financière de toutes nos consommations, individuelles, collectives et publiques. La conversion financière des flux matériels est réalisée sur la base des coûts constatés des différents objets et matières consommées.

Le PIB inclut des flux financiers non matériels … en apparence. En réalité, un logiciel, pure abstraction, consomme bien des infrastructures et de l'énergie, traduction d'un flux de matière, sans doute bien dissimulé. En fait, la « dématérialisation » n'est qu'une vue de l'esprit ou une cécité plus ou moins volontaire. Il n'existe pas d'activité humaine, hormis le rêve, qui ne suppose aucun support matériel à un moment ou un autre de la « chaîne de valeur ». Encore faut-il que le rêve soit le résultat d'un assoupissement loin de son lit, nu ou court vêtu, dans un lieu totalement inaccessible par la route, et auquel on parvient bien entendu pied nu, sans vivre, carte, boussole…et on ne parle pas de GPS…

Bref malgré tous ses défauts le PIB est le moins mauvais intégrateur de toutes nos productions, c'est-à-dire de toutes nos consommations (ce qui revient pratiquement au même, puisque l'on produit pour consommer). Finalement à travers la somme de toutes nos consommations, qui supposent toutes un prélèvement et/ou une occupation de territoire, cet indicateur reflète l'ensemble de toutes les **pressions que nous exerçons sur la planète**.

Economistes, politiques voudraient nous faire croire que niveau de PIB et bonheur sont des notions jumelles.

Quel lien entre notre « bonheur » et le PIB de l'Etat ?

Les statistiques onusiennes sur le classement des Etats par niveau de « bonheur », perçu par les habitants (ou évalué par des « spécialistes »), suffisent à montrer que le lien est ténu. « Comment cela, mon bonheur ressenti n'est pas lié à la somme de mes consommations et des dépenses de l'Etat consacrées à ma santé, sécurité, éducation, aux infrastructures de déplacement que j'empreinte ? » Dommage, cela simplifierait fortement des exposés déjà bien simplistes.

Quel lien entre le PIB national, voire mondial, et ma consommation individuelle (y compris ma part de dépense publique) ? Heu….

Il semblerait que les médias, les gouvernants, les différents groupes de pression, syndicats et partis politiques cherchent à nous convaincre que les réponses vont de soi à travers le concept de croissance. On vous le dit, le répète (bandes d'ingrats), hors de la croissance, point de salut ! Le PIB, c'est votre bonheur, …et la croissance c'est la mesure de l'augmentation infinie du PIB donc de votre bonheur… : c'est simple, direct, concret.

Pourtant la croissance est totalement synonyme de consommation de ressources, qui s'épuisent tendanciellement, de nouvelles infrastructures (mines, routes, mises en culture…) et donc d'artificialisation, de fragmentation des terres au détriment de la faune et la flore sauvages… sauf à croire au mythe de la dématérialisation totale, (y compris de nos propres corps, sans doute).

Si croissance semble signifier « inflation de bonheur », évidemment, a contrario, le seul fait d'évoquer le mot décroissance conduit immédiatement à de légères crispations.

Pourtant décroissance ne signifie rien d'autre que diminution du PIB c'est-à-dire baisse de la pression que l'humanité exerce sur les ressources et les espaces. Vu du point de vue de l'Aventure, cela signifie opportunité de reprise du Processus, opportunité de restauration de la marche en avant de la Vie. Rien d'effrayant, voire tout de désirable !

Sous cet angle, la décroissance devrait apparaître avec un visage plus avenant. Pourtant de nombreuses raisons conduisent à des réactions négatives. Certaines sont compréhensibles et doivent être discutées, d'autres sont purement idéologiques et souvent reliées aux intérêts de grands groupes de pression, d'autres enfin sont plutôt d'inspiration nationaliste.

Enfin, des réticences viennent du fait que nous nous sommes réellement engagés dans une impasse et que, loin d'envisager un demi-tour, nos dirigeants ne voient comme issue que la fuite en avant, assimilable à une pyramide Ponzi, des pyramides de Ponzi. La fin de l'histoire est connue par avance !

Tentons d'approfondir un peu le débat. Les critiques de la croissance sont claires depuis le rapport Meadows et nous sentons bien que nous nous enfonçons dans l'impasse, le réchauffement climatique étant sans doute le symptôme le plus perceptible. On ne peut pas indéfiniment croître dans un monde fini. C'est comme cela, c'est physique et on peut sauter sur sa chaise, se rouler par terre en pleurant ou se bander les yeux, cela ne changera rien. Repousser l'échéance des prises de décisions courageuses conduit à en faire supporter les conséquences sur les générations futures. Ces dénégations enfantines face à nos responsabilités ne font qu'accroître le prix à payer de génération humaine en génération humaine. Que nous ayons du respect pour les œuvres de nos prédécesseurs (Pompéi, Notre-Dame…), évidemment, mais que nous ayons plus d'empathie pour les hommes du premier ou du XIème siècle que pour les générations qui nous suivront dans mille ou deux mille ans devrait poser question quant à la notion de solidarité, d'égalité, de fraternité au sein de l'espèce.

Mais, outre les dégâts que l'« égocentrisme générationnel » provoque sur le futur de l'humanité, l'espèce humaine s'enfonce dans son anthropocentrisme en présentant une « note de frais » toujours plus élevée que nous faisons payer immédiatement, au comptant, aux autres membres de la communauté biotique à travers une artificialisation galopante.

Le choix délibéré de faire payer à d'autres notre gabegie, est particulièrement crucial. Sans critique centrale de l'anthropocentrisme, en parallèle, voire en préalable, à la critique de l'« égocentrisme générationnel », l'avènement d'une décroissance volontaire et maîtrisée risque fort d'être repoussée encore et encore ; dès lors la crise, qui interviendra un peu plus tard, sera une crise plus grave, plus massive, plus profonde, totalement subie, tant pour les hommes que pour le reste du vivant !

➤ *Décroissance, la grande terreur !*

Mais alors, pourquoi tant de réticence à décroître ? Qu'est-ce-qui essentiellement nous effraie dans l'arrivée, pourtant inéluctable, de cette phase de maturité de l'humanité, une ère où l'humanité cessera de croire, tel un pré-adolescent, que tout lui est dû ?

Entamons un long examen des arguments des réticents de la décroissance.

En premier lieu, soyons francs, le terme « décroissance » ne fait pas rêver, les termes de « Regain », « Printemps », « Renouveau de l'Aventure » seraient plus porteurs et sans doute plus illustratifs de la réalité : l'opportunité d'une renaissance, l'équivalent au niveau écologique de celle qui a tant marqué notre histoire culturelle.

En effet, le terme « décroissance » lui-même apparaît négatif. Le seul préfixe « dé » a une connotation négative, et d'ailleurs « dé » suggère le signe moins. L'Homme, aussi bien anthropocentrique qu'égocentrique, a toujours regardé vers le haut, vers le sommet des montagnes, vers la demeure des dieux, vers le niveau hiérarchique supérieur… Inversement, démériter, dégringoler, déshonorer, déchoir, déclasser…, tous ces verbes agissent comme des repoussoirs. Souvent l'enfer, c'était les abysses, bref l'effroi du « bas ». Pour les provinciaux, on ne descend pas à la Capitale, on monte à Paris…

Faisons abstraction de cet aspect sémantique, bien que nos détracteurs ne se privent pas d'abuser de ce choix linguistique malheureux pour influencer négativement l'opinion.

Le second point tient à la manipulation permanente tendant à nous faire assimiler la notion de bonheur à celle de croissance du PIB. Une telle confusion induit immédiatement un réflexe de peur de déclassement personnel, de recul de son propre « bien-être » en cas de décroissance.

Le troisième aspect est lié aux conséquences particulières de la décroissance. Prétendre faire baisser le PIB, c'est-à-dire nos pressions sur la planète, suppose d'indiquer dans quel domaine la décroissance doit avoir lieu. A priori, de nombreux partisans de cette thèse se contentent de répondre que celle-ci doit s'exercer en priorité sur les domaines qui exercent la plus forte pression sur l'environnement, c'est-à-dire qu'ils se satisfont d'apporter une réponse assez vague, qui ne fait que renforcer la défiance.

En effet, deux écueils nous attendent. Le premier est qu'il y aurait une bonne croissance et une mauvaise. Les secteurs qui inspirent l'illusion de la dématérialisation ne sont pas souvent cités spontanément comme nocifs et nous renforçons l'idée que « dematerialization is beautiful », idée écran de fumée pour masquer toutes les bases matérielles de certaines activités (intelligence artificielle, réseaux sociaux, administration, tourisme et même enseignement, santé …) pourtant tout aussi agressives pour les ressources ou le milieu naturel, certes parfois indirectement. Le second est que spontanément, nous pourrions être tentés de désigner les grosses industries (métallurgie, énergétique, automobile, aéronautique …), comme les activités à abattre en priorité …en exportant hypocritement les pressions sur la planète vers des « Etats-usines ».

Etonnement, un employé de chez Stellantis ne se perçoit pas comme un générateur d'épuisement de ressources…et un fabricant d'éolienne se considère volontiers comme un sauveur de la planète qui mériterait une statue en place publique. De même, les gros agriculteurs céréaliers ne se voient pas comme des expansionnistes au détriment de la faune et de la flore sauvages, mais comme de gentils « valorisateurs » de nos paysages champêtres. Les employés de la chimie préfèreront mettre en avant leur activité pour fournir une molécule anticancéreuse que de vanter leur contribution à la catastrophe de Bhopal ou d'AZF. Le banquier préfèrera vous parler de sa contribution au financement de la maison de santé du quartier que de ses parts dans une société minière… et les métallurgistes ne vous parleront pas des désastres écologiques liés aux fragmentations des espaces naturels par les mines. Mais la réalité est bien là : tous ces gens représentent l'immense majorité de nos emplois… et contribuent tous à la croissance, c'est-à-dire à l'épuisement de la nature et à l'appauvrissement tendanciel inévitable des générations futures… tout autant que les employés du « tertiaire » ou des services publics qui leur sont associés lorsqu'ils veulent bien se représenter l'intégralité de la chaine de valeur qui les fait vivre.

Donc dès lors que nous parlons de décroissance, tout le monde se regarde, chacun se sent visé individuellement et tout le monde recule… Sauve-qui-peut, mon emploi et ma « boite » d'abord ! Soyons réalistes, expliquer que la décroissance, branche d'activité nocive par branche d'activité nocive, sera indolore et plébiscitée par une majorité n'est pas crédible. Toute activité humaine génère des nuisances, et désigner quelques boucs émissaires n'a aucun sens, car cela provoque des divisions sociétales qui, dans un cadre démocratique, n'ont finalement aucune chance d'emporter l'adhésion majoritaire. Et même si tel ou tel n'est pas désigné pour la première « charrette », il ne pourra s'empêcher de penser qu'il risque de peupler la suivante, par effet de ricochet ? Pourtant, il existe une autre conception de la décroissance, qui ne stigmatise personne et fait porter un effort, non matériel, non financier, égal et réparti sur tous.

Ceci ne signifie pas que des ***pratiques*** ne sont pas particulièrement désastreuses, mais le rejet ne portera pas nécessairement sur l'ensemble de l'activité, mais sur les déviances (pesticides, pollutions, intensification à outrance… excès en tout genre). L'acceptabilité sociétale en sera accentuée.

Existe-t-il une autre conception possible de la décroissance ? Une décroissance Homothétique ???

➢ ***La décroissance homothétique, c'est quoi ?***

Décroissance, on voit, mais « homothétique » ?

Pour comprendre l'idée, il faut revenir à la notion de PIB. Le PIB d'une nation, celui que tous les oligarques veulent « booster », est donc la traduction financière des consommations (ou productions) des administrations et de tous les citoyens de ce pays à quelques importations ou exportations près.

Nous pouvons introduire la notion de PIB moyen par habitant comme la simple division du PIB national par le nombre d'habitants. Nous sommes évidemment conscients que tous les habitants ne perçoivent pas uniformément le résultat de cette moyenne et que nous avons beaucoup à faire pour réduire encore et toujours les inégalités, et en particulier réduire l'injustice sociale internationale. Mais ce serait une grave erreur, ce serait prendre le problème à l'envers, de conditionner la mise en œuvre de la décroissance homothétique à l'avènement préalable d'une société moins inégalitaire, d'une répartition mondiale des richesses plus uniforme.

Ce PIB moyen par habitant (somme de mes consommations personnelles, des dépenses que l'Etat réalise pour moi personnellement et ma quote-part des dépenses collectives en tant que français « moyen ») constitue ce qui me permet de vivre, mon « pouvoir de vivre »[205] très concret, très « palpable », celui que je ressens objectivement dans ma vie quotidienne (logement, santé, sécurité, alimentation, loisir…). En

---

[205] « Pouvoir de vivre » expression chère à la CFDT, qui pourrait être aussi « Pouvoir d'être Soi ».

revanche, le PIB de l'Etat est pour chacun d'entre nous un « mirage de richesse », et surtout un chiffon rouge que les tenants des politiques natalistes agitent pour nous effrayer.

En phase de décroissance, vous pouvez conserver le même PIB par habitant, le même « pouvoir de vivre » si le PIB de l'Etat diminue, pour autant que le nombre d'habitants diminue exactement dans la même proportion que le PIB, c'est-à-dire de façon « ***homothétique*** ».

On peut donc sans difficulté, réduire drastiquement la pression que nous exerçons sur la planète, sans mettre en péril nos emplois respectifs, si nous diminuons de façon « homothétique » le PIB de l'Etat et le nombre d'habitants. Votre PIB moyen par habitant n'en sera en rien affecté si nous prenons quelques précautions que nous évoquerons. Ceci est tellement vrai que, depuis au moins deux siècles, le PIB croît dans le temps presque proportionnellement à la population, juste un petit peu plus vite si la productivité et le pouvoir de consommer augmentent, historiquement souvent au prix de l'endettement public, nous le verrons, et toujours au prix de l'épuisement des ressources et de l'artificialisation.

D'ailleurs, les pays au plus fort niveau de vie (PIB par habitant) ne sont pas, ou très rarement, les pays les plus peuplés mêmes pas ceux qui affichent les plus forts PIB de l'Etat … Un seul exemple parmi une ribambelle : la Suisse, notre voisin, à un PIB de l'ordre de 1000 milliards de dollars pour une population de 8.8 millions d'habitant. La France a un PIB bien plus élevé de l'ordre de 2800 milliards $ et pourtant… ce sont plus souvent les Français qui cherchent à travailler en Suisse que l'inverse. En effet, le PIB par habitant en France est de l'ordre de 43000 $ par an, alors qu'il est de 61000 $ en Suisse. Et nous ne parlons pas du Luxembourg…Inversement l'Inde a un PIB supérieur au nôtre (3400 milliards $) et peu d'entre nous souhaiteraient vivre avec le PIB par habitant d'un indien moyen.

Le PIB d'un Etat ne définit pas le pouvoir de vivre de ses habitants. Seul le PIB moyen par habitant permet d'en avoir une estimation.

La décroissance ne sera pas synonyme de déclassement ou d'appauvrissement, pour autant que la décroissance soit homothétique, c'est-à-dire pilotée par la démographie.

Cette décroissance est également homothétique car elle conduit, si nous le souhaitons, à une réduction proportionnelle de chaque activité (moins de demande de biens donc moins de travail, mais aussi moins de demandeur de travail et ceci dans chaque activité). Nul n'est a priori stigmatisé, nulle branche n'est visée a priori et personne ne doit se sentir menacé personnellement. Que la société des hommes choisisse, **en plus**, de réduire des **pratiques** particulièrement nocives, d'inciter à la sobriété, est hautement souhaitable, mais pas nécessaire à ce stade du mécanisme : ce n'est aucunement un préalable, c'est une vertu.

Ce qui est certain c'est que cette décroissance homothétique permettra de baisser la pression sur les milieux naturels, permettra de relancer l'Aventure, tout en offrant à chacun un confort de vie supérieur, chacun disposant de plus de liberté, car collectivement nous aurons plus d'espace à nous partager, ou plus exactement à cohabiter, en équilibre avec les milieux naturels et les ressources restaurées.

On peut imaginer que cette baisse de pression, ce gain d'espace collectif, pourrait être réparti équitablement entre, d'une part le milieu naturel dédié à la communauté biotique, et d'autre part l'espace d'habitation dédié à chacun, être partagé équitablement entre le milieu naturel et l'extensification de l'élevage et de l'agriculture. Moins nombreux, la crise du logement sera vite du passé, les queues interminables qui brûlent nos vies également…Quand bien même, nous ne ferions rien de plus pour limiter nos pollutions individuelles, quantitativement toutes les dégradations diminueront au moins proportionnellement avec le retour à la sagesse démographique. Evidemment, ce changement de vision ne peut qu'être renforcé, doit être renforcé, par une responsabilisation individuelle sur nos modes de vie.

Le PIB global est l'origine fondamentale de toutes les dégradations, il est lié directement, proportionnellement à la population. Le PIB de l'Etat, de l'Europe ou de toute entité, et les dégradations associées, peuvent baisser sans affecter notre « pouvoir de vivre » si la baisse est pilotée par la maîtrise de la natalité. Si de plus, nous consentons des efforts personnels de sobriété, le retour à l'équilibre écologique sera d'autant plus rapide et nous souhaitons que cette sagesse s'impose au niveau individuel pour ceux qui en ont les moyens.

La frugalité, la parcimonie ne sont pas antinomiques avec la décroissance homothétique, mais de vertueux compagnons de route. Nul besoin néanmoins de revêtir une robe de bure et de s'autoflageller !

> ### *La fake news*

« C'est une fake news ? Ce n'est pas possible ! Si c'était si simple, cela se saurait ! Il y a un « loup » quelque part ! Ce n'est pas ce que l'on m'a enseigné en cours d'économie ! »

Pas enseigné en cours d'économie, effectivement, et pour cause ! Eh bien pour éclairer cette question de la « Fake News », nous allons relire deux textes très explicites.

Le premier vient tout simplement du « Ministère de l'économie et des finances » intitulé « La croissance ».[206]

« La croissance d'un pays se mesure à l'évolution de son Produit Intérieur Brut sur une période donnée : mois, trimestre, semestre ou année. On la calcule à « euro constant », c'est-à-dire en éliminant la hausse des prix. ***Le critère le plus significatif est la croissance du PIB par habitant***. C'est lui qui mesure le degré d'enrichissement réel d'une population. »

Nous sommes bien d'accord ! Merci de fixer si clairement les bases de la décroissance homothétique… et merci d'admettre que l'« enrichissement réel d'une population » est un rapport, ce ne sont pas des euros dans les caisses de l'Etat, mais des euros par habitant, et si le nombre d'habitants diminue, nous pouvons nous contenter collectivement de moins d'euros, donc d'un PIB de l'Etat plus faible. Merci Monsieur le ministre des Finances, votre démonstration est implacable. Nous n'avons pas besoin obligatoirement de croissance. Il suffit de changer le dénominateur, la population, dans la simple division, pour commencer à revenir sur un chemin de sagesse.

Mais le texte le plus admirable vient d'une économiste majeure, directrice adjointe du Centre d'études prospectives et d'informations internationales (CEPII).

---

[206] https://www.economie.gouv.fr/facileco/croissance, site consulté le 29/03/2024.

Elle répond à un interview sur Radio France à la question « La croissance est-elle nécessaire ? »[207]

Et voici sa réponse :

"*Oui, la croissance est nécessaire au développement parce que l'activité économique est comme un gâteau et quand on a une population qui augmente il faut que le gâteau augmente. Mais il y a des régimes de croissance qui sont insoutenables tels que le régime de croissance dans lequel on est aujourd'hui, qui a des effets absolument désastreux sur notre planète.*"

Remarquable : si la population augmente, il faut bien que le gâteau augmente pour ne pas provoquer une baisse du PIB par habitant. Nous sommes bien d'accord ! Mais Madame l'Economiste, si la population diminue, pourquoi la logique inverse ne serait-elle pas vraie ? Pourquoi ne vous posez-vous même pas la question ? Peur de la réponse ?

L'Economiste relie clairement les effets désastreux sur la planète aux régimes de croissance et au PIB. Mais elle laisse entendre que ce n'est pas la croissance le problème, mais le mode de croissance. En fait, il suffirait de quelques ajustements à la marge et tout rentrerait dans l'ordre. Navrante méconnaissance des **ordres de grandeur** des problèmes que subit la planète du fait de la croissance démographique et donc économique. Le lecteur ferait preuve d'un certain degré de naïveté (croyance en la « dématérialisation », par exemple) pour imaginer que la croissance peut se faire sans pression sur la planète (artificialisation, épuisement, destruction de la faune et flore sauvages...). Tout au plus, par des choix moins agressifs peut-on réduire marginalement la pression, mais certainement pas l'annuler, et surtout pas inverser le sens des flèches en régime de croissance. De plus, exactement les mêmes options vertueuses (parcimonie, rejet des pratiques délétères...) peuvent être décidées et appliquées en régime de décroissance homothétique et **les effets positifs pour la planète seront juste multiplicatifs**.

---

[207] Radio France - Elsa Mourgues–Publié le mardi 22 janvier 2019 à 16h38
https://www.radiofrance.fr/franceculture/la-croissance-est-elle-necessaire-4581950
Site consulté le 29/03/2024

Ce dernier point est fondamental : je ne veux surtout pas laisser penser que des efforts de sobriété et de sagesse individuelle et collective ne sont pas nécessaires, juste que l'action principale à mettre en œuvre pour réduire le PIB et donc la pression sur la planète, vu son ampleur, est un effet sur la démographie (tout comme historiquement et logiquement l'accroissement du PIB et les dégradations consécutives sont avant tout d'origines démographiques). Nos efforts individuels sont plus que souhaitables et viendront amplifier les effets démographiques mais ceux-ci sont indispensables et constituent un préalable pour espérer infléchir sérieusement le niveau de pression. La morale individuelle et collective doit adjoindre à la décroissance homothétique un Principe de Parcimonie.

Lisons la suite succulente de l'interview de notre Economiste.

*"Sur le gâteau qui devrait augmenter au fur et à mesure de la population, si vous avez de la décroissance, les parts vont diminuer … Donc en réalité, sans croissance on n'a pas d'augmentation des revenus et donc pas d'amélioration du niveau de vie, ça n'est pas souhaitable **donc ça n'est pas enseigné en économie.** "*

Effectivement, vous ne risquez pas d'entendre parler de décroissance homothétique en cours d'économie. Omerta !

Bref on reprend la même idée exprimée de façon unilatérale, sans examiner la contraposée, la réciproque, et ceci de façon partielle. **Comme** la population, doit **nécessairement** croître, le PIB doit croître, et la réciproque n'est ni envisagée, ni enseignée : « *donc ça n'est pas enseigné en économie* ».

 Fabuleux, on enseigne à sens unique à partir du présupposé que la population ne peut qu'augmenter, et donc à partir de ce présupposé et du refus d'envisager d'inverser le raisonnement… nos étudiants n'ont pas le droit d'entendre parler de décroissance (homothétique ou pas d'ailleurs) : censure pure et simple reposant sur un raisonnement tronqué.

« Si je faisais le raisonnement complet, je serais contraint d'admettre que je suis d'accord avec vous, mais je ne peux ni ne veux l'enseigner, et donc je me battrai jusqu'à la mort pour que vous ne puissiez ni le dire, ni l'exprimer ou l'enseigner » Voltaire citation apocryphe revue en 2024 !

Et pourquoi la population devrait nécessairement croître ? Demandez aux natalistes et ils vous répondront comme un seul homme : « *pour accroître le PIB* bien sûr. »

Et la boucle est bouclée. « Le PIB doit croître parce que la population ne peut qu'augmenter. Et la population doit augmenter car le PIB doit croître ».

Circulez, il n'y a rien à voir ! Circulaire plutôt !

Comme je ne crois pas un seul instant que tous ces gens soient incapables de percevoir le caractère circulaire de leur raisonnement, le sophisme sous-jacent, il doit donc exister d'autres raisons que l'empathie, l'amour de nos concitoyens pour expliquer cet acharnement à nous refuser jusqu'au droit d'apprendre, de raisonner et finalement de maîtriser notre propre reproduction.

En réalité, ce n'est évidemment pas le PIB par habitant et le bien-être de nos concitoyens qui préoccupent les « accrocs » à la croissance, car ils savent pertinemment que leur « raisonnement » est partial, mais ils représentent, soit des tenants de considérations métaphysiques archaïques (que je respecte mais combat au nom de la lutte contre l'obscurantisme), soit des intérêts économiques qui ne concernent qu'une infime minorité, soit un enrobage d'apparence respectable de volontés hégémoniques, impérialistes, et ou totalitaires, soit le constat d'un échec patent (du type pyramide de Ponzi) que l'on cherche à masquer par une fuite en avant. Examinons ces quatre motivations, souvent un peu mélangées et donc parfois difficiles à sérier.

> ### La dette publique

Commençons par la motivation des dirigeants politiques et des hauts fonctionnaires qui a vocation à masquer un échec sociétal, économique, politique et finalement philosophique, majeur.

Reprenons un instant la présentation du ministère de l'Économie visant à nous convaincre de la nécessité de la croissance et lisons la suite :

*« La croissance est la quête **perpétuelle** des politiques économiques. Elle est indispensable pour faire face à bon nombre de problèmes économiques et sociaux, celui du chômage en premier... Sans elle, la marge de manœuvre*

de l'État pour établir son budget se réduit, comme celle des entreprises pour embaucher ou augmenter leurs salariés … Sans elle, le pouvoir d'achat stagne, les marchés financiers dépriment… »[208]

« Quête perpétuelle », *« marchés financiers qui dépriment »*, *« bons nombres de problèmes économiques »*. Quels problèmes économiques ?

A travers ces trois expressions, nous percevons facilement une autre motivation de l'Etat pour la croissance, un problème économique majeur : faire face à la dette financière.

Tout homme censé devrait d'abord s'interroger sur la **dette écologique**. Mais bref, nos gouvernants sont dans une impasse et ne savent plus comment densifier l'écran de fumée pour tenter de faire passer un mur infranchissable pour une sortie de tunnel !

La décroissance pourrait poser effectivement un problème au moment où nous déciderons d'enclencher une dynamique volontariste de réduction de pression anthropique. En effet, la dette publique est exprimée en pourcentage du PIB. Faire baisser le PIB implique immédiatement que la dette devient de plus en plus insupportable… Et comble de l'horreur, Moodys va se fâcher (déprimer peut-être ?) et nous ne pourrons plus emprunter à des taux raisonnables…pour rembourser la dette. Donc, nous devons accroître le PIB pour baisser la dette « en valeur relative au PIB » et éviter que les dirigeants de Moodys (ou autres agences de notation) ruminent des idées suicidaires. Logique, imparable ! Mais pour accroitre le PIB, il faut consommer plus et pour consommer plus, il faut investir notamment à travers les dépenses publiques (de l'ordre de 50% du PIB), donc il faut produire plus, emprunter toujours plus, et s'enfoncer toujours plus profondément dans la crise de surconsommation, d'épuisement des ressources et d'artificialisation, en ne résolvant aucun problème économique de fond, en ne résolvant aucune injustice, qu'elle soit nationale ou internationale.

La France (et les USA parmi tant d'autres) est l'exemple admirable d'un pays où ***depuis 1974*** nous nous enfermons dans cette logique de pyramide de Ponzi (on emprunte pour rembourser la dette). On « fête » cette année, le cinquantième anniversaire de notre politique délibérée de déficit pour

---

[208] https://www.economie.gouv.fr/facileco/croissance, site consulté le 29/03/2024

soutenir la croissance quoi qu'il en coûte au détriment de l'Aventure et des générations futures, ... et aujourd'hui (5.5% de déficit cette année) nous sommes proches du mur fermant l'impasse. Qui peut encore croire que ces déficits sont conjoncturels, qui peut encore croire ceux qui crient « en avant toute » ? Ne sont pas plus crédibles ceux qui nous disent que la dette ne signifie rien, qu'il suffit de ne pas rembourser ou de pratiquer une inflation pour la diluer. Qui va payer cette inflation financière et prédatrice des milieux naturels, si ce ne sont les générations futures demain, et la nature aujourd'hui. Tout ce que les grands décideurs nous suggèrent est plus d'emplois, donc plus de production, donc plus de consommation de ressources... et in fine plus de dégradations.

Ce n'est pas de l'économie ou de la politique, c'est de l'entêtement idéologique mortifère ! Tôt ou tard, et tard signifie malheureusement effondrement démocratique, nous serons face à nos responsabilités et au bout du bout de l'impasse de Ponzi. Tôt ou tard, il faudra sortir de ce cercle infernal, et plus nous attendons plus la facture sera lourde.

Il est incontournable d'apurer la dette une fois pour toutes à travers une contribution exceptionnelle justement répartie, c'est-à-dire supportée en priorité par ceux qui ont le plus bénéficié des effets de celle-ci. Voilà une issue possible à condition qu'une telle décision soit assortie de l'inscription dans la Constitution que le déficit de l'Etat et des collectivités est anticonstitutionnel, que nous repartions sur les bases saines de la décroissance homothétique, condition de l'acceptation sociétale, non pour « désangoisser » les marchés financiers mais pour éviter que chaque année nous payions des intérêts démentiels à ces mêmes marchés.

Mais face à l'impasse qui fait si peur au ministère des Finances, la réponse est toute autre. Détournons l'attention en suscitant d'autres peurs, en réveillant si nécessaire des réflexes aux odeurs fétides.

➢ *Vieillissement, le mal absolu !*

Il est clair que les premiers temps de la décroissance homothétique peuvent inquiéter. Il est certain que les démagogues vont chercher à nous faire peur, par exemple du fait du vieillissement de la population : le vieillissement, notre propre angoisse extrapolée au niveau sociétal ?

Le vieillissement, horreur et damnation absolues, ce gyrophare clignotant, étincelant de rouge et de jaune, symboles d'incendies et de catastrophes que tous les natalistes, les nationalistes, les religieux et les groupes de pression, « shootés » au PIB national et à la chair à canon, les nostalgiques de « Travail, famille, patrie », portent fièrement sur la tête…pour annoncer la fin du monde.

En réalité, pour la plupart d'entre eux, le vrai problème n'est pas le vieillissement de la population en soi, mais des considérations archaïques sur la crainte de la baisse de la natalité. Les conséquences de la baisse de natalité ne les inquiètent pas fondamentalement, mais ils sont choqués par l'idée même que la population pourrait baisser, que des hommes et des femmes puissent renoncer à faire de nombreux enfants par un choix libre et conscient. L'idée que les femmes pourraient disposer de leur corps leur est insupportable au nom de préjugés religieux, de préjugés machistes ou simplement de l'habitude … Ils sont ravis de la partie du raisonnement circulaire « expliquant » que la croissance est souhaitable puisqu'elle suppose de nombreux enfants ! Le raisonnement est faux, les prémisses obscurantistes, mais feignons un instant de partager leurs angoisses, qu'ils déguisent finalement en formule magique : haro sur le vieillissement de la population !

Eh bien oui, c'est un fait, pendant les deux générations nécessaires pour ramener la population à un niveau de pression supportable par la planète et conciliable avec le Renouveau de l'Aventure et le confort des générations futures, nous devrons volontairement, individu par individu, couple par couple, baisser drastiquement notre taux de fécondité, concrètement le nombre d'enfants par femme et par homme. Et comme, évidemment, il n'est pas question de baisser la durée de la vie, la pyramide des âges va naturellement évoluer vers un plus fort taux d'adultes et d'adultes âgés. Le vieillissement de la population est inévitable, c'est un fait. Et alors ? Ce n'est rien d'autre qu'une phase transitoire pour revenir à l'équilibre écologique et économique.

Et voilà l'angoisse suprême : « mais alors, moins de jeunes qui travaillent pour moi, qui va payer ma retraite », s'égosillent les natalistes (qui d'ailleurs ne sont pas forcément les plus mal lotis) ? Drame national ! Dans leur raisonnement totalement partiel et partial, ils oublient de dire qu'il n'y a pas que les vieux parmi les inactifs, que la jeunesse coûte aussi à la communauté nationale. Diable ! Blasphème ! Quel tabou vient de sauter en une dizaine de mots. Je suis rempli de honte d'être le premier à oser dire que la jeunesse représente une source de coût pour la société et pour les parents !

Si nous avons la sagesse de « mettre de côté » les dépenses d'éducation, de santé, de sport, de loisirs, économisées simplement au prorata de la diminution du nombre de jeunes enfants non conçus, alors nous aurons une belle « cagnotte », à titre privé comme à titre mutualiste. Certes aujourd'hui les dépenses liées à la retraite consomment une quantité considérable du budget de l'Etat (40%), loin devant l'éducation nationale (10%), mais à qui la faute ? Nous subissons de plein fouet, en France, l'effet du Babyboom sur les retraites, comme le montre l'analyse de la pyramide des âges, merveilleux « leg » des politiques natalistes désastreuses... L'effet du Babyboom disparaîtra dans 25 ans. De plus, il ne faut pas oublier que l'éducation nationale n'est pas le seul budget lié à l'enfance. La politique familiale nataliste nous coûte 13% de notre budget national. Mais si la morale s'inverse, que nous ne jugeons plus socialement moral de payer des parents pour « faire des gosses », à qui nous ne sommes pas certains (c'est un euphémisme) de fournir un avenir radieux, il existe ici aussi une source d'économie non négligeable.

Si les familles nombreuses ne sont plus considérées comme une chance, mais comme un handicap pour la société, alors chaque adulte individuellement, et en couple, devra assumer ses choix, des choix libres, mais qui dit liberté dit responsabilité. Avec une bonne gestion volontariste, nous pourrions même nous payer le luxe de diminuer les dépenses globales pour la jeunesse un peu moins vite que ne décroîtra la population de bambins, afin d'améliorer leur prise en charge individuelle et leur offrir une protection sociale revalorisée. Encore faut-il bien sûr rompre avec la politique de Ponzi pratiquée depuis cinquante ans avec le succès que nous connaissons, rompre avec la dette comme moteur artificiel de la consommation et surtout des profits issus de la surconsommation. Il faudra d'évidence s'abstenir de redistribuer immédiatement les économies dans une politique clientéliste et démagogique, propre à tous les gouvernements depuis cinquante ans et à tous les candidats à la succession sans exception.

En fait, tout homme honnête devrait moins se poser la question de savoir qui va payer sa retraite, que de savoir qui va payer ses dettes, financières et écologiques.

Notons d'ailleurs que s'il existe un exemple de pyramide de Ponzi, notre conception des retraites constitue une illustration remarquable, et je ne suis pas certain que faire porter le poids de cette dette sur les seules épaules des générations futures soit l'idée la plus sociale qui soit. Ce système est porteur de destruction, car aucune génération n'est vraiment totalement responsabilisée à ses propres dépenses, c'est-à-dire à sa pression sur la planète. Donc notre endettement social croît. Une *mutualisation* des actifs d'aujourd'hui pour les retraités de demain, c'est-à-dire eux-mêmes, serait sans doute infiniment plus juste, responsabilisant et écologique.

Notre système actuel, qui pousse au natalisme, pouvait avoir une signification sociale tant que nous étions certains que la nouvelle génération serait plus riche que la précédente. Cette hypothèse est pour le moins contestable aujourd'hui.

Par ailleurs, d'autres coûts économiques et sociaux sont à prendre en considération, en particulier celui du chômage des jeunes. Pourquoi faudrait-il des générations pléthoriques si nous ne sommes pas en état de leur offrir un emploi dès qu'ils souhaitent entrer dans la vie active ?

En 2023, le taux de chômage des jeunes âgés de 15 à 24 ans atteint 17,2 % en France. Il est plus de deux fois supérieur à celui de l'ensemble de la population active. 14,2% de nos jeunes sont au chômage entre 1 et 4 ans après la fin de leurs études et ce taux est encore de 9.3% entre 5 et 10 ans. Non seulement, cette hérésie nataliste conduit à une gabegie économique considérable, mais le coût social en termes de démoralisation, de perte de confiance de la jeunesse dans les valeurs universalistes est considérable. Moins nombreux, nous pourrons leur offrir plus d'attention personnelle pour une meilleure intégration dans le monde du travail.[209]

---

[209] Source :https://www.insee.fr/fr/statistiques/4805248#onglet-2 consultée le 11/07/2024.

> **_Une population vieillissante serait moins dynamique et moins progressiste ?_**

Une population qui vieillit est une population moins dynamique et moins progressiste à l'inverse d'une population jeune, c'est évident n'est-ce pas ?

Au vu du recul de l'universalisme, de l'idée de démocratie, de pluralisme, de laïcité, de protection de l'environnement, au vu de la montée de l'obscurantisme, en particulier religieux, parfois même au sein de la jeunesse manipulée par les réseaux sociaux, on peut douter de la proposition précédente et ne pas trop souhaiter continuer dans la même voie de croissance démographique et économique. Bref, la régression des Lumières, y compris au sein de la jeunesse, ne peut pas être synonyme de progrès et de dynamisme ! Non, vieillissement de la population ne signifie pas nécessairement perte de dynamisme et comportement archaïque. Si un risque réel existe, il réside dans l'absence, au sein de toutes les classes d'âge, d'une représentation des intérêts des générations futures et du Processus. Cette question sera reprise dans un chapitre sur nos institutions.

Le vieillissement n'est pas un problème en soi, la crainte du vieillissement est plutôt la traduction d'une immaturité, d'un refus de voir la vie telle qu'elle est. Nous pouvons demeurer dynamique et innovant toute notre vie, si nous le décidons. La population vieillissante ne manque ni d'imagination ni d'innovation. Penser que l'on s'arrête d'avoir envie d'une vie meilleure parce que l'on vieillit est une absurdité, une forme de racisme générationnel. Retirer aux personnes « âgées » toute possibilité d'exprimer leurs idées novatrices dès cinquante ans est la traduction d'une immaturité collective soigneusement entretenue pour justifier la perpétuation des politiques natalistes et des logiques de dette.

Prenons quelques exemples historiques : publication par Galilée du _Dialogue entre les deux plus grands systèmes du monde_, plaidoyer en faveur d'un système solaire héliocentrique en 1632 à l'âge de 68 ans ; Darwin publie _La filiation de l'homme_ en 1871 à l'âge de 62 ans. Probablement les deux plus importantes excentrations et remises en cause de l'anthropocentrisme. Beethoven avait 53 ans lorsqu'il a créé la neuvième symphonie, 3 ans avant sa mort et Claude Monet aux alentours de 70 ans lorsqu'il a peint les célébrissimes Nymphéas ! Rousseau avait 50 ans à la parution du *Contrat Social* et il a écrit les *Rêveries du promeneur solitaire* à 64 ans...etc.

La maturité consiste à reconnaître, à accepter que le Processus fonctionne depuis quatre milliards d'années parce que ceux qui s'en vont, sont globalement remplacés par ceux qui arrivent, certes, mais dans un équilibre démographique qui ne doit jamais remettre en cause la communauté biotique. Voilà à quoi nous devons aboutir, non seulement parce que c'est notre intérêt individuel, notre intérêt d'espèce, mais parce que c'est une exigence morale.

Ce n'est pas le vieillissement momentané qui est à redouter, mais la continuation, l'amplification d'un déséquilibre massif de la pyramide des âges, avec une hypertrophie, une obésité, un embonpoint de sa base qui nous paralyse, c'est-à-dire une surnatalité finalement mortifère. Quand on laisse dériver à ce point la natalité avec ce niveau d'irresponsabilité (doublement de la population mondiale en seulement 50 ans), ce manque total de moralité écologique, pour arriver finalement à se couvrir de dettes économiques et surtout écologiques, il faut bien un jour lancer le balancier dans l'autre sens. Faisons-le intelligemment, consciemment, structurellement. Ne nous laissons pas intimider par les porteurs de gyrophares ; c'est le sens de l'histoire, le sens de l'Aventure de la Vie, le bon sens tout simplement. Et la jeunesse du monde entier l'a déjà compris car la baisse de fécondité est en marche. N'ayons pas peur des batailles d'arrière-garde que voudraient nous imposer des natalistes et des partisans de la croissance quoi qu'il en coûte. Quoi qu'il en coûte à qui d'ailleurs ? Aux générations futures et au Processus, voilà le problème.

Donc le vieillissement peut être financé par la réduction des dépenses à l'autre extrémité de la pyramide des âges, et par ailleurs les anciens peuvent aussi être source d'innovation.

> ### *Plus nombreux, nous sommes plus efficaces ?*

Oui, mais plus nombreux, nous sommes plus efficaces économiquement, n'est-ce pas ?

Bien sûr il reste une objection majeure à la décroissance homothétique. Plus nous sommes nombreux, plus nous pouvons supporter de grosses dépenses collectives sans que cela ne pèse trop lourd sur chacun d'entre nous. Plus nous sommes nombreux plus notre marché intérieur nous permettra de réaliser des objets à bas coût car nous serons plus nombreux à supporter les frais de recherche et de développement. En quelque sorte, plus nous ferons des économies d'échelle.

Pas totalement faux, mais les personnes, qui comme moi ont travaillé dans l'industrie des biens de consommation, savent aussi que nous ne sommes plus au temps de la Ford T, ni de la Traction Citroën livrée en une palette de couleurs quasiment infinie… pourvu que ce soit le noir ! En réalité, chacun cherche à proposer un maximum d'options, charge aux robots de réaliser cette diversification. Par ailleurs, imaginer qu'aujourd'hui un groupe industriel envisage de rentabiliser ses frais de recherche, faire des économies d'échelle sur notre petit marché intérieur relève de la cécité. Ce type d'argument est souvent brandi par les derniers dinosaures du capitalisme national…

Enfin, en situation concurrentielle internationale ouverte, tous les acteurs sérieux de l'économie sont remis à pied d'égalité par la jeunesse. Car la décroissance démographique est de plus en plus uniformisée dans le monde. Il va falloir vous y faire !

Comme pour les dépenses liées au vieillissement, nous voyons les économies d'échelle par un seul bout de la lorgnette, celui du drame, du renoncement, de la catastrophe... Mais la décroissance homothétique est-elle incompatible avec d'autres formes d'économies d'échelle ? Ne pourrait-on pas faire des économies d'échelle directes si nous étions moins nombreux ?

En réalité, nous nous sommes organisés, probablement inconsciemment, pour ne jamais réaliser ce type d'économie du fait de notre tendance à la dispersion. Et donc, nous avons un gisement sous les pieds et pas un petit trésor. Partout nous multiplions des structures redondantes, tant au niveau matériel, géographique qu'au niveau organisationnel. Nous nous dispersons, nous nous divisons, nous nous explosons... au lieu de nous rassembler pour limiter les dépenses, mais aussi les consommations de ressources naturelles. Nous colonisons, nous occupons, nous envahissons au lieu de tendre vers une diminution de l'artificialisation.

Si la population diminue significativement et que nous avons la sagesse de nous replier géographiquement en bon ordre, alors les dépenses de l'Etat pour les routes, les administrations décentralisées … diminueront drastiquement et au moins aussi vite que la simple proportionnalité. Encore faut-il le vouloir, accepter de réduire le mille-feuille administratif, accepter de réduire notre réseau routier pour l'adapter aux nouvelles réalités, encore faut-il peut-être accepter de se regrouper pour réduire nos dépenses collectives tout en offrant une perspective pour restaurer de grands ensembles naturels, pour faire en sorte que chacun ne soit jamais loin, ni des commodités, ni de la nature restaurée.

En réalité, ce que nous perdons, éventuellement marginalement en économies d'échelle par la diminution des populations locales, nous le regagnerons facilement par une intégration à des échelles supérieures en luttant contre le nationalisme économique, contre le « régionalisme économique », contre le « départementalisme économique » (et pourquoi pas le « municipalisme » pendant qu'on y est !), qui ne servent qu'à maintenir en place les systèmes les plus archaïques qui exploitent nos divisions pour maintenir contre vents et marées les privilèges de minorités politiques et économiques établies.

Nous sommes 68 millions de français et nous réclamons tous, au nom de l'Egalité, et c'est bien normal, les mêmes services partout. Mais qui garantit aux banlieusards, aux citadins les mêmes conditions de vie salubres, non polluées, non bruyantes, qu'au milieu d'un massif montagnard, qui leur garantit l'accès à la nature sauvage facilement et gratuitement ? L'Egalité bien sûr, mais alors pour tous les aspects de la vie, et en premier lieu la « qualité du pouvoir de vivre », dont la possibilité de se retrouver au calme est un des fondamentaux. Soyons franc, si les conditions de vie en habitat dispersé étaient si dramatiques, l'exode rural aurait repris depuis bien longtemps, et nos campagnes seraient vides, parole **d'habitant de commune « rurale » qui se sait écologiquement favorisé**. L'habitat dispersé, les micros communes sont anachroniques, un luxe qu'une immense majorité paye par la concentration urbaine excessive, pendant qu'une minorité bénéficie de l'air pur et du silence. Une réduction de nos infrastructures dispersées, une certaine égalisation des densités de population (moins de concentration urbaine, plus de regroupement rural) ne serait que pure justice sociale, permettrait de réduire nos dépenses collectives et conduirait à des économies d'échelle. Mais ce mouvement n'est possible et rendu socialement acceptable que parce que la population diminuera au départ de façon homothétique sur l'ensemble du territoire, les villes commencerons à se dépeupler, devenir plus humaines et cela rendra les microscopiques foyers relictuels isolés anachroniques et peu désirables pour leurs habitants.

J'ose affirmer, au risque que vous refermiez ce livre, voire pire, que nous allons bien trop loin dans la décentralisation, dans l'aménagement tous azimuts du territoire et que le résultat conduit au féodalisme : chaque commune, communauté de communes, canton, département, région cherchant à accroître son « PIB » et en particulier sa population. C'est la course aux subventions (souvent liées à la population) ou aménagements « octroyés » par chaque niveau administratif ou politique supérieur au niveau d'en-dessous. C'est bien cela que nous avons rejeté lors de la Révolution : le féodalisme, le pouvoir des petits ducs, des petits comtes, des petits chefs. Nous croyons tous que notre village, notre hameau, notre canton est exceptionnel (surtout ses habitants) et notre naïveté est largement exploitée pour stabiliser des micro-pouvoirs locaux multipliés ad nauseam !

Les pouvoirs locaux, c'est la porte ouverte à toutes les régressions, en particulier dans le domaine environnemental, où les boucs émissaires seront toujours ceux qui ne peuvent défendre leur point de vue par un bulletin de vote local : la Nature, la faune et la flore sauvages.

Il nous faut renoncer aux particularismes exacerbés, ce qui ne veut pas dire renoncer aux particularités culturelles, mais les concevoir comme des opportunités de partage, plutôt que comme des ferments de division ; c'est un changement total de philosophie dont nous avons besoin, l'opposé des mini-racismes locaux qui sapent notre aspiration à l'universalisme.

Cette conception de la priorité communale, départementale, régionale, nationale est une hérésie, c'est la concurrence de tous contre tous et cela nous coûte collectivement très cher. Moins nombreux, replions-nous en bon ordre autour de villes moyennes dotées des commodités, facilement connectables, car moins nombreuses, par des moyens de transport adaptés aux réductions de consommation d'énergie.

Les économies d'échelle, oui, mais dans le cadre de la décroissance homothétique et de la compensation de la baisse de population « locale » par l'intégration dans des structures humaines et économiques de taille suffisante pour éviter l'éparpillement. Décroissance homothétique, éradication de la dette et densité de population significativement homogénéisée pour plus de justice sociale !

> ➢ *La guerre de tous contre tous, ce n'est pas seulement une métaphore.*

Depuis deux ans monte une petite musique que nous croyions reléguée dans les poubelles de l'histoire. Il n'est plus vraiment question d'économie, mais tout simplement d'hubris, d'impérialisme, de dictature militaire.

Nous voyons ressurgir un vieil argument nataliste aux parfums nationalistes pour ne pas dire coloniaux particulièrement nauséabonds. En soi, cela n'a pas grand-chose à voir avec la décroissance homothétique si ce n'est que l'obsession démographique va totalement à l'encontre des objectifs que nous poursuivons. En effet, ce n'est pas la décroissance qui les préoccupe au premier chef les nationalistes, encore moins le PIB par habitant, certainement pas des considérations philosophiques « humanistes », mais le nombre d'individus sur lesquels pourra s'exercer la dictature. Cette vision du monde a besoin de chair à canon. Les guerres napoléoniennes et le syndrome de la Grande Armée ressurgissent à l'Est.

Nous retrouvons dans les rôles principaux les Poutines, les Kim Jong-Un, les religieux de tous bords et dans les seconds rôles tous les mégalomanes dont certains peuplent aussi le monde occidental, indien..., tous ceux qui rêvent d'imposer par la force ou la menace divine leur vision démoniaque du monde. Naïvement, je pensais que Poutine n'était pas assez irresponsable pour chercher à gagner une guerre par la chair à canon (je l'avais écrit dans mon premier livre). Eh bien, je me suis trompé et je ne suis pas le seul. Le nombre d'antidémocrates qui professent la croissance démographique, comme moteur de leur conquête devrait nous faire réfléchir. Ils ne sont pas tous fous, ils sont juste diaboliquement rationnels. Etonnement peu d'entre eux se sont distingués pour leur attachement à la Nature et à la notion de Libre Evolution, pour leur renoncement à l'anthropocentrisme !

L'asservissement de la Nature et l'assujettissement des individus ont les mêmes fondements : la croyance absurde en la suprématie des hommes (anthropocentrisme) et parmi eux le sentiment de supériorité du dictateur (égocentrisme, hubris, paranoïa…).

Si Kim Jong-Un, El Assad … les militaires birmans avaient le PIB par habitant comme préoccupation, leurs peuples le sauraient. L'obsession démographique pour alimenter la guerre de conquête et la répression se traduit sur le PIB par l'économie de guerre et sur le PIB par habitant par des privations. Outre les conséquences humaines, pour la nature le résultat est désastreux : une gabegie de matière première, la disparition des habitats naturels, un massacre de la vie sauvage, une pollution incommensurable. Mais comment des dirigeants si indifférents à la misère humaine pourraient témoigner le moindre respect pour les autres formes de vie ?

Malheureusement, même dans les démocraties la tentation de la variable démographique comme assurance, bien illusoire, contre les agressions apparaît clairement dans les statistiques de fécondité des peuples qui, à tort ou à raison, se sentent menacés et bien entendu, face à la menace réelle ou supposée, les préoccupations environnementales passent alors en second.

L'Aventure a tout à perdre avec ces régimes dictatoriaux et ils doivent être combattus avec la dernière des énergies, au nom de nos conceptions philosophiques universalistes, mais aussi parce que leur brutalité aboutit à retarder la mise en œuvre d'une décroissance homothétique à travers leurs politiques natalistes.

➢ *Racisme et démographie*

Cette motivation nationaliste et ses conséquences d'attachement aux politiques natalistes se retrouve chez nous à travers les motivations de l'extrême droite, mais pas que, et l'épouvantail du « grand remplacement ».

L'idée évidemment est un intermédiaire entre l'égocentrisme et l'anthropocentrisme. Mon ethnie est intrinsèquement supérieure aux autres. Si je ne sature pas le pays avec ma propre ethnie, alors je laisserais de la place aux autres, qui finiront par m'envahir et me submerger. Le caractère fixiste de la vie, l'absence complète de perspective évolutive, l'ignorance complète du Processus est hallucinante.

Oui, le remplacement, grand ou petit, existe et a toujours existé, et nous serions bien ingrats de chercher à transformer un long film en une photo instantanée.

Alors parlons vraiment de remplacement. Un peu d'histoire. Tout d'abord Homo sapiens, en tant qu'espèce, est un peu mal placé pour s'épouvanter de l'évolution de répartition des populations, si l'on songe que l'ensemble de l'Europe et l'Asie était déjà occupé par un autre homme, Homo neanderthalensis, dont les derniers souvenirs sont quelques pourcents de gènes dans notre patrimoine génétique. Comme tout « bon » colonialiste nous cherchons toujours à transmettre d'eux l'image, totalement fausse, d'un homme fruste, inculte et brutal. Qu'Homo Sapiens ait simplement déstabilisé Néandertal par l'apport d'une culture très différente, un rapport différent à la nature notamment, qu'il l'ait évincé manu militari ou simplement « dilué » dans un flux démographique supérieur, le résultat est le même. Européens et asiatiques, nous sommes tous les « usurpateurs » du premier occupant, de celui qui pendant 300 000 ans avait vécu en équilibre avec son milieu naturel, avec ses milieux naturels si on veut bien considérer les incroyables changements climatiques auxquels Néandertal a su faire face. Finalement, et notre génome en est le témoin, nous avons de fait submergé démographiquement Néandertal et notre anthropocentrisme n'y est probablement pas pour rien. Nous sommes donc mal placés pour nous offusquer d'un quelconque flux migratoire, d'autant qu'il faut ajouter un léger détail. Nos ancêtres sont venus du sud, puis de l'est, et c'est nous qui avons réalisé le premier grand remplacement en Eurasie au sein du genre Homo.

Mais cela est tellement ancien. Oublions et parlons de dette démographique.

Partout en Europe, de façon plus ou moins prégnante suivant les pays et les époques, la famine, les disettes et l'épuisement des matières premières maintiennent les peuples dans des conditions de survie déplorables. Les campagnes sont totalement occupées, la terre divisée, les ressources minérales de plus en plus relictuelles ... bref tous les symptômes de la crise démographique. D'ailleurs pendant des siècles la population évolue peu sous l'effet de la sélection écologique. Les épidémies, la mortalité infantile, les guerres intestines et les famines agissent comme régulateurs peu souhaitables, car totalement subis, de la démographie. Quelle réponse ?

Lors des crises les plus terribles, les européens émigrent et pas qu'un peu, en Amérique du Sud, puis en Amérique du Nord, puis en Australie / Nouvelle Zélande, en Nouvelle Calédonie, dans l'orient russe, enfin en Afrique.

Alors faisons les comptes :

• 7 millions d'européens partent en Amérique du Sud et Centrale. Leurs descendants sont aujourd'hui 600 millions pour 40 millions environ d'habitants de souche amérindienne : population « européenne » multipliée par 90. La population amérindienne autochtone est noyée démographiquement.

• 43 millions d'européens émigrent vers les Etats-Unis et l'Amérique du Nord et ont 240 millions de descendants « blancs » directs. Ils sont par ailleurs directement responsables de l'arrivée de la population noire américaine (esclavage) qui représente 40 millions supplémentaires. Les latinoaméricains, issus principalement de l'immigration « blanche », complètent les 370 millions de descendants d'immigrés.

• 1 million d'européens migrent vers la seule Afrique du Sud où leurs descendants sont aujourd'hui 5 millions.

• 3 millions de Britanniques migrent en Australie et en Nouvelle-Zélande et sont aujourd'hui 31 millions, avec le sort que l'on connait pour les populations aborigènes.

Au total, environ 55 millions d'européens ont quitté l'Europe par vagues successives et ont donné un milliard de descendants hors de notre continent, soit 18 fois plus. Pratiquement systématiquement, le résultat a été un effondrement démographique (et culturel) des populations indigènes. En matière de grand remplacement, la dette européenne est colossale. Aux USA, les descendants des amérindiens et autres peuples autochtones (Alaska, Hawaï…) ne représentent plus que 1.5% de la population !

En plus du coût humain et culturel, un tel afflux de population est la cause numéro un de la perturbation du Processus sur ces continents. Ici comme chez nous, la croissance du PIB, principalement pilotée par la croissance démographique, s'est traduite par un coût écologique épouvantable. Nous savons que ces émigrés, surnuméraires en Europe, n'auraient pas eu un sort enviable et que l'Europe occidentale n'aurait pas pu nourrir ce milliard supplémentaire.

Il n'est même pas certain que l'Europe pourrait nourrir ces 400 millions d'habitants actuels sans l'apport massif des richesses minérales et agricoles des autres continents, fruits souvent de l'usurpation coloniale. La décroissance homothétique nous l'aurions subi au lieu de la piloter.

Un peu de décence merci ! Expliquer que nous devons être plus nombreux pour se prémunir d'un bien hypothétique grand remplacement, ou je ne sais quel déguisement du racisme, c'est une inversion de l'histoire, du révisionnisme. C'est parce que nous étions incapables de maîtriser notre propre démographie, en dépit de l'avertissement des assyriens, que nous avons dû exporter nos déficits chroniques, notre insatiable appétit de PIB... en même temps que notre anthropocentrisme occidental exacerbé.

> ### *La démographie, les féodaux et le poids politique.*

Malheureusement, il semble bien qu'à des degrés inférieurs (heureusement) les mêmes mécanismes d'hubris agissent et motivent nombre de nos dirigeants. Finalement, ils appliquent au niveau électoral le même raisonnement de conquête assimilant leur puissance politique à la population de leurs électeurs et au PIB de leur région, ou département, ou canton, ou circonscription électorale. Dès lors, le moindre fléchissement de la population locale, ou nationale pour ceux qui souhaitent peser à l'international, est ressenti par ces « décideurs » comme une catastrophe. Regardons-les à l'œuvre lorsqu'ils ont une parcelle de pouvoir. Les féodaux n'hésitent plus à remettre en cause des grands progrès au niveau européen ou national par exemple ils contestent le principe de ZAN, Zéro Artificialisation Nette ou du Green Deal. Certains vont jusqu'à tenter de s'octroyer le droit de fractionner des milieux naturels par des infrastructures nouvelles et si nécessaire en se « substituant » à un Etat défaillant à leur yeux, Etat pourtant déjà si peu protecteur de l'Aventure.

Les féodaux vont jusqu'à réclamer que les projets nationaux soient retirés du quota de ZAN des régions. Alors l'Etat « se couche » et leur donne satisfaction (Ministère de l'environnement le 12/04/2024), sous forme d'une mutualisation de 10 000 ha. Pourtant ce sont bien les Régions qui bénéficieront au premier chef de ces infrastructures. Elles auront « intérêt » à pousser l'Etat à investir et artificialiser chez elles, puisqu'elles n'en supporteront pas les conséquences négatives. D'ailleurs, les décideurs régionaux ont obtenu de faire partie de la négociation pour la désignation des projets d'envergure nationale.

Mais en fait dans la pensée de ces féodaux attaquant la politique de ZAN, là n'est pas vraiment le problème : nous voulons faire tout ce qui nous passe par la tête et tout quota est insupportable par essence dans un bel élan de libertarisme d'un bout à l'autre de l'échiquier ! Et une fois de plus, la nature paiera la note et les notes à venir. Le Processus et nous-mêmes n'avons rien à gagner à une décentralisation trop intense et à un émiettement des pouvoirs.

Tout comme nous avons montré l'absurdité d'une privatisation des milieux naturels protégés, il est absurde de laisser à une multitude le pouvoir de diviser, fractionner la Nature. Bien au contraire, nous devons nous regrouper pour limiter les dépenses inutiles, faire des économies d'échelle, et commencer à poser les jalons du grand partage entre les Hommes et la Nature.

La décroissance homothétique, plutôt « le Renouveau de l'Aventure » est possible mais à ce prix : renoncer à l'anthropocentrisme, renoncer à l'égocentrisme, renoncer à la mégalomanie, dénoncer l'amalgame entre bonheur et pouvoir de dépenser, entre bonheur et assujettissement du vivant.

In fine, le « Renouveau de l'Aventure » ne relève pas d'un débat technique, politique ou économique : c'est un impératif moral qui découle de l'origine même de la Vie, du droit naturel lié au Processus.

➢ *Avec autant d'oppositions, la décroissance homothétique doit nécessairement être une aberration !*

Effectivement, les opposants à la décroissance se bousculent. Pour autant la somme colossale de préjugés et de sophismes deviennent-ils raison ?

Malheureusement, la majorité des écologistes politiques, surtout inquiets de la salubrité de leur propre environnement humain, englués dans des manœuvres politiciennes, des alliances de circonstance, semble peu préoccupée par le sort de la flore et de la faune sauvages. Sans réelle volonté de renouveler leur pensée, qui pourrait déstabiliser leur électorat et leur positionnement sur l'échiquier, la notion de décroissance homothétique pilotée par la démographie est taboue.

Proposer la décroissance est de prime abord un concept repoussant car présenté comme porteur de renoncement au progrès, pire comme révélateur d'un pessimisme coupable. En revanche la décroissance homothétique est une voie réaliste de sortie par le haut qui n'est ni optimisme béat, ni pessimisme sclérosant, juste une voie respectueuse des faits. Certes elle nécessite un effort individuel et collectif, en particulier pendant deux générations, mais au final l'enjeu n'est ni plus ni moins que la sortie de la gabegie, du massacre, du refus d'une facilité délétère et le rétablissement de l'équilibre démographique, économique et in fine écologique de la planète.

La décroissance homothétique n'est pas idéale, nous aurions préféré n'avoir jamais eu de déséquilibre à compenser, mais c'est la voie la moins douloureuse, la plus démocratique, la moins inégalitaire pour sortir de l'impasse.

Construire les étapes, le détail de la stratégie, penser les exigences, mettre en avant les bénéfices, nécessitent quelques approfondissements et réflexions, toutes activités créatrices auxquelles toutes les générations contribueront.

Mais il est fondamental de ne pas concevoir ce « Renouveau de l'Aventure » comme une démarche politique mais comme un cheminement philosophique qui suppose un renoncement sincère à l'anthropocentrisme, à l'hubris individuel et collectif.

Aujourd'hui où plus aucun parent ne peut promettre à son enfant qu'il vivra mieux que lui, ce qui constitue une situation nouvelle depuis fort longtemps, il est temps de changer de logique.

La croissance économique n'est plus synonyme de : « tu vivras mieux que moi », mais « le risque est très probable que tu vives moins bien demain dans un monde encore plus dégradé que le mien. »

La décroissance homothétique signifie que « tu pourras vivre dans un monde où tu ne t'encombreras pas de biens matériels que tu jugeras inutiles ou nocifs, mais tu vivras dans un monde plus équilibré, plus désirable, avec de l'espace pour rêver et un contrat renouvelé avec le reste du vivant ».

2) *Le système de valeurs de l'anthropoEXcentrisme*

Nous n'insisterons jamais assez : ce n'est pas d'un simple changement de politique, et encore moins d'un changement d'hommes ou de partis politiques dont nous avons besoin dans l'immédiat, mais d'un changement de philosophie, d'ontologie, de conception des rapports de l'Homme avec le reste du vivant.

Evidemment, nous devons illustrer ce propos dans nos comportements individuels et collectifs quotidiens en mettant en exergue les comportements vertueux et en dénonçant ce que nous entendons rejeter, mais la chronologie historique est fondamentale : une mutation philosophique sincère comme préalable.

Nous devons commencer par changer notre façon de percevoir la Nature, la concevoir comme un monde en perpétuel changement, un monde habité par d'autres êtres vivants, qui vivent en interaction, qui tentent de survivre dans un milieu physico-chimique mouvant et qui sont tout aussi légitimes que nous à revendiquer la copropriété de la planète, le droit de vivre leur évolution naturelle, le droit au perfectionnement. La Nature existait avant l'Homme, la Nature n'a pas besoin de l'Homme, c'est l'Homme qui a besoin de la Nature. Si l'Homme venait malencontreusement à disparaître, la Nature ne se « suiciderait » pas, elle poursuivrait sa route.

Nous pouvons tenter de résumer notre nouvelle relation au vivant par cette maxime, certes un peu longue :

« Tu considéreras chaque forme de vie sauvage comme aussi légitime que la tienne et tu lui accorderas a priori la même attention empathique que tu prétends attendre de tes semblables. Tu respecteras l'Aventure et le Processus comme tes propres ascendants et ceux de tous les êtres vivants. »

Evidemment, une telle maxime est trop générale et ne peut guère servir de guide d'action au quotidien. Elle a pour vertu de marquer le changement total d'ontologie, de philosophie des rapports entre moi ou nous et le reste du vivant. Ce changement de mentalité, de référentiel moral est un préalable à tout, une modification authentique de nos modes de pensée, un petit tintement dans nos oreilles à chaque fois que nous avons une décision à prendre. Ce petit clignotant nous rappellera que seul le Processus est une Loi Naturelle.

En pratique, nous avons besoin de deux degrés supplémentaires de précision, pour passer de cette ontologie nouvelle au stade qui précède la politique elle-même. La politique quotidienne, qui dépend d'un Etat ou d'un autre, concerne essentiellement le rapport de nos générations actuelles avec elles-mêmes. Elle est par nature dans l'immédiateté et donc principalement hors sujet dans ce livre. En revanche, nous avons besoin d'aller plus avant dans l'énoncé des conséquences de la maxime. Le premier degré de précision est la plateforme qui va suivre, le second sera traité dans le chapitre suivant comme une tentative de traduction constitutionnelle, la Constitution étant la loi fondamentale qui délimitera le champ d'application de la politique et des lois dans un contexte anthropoEXcentrique clairement affirmé.

Dans une filiation assumée avec la plateforme d'« Ecologie Profonde » de Arne Naess, dont nous nous inspirons pour partie et surtout dans l'esprit, le manifeste de l'anthropoEXcentrisme s'expose en deux parties. La première concerne les valeurs de l'anthropoEXcentrisme dans nos rapports avec le Processus et l'Aventure, c'est-à-dire avec le monde vivant et abiotique. La seconde décline les implications directes pour l'espèce humaine, les devoirs des hommes vis-à-vis de leurs « commensaux », notamment faune et flore domestiques, les devoirs des générations actuelles à l'égard des générations futures de la communauté biotique et de l'espèce humaine… en intégrant en partie les réflexions de Hans Jonas et de Peter Singer.

➢ *Plateforme de l'anthropoEXcentrisme*

Partie 1

    1) L'Humanité, les individus, hommes et femmes, les sociétés et toutes formes d'associations humaines, acquièrent l'intime et sincère conviction qu'ils ont émergé dans une longue filiation qu'ils partagent avec toutes les autres formes de vie, et qu'à ce

titre ils ne sont ni possesseurs exclusifs, ni maîtres de leur environnement et de la Terre.

2) Cette filiation découle du Processus, somme de principes qui ont permis le développement et le maintien de la vie sur Terre depuis l'origine. L'émergence de l'Humanité est un des fruits du Processus.

3) Le Processus a tracé un chemin particulier depuis les origines à travers les aléas et les déterminismes physico-chimiques. Ce chemin est l'Aventure. L'Aventure doit toujours demeurer en marche.

4) Le Processus et l'Aventure, patrimoine commun à toutes les formes de vie, acquièrent le statut de « valeur intrinsèque ».

5) Le fonctionnement normal du Processus suppose la Libre Evolution des espèces et des écosystèmes. A ce titre, nul n'est censé interférer avec la trajectoire future de l'Aventure à travers un dessein préétabli.

6) La diversité des formes de vie étant le résultat du Processus, et la matérialisation de l'Aventure, son évolution spontanée constitue une valeur intrinsèque.

7) La composition instantanée d'une communauté écologique ne présente pas le caractère de valeur intrinsèque. Sa valeur relative découle du respect de l'Aventure passée et future.

8) La vie de chaque individu, de chaque population, est un maillon indispensable du Processus, car elle est potentiellement porteuse des mutations et des évolutions futures.

9) Au sein de l'Aventure, les formes de vie non humaines ont la même valeur en soi que la vie humaine, puisqu'issues du même Processus et à ce titre la valeur des formes de vie non humaines est totalement indépendante de leur utilité pour l'homme.

10) Les formes de vie constituent a priori un continuum de sensibilité, d'intelligence, de conscience de soi, et à ce titre aucune frontière nette ne doit être tracée pour établir une hiérarchie, une suprématie de droit ou de valeur, entre les espèces vivantes ou au sein des espèces, pas plus qu'entre les humains.

11) Consciente que, par son action particulière sur son propre environnement, l'Humanité a gravement perturbé le Processus et le tracé de l'Aventure, que par là même elle s'est désolidarisée de la communauté biotique et de ses modes historiques d'interactions, elle décide de dédier une partie très significative de la planète à la restauration du Processus.

12) Ainsi l'Humanité crée de vastes zones de Libre Evolution permettant au Processus de reprendre son œuvre immémorielle.

13) Ces zones seront fortement interconnectées.

14) Au sein de ces zones, nul n'est censé perturber le Processus.

15) Nul artifice ou comportement artificiel n'est admis au sein de ces espaces.

16) Les domaines en Libre Evolution ne peuvent en aucun cas accueillir de faune ou de flore domestiques, c'est-à-dire sélectionnées par l'Homme pour ses besoins propres.

17) La reconstitution de ces espaces sera la consécutive à la baisse de la population humaine et de la décroissance homothétique.

18) Au sein de ces ensembles, chaque individu de quelque espèce que ce soit, dispose du même droit d'usufruit. Ce droit découle du Droit Naturel à exploiter son domaine de vie pour sa propre survie, sa reproduction, sa migration, du droit de prendre les bonnes ou les mauvaises décisions. Ces espaces sont par nature en copropriété de l'ensemble de la communauté biotique amené à évoluer.

19) A ce titre, au sein de ces ensembles, nul ne peut s'approprier une autre forme de vie pour satisfaire son propre usage, si ce n'est par prédation naturelle indispensable à sa survie, mais en excluant l'utilisation de tout artifice importé. Les individus de la faune et la flore sauvages naissent libres et le demeurerons jusqu'à leur mort naturelle, en libre interaction avec le reste de la communauté biotique.

20) Au sein de ces ensembles, le substrat de la vie, le biotope ne peut être modifié et les seules évolutions seront celles induites par les évolutions géologiques spontanées.

21) La géologie, la tectonique, la pédologie, l'hydrographie, constituant les supports matériels du Processus, acquièrent une valeur en soi que nul ne saurait perturber à grande échelle.

Partie 2

1) Chaque être humain s'abstiendra d'avoir plus d'enfants que ce que peut tolérer le rétablissement, puis le maintien des grands équilibres écologiques et en particulier le rétablissement des grands ensembles en Libre Evolution. Le niveau de fécondité souhaitable évoluera avec l'approche de la restauration écologique.

2) Chaque être humain contribuera à la décroissance homothétique à la fois par son comportement reproductif et par son comportement raisonnable, donc parcimonieux, de consommation de biens matériels.

3) La réduction des injustices sociales, et tout spécialement internationales, est gage de possibilité de liberté et d'émancipation féminine. Cette liberté de la totale maîtrise de son corps, assise sur le droit au savoir philosophique, culturel et scientifique, partout à travers le monde, est une des conditions de la mise en œuvre et de la réussite de la décroissance homothétique.

4) La qualité de vie et le pouvoir de vivre, en particulier à proximité de vastes espaces en libre évolution, tendront à être privilégiés à l'accumulation de biens matériels.

5) Le Principe de Précaution, le principe de responsabilité, à l'égard du futur est un devoir moral. Le Principe de Parcimonie est également un devoir moral et implique la société comme les individus.

6) Seront privilégiées les technologies minimisant ou annulant l'emprise géographique de l'homme, la fragmentation des milieux, les consommations de ressource et les modifications physico-chimiques à grande échelle. Le progrès et le savoir scientifique sont des conditions de la décroissance homothétique et de l'anthropoEXcentrisme, mais leur application doit être

orientée vers le plus grand bénéfice social et la minimisation des impacts.

7) A terme, la démographie maîtrisée et les comportements de consommation vertueux devront permettre de limiter les prélèvements de ressource à la quantité maximale offerte par le renouvellement naturel et le recyclage.

8) Toute décision consistant à installer, transférer les risques technologiques et chimiques, ou les atteintes à l'intégrité des espaces naturels, terrestres ou marins, loin des lieux d'activité humaine (habitation, travail, loisir…), est proscrite et considérée comme immorale. L'homme doit assumer seul les conséquences de ses décisions.

9) Le droit des générations futures suppose l'héritage d'une planète en équilibre écologique rétabli et disposant en conséquence de ressources permettant un prélèvement au moins égal aux prélèvements équilibrés des générations précédentes. La surface des domaines en Libre Evolution ne pourra que s'accroître de génération en génération.

10) Pour satisfaire les besoins vitaux des individus et de l'Humanité, notamment veiller à la santé des individus et de la population, les règles et principes de la partie 1 pourront être localement et momentanément assouplis, mais jamais au sein des domaines en Libre Evolution.

11) Pas plus que dans les domaines de Libre Evolution, nul n'est censé s'approprier une forme de vie non domestique pour son plaisir ou pour la revendre. Seule la communauté humaine, au sens le plus large possible, peut décider de prélèvements de formes de vie non domestiques, uniquement aux fins de sécurité ou de santé, et les prélèvements, minimisés, appartiennent à la communauté humaine. Aucun être vivant, aucune matière du sol ou du sous-sol ne peut être considéré comme Res Nullius.

12) L'éleveur ou cultivateur, professionnel ou amateur, le détenteur de flore non spontanée ou d'animaux de compagnie contractent un devoir moral de protection à l'égard des êtres vivants artificiels, car issus de sélection ou mutation dirigées. En particulier, l'éradication des souffrances évitables, tant physiques

que psychiques, sera la préoccupation première de ces acteurs, et ceci avant toute considération économique.

13) Dans la mesure du possible, en particulier pour la préservation de sa propre santé, chacun veillera à pratiquer un mode d'alimentation qui limite son impact sur la planète et les souffrances infligées aux autres êtres vivants.

> ***Quelques précisions pour l'interprétation de cette plateforme.***

Le respect du Processus est la valeur morale primordiale, puisque tout ce qui nous fait vivre, tout ce que nous pensons et pouvons concevoir est fondamentalement le fruit de ce Processus. « Je pense… car je suis le fruit du Processus ». Nul ne peut se prévaloir de mettre en danger durablement et sur une large échelle la branche sur laquelle l'Humanité et la Vie sont assises.

Du fait de la rapidité de la variation des conditions physicochimiques (réchauffement climatique, diffusion généralisée des pesticides et autres polluants), il est essentiel de se référer au Processus évolutif plus qu'à un état stationnaire de la santé des écosystèmes, des listes d'espèces et des populations à un instant et un lieu donnés.

La non-gestion des espaces en Libre Evolution suppose qu'aucun artefact n'y soit introduit ni à caractère provisoire, ni bien sûr à caractère définitif. Plus encore, la mise en place supposera la suppression de tout artefact. L'homme pourra s'y promener à sa guise, randonner avec ce qui est nécessaire à sa survie, mais sans introduction d'artefact, sans possibilité d'y séjourner, sans prélèvement. Cette précaution tient au fait que nous nous sommes montrés jusqu'ici incapables, y compris dans les Parcs Nationaux, de limiter notre comportement colonisateur à l'égard de tout milieu naturel, que nous nous sommes exclus de fait de la communauté biotique et de ses règles, en perturbant gravement le Processus. Il est possible, que lorsque l'anthropoEXcentrisme sera le mode de pensée dominant, nous puissions assouplir cette règle, mais cela suppose un changement de comportement sociétal complet, un changement d'ontologie.

La Libre Evolution n'a de sens que dans des Espaces de dimension et connectivité suffisantes : chaque individu de chaque espèce doit disposer d'un territoire suffisamment grand pour exercer ses fonctions vitales, y compris le besoin de libre dispersion et de libre migration.

Ces espaces doivent inclure toutes les zones présentant un danger potentiel pour les hommes et leurs commensaux du fait du changement climatique (lits majeurs des fleuves et rivières, côtes exposées, risque d'effondrement et d'érosion en montagne, risque d'incendie d'ampleur…). Les côtes et cours d'eau, les chaînes de montagne… pourront jouer un rôle primordial et privilégié dans la connectivité.

En dehors des zones de Libre Evolution, la plupart des règles régissant les relations entre les hommes seront maintenues, suivant en cela la Déclaration Universelle des Droits de l'Homme de 1949. En particulier, l'attachement à l'universalisme, à la liberté de pensée, de s'exprimer et de se déplacer, à la tolérance, à la laïcité et à l'égalité devant la loi sera réaffirmé et réellement défendu, ce qui n'est déjà plus le cas ou si rarement.

Dans les domaines non dédiés à la Libre Evolution, la propriété privée sera maintenue, mais pourra évoluer en limitant toute forme de fragmentation au strict nécessaire, en tendant à considérer cette propriété comme une délégation de la communauté humaine et biotique à un individu ou un groupe d'individus, avec pour cahier des charges le maintien dans l'état écologique optimal. La cogestion des espaces privés sera privilégiée pour éviter cette fragmentation, pour permettre la jouissance par chacun d'un espace plus vaste que sa propre parcelle. Idéalement chaque propriétaire privé devrait gérer ses terrains comme usufruitier du bien de la communauté plus que comme potentat.

Avec la création de vastes espaces en Libre Evolution, nous ne prônons pas de revenir au fondement de l'anthropocentrisme qui consiste à présumer que l'homme est fondamentalement différent du reste du vivant. Il ne s'agit pas plus de soutenir, contre toute évidence biologique et écologique, que l'origine de l'homme aurait quelque chose de « miraculeux », donc à part. Non, nous sommes clairement issus du même et unique Processus que les autres espèces. Comme toutes les autres, nous avons une part d'innée, d'« instinct » inscrit dans nos gènes depuis la nuit des temps, gènes que nous partageons avec la longue lignée des mammifères et même pour certains bien avant. Ces gènes et leur expression sont largement à l'origine de nos comportements les plus fondamentaux, l'empathie notamment. Comme pour un nombre considérable d'espèces, nous avons développé des cultures, c'est-à-dire des formes d'adaptation optimales à nos conditions de vie, à nos « histoires de vie ». En cela, rien ne nous distingue.

Nous étions des fils et filles de l'Aventure, mais petit à petit, par notre incapacité à gérer notre environnement en « bon père de famille » (comme le font tous les autres grands prédateurs), nous avons épuisé notre environnement, dans une dérive devenue une anomalie du Processus. Par notre « culture » spécifique, nous avons ajouté au concept de dispersion (comportement inné indispensable pour lutter contre la consanguinité et le risque d'épuisement local des ressources), un principe de conquête. Cette conquête nous a amenés non seulement à épuiser notre environnement immédiat mais à étendre l'épuisement au niveau planétaire.

En cela, nous sommes, nous nous sommes totalement exclus du Processus dans une progressive coévolution nature - culture, durant laquelle la culture a fini par prendre le pas sur la Nature, nous affranchissant de la sélection « écologique », au moins dans une phase transitoire qui tend probablement à s'achever. Le passage de notre régime principalement végétarien au régime carné a facilité le développement de notre cerveau, nos développements culturels. Mais en retour, pratiquement partout nous avons épuisé les troupeaux de faune sauvage. N'importe quelle autre espèce aurait disparu ou aurait, bon gré, mal gré, dû réguler sa population. Mais, notre cerveau ayant bénéficié de cette phase de lente maturation, nous avons échappé au cataclysme grâce à la domestication des animaux et des plantes, à la création d'êtres hybrides par un mécanisme strictement opposé au Processus, êtres dont nous sommes désormais totalement dépendants. Nous agissons dorénavant en « boucle ouverte » telle une machine qui ayant perdu son système de régulation, s'emballe et finit par exploser : explosion démographique, pression sur le milieu naturel et la communauté biotique.

Alors oui, aujourd'hui, en ce sens, l'Homme est sorti de la Nature, il est devenu un avatar de l'être naturel… mais comme toute cette dérive est largement due à notre culture, nous avons la possibilité, non de revenir en arrière , mais d'utiliser la culture elle-même pour reconstruire un nouveau pacte, un pacte entre nous et la communauté biotique, un pacte qui reconnaît à nouveau la contrainte de la sélection écologique, c'est-à-dire celle du nombre.

La création d'Espaces en Libre Evolution ne doit donc pas être considérée comme une ségrégation entre nature et culture. Il s'agit seulement d'admettre que nous sommes en train de sortir du « Tressage nature - culture », et que cette dichotomie est justement le fait de dérives culturelles. Nous sommes au point de rupture et nous tendons à rendre ces deux piliers de la nature humaine par trop irréconciliables. Pire, si une des deux branches de la tresse vient à disparaître, toute modification d'ontologie deviendra impossible. Il est donc impératif de reconstituer cette branche de notre coévolution, réapprendre à échanger avec elle, pour réinjecter dans nos cultures « du sang neuf » par la compréhension, le désir de l'Aventure et du Processus.

Comme indiqué, l'homme est le bienvenu dans les Espaces en Libre Evolution pour autant qu'il en accepte les règles et s'y conforme. D'autre part, l'existence de ces Espaces ne signifie aucunement un blanc-seing octroyé aux hommes pour faire n'importe quoi en dehors de ces zones. Bien au contraire, la proximité des Espaces en Libre Evolution, le cas échéant avec des zones de transition, de gradient de « naturalité », doit être conçue, comme un apprentissage nécessaire de la complexité du vivant et du maillage multidimensionnel des interactions, positives et négatives, qui s'y produisent. Cet exemple doit servir de guide d'action pour les activités humaines elles-mêmes hors de ces espaces totalement préservés. La création de ces espaces n'est pas un « solde de tout compte » mais une exemplification des comportements vertueux dans les interactions humaines avec le reste de la nature. Nous avons un besoin impérieux de cet exemple pour rééquilibrer notre philosophie.

✓ *Le progrès scientifique et technique et le progrès de l'humanisme*

Nous avons construit toute la pensée occidentale autour du mythe du progrès, ou plus exactement le mythe d'un **progrès corrélé** : d'une part progrès des connaissances scientifiques et techniques, et d'autre part progrès de l'humanisme, de la tolérance, de la bienveillance, de la fraternité, de l'altruisme, du refus de l'obscurantisme. Et le recul de l'obscurantisme semblait devoir découler logiquement du progrès scientifique, illusion d'optique d'une minorité hautement cultivée…

Eh bien oui, le progrès scientifique et technologique est réel, et nullement remis en cause pour l'essentiel, mais l'autre volet a furieusement tendance à progresser moins vite, voire à régresser, sous l'effet de la raréfaction des ressources et de la finitude de la Terre. Tout se passe comme s'il n'y en avait plus assez pour tout le monde ! Alors pour une immense majorité de la population mondiale, l'adéquation progrès de la connaissance / bien-être ne tient pas sa promesse et l'obscurantisme, la bête immonde, en profite, ressurgit ou du moins s'exprime à nouveau sans vergogne. Et cet obscurantisme renforce notre méfiance vis-à-vis de l'« extérieur ».

Face à cette dichotomie, à ce divorce entre les deux sources de progrès, la réaction est la plus stupide qui soit : amplifier la confiance dans la technologie, dans la croissance du PIB, croire et faire croire que notre problème est un défaut de technologie… que l'obscurantisme finira par plier…S'il n'a pas cédé en trois cents ans, pourquoi le ferait-il aujourd'hui ?

Encore une fois, cela ne signifie pas que culture et nature ont toujours été opposées. Bien au contraire, je pense, et c'est pratiquement un consensus aujourd'hui parmi les éthologues, que ce que nous appelons culture est en grande partie inné et indissociable du long Processus évolutif, non seulement de l'espèce humaine (hominisation), mais d'une partie essentielle du vivant : un héritage partagé que chaque espèce fait vivre à sa manière.

Evidemment, certains m'opposerons que les problèmes ont surgi avec le capitalisme, qu'il suffirait de changer de politique pour que le miracle se réalise. Certes le capitalisme est une pratique désastreuse, mais le capitalisme n'a pas surgi des marais fangeux comme l'Hydre de Lerne. Cela fait 15 000 ans que le ver est dans le fruit. Le capitalisme est le symptôme, pas la cause.

La machine de Cugnot ou même l'invention de la roue, antérieures au capitalisme moderne, n'ont rien de plus cohérent avec le Processus qu'un robot ou l'intelligence artificielle. L'idéologie est fondamentalement la même.

Mais superbe ironie de l'histoire, et révélateur de notre dérive incontrôlable, cette intelligence artificielle conduit à ce que nous sommes ou serons d'ici dix ou vingt ans : bien en mal de dire si telle voix, telle image est réelle ou totalement « Fake ». Dès lors, une nouvelle forme d'obscurantisme arrive au galop alors que nous avons conçu toute la pensée occidentale pour nous en affranchir…Le progrès scientifique promettait l'objectivité… Nous héritons d'un flou cognitif.

Décidément, nous ne saurons pas mettre de limites à l'artificiel, si nous ne changeons pas d'ontologie. Que devient notre chimère chérie, le mythique propre de l'Homme, soi-disant l'intelligence et le langage, alors que nous pouvons dorénavant les produire artificiellement…Pauvre Aristote.

Alors, par mesure de précaution et jusqu'à ce que nous ayons réussi, je l'espère, à changer suffisamment d'ontologie, et à mettre nos actes en cohérence, je prône une séparation franche, géographique, topologique entre le domaine où peut régner l'artificiel et le domaine où règne le Processus. Encore une fois il ne s'agit pas d'institutionnaliser l'Homme comme être à part, suprême, mais bien au contraire de préserver le Processus le temps que nous prenions conscience que nous ne sommes ni supérieurs, ni maîtres, ni possesseurs, ni même intendants ou juges !

Cela prendra du temps, et en attendant, mieux vaut laisser de vastes espaces au Processus.

Dans une perspective historique (trois générations ?), nous pouvons parier que le gradient s'atténuera et que le passage de l'un des domaines à l'autre sera plus « naturel ». En attendant, nous devons reconnaître que nous nous sommes exclus du Processus, pire que nous le combattons chaque jour avec acharnement, et donc que cette séparation est historiquement incontournable pour sauver l'exercice exemplaire du Processus. Le retour de l'Homme comme partie prenante de la Nature est possible et le plus rapidement sera le mieux ! Notre destin de « futur-ex-membre » de la communauté biotique est entre nos mains.

Des secteurs de réserves naturelles implantées hors des Espaces de Libre Evolution, car difficilement connectables, occuperont des espaces particuliers et originaux du fait de biotopes spécifiques (zone humide, bord de rivière, falaise, affleurement rocheux…).

L'uniformisation des densités de population, le regroupement en entité de taille moyenne sera un objectif fondamental, conditionné par la diminution de la population globale. Cette perspective doit être comprise comme un ***objectif de justice sociale essentiel*** offrant à chacun à la fois le confort de services collectifs et la possibilité de s'approcher facilement d'Espaces en Libre Evolution, offrant aussi le droit à la quiétude et au silence pour tous. La réduction drastique des fragmentations est conçue comme limitation des risques de dégradation écologique, comme source de baisse des frais de maintenance et comme opportunité de connectivités entre les zones en Libre Evolution. En outre le choix judicieux des sites limitera les risques liés aux catastrophes dues au réchauffement climatique. Ces objectifs sont conditionnés à la réduction de la densité de population, donc à la décroissance homothétique.

✓ *Principe de Précaution et principe de Parcimonie*

Afin de nous prémunir face au risque de nouvelles dégradations massives, c'est-à-dire affectant sérieusement le Processus, si les recherches scientifiques et techniques demeureront totalement libres, le développement et la commercialisation des innovations majeures seront soumis à la validation d'une représentation populaire afin de statuer sur leur nocivité potentielle ou leur innocuité. Il s'agit d'appliquer démocratiquement le ***Principe de Précaution*** en amont de tout développement et non a posteriori lorsque les dégâts sont avérés et les investissements engagés trop importants.

De façon générale, nous devons adjoindre au ***Principe de Précaution***, la maxime suivante : « Ce n'est pas parce que nous saurions passer d'une invention ou d'une découverte à sa valorisation que nous devons réaliser l'innovation et surtout la développer ».

Encore une fois, la recherche n'est en rien affectée par la maxime, c'est son application et sa commercialisation qui peuvent poser problème et doivent être appréciées à l'aune de leur utilité sociétale et de leur nocivité éventuelle.

Le Principe de Précaution doit être accompagné d'un second principe, le ***Principe général de Parcimonie*** que l'on peut résumer par les maximes suivantes : « Ce n'est pas parce que nous pourrions être plus nombreux que nous devons être plus nombreux ». « Ce n'est pas parce que nous pourrions fabriquer plus, commercialiser plus, consommer plus, que nous devons le faire ».

✓ ***Faune, démographie et espaces en Libre Evolution***

La différenciation entre le sort de la faune sauvage et le sort de la faune domestique est clairement établie. La faune domestique et les commensaux de l'homme dépendent intégralement des devoirs et, idéalement, de la protection des hommes. Dans les espaces non dédiés à la Libre Evolution, et en particulier en zones d'élevage et de culture, en zones urbaines et périurbaines, l'homme veillera à maintenir des conditions de vie décentes pour lui-même et pour ses commensaux, en particulier en s'interdisant d'infliger toute souffrance physique ou psychique évitable.

Les individus de la faune et la flore sauvages sont par essence libres et la propriété de personne, si ce n'est d'eux-mêmes, que ce soit en Espace de Libre Evolution ou hors de ces espaces.

Evidemment la question pratique la plus importante est celle de la quantification de la population humaine supportable par la planète. Nous l'avons évalué à 1,5 à 2 milliards, c'est-à-dire celle de l'ère préindustrielle ou du début du XXème siècle, pour fixer les idées. Par ailleurs, et en cohérence avec la densité de population, la surface en Libre Evolution, totalement dévolue au Processus, devrait être au terme d'une longue démarche de l'ordre de 50% des terres émergées et 90% des mers et océans. La transition entre l'état de déséquilibre actuel et l'état désirable devrait se faire en deux générations, la démographie étant le métronome du changement. Nous imaginons deux générations pour la démographie, probablement trois pour le « dés-aménagement /restructuration écologique » du territoire. L'important étant de ne pas procrastiner la phase de « désarmement démographique », le reste suivra « naturellement ».

En réalité, nous pourrions adopter un principe du type : toute réduction de la population bénéficiera pour moitié au Processus, sous forme d'Espace de Libre Evolution et pour moitié (la partition n'a rien de définitif ou de « magique » !) au confort de l'espèce humaine et de ses commensaux, sous forme notamment de « dé-densification » de l'exploitation des ressources (élevage, exploitation forestière, agriculture), de regroupement de l'habitat en général en zone rurale pour éviter le mitage et de limitation de la taille des concentrations urbaines.

✓ *L'urgence du désarmement démographique*

La démographie étant par nature sujette à une forte inertie, l'effort à consentir, les décisions courageuses ne sauraient souffrir la moindre procrastination. L'objectif d'aboutir à 1,5 à 2 milliards d'humains n'a rien d'irréaliste. Il suppose une fécondité d'un enfant par femme en moyenne (et/ou un seul enfant par homme) pendant deux générations, puis une lente stabilisation permettra de fixer un objectif collectif de 2 enfants (ou 2.05 pour être précis, le chiffre précis dépendant du taux de mortalité à cette époque). Cet objectif doit être atteint zone géographique par zone géographique et globalement. Dans un souci d'efficacité rapide, cet objectif doit être atteint en priorité dans les zones géographiques où les individus disposent d'un fort pouvoir de consommer, c'est-à-dire d'un plus grand risque de pression excessive sur la planète : Amérique du Nord, Europe, Chine, Asie du Sud-Est…, puis Inde et BRICS en général. En réalité, dans les pays à forte densité de population et disposant d'un bon système d'éducation et de santé, d'un système de garantie sociétale pour les vieux jours, les femmes libres choisissent en général la décroissance démographique, conscientes qu'elle répond à leur volonté d'émancipation et apporte une solution pour faire face aux contraintes insupportables en termes de qualité de vie et de sacrifices économiques. L'objectif est déjà dépassé dans certains pays (Corée du Sud par exemple, mais ce n'est plus une exception), et donc cet objectif est réalisable puisque déjà exemplifié.

Les pays dont la croissance démographique reste bien trop forte sont, pour la plupart, dans une phase rapide de décroissance du taux de fertilité. Les soutenir dans leur effort déjà entrepris, leur proposer toute l'aide nécessaire en vue de l'émancipation de leur population féminine (droit à l'éducation, à la contraception, à l'avortement, droit au travail et à la retraite, droit à développer et vivre leur propre personnalité) devient un devoir international.

Même si de rares pays demeurent encore quelques temps en retrait par rapport à la démarche mondiale, les conséquences sur la planète seront faibles, puisque leur pouvoir de pression écologique individuel demeure limité. En effet, la corrélation est forte entre déficience des systèmes éducatifs, des systèmes de santé reproductive, absence d'assurance vieillesse d'une part et surnatalité d'autre part. Pour eux, il est impératif de les aider à remonter leur PIB par habitant, préalable pour la mise en place des conditions de la décroissance démographique, c'est-à-dire l'émancipation féminine et le rejet de l'obscurantisme. Ainsi, leur pouvoir de vivre pourra s'accroître sans pour autant augmenter significativement la pression sur les milieux naturels, la réduction de pression globale sur la planète étant prise en charge par ailleurs. En deux générations, ils devraient rejoindre la tendance mondiale, tant en termes de développement qu'en termes de maîtrise de la démographie. Cette maîtrise ne peut qu'être favorable à leur développement.

La mise en œuvre des décisions démographiques, la décroissance homothétique, tout comme le changement d'ontologie, relèvent avant tout de la prise de conscience individuelle, prise de conscience facilitée par la réflexion collective.

Si la mise en œuvre de cette plateforme nécessite des actions locales, les fondements n'ont de sens que s'ils relèvent d'une pensée universelle et donc d'une action globale. Plus l'échelle géographique d'application sera large, idéalement continent par continent, plus l'efficacité sera au rendez-vous.

➤ *Un procès en misanthropie ?*

Il est toujours difficile de chercher à convaincre des interlocuteurs de mauvaise foi de nos bonnes intentions. Parfois le seul fait de vouloir argumenter est perçu comme un signe de faiblesse, comme l'existence d'une faille possible dans laquelle s'engouffrer. Les anthropoEXcentriques peuvent-ils espérer échapper à un procès en misanthropie ?

Rappelons-nous cette lettre célèbre de Voltaire à Rousseau :

« J'ai reçu, Monsieur, votre nouveau livre *contre le genre humain* ; je vous en remercie ; …. On n'a jamais employé tant d'esprit à vouloir nous rendre Bêtes. Il prend envie de marcher à quatre pattes quand on lit votre ouvrage. » …

Finalement qui était misanthrope, Rousseau et sa condamnation des déviances du genre humain, du goût immodéré de celui-ci pour l'artificiel, le paraître, le luxe, ou Voltaire qui ne rechignait pas aux fastes de la cour ?

Qui a dénoncé le racisme et l'esclavage pendant que Voltaire faisait preuve pour le moins de complaisance ? Qui était misanthrope au bout de l'histoire ?

Peut-être était-ce juste une vision une peu étriquée et restrictive de l'Humanité qui poussait Voltaire à condamner Rousseau ? Ne serait-ce pas une vision étroite, une absence de perception de la communauté biotique qui nous serait opposée aujourd'hui ?

Nous n'aurons jamais assez de reconnaissance pour les risques personnels que Voltaire a pris pour les libertés politiques et la tolérance, pour la lutte contre l'obscurantisme, mais cela ne justifie en rien le procès en misanthropie contre Rousseau.

Il est probablement inévitable à court terme que le combat contre l'anthropocentrisme, le combat pour une redistribution de la terre, pour offrir à toute la communauté biotique la possibilité de perpétuer l'Aventure, « son aventure », individu par individu, espèce par espèce, écosystème par écosystème, soit de prime abord ressenti comme une dépossession du genre humain.

Nous avons tous tendance à voir ce que nous perdons (les fameux « droits acquis »), mais rarement ce que nous allons gagner. Nous vivons dans la peur du renouveau de la pensée, comme de la Nature. Tous deux sont imprévisibles, incontrôlables ! La recherche du confort matériel, spirituel et de la facilité intellectuelle nous colle à la peau.

Alors oui, assumons ! Le genre humain doit se départir de son arrogance, de sa tendance immodérée à l'accaparement de l'espace, des richesses naturelles, des services écosystémiques.

Mais lui proposer ce challenge n'est pas un acte de désespoir face à une tare qui serait congénitale, mais au contraire un acte de foi dans notre capacité individuelle et surtout collective à rebondir, à quitter l'ornière dans laquelle nous nous embourbons afin de « sortir par le haut ».

Tout comme dans le « Contrat Social », nous abandonnons une partie de notre libertarisme égocentrique au profit de la liberté commune, nous abandonnerons notre arrogance au profit de la quiétude, la sérénité, l'équilibre, la stabilité, le partage, bref au bénéfice d'un nouveau contrat, plus universel, plus « humaniste » incluant l'ensemble de la communauté biotique.

Ce n'est pas à un rétrécissement de l'Humanisme que l'AnthropoEXcentrisme appelle mais à un Humanisme Elargi, amplifié, régénéré, revitalisé. Laissons-nous le droit d'espérer que le recul de l'anthropocentrisme sera le ferment d'un étiolement de l'égocentrisme, le germe de l'avènement, peut-être enfin, de ce que notre devise appelle « **Fraternité** ».

Oui, la pente est raide, oui il faut « faire un travail sur nous-mêmes », individuel et collectif, oui il faut *faire notre deuil* de notre vanité… mais qui ne fut pas un jour soulagé de prendre conscience de ses erreurs et de tenter humblement de les corriger ?

Sort-on humilié ou grandi de les reconnaître ? Pourquoi l'espèce humaine devrait se sentir humiliée de repartir sur de nouvelles bases ? Il ne s'agit aucunement de s'autoflageller, de s'imposer deux ou quarante jours de jeûnes, de passer au confessionnal, de séances d'autocritiques publiques ou je ne sais quelle démarche masochiste et morbide.

Il s'agit juste de prendre conscience de l'impasse dans laquelle nous nous enfonçons. Cette impasse, nous y sommes engagés depuis quelques 5000 ans probablement, avec une accélération depuis deux siècles, mais rien ne nous impose de refaire le chemin à l'envers, de faire une remise à zéro, de repartir du néolithique, nous devons juste prendre une échelle ou percer un trou dans le mur latéral de l'impasse, c'est-à-dire dans le mur de l'anthropocentrisme, pour rejoindre un autre chemin…

Ainsi, nous emporterons avec nous tout ce que le génie humain a imaginé et réalisé de meilleur, en termes d'idées, de relations, d'art et d'industrie… et en laissant dans l'impasse tout ce qui nous a totalement séparés du Processus, tout ce qui nous a éloignés du chemin que nous proposait l'Aventure.

La modernité, le progrès, pas plus que l'humanisme des Lumières, ne sont en cause, seulement leur dévoiement. Gardons le meilleur, organisons un grand tri sélectif. Emmenons avec nous toutes les idées, toutes les connaissances, toutes les inventions sans exception ni a priori obscurantistes, mais sélectionnons les innovations, les développements, les mises sur le marché. Conservons les fonctions, les déclinaisons utiles avec pour critère l'intérêt sociétal, le respect du Processus et de la communauté biotique, ainsi que les intérêts des générations futures humaines et non humaines. En soit, cela devrait déjà bien alléger notre sac à dos, et la pression sur la planète, pour nous faufiler au-delà du mur !

Plus droit, plus redressé que jamais, dans notre superbe bipédie, nous progresserons collectivement …et non dans une posture régressive à « quatre pattes » … et Voltaire, debout, est le bienvenu pour nous parler encore de tolérance !

3) Vers une nouvelle Constitution non anthropocentrique.

« Don Hilario et son fils chassaient les guanacos, les vigognes et les lamas.

Ils avaient l'habitude de tuer plus d'animaux qu'ils n'en avaient besoin. Chacun sait que la Pachamama, la Terre Mère, n'aime pas que l'on chasse les animaux comme simple passetemps.

Don Hilario, conformément aux dictons, alla chasser comme il le faisait tous les jours, mais ce matin-là, la Pachamama leur donna un avertissement et provoqua des glissements de terrain dans les collines. Le père et le fils essayèrent de se réfugier au sommet d'une arête, mais la mule s'est emballée, s'approchait de plus en plus du vide et malgré les efforts d'Hilario elle versa dans l'abîme.

Ce fut la première sanction.

Après la fin de la secousse, les voyageurs, effrayés, ont regardé la mule au pied de la falaise. Affolés, ils ont couru faire une offrande à la Terre Mère, pour calmer sa colère.

Ils ont enterré des objets qu'ils portaient sur eux, comme de l'alcool de genévrier, de la coca et une cigarette, ils lui ont parlé à voix basse, avec beaucoup de respect, en lui demandant le pardon. Ils prièrent Pachamama de leur accorder de bonnes récoltes et beaucoup d'animaux.

De plus, Don Hilario demande la permission de continuer à chasser. Le peuple pria également Pachamama et a même sacrifié un lama en son honneur. Don Hilario, convaincu qu'il avait la permission de continuer à chasser, se rendit dans les collines, mais ni son fils ni les villageois ne l'autorisèrent à le faire. Après la chasse, Hilario retourna à son ranch et ne trouva pas son gamin, qui était sorti pour rassembler les chèvres.... Il interrogea ses voisins, qui ne savaient rien... Ils le cherchèrent jusqu'à la fin de la prière. Ils ont suivi les traces de pas de l'enfant des deux côtés, mais en vain, n'interrompant leurs recherches qu'à la tombée de la nuit. C'est seulement à la tombée de la nuit qu'ils trouvèrent les chèvres, loin du hameau.

Plusieurs jours et semaines passèrent et Hilario lui-même cessa de chercher son fils.

Un matin, des voyageurs qui descendaient au village, aperçurent de loin le fils de Don Hilario. Il était monté sur un guanaco, menant la harde…Il ressemblait à un fantôme… il était vêtu de peaux et de fourrures et disparut dans la brume de la montagne avec les animaux.

La Terre Mère était venue récupérer la dette de Don Hilario, en emportant son seul fils en échange des animaux qu'il avait tués inutilement.

Les muletiers racontèrent à Don Hilario ce qu'ils avaient vu et celui-ci commença à faire des offrandes à Pachamama, qui ne lui donnait plus de bonnes récoltes.

Il dut la prier si fort, et son repentir fut si pur, qu'après quelques années, Don Hilario fut béni par l'arrivée d'un autre fils… à qui il enseigna le respect des animaux et de la Terre. »[210]

Ce sentiment profond que le Principe de Parcimonie et le respect de la Nature sont imbriqués est bien ancré chez de nombreux peuples amérindiens… et sans doute chez tous les hommes qui vivent dans un monde où les ressources sont précieuses car rares et éphémères.

Cette légende rappelle les mythes mésopotamiens, grecs, iraniens … qui mettaient en garde contre les effets de la surconsommation, liés chez ces anciens explicitement à la surpopulation.

Il existe de nombreuses subtilités et peut-être des interprétations variables d'un peuple, d'une culture, d'un pays à l'autre, mais un fond commun ressort. Le mythe de l'Humanité prélevant plus que de raison, et épuisant la nature, est diamétralement opposé à l'enseignement de la Genèse. Il semble anticiper notre erreur occidentale du mythe de la Terre inépuisable sans doute conforté dans les pays de cocagne : le bassin méditerranéen et la Mésopotamie.

Il est probable que, confronté le plus violemment aux conséquences de ses prélèvements, l'homme devient parcimonieux, prend conscience de l'unité du monde, et que se forge la pensée amérindienne, la pensée

---

[210] Extrait de « El Castigo de la Terra » ; Le châtiment de la Terre.
https://www.suteba.org.ar/download/tierra-habitable-para-todos-un-problema-social-44027.pdf

aborigène, alors qu'ailleurs dans un pays de cocagne on pense un peu tard à embarquer la faune sauvage sur l'Arche de Noë.

Mais la pensée occidentale a bien vite supplanté cette sage vision, enseignée par les faits et la douleur des famines et des épidémies. Longtemps notre industrie, et surtout notre capacité a nous disperser, à conquérir, à *exploiter ailleurs ce que nous avions épuisé ici*, la fumée de nos usines ont masqué cette réalité à nos yeux. Emanations toujours plus denses et illusoires depuis l'avènement du charbon, du pétrole et du gaz.

Et de leur côté, les peuples amérindiens ont vu leurs richesses minérales, les troncs des arbres les plus majestueux de leurs forêts partir alimenter notre développement… alors ils se sont souvenus des affres de Don Hilario, qui, est-ce un hasard, porte un nom à consonance hispanique.

Ce sens ancestral de la parcimonie et le sentiment de frustration, de dépossession, sont sans aucun doute à l'origine de certaines constitutions d'Amérique du Sud parmi les plus remarquables sur la planète.

> ### *Les Constitutions équatorienne et bolivienne*

Dès la ligne 2 de la Constitution équatorienne, le ton est donné et la filiation assumée.

Parmi les attendus on peut lire : « *Celebrando a la naturaleza, la Pacha Mama, de la que somos parte y que es vital para nuestra existencia…* »

« *Célébrer la nature, la Pachamama, dont nous faisons partie, et qui est vitale pour notre existence* ».

Cette phrase peut paraître ambigüe suivant la lecture que nous en faisons.

Une lecture anthropocentrique peut l'interpréter comme : « Puisque l'homme fait partie de la nature, il peut se servir pour tout ce qui lui est utile et ceci sans limite énoncée ». Ce n'est clairement pas l'esprit et pas ce qu'enseigne le mythe de Don Hilario, si représentatif de la pensée amérindienne. Une telle interprétation correspondrait plus à l'idéologie des conquistadores. D'ailleurs, il est écrit **« qui est vital à notre existence » et non « que nous considérons comme utile »**.

Il est clair que, dans l'esprit, comme nous le lirons dans un instant, cette vision de l'homme partie intégrante de la Nature n'a de sens que si le respect de celle-ci est sincère, correspond à des pratiques parcimonieuses, ce qui n'est clairement plus du tout le cas dans nos civilisations.

Cette déclaration liminaire, quoique fort encourageante, ne définit donc pas les conditions des prélèvements, ni la conduite que les humains doivent adopter dans la nature, si ce n'est le respect de la Terre-Mère, le respect vis-à-vis de cet « ascendant » global.

La Constitution bolivienne fait également clairement référence à la Terre-Mère dans son préambule :

« *Dans les temps anciens, des montagnes ont surgi, des rivières se sont déplacées et des lacs se sont formés. Notre Amazonie, nos marécages, nos hauts plateaux, nos plaines et nos vallées étaient couverts de verdure et de fleurs. Nous avons peuplé cette Terre-Mère sacrée...* ». La Terre-Mère et ses richesses étaient clairement antérieure aux humains. L'affirmer dans la première phrase de la constitution suggère une hiérarchisation des valeurs.

Allons plus avant dans la lecture de la Constitution équatorienne pour s'imprégner de l'esprit du texte :

Art 71 : « *La naturaleza o Pacha Mama, donde se reproduce y realiza la vida, tiene derecho a que se respete integralmente su existencia y el mantenimiento y regeneración de sus ciclos vitales, estructura, funciones y procesos evolutivos.* »

« La Nature ou Pacha Mama, par laquelle la vie se reproduit et se réalise, a droit au respect total de son existence et au maintien et à la régénération de ses cycles de vie, de sa structure, de ses fonctions et de ses processus évolutifs. »

La Constitution ne protège pas séparément les hommes, les arbres ou les animaux, elle protège le « cycle de vie » et le processus évolutif. En tant que tel le terme Evolution Naturelle n'est pas présent, mais l'esprit est sous-jacent. Le respect de tous les éléments qui constituent un écosystème en découle (animaux, plantes et substrat nécessaire à leur survie). Pour nous ce point est essentiel : il ne s'agit pas de vénérer Pacha Mama, la Terre-Mère, la Terre, comme un objet figé, une « statue », un « temple » mais de protéger ce qui lui permet de se maintenir dans un perpétuel équilibre dynamique. Soyons honnête, cet article (71ème) n'apparaît pas comme la clef de voûte, le préambule, mais sa présence est fondatrice et nous ne manquerons pas de proposer de remonter cette idée dans l'ordre des priorités.

La Constitution insiste dans son article 317 sur la gestion des ressources dans un esprit intergénérationnel en rappelant le rôle de l'Etat, à savoir le peuple souverain, comme propriétaire : *« Les ressources naturelles non renouvelables appartiennent au patrimoine inaliénable et imprescriptible de l'État. Dans sa gestion, l'État accordera la priorité à la responsabilité intergénérationnelle, à la conservation de la nature …»…« Les ressources naturelles non renouvelables et, en général, les produits du sous-sol, des gisements minéraux et d'hydrocarbures »* … *« ainsi que la biodiversité et son patrimoine génétique »*… *« sont la propriété inaliénable, imprescriptible et inaccessible de l'État. »* « *Ces actifs ne peuvent être exploités que dans le strict respect des principes environnementaux énoncés dans la Constitution.»*

Rien dans la Nature n'est Res Nullius. Toute la biodiversité, y compris le patrimoine génétique, est propriété de la communauté. *« L'État garantira un modèle de développement durable, respectueux de la diversité culturelle, respectueux de l'environnement, préservant la biodiversité et la capacité de régénération naturelle des écosystèmes, et assurant la satisfaction des besoins des générations actuelles et futures. »*

Le droit des générations futures est pris en compte, ou tout au moins affiché comme une préoccupation première.

Mais alors si le respect de Pachamama, la vie et son évolution, sont des « valeurs intrinsèques » comment les faire respecter ?

Pacha Mama, la Nature, est reconnue de façon explicite comme sujet de droit et non comme un objet :

« La naturaleza será sujeto de aquellos derechos que le reconozca la Constitución. ».

Je cite ici l'interprétation de S. Monjean-Decaudin dans l'excellent article « Histoire de l'Amérique Latine »,[211] volume 4)(2010) : *« La Constitution octroie expressément à la Pachamama, la personnalité*

---

[211] Revue Histoire(s) de l'Amérique Latine – Vol. 4 (2010) - L'Équatorianité en question(s) - Sylvie Monjean-Decaudin – page 4

juridique en énonçant qu'elle est sujet des droits qui lui sont reconnus par la constitution.»

Sujet et non objet. La Nature n'est pas un objet sur lequel s'exerce le droit, mais un sujet, c'est-à-dire une personne, physique ou morale, susceptible d'agir pour son propre compte, susceptible de droits et de devoirs.

Mais comment donner un statut de sujet juridique à la Pachamama puisqu'elle ne peut pas défendre ses propres intérêts ? Rousseau nous avait déjà suggéré que ce n'est pas parce que l'animal (ou la personne morale) ne peut défendre lui-même ses droits, qu'il en est dépourvu. Voyons plus loin ce que dit la Constitution équatorienne.

« Toda persona, comunidad, pueblo o nacionalidad podrá exigir a la autoridad pública el cumplimiento de los derechos de la naturaleza. Para aplicar e interpretar estos derechos se observarán los principios establecidos en la Constitución, en lo que proceda. »

« El Estado incentivará a las personas naturales y jurídicas, y a los colectivos, para que protejan la naturaleza, y promoverá el respeto a todos los elementos que forman un ecosistema. »

"Toute personne, communauté, peuple ou nationalité peut exiger de l'autorité publique le respect des droits de la nature… ». En bref, chaque citoyen peut ester en justice en nom et place de Pachamama s'il juge que les intérêts de Pachamama sont bafoués...

"L'État encourage les personnes physiques et morales et les collectivités à protéger la nature et à promouvoir le respect de tous les éléments qui composent un écosystème. "

Pachamama n'est pas une abstraction, un symbole. Pour beaucoup de populations amérindiennes, Pachamama est vivante, bien plus sans doute qu'une simple « personne morale » dans notre droit. Pachamama est associée à la prospérité au sens large. Pachamama est moins associée au mythe de la Création, qu'à une mère veillant à ce que les hommes ne manquent de rien, et qu'ils ne prélèvent pas plus que ce dont ils ont strictement besoin. Les peuples de l'empire inca (quechua, aymara…) se considéraient comme fils de la Terre et donc de Pachamama. Le respect des sols et des fruits de la Terre allait de soi.

Le constat est clair : Pachamama est placée sensiblement au même endroit que les « droits naturels » dans notre déclaration de 1789, c'est-à-dire dans les premières lignes, les attendus. Pachamama, c'est la vie, à la fois le concept de vie et sa traduction matérielle, la Terre et ce qu'elle produit, ce qu'elle abrite en un Tout, non pas conçu comme une donnée intemporelle, mais comme un mouvement perpétuel.

On pourra ironiser, sans doute, sur la façon parfois plus qu'approximative de mettre en œuvre cette Loi Fondamentale dans le quotidien de l'Equateur ou de la Bolivie.

Que ces Constitutions aient été ou non bafouées, peu importe à ce stade de l'histoire. Elles ont l'immense mérite d'exister. D'ailleurs, combien de fois notre propre République a-t-elle été menacée par des Restaurations ou des régimes autoritaires, si ce n'est fascisants ? Pour autant les acquis principaux des Lumières ont perduré. Nous sommes toujours épris de liberté, nous haïssons l'obscurantisme et chérissons la tolérance et la laïcité. Gageons que les Équatoriens et les Boliviens sauront aussi préserver leur bijou au-delà des aléas de l'histoire.

➤ *La Constitution française et la Charte de l'Environnement*

En réalité, notre Constitution affirme des principes assez similaires à travers un additif appelé Charte de l'Environnement, trop peu connu et surtout mis en œuvre, dont il est fait mention dans l'article 1. Nous ne pouvons que nous réjouir de ce premier pas.

Cette charte présente les attendus suivants :

« Considérant…

Que les ressources et les équilibres naturels ont conditionné l'émergence de l'humanité,

Que l'avenir et l'existence même de l'humanité sont indissociables de son milieu naturel,

Que l'environnement est le patrimoine commun des êtres humains,

Que l'homme exerce une influence croissante sur les conditions de la vie et sur sa propre évolution,

Que la diversité biologique, l'épanouissement de la personne et le progrès des sociétés humaines sont affectés par certains modes de consommation ou de production et par l'exploitation excessive des ressources naturelles,

Que la préservation de l'environnement doit être recherchée au même titre que les autres intérêts fondamentaux de la Nation,

Qu'afin d'assurer un développement durable, les choix destinés à répondre aux besoins du présent ne doivent pas compromettre la capacité des générations futures et des autres peuples à satisfaire leurs propres besoins… »

Ici aussi une filiation apparaît clairement : l'émergence de l'humanité est le fruit des ressources et des équilibres naturels.

Admirable !

Mais alors comment se fait-il que nous bafouions systématiquement ce texte qui semble si exemplaire ?

Le premier problème est que peu d'entre nous en connaissent l'existence et seraient prêts à poser une question de constitutionnalité contre un projet aboutissant à une exploitation excessive des ressources.

Mais un tel procès aurait de toute façon bien peu de chance d'aboutir puisque finalement, le texte place immédiatement l'humanité comme LE bénéficiaire des ressources et des équilibres naturels. Rien ne dit qu'il en soit l'unique, mais la suite du texte le suggère.

Par exemple, l'environnement est le « *patrimoine commun des êtres humains* » et aucunement d'une communauté biotique intégrale…

Nous ne pouvons que nous réjouir de la dernière phrase « … *les choix destinés à répondre aux besoins du présent ne doivent pas compromettre la capacité des générations futures et des autres peuples à satisfaire leurs propres besoins* » … Qu'il s'agisse des effets du changement climatique, de la mise à mal des milieux naturels, de la gestion de l'eau au profit d'une infime minorité actuelle, la proposition, même extrêmement restrictive, semble totalement ignorée de nos dirigeants dans leurs décisions quotidiennes… Quand bien même elle serait un guide de l'action, une fois encore le bénéficiaire exclusif (ou au moins seul désigné) est bien l'humain à travers ses descendants. Mieux que rien, certes !

Et le reste du texte de cette charte ne fait que confirmer nos craintes. L'anthropocentrisme, la satisfaction de besoins, réels ou totalement artificiels, de l'humanité est le fondement de la Charte, qui ne s'appelle pas « Charte des grands équilibres planétaires », mais « Charte de l'Environnement », et par environnement il est clair que le constitutionnaliste a pensé environnement humain.

Les mots Nature, Faune, Flore, Sauvage, Libre Evolution n'apparaissent jamais et le mot évolution est cité uniquement comme un attribut de l'Homme : « *l'homme exerce une influence croissante sur les conditions de la vie et sur sa propre évolution.* »

Le terme « personne », comprendre un humain, apparaît comme leitmotiv anthropocentrique des articles suivants.

Certes il est remarqué que l'homme exerce une influence croissante sur les conditions de vie en général, mais rien n'indique que cette influence doit être réduite, dans quelles conditions et pourquoi ? On peut légitimement se demander si le terme « *conditions de vie* » est conçu comme général pour la communauté biotique ou simplement comme celles des humains. Tout au plus « *Les politiques publiques doivent promouvoir un développement durable. A cet effet, elles concilient la protection et la mise en valeur de l'environnement, le développement économique et le progrès social.* » et nous savons, par la pratique, quelles priorités sont finalement choisies quand tout accroissement du PIB aboutit à une amplification des pressions sur l'environnement. Dans les faits, le développement durable se traduit avant tout par la croissance économique ce qui est conçu par ailleurs comme un souhait de croissance démographique (politiques natalistes).

La principale satisfaction promise par la Charte provient de l'adjonction du vocable « principe de précaution », mais si une menace est mise au jour, il est seulement prévu la mise en œuvre de procédures d'évaluation des risques et l'adoption de mesures provisoires et proportionnées afin de parer à la réalisation du dommage.

« Mesures provisoires » ? Pourquoi le rejet et l'abandon du projet ne sont-ils pas clairement envisagés ? Nous connaissons la suite avec les mesures compensatoires souvent totalement « bidon ».

L'homme n'est pas au centre des attentions de la Terre, pas plus que la Terre n'est au centre du système solaire ou notre galaxie au centre de l'univers. Voilà qui devrait fonder nos constitutions. Nous en sommes loin.

Pour ce changement radical de philosophie, il est nécessaire de revenir aux embranchements qui ont érigé l'anthropocentrisme en système. Bref, il faut désigner comme Droit Naturel quelque chose qui pourrait englober les droits de l'Homme (y compris à un environnement sain) et le Contrat Social, dans un ensemble plus vaste qui nous placerait hors de la sphère anthropocentrique. Il faut « sortir du cadre ».

Quatre embranchements nous ont indiqué la mauvaise route. Le premier est le laisser-aller démographique des Mésopotamiens, le second est l'aventure prométhéenne, le troisième est clairement l'influence des religions monothéistes, et notamment la Bible et la Genèse. Le quatrième et dernier est de toute évidence l'avènement de la Pensée Occidentale (Naturalisme), comme contresens de l'histoire.

Voulant légitimement asseoir les droits de l'Homme hors du champ de l'arbitraire et de l'obscurantisme, nous avons renié notre lien avec la Nature, nous avons artificiellement créé un « être d'antinature », nous avons creusé un fossé profond entre culture et nature.

Nous devions définir l'homme pour asseoir ses droits. Faute de biologie moléculaire à l'époque, nous l'avons fait de la plus malheureuse des manières, par opposition à l'animal et à la nature. De proche en proche, cela a débouché sur l'utilitarisme, le productivisme débridé, l'ultralibéralisme voire le libertarisme.

Pour nous détacher de ces quatre héritages, tout en préservant l'essentiel des Lumières, à savoir les Droits de l'Homme et le libre-arbitre, la tolérance et le refus de l'obscurantisme, il nous faut placer dans les attendus de la Constitution, les droits naturels élargis comme substitution laïque à la notion de Création Divine et à la suprématie de l'homme qui en résulte.

Le droit doit découler d'un principe supérieur, non anthropocentrique, qui a permis l'émergence des hommes, comme l'émergence de toutes les autres espèces animales et végétales, sous l'influence des forces physiques et chimiques fondamentales, principe qui nie l'existence de la « Création » et donc de tout Droit Divin, qui rejette tout racisme ou discrimination, car infondés scientifiquement :

• un principe qui explique l'origine des espèces et justifie sur des bases scientifiques l'existence des individus (végétaux et animaux y compris l'homme) comme éléments fondamentaux de l'exercice du Processus.

• un principe qui reconnait à chacun, hommes, loups, chimpanzés, scarabées, érables champêtres… à des degrés divers et suivant son degré d'évolution, le droit d'exercer sa liberté et sa perfectibilité.

Nous avons besoin d'une nouvelle Constitution anthropoEXcentrique, une nouvelle loi fondamentale traduction d'un changement majeur d'ontologie.

Les évolutions politiques découleront éventuellement de la nouvelle Constitution, pas l'inverse.

Le principe fondamental sera la reconnaissance d'une filiation, non celle de Pachamama trop connotée par un mode de pensée et un continent particulier, mais celle de l'Aventure, du Processus, celle de l'Evolution Naturelle qui sans interruption nous a permis de voyager depuis la constitution de la Terre jusqu'à nos jours, sans finalité aucune.

L'esprit de l'article 71 de la Constitution équatorienne devient la « première pierre ».

La filiation a toujours été une constante de la pensée humaine et nos ancêtres révolutionnaires ont eu décidemment bien des difficultés pour se débarrasser des anciennes croyances et pour définir le droit naturel. Avant même le premier article de la déclaration des droits de l'Homme et du Citoyen le ton est donné : « *L'Assemblée Nationale reconnaît et déclare, en présence et sous les auspices de l'Etre Suprême, les droits suivants de l'Homme et du Citoyen :* ».

« *Sous les hospices de l'Être Suprême* », quel Être Suprême ? Aujourd'hui, nous n'avons pas plus besoin de Dieu que d'Etre Suprême comme fondement ou garant des droits naturels. Nous devons baser notre droit sur un constat scientifique qui justifie une notion fondamentale : l'Evolution Naturelle et ses principes.

J'admets volontiers le côté irrévérencieux et prétentieux de l'acte d'un individu isolé, néanmoins il me semble utile de tenter de traduire la plateforme du précédent chapitre en une modeste et préliminaire proposition d'une Constitution anthropoEXcentrique.

Les articles qui vont suivre n'ont évidemment rien d'une déclaration formelle.

Ils sont censés proposer quelques fondements d'un changement profond d'ontologie, c'est-à-dire de la perception de nous-mêmes dans le monde, dans son évolution permanente.

L'homme, en tant qu'espèce animale, dont la spécificité est totalement dépendante de l'évolution de son phylum, acquiert un statut particulier mais n'est plus le fondement de nos institutions, ses besoins ne sont plus l'alpha et l'oméga du droit.

Ceci reconnu, il conserve toute liberté pour définir dans son corps social spécifique les droits et les devoirs de l'individu humain. Sous cet angle, il n'est pas nécessaire de modifier radicalement nos règles de vie en communauté, si ce n'est pour orienter notre société vers plus de justice sociale internationale, plus de considération pour les générations futures et plus de respect des animaux et plantes domestiques.

Par ailleurs, si les formes actuelles de démocratie, les républiques démocratiques, demeurent pour l'essentiel l'organisation humaine moralement la plus acceptable, avec le principe du gouvernement du peuple, par le peuple, pour le peuple, ces formes pêchent aujourd'hui sur au moins six aspects.

En pratique :

- elles sont gangrénées par les intérêts personnels et surtout corporatistes, qui font de l'égalité un principe souvent vidé de sens, jusque et y compris dans les processus électoraux où le clientélisme règne en maître, jusque dans les cabinets ministériels ou les assemblées où le lobbying privé est doté de portevoix,
- elles sont rythmées par les préoccupations de l'instant des concitoyens qui ne pondèrent pas forcément à leur juste valeur les conséquences à long terme de leurs choix, les conséquences « supragénérationnelles »,

• elles sont focalisées sur les affaires de la Nation ou de l'Etat et ont du mal à intégrer les conséquences supranationales de leurs décisions,

• elles privilégient la représentation, et souvent la représentation de la représentation, à l'opinion directe des concitoyens, négligeant de faire de chacun un décideur éclairé, ceci étant largement lié à la démographie et, de fait, à l'impossibilité de forme de démocratie directe, hors décisions très locales et n'ayant aucune vocation à l'universalité,

• elles sont rejetées par de nombreux peuples, en général défavorisés, qui ne voient dans la prétention à l'universalité et à la fraternité qu'un cache-misère des égoïsmes nationaux,

• elles sont corrompues par le retour progressif au féodalisme à travers des subdivisons territoriales pléthoriques distribuant des pouvoirs enchevêtrés les uns dans les autres, pour satisfaire des ambitions personnelles égocentriques.

Sur ce dernier point, nous devrions revenir à la logique des premières démocraties modernes : en accroissant l'étendue des circonscriptions électorales, on tend à se prémunir de la pression des intérêts locaux et corporatistes.

➢ ***Vers une Constitution d'inspiration anthropoEXcentrique***

Il ne s'agit évidemment pas ici de réécrire une constitution complète, celle-ci dépendant largement des situations locales, pays par pays. Il s'agit plutôt de proposer une démarche universelle qui se traduit par une série de nouveaux articles essentiellement indépendants des particularités. Ces articles doivent traduire un changement fondamental de philosophie des relations homme-nature. La partie plus classique des constitutions sera conditionnée à ce long préambule commun. Par exemple pour la France, cela consisterait à substituer la Charte de l'Environnement par ce nouveau texte, tout en le plaçant en tête de l'exposé classique de la Constitution et non comme un addenda.

Cela **pourrait** donner quelque chose comme :

$$* * * * * * * * * * * * *$$

Considérant que la Libre Evolution sous l'action des mutations génétiques et de la sélection naturelle, le Processus, a garanti sur des temps géologiques la préservation de la vie sur Terre, a produit une histoire de la vie, l'Aventure, a conduit à la diversité des espèces vivantes et à leur perfectionnement,

Considérant que la Libre Evolution n'a aucune finalité, mais qu'elle a permis, permet et permettra à chaque instant l'équilibre dynamique des écosystèmes, et ceci à toutes les échelles spatiales.

Considérant que l'Homme est un des fruits de la Libre Evolution et non sa finalité.

Considérant que l'Homme est la seule espèce vivante actuelle en état de perturber gravement l'histoire de la vie, à travers sa démographie, sa consommation, son expansion géographique, son utilisation massive d'artefacts.

Considérant que l'Homme s'est ainsi donné un statut particulier en s'excluant de fait des règles de la communauté biotique des autres êtres vivants.

Considérant que l'Homme s'est approprié unilatéralement et exclusivement la quasi-intégralité des ressources et des espaces sur lesquels le Processus peut agir.

Partie 1

Chapitre 1 : De la Libre Evolution

Art 1 : Par son statut et rôle particulier dans l'histoire de la Terre et du monde vivant, en tant que principe fondateur ayant permis la continuité de la vie, la spéciation de toutes les espèces vivantes, leur évolution, leur co-évolution, l'***Evolution Naturelle*** est à l'origine de toute filiation.

Art 2 : A ce titre, l'Evolution Naturelle, l'Aventure, le Processus sont **sujets de droit**, ayant des intérêts propres, en particulier celui de pouvoir perdurer sans perturbation significative. L'Evolution Naturelle est le fondement du Droit Naturel des individus, des espèces, et par conséquent des écosystèmes. Les intérêts de l'Evolution Naturelle, c'est-à-dire la non-perturbation de sa trajectoire et de ses mécanismes devront être défendus devant une juridiction dédiée.

Art 3 : Afin de permettre la continuation, la non-perturbation du Processus et de l'Aventure, sont institutionnalisés des **Espaces en Libre Evolution**. Ces vastes espaces couvriront des zones immergées comme des mers ou océans, des zones de plaine comme de montagne, des zones intérieures comme des zones côtières. Pour garantir l'efficacité de la non-perturbation de la dynamique évolutive dans ces espaces, ceux-ci seront interconnectés. Leur taille ne pourra représenter, au terme d'un siècle, moins de la moitié de la surface des différents biotopes terrestres et 90% des biotopes marins, lacustres, fluviaux et océaniques.

Art 4 : L'Evolution Naturelle étant le fruit de multiples interactions, à de multiples échelles, qui se réalisent au niveau de l'action de chaque individu de chaque espèce, mais aussi au niveau de la communauté biotique, la préservation des intérêts de l'Evolution Naturelle suppose d'offrir à chaque individu de chaque espèce les moyens d'agir librement et de se perfectionner. Toutes les espèces, toutes les populations locales, tous les individus de chaque espèce sont réputés égaux en droit.

Art 5 : Les transformations géologiques et météorologiques étant des moteurs fondamentaux de l'Evolution Naturelle à moyen et long terme, leur évolution spontanée ne peut être perturbée, y compris dans les aspects érosifs ou effusifs.

Art 6 : Les Espaces en Libre Evolution joueront un rôle essentiel pour la libre mutation des individus, et à travers celle-ci la survie des espèces face aux changements physicochimiques naturels ou résiduels s'ils sont d'origine anthropique. Des écosystèmes, éventuellement nouveaux, en découleront ou se maintiendront. La vie de chaque individu de chaque espèce, comme moteur de l'Evolution Naturelle est inaliénable.

Art 7 : Dans les Espaces en Libre Evolution, les individus de chaque espèce ont des droits imprescriptibles, en particulier de pouvoir interagir librement avec les membres de leur espèce et des autres espèces et avec les éléments minéraux, hors utilisation d'artifices, suivant leurs mœurs, leurs besoins, leur capacité d'adaptation et leur propre niveau de conscience de soi. Ce faisant, ils influencent et alimentent l'Evolution Naturelle.

Art 8 : Parmi ces droits, le droit à la croissance, à la migration, à la dispersion, à l'errance, à l'usufruit sont des droits imprescriptibles. Sont également considérés comme imprescriptibles le droit à se défendre, à la reproduction, à la protection de sa descendance, à se perfectionner, le droit à disposer d'un territoire suffisant et à faire évoluer ses comportements afin de s'adapter à l'évolution des conditions ambiantes et des autres espèces.

Art 9 : Pour autant qu'il n'use pas d'artifices mettant en jeu ***des ressources exogènes***, chaque individu de chaque espèce peut disposer des ressources naturelles à sa guise pour assurer sa survie et celle de sa descendance ou de sa tribu. En ce sens est reconnu à tout individu de toute espèce le droit de s'alimenter et de s'abreuver, dans un environnement sain. La prédation, comme moteur essentiel de l'Evolution Naturelle, et toute autre forme de recherche de ressource, sont des droits imprescriptibles.

Art 10 : La migration, la dispersion et l'errance étant des droits imprescriptibles, la possibilité de se déplacer en latitude, longitude, profondeur et altitude doit être assurée à chaque individu de chaque espèce, sans autres dangers ou restrictions que ceux induits par l'Evolution Naturelle ou ses propres limites physiologiques.

Art 11 : Les Espaces en Libre Evolution sont copropriété entre toutes les espèces et individus, chacun bénéficiant du territoire qui lui est nécessaire.

Art 12 : L'eau, l'atmosphère, les biotopes et de façon générale les services écosystémiques sont des Biens Communs à toute la communauté biotique.

Art 13 : Toute atteinte grave par son étendue et sa persistance à la Libre Evolution est un **écocide**. L'écocide constitue le crime le plus grave qui puisse être commis car il affecte l'ensemble de la communauté biotique, que ce soit à l'échelle d'une région, d'une population ou à une échelle plus globale. Il affecte non seulement le présent à travers la composition et la santé des populations animales et végétales, leur capacité à user d'un écosystème et des services écosystémiques associés, mais il compromet aussi l'avenir des chemins évolutifs possibles.

Chapitre 2 : Des droits et devoirs de l'espèce humaine vis-à-vis de l'Evolution Naturelle

Art 14 : A ce stade de l'Evolution, l'Espèce Humaine, étant à la fois fruit et perturbateur avéré de l'Evolution Naturelle, a exercé et exerce une pression et une artificialisation excessive sur la trajectoire évolutive naturelle. Cette capacité à perturber gravement le Processus, à user largement d'artefacts, confère à l'espèce humaine des devoirs spécifiques.

Art 15 : L'espèce humaine a pour premier devoir de maîtriser sa démographie, et sa consommation de ressources afin de les rendre compatibles avec les Limites Planétaires et avec le respect de l'étendue et des règles propres aux Espaces de Libre Evolution. Le retour à ces grands équilibres écologiques sera la conséquence de la **Décroissance Homothétique**, fruit principal de la décroissance démographique.

Art 16 : L'humanité a pour second devoir de ne pas commettre d'écocide tel que défini à l'article 13.

Art 17 : L'espèce humaine a pour troisième devoir de ne pas émettre de substances susceptibles de diffuser largement dans l'eau ou l'atmosphère et donc de ne pas modifier artificiellement les conditions physicochimiques ou biologiques des Espaces en Libre Evolution, de ne pas y introduire d'artefact ou exporter des matières d'origine biologique ou minérale. En cas de dérive constatée, l'espèce humaine doit mettre en œuvre des mesures correctives pour revenir rapidement à la condition nominale.

Art 18 : Au sein des Espaces en Libre Evolution, l'espèce humaine dispose des mêmes droits et applique les mêmes règles que les autres êtres vivants, à condition de ne pas introduire et utiliser d'artefacts exogènes et de ne pas y séjourner.

Art 19 : L'Evolution Naturelle étant un sujet de droit, ses intérêts seront représentés par un individu ou un groupe d'individus appartenant à l'espèce humaine. Tout individu ou groupe jugeant que les intérêts de l'Evolution Naturelle sont bafoués ou menacés, peut ester en justice au nom de l'Evolution Naturelle.

Chapitre 3 : Des droits et devoirs de l'espèce humaine à l'égard des générations futures de sa propre espèce

Art 20 : Les Générations Futures de l'espèce humaine constituent un sujet de droit ayant des intérêts propres, en particulier celui de pouvoir vivre dignement dans le futur. Leurs intérêts devront être défendus devant une juridiction dédiée.

Art 21 : L'espèce humaine gère les territoires, hors Espace de Libre Evolution, de façon à garantir à chaque génération des opportunités de vivre dignement, sainement, librement au moins égales à la génération précédente et sans enfreindre aux règles du premier chapitre.

Art 22 : Les principes de Parcimonie et de Précaution sont à la base des droits des générations futures. L'application de ces deux principes doit conduire au retour et au maintien d'une situation d'équilibre écologique tel que précisé à l'art 15. La décroissance, puis la stabilisation démographique sont des valeurs fondamentales, permettant d'assurer l'accès à l'équilibre écologique.

Art 23 : Dans cet état d'équilibre écologique, le principe de Parcimonie suppose que chaque génération puisse disposer d'autant de matière minérale, autant d'énergie, autant de ressources renouvelables que la génération précédente.

Art 24 : De même, le principe de Précaution suppose que chaque génération puisse disposer de conditions de vie au moins égales à celles des générations antérieures. Le droit à un environnement sain, c'est-à-dire exempt de produits artificiels perturbant la qualité des eaux, de l'air et des aliments est un droit imprescriptible, car conditionnant la santé des hommes et des autres espèces vivantes.

Art 25 : Tout produit suspecté de pouvoir produire de tels dégâts à l'être humain, aux autres espèces vivantes, à l'environnement sera banni. Le fait de contrevenir à cette règle, y compris dans les zones hors Libre Evolution, sera considéré comme écocide.

Art 26 : La recherche scientifique est intégralement libre pour autant qu'elle ne suppose pas d'infliger des souffrances à un être vivant. En revanche, une innovation, sous forme d'un développement technologique, pouvant conduire à un épuisement d'une ressource non renouvelable, à un déséquilibre dans les ressources renouvelables, une atteinte à un environnement sain et de façon générale pouvant porter préjudice aux générations futures est banni.

Art 27 : Aucune génération n'a le droit de transmettre une dette à la communauté suivante qu'elle soit financière, matérielle ou écologique.

Art 28 : Parcimonie et Précaution font partie des devises de l'Etat ou de la communauté d'Etats. Le principe de Parcimonie est reconnu comme une valeur morale à l'échelon individuel comme collectif et enseigné comme tel. Le Principe de Précaution est reconnu comme une valeur morale à l'échelon individuel comme collectif et enseigné comme tel.

Chapitre 4 : Des droits et devoirs de l'espèce humaine à l'égard de ses commensaux et des êtres domestiques

Art 29 : L'Homme ayant sélectionné des espèces pour ses propres fins et ses loisirs, les ayant soustraits à leur mode et milieu de vie naturels, au risque de les affaiblir dans leur capacité d'adaptation et d'autodéfense, a contracté une dette envers les individus de ces espèces. Il leur doit protection et respect.

L'assistance pour la nourriture saine, l'accès à l'eau et si nécessaire à un abri ou des soins adaptés sont la contrepartie de la domestication.

En particulier tout acte non strictement inévitable, ayant pour effet de faire subir une souffrance physique, psychique ou affective à un animal domestique quel qu'il soit est banni.

Art 30 : L'Homme doit prendre toute mesure nécessaire pour éviter que la faune et / ou la flore domestiques se dispersent et envahissent les Espaces en Libre Evolution.

Art 31 : L'Homme s'interdit de soustraire à l'état sauvage toute nouvelle espèce ou individu à des fins de domestication ou à des fins ludiques ou culturelles.

Art 32 : L'espèce humaine s'interdit les modifications génétiques à l'exception éventuellement des microorganismes strictement anaérobies à des fins exclusivement médicales.

Chapitre 5 : Du droit et des devoirs de l'espèce humaine vis-à-vis de la faune et flore sauvages hors des Espaces de Libre Evolution.

Art 33 : Tout animal sauvage vivant hors des Espaces de Libre Evolution est sous la protection de la communauté humaine locale et nul ne peut se l'approprier, mort ou vivant.

Art 34 : Le devoir de protection contracté par les humains à l'égard des animaux domestiques ne peut se faire au détriment d'un animal sauvage. Le caractère non artificiel prime sur le caractère artificiel.

Art 35 : La communauté humaine et l'Etat ou le groupe d'Etats considèrent comme immoral toute forme de loisir ayant pour finalité la souffrance ou la mise à mort d'un animal sauvage.

Art 36 : La destruction d'animaux et végétaux sauvages, exclusivement hors des Espaces en Libre Evolution, est du domaine de la tolérance lorsque la santé humaine risque d'être affectée, ou que le niveau de désagrément est exceptionnel. Les méthodes employées devront limiter les souffrances et ne pas induire de risque à l'environnement, être strictement sélectives, ne pas spolier les intérêts d'autres êtres humains ou porter atteinte à d'autres formes de vie.

Art 37 : La destruction d'animaux ou de flore sauvages ne peut avoir pour seul critère une raison économique. En tout lieu et en tout temps, la notion d'espèces nuisibles, ou tout vocable exprimant cette vision de la vie, est anticonstitutionnelle.

Art 38 : La protection de la faune et la flore sauvages ne peut se limiter aux Espaces de Libre Evolution.

Des réserves naturelles sont toujours souhaitables chaque fois que des biotopes particuliers ne peuvent être inclus à l'Espace en Libre Evolution, par exemple du fait de la difficulté à assurer la continuité ou du fait de la taille restreinte de ces espaces. Elles seront établies sur la base de la rareté du biotope, rareté garante que, lors des évolutions, les espèces les plus exigeantes pourront trouver refuge en ces lieux exceptionnels. Tout prélèvement, de quelque nature que ce soit, est exclu, y compris pour fin d'étude, et les réserves de biotopes sont appelées à évoluer librement, sans finalité. Les réserves de biotope sont propriétés de l'Etat et joueront, comme les Espaces en Libre Evolution, un rôle essentiel pour la libre mutation des individus, la survie des espèces. Des écosystèmes, éventuellement nouveaux, en découleront ou perdureront. Une espèce apparaissant spontanément dans ces réserves acquiert le même statut que les espèces déjà présentes.

Chapitre 6 : De la justice internationale et du droit universel à maîtriser sa descendance

Art 39 : Conscient que l'équilibre écologique de la planète et de tous ses territoires dépend d'un repli de la démographie, conscient que la décroissance démographique est souvent entravée par la pauvreté, la justice internationale suppose d'offrir à tous les hommes et toutes les femmes, la liberté de procréer ou non, à travers une éducation, un accès libre aux moyens contraceptifs et à l'avortement, un droit à une sécurité pour les personnes âgées en plus ou en substitution de l'aide éventuelle du tissu familial.

Chapitre 7 : Du lien entre le Droit de la Libre Evolution, le Droit des Générations Futures, et les Droits de l'Homme

Art 40 : Les zones non désignées comme Espace de Libre Evolution sont désignées comme **Espace de Vie des Hommes**. Dans ces espaces, l'Homme recherchera ses sources de subsistance et les matières minérales qu'il jugera nécessaires et opportunes pour sa vie. Il y installera son habitat et ses moyens de communication et déplacement.

Art 41 : Dans ces espaces, l'Homme peut agir à sa guise suivant les principes de la Déclaration Universelle de 1949, étant entendu que les Principes de Parcimonie et de Précaution guident son action, que les limites et la connectivité des Espaces de Libre Evolution sont inviolables, que les droits des générations futures définis dans les articles 20 à 28 sont respectés, que les devoirs envers la faune et la flore domestiques sont mis en œuvre.

Le respect des générations futures suppose de revenir à une pression sur la planète cinq fois plus faible, approximativement, que celle des années 2010-2020. La décroissance homothétique sera la voie privilégiée pour revenir à ces équilibres.

Art 42 : La décroissance homothétique, pilotée par la décroissance démographique, devra s'étaler sur deux générations maximum, jusqu'au retour aux grands équilibres écologiques et économiques et à la mise en place complète des Espaces en Libre Evolution, et de leur connectivité, à la stabilisation de la population humaine.

Art 43 : La sensibilisation de la population, en particulier, tout au long du parcours scolaire, à la nécessité et aux principes de la décroissance homothétique, l'enseignement de l'Aventure et du Processus, le respect de toutes les formes de vie est un devoir de l'Etat à travers l'Education, et ceci quelle que soit son organisation. Tout enseignement de type créationniste ou obscurantiste, tout prosélytisme, tout révisionnisme sont anticonstitutionnels.

Art 44 : Le droit à la tranquillité, au silence, à la recherche personnelle de la sérénité est un droit aussi inaliénable que les autres droits reconnus par la Déclaration Universelle. La baisse de densité de la population humaine est un prérequis de ce droit.

Art 45 : Seront encouragées les pratiques de recyclage afin de tendre vers une limitation drastique des nouveaux prélèvements en particulier de ressources non renouvelables.

Art 46 : Seront encouragées les pratiques de mise en commun des artefacts, les libres regroupements de propriétés privées pour favoriser une cohérence écologique.

Art 47 : Les externalités négatives doivent être évaluées à leur juste prix. Leur financement ou compensation sont à la charge du ou des bénéficiaires principaux les plus directs. Le principe Pollueur-Payeur est un cas particulier de ce principe général.

Art 48 : Consciente que l'avenir du Processus et de l'Aventure, que l'échelle des problèmes d'environnement dépassent les frontières des Etats pour atteindre souvent l'échelle planétaire, l'Humanité cherchera toujours à traiter les affaires relevant de la partie 1 à la plus grande échelle spatiale possible. Celle-ci ne peut en aucun cas être inférieure à l'échelle de l'Etat. Tout mode de fédération interétatique possible, fondé sur le respect des principes de la partie 1, sera recherché et privilégié aux tentations de subdivisions locales.

Partie 2

De l'organisation des institutions dans l'espace de Vie des Hommes

Art 1 : La souveraineté nationale appartient au peuple par ses représentants et par la voie du référendum. La représentation s'exerce suivant un seul niveau de délégation. Nul ne peut recevoir de mandat électif résultant de deux niveaux de délégation.

Art 2 : La République et une et indivisible et les principes énoncés précédemment s'appliquent sans altération à l'ensemble de la communauté nationale (ou supranationale).

La République est laïque, démocratique, écologique et sociale. Elle assure l'égalité de tous les humains devant la loi sans distinction d'origine, de race, de sexe ou d'orientation sexuelle.

La République laïque s'appuie sur les connaissances scientifiques pour l'ensemble de ses orientations, et rejette toute influence d'origine obscurantiste.

Chacun peut pratiquer sa religion, croire ou ne pas croire, mais les religions, ou les sectes ne peuvent prétendre influencer les décisions de la République ou l'éducation des enfants.

Art 3 : La séparation des pouvoirs est le principe fondamental de fonctionnement de la République.

A ce titre la République reconnait un pouvoir législatif, un pouvoir judiciaire, un pouvoir exécutif et **un pouvoir « durabilitaire »**.

L'Assemblée nationale (supranationale) dispose du pouvoir législatif, propose et vote la loi, et contrôle l'action du gouvernement du pays (ou du regroupement de pays).

Le pouvoir judicaire a pour mission de contrôler l'application de la loi et sanctionne son non-respect. Ce pouvoir est confié à des juges et des magistrats qui fondent leur décision sur les textes de lois. Deux juridictions particulières permettent au citoyen (ou groupe de citoyens) d'ester en justice, d'une part au nom du sujet de droit « Libre Evolution » (ou « Processus » ou « Aventure ») et d'autre part du sujet de droit « Générations futures ».

Le pouvoir exécutif met en œuvre la loi et gère le pays. La forme de gouvernement est définie par chaque pays ou groupe de pays.

L'Homme reconnaissant sa filiation vis-à-vis de l'Evolution Naturelle, du Processus et de l'Aventure fonde l'assemblée, dite la « Sagesse ».

Cette assemblée dispose du pouvoir « durabilitaire » ayant pour vocation de veiller à ce que les décisions gouvernementales et les lois humaines votées par l'Assemblée Nationale ne remettent pas en cause les intérêts de l'Evolution Naturelle et des générations futures. Au nom de ces intérêts, du Principe de Parcimonie et de Précaution, cette assemblée dispose d'un droit de véto sur toute décision législative ou gouvernementale. La « Sagesse » a pour autre vocation de vérifier le caractère constitutionnel non seulement des lois mais aussi des décrets.

Art 4 : La devise de la République est :
« Liberté, égalité, fraternité, laïcité, parcimonie et précaution »

Son principe est : gouvernement du peuple, par le peuple, pour le peuple, pour les générations futures et pour la pérennité de l'Aventure et de la communauté biotique.

De la Souveraineté : à compléter en s'inspirant des constitutions démocratiques actuelles

Du Pouvoir Exécutif : à compléter en s'inspirant des constitutions démocratiques actuelles

Du Pouvoir législatif : à compléter en s'inspirant des constitutions démocratiques actuelles

Du Pouvoir Judicaire : à compléter en s'inspirant des constitutions démocratiques actuelles

Du Pouvoir « Durabilitaire »

Le pouvoir « Durabilitaire » est détenu par une assemblée nommée « La Sagesse » constituée pour un tiers de scientifiques indépendants tant d'une autorité administrative que d'un financement privé, pour un tiers par la jeunesse n'étant pas encore en activité professionnelle ou en lien avec un groupe de pression corporatiste, pour un dernier tiers par des personnes n'ayant plus d'activités professionnelles du fait de leur âge et n'ayant plus de lien avec un groupe de pression défendant des intérêts corporatistes (syndicats, cabinet de conseil, lobbies...). Les deux derniers groupes seront tirés au sort parmi la population concernée et prêteront serment de prendre toute décision suivant les principes de la partie 1 de la Constitution, de défendre les intérêts de la Libre Evolution et des Générations futures.

Le tiers scientifique de la Sagesse sera composé de scientifiques indépendants, désignés par leurs pairs pour leur intégrité et leurs compétences. Ils représenteront l'ensemble des domaines scientifiques disposant d'un avis motivé sur les affaires relevant de la Partie 1 de la Constitution à savoir climatologues, démographes, biologistes, toxicologues, écotoxicologues, géologues, océanologues, ... historiens des sciences, paléontologues, ethnologues, philosophes. Ils prêteront serment de ne prendre leur décision que par rapport à l'état des connaissances objectives actualisées, en s'appuyant le plus possible sur des « consensus internationaux » et dans l'objectif de garantir les principes de la partie 1 de la Constitution. Aucune considération économique, sociale ou politique ne peut motiver leurs décisions. Le tiers scientifique de la Sagesse peut disposer de moyens de recherche propres exclusivement financés par l'impôt. Ils disposent d'un libre accès, à titre gracieux, à tous les moyens de recherche public ou semi-public, à toutes leurs données scientifiques. La « Sagesse » est consultée systématiquement pour établir une évaluation du préjudice des externalités négatives vis-à-vis de la communauté biotique. Lorsqu'une innovation potentielle est susceptible de mettre en danger les intérêts des générations futures et/ou les intérêts de la Libre Evolution, la « Sagesse » peut s'auto-saisir ou être saisie par les citoyens pour statuer sur l'interdiction ou la limitation du développement de la découverte ou de l'invention à quelques applications d'intérêt sociétal.

Les représentants des trois groupes feront serment de ne pas prendre en compte leurs intérêts économiques, leurs convictions religieuses, politiques ou sociales. Nul n'est contraint d'accepter le mandat.

De l'organisation de l'Etat et des collectivités territoriales.

L'organisation de l'Etat reflète l'indivisibilité de la République et le principe de Parcimonie. Le nombre d'échelons administratifs est de maximum 3 (avec éventuellement un échelon supplémentaire supranational) :

> • un échelon local rassemblant des communautés de 10 000 à 300 000 habitants limitant la dispersion de l'habitat tout en donnant à chacun un accès à la sérénité (à travers notamment une approche des Espaces en Libre Evolution, des Réserves de Biotopes et des propriétés privées partagées),
>
> • un échelon régional reflétant une réalité géographique, biologique et culturelle,
>
> • l'Etat lui-même.

Le nombre maximal de Régions sera fixé à trente, le maximum de communes à 1500. A des fins pratiques, les Régions et communes pourront disposer d'antennes mobiles servies par du personnel itinérant et mutualisé de la Région ou de la commune. Ces antennes ne disposent d'aucun pouvoir décisionnel.

La mise en place des nouvelles communes suivra les progrès de la décroissance homothétique et en assurera la stabilité financière.

La République est multiculturelle et garantit l'exercice local possible de la langue. Les traditions locales seront maintenues, à l'exclusion de celles de nature anthropocentrique, c'est-à-dire qui contreviennent aux 43 premiers articles de la Constitution.

* * * * * * * * * * * * * * *

Voilà, nous n'irons pas plus dans le détail et nous ne nous aventurerons pas dans les débats politiques, la Charte et les prémices de la nouvelle Constitution anthropoEXcentrique étant suffisamment « disruptives » pour laisser place à un large débat démocratique.

De toute façon, si nous ne commençons pas par un changement profondément sincère, autant individuel que collectif de notre perception de la Nature, de l'Evolution et des autres êtres vivants, tout cela n'aura évidemment aucun sens. L'assemblée « La Sagesse » et le « pouvoir durabilitaire », ou tout autre vocable plus heureux exprimant les mêmes fonctions, seront les garants de ce changement de philosophie et de sa traduction dans les décisions concrètes.

Vous noterez que j'ai volontairement évité d'employer le mot Sénat qui pour moi est beaucoup trop marqué par l'idée de représentation de la représentation et qui évoque souvent l'immobilisme et les intérêts locaux. Néanmoins, ce livre n'est pas le premier à évoquer une assemblée qui prendrait en charge les impératifs du futur et les intérêts environnementaux.

Dans leur excellent ouvrage « Vers une démocratie écologique », Dominique Bourg et Kerry Whiteside proposent un nouveau Sénat. J'invite les lecteurs intéressés à lire leur document et se faire une idée des convergences et différences. Je veux ici insister sur le fait qu'il ne s'agit pas pour moi de sauver le bicamérisme, mais bien d'instaurer un quatrième pouvoir, dont la Sagesse est l'expression.

Vous noterez aussi la position et la définition du crime d'écocide qui contraste avec la conception souvent défendue dans les organismes internationaux dont la connotation anthropocentrique est souvent évidente. Par exemple Valérie Cabanes qui a donné une lecture très approfondie de ces débats internationaux dans « Un nouveau droit pour la Terre », rapporte une des propositions récentes de définition :

« La destruction partielle ou totale d'un écosystème sur un territoire donné, les dommages massifs générés par l'action humaine ou tout autre cause, a tant pour résultat d'empêcher les habitants du territoire concerné d'en jouir en toute quiétude. »[212]. Evidemment « habitant du territoire » désigne, dans l'esprit, les humains et une fois encore cette vision est beaucoup plus restrictive que celle de l'anthropoEXcentrisme.

Nous sommes conscients qu'une telle constitution n'aura aucune portée pratique à l'échelle souhaitée, c'est-à-dire internationale, si elle ne revêt pas un caractère universel. Par exemple, la conséquence de la

---

[212] Un nouveau droit pour la Terre – V.Cabanes – Ed Anthropocène Seuil – 2016 page 305

définition de l'écocide appelle une juridiction qui ne peut en aucun cas être au seul niveau des Etats.

Mais à l'instar de la Constitution équatorienne, il faut bien démarrer quelque part, il faut donner l'impulsion initiale. Pourquoi la France et l'Europe ne seraient pas à nouveau parmi les précurseurs de cet Humanisme Elargi ?

Evidemment, un tel texte ne peut être considéré comme une fin, mais comme un premier jalon d'une réflexion collective. Il n'a d'autre vocation que d'appeler à un changement profond de notre perception de la Nature, des relations que nous entretenons avec elle.

Ainsi les **Droits de l'Homme** apparaissent-ils comme *un cas particulier*, mais évidemment fondamental, d'un droit plus général, un **Droit Naturel** reflétant l'origine de l'homme et de tout le vivant. Des garde-fous sont institués pour éviter un retour de la mégalomanie et de l'anthropocentrisme, sources de toutes les destructions de l'habitat des espèces et en particulier de l'espèce humaine.

Les Droits de l'Homme perdurent sous la protection du Droit Général, qui leur garantit pérennité, à travers l'annihilation du risque de catastrophes physiques, économiques, sociales et finalement morales.

Je suis intimement persuadé, que face aux autocraties montantes, qui exploitent nos approximations et nos licences, nous ne sauverons le « Contrat Social », les libertés publiques, voire le concept même de République, que par **l'élargissement du « Contrat Social » à une sphère non anthropocentrique**.

Renonçant à l'anthropocentrisme, nous diluerons l'égocentrisme, qui soyons honnêtes avec nous-mêmes, est bien une des conséquences de la vision étriquée de l'humanisme, son dévoiement.

Il n'existe pas de vocable positif pour exprimer une vision inclusive de l'humanisme à la communauté biotique tout entière et au futur planétaire. A ce stade, **l'Humanisme Elargi et l'AnthropoEXcentrisme feront l'affaire.**

Rien ne doit laisser penser que cette philosophie à quelque chose à voir avec de la misanthropie, bien au contraire. C'est la confiance en l'Homme, en sa capacité à se transcender qui sous-tend cette Constitution.

Le Droit Naturel, la Libre Evolution, en préservant notre cadre de vie et les services écosystémiques pour toute la communauté biotique, sera l'abri commun de nos libertés fondamentales.

Conclusion : L'avenir de la Terre

« *Marchez sans peur dans la direction de vos rêves. Vivez la vie que vous avez imaginée ! »* *Henry David Thoreau (1817-1862)*

« Le verbe, la raison, la morale ne sont que des conséquences fortuites, des propriétés émergentes permettant de faire fonctionner nos sociétés et non le but de notre évolution comme les religions et les philosophies l'ont cru, confondant causes et conséquences. En comprenant de mieux en mieux les mécanismes des phénomènes que les autres espèces se contentent de subir, nous avons fini par expliquer la météorologie, la mécanique, l'astronomie et même le pourquoi de notre apparition sur Terre grâce à Darwin. Comment l'évolution, qui ne conserve que ce qui fonctionne dans la nature a-t-elle pu déraper et faire cette erreur d'une espèce inadaptée à long terme ? C'est que l'évolution de la famille humaine a duré plusieurs millions d'années, alors que l'exploitation de la nature avait jusqu'à récemment été modérée. Le monde a longtemps constitué une source inépuisable de ressources par rapport à la minuscule population humaine. C'est l'emballement actuel de notre démographie et de notre technologie qui, combinées, nous font déborder des limites de la planète. »[213]

Pierre Jouventin, éthologue de terrain, spécialiste des oiseaux de l'Antarctique et des terres australes, mais aussi du loup et des chimpanzés, nous rappelle que si l'homme existe encore sur Terre, il le doit au fait qu'il est demeuré extrêmement longtemps à l'état de petites populations. Par leur limitation démographique, ces populations ne pouvaient avoir d'effet significatif sur la survie des autres espèces, comme c'est le cas de tous les autres grands prédateurs. Durant cette longue, très longue maturation, quatre-vingt-quinze pour cent de l'épopée humaine, nous avons acquis l'essentiel de notre culture en particulier le langage articulé, comme une réponse aux besoins de la chasse en petits groupes organisés. Cette forme de communication, particulièrement élaborée mais non strictement spécifique, d'une lignée autrefois arboricole et essentiellement végétarienne a été rendue possible par quelques infimes mutations génétiques qui nous distinguent des grands singes. La bipédie, la

---

[213] L'Homme, *cet animal raté* - Pierre Jouventin-pages 192 et 193

modification très graduelle du cerveau, la forme de notre mâchoire, notre système digestif, ont co-évolué génétiquement avec notre culture (fabrication d'armes en pierre pour remplacer les griffes ou les canines, apparition de la maîtrise du feu…). Les pratiques culturelles efficaces ont été sélectionnées par leur réussite. Les mutations, aujourd'hui **innées,** permettant ces comportements ont ainsi passé le filtre de la sélection. Une immense partie de nos comportements est d'origine génétique, tout du moins ils sont rendus possibles par la génétique, et souvent partagés au sein d'une longue lignée. Chaque espèce a utilisé ces « briques » au mieux suivant ses besoins, son milieu de vie, son anatomie. Tout cela était totalement compatible avec le Processus ou plus exactement tout cela découle du Processus. L'expression ou non des gènes a été portée par l'environnement des populations et des espèces.

Mais dès lors que nous sommes devenus trop efficaces et surtout trop nombreux, tout a basculé et ce retournement est éminemment récent : la sélection n'a pas eu le temps de nous imposer sa réponse : impasse évolutive !

Nous l'avons retardée au maximum, non par la dispersion, mais par la conquête. Nous avons pratiquement éradiqué toute la grande faune sur tous les continents, nous avons domestiqué plantes et animaux, nous avons épuisé les ressources minières des continents qui les premiers les utilisèrent, nous épuisons les océans…Faute de minerais, nous avons mené des guerres coloniales et aujourd'hui les rivalités sont partout : Sud contre Nord, Est contre Ouest… avec en toile de fond les oppositions, sans cesse renouvelées mais toujours aussi meurtrières, religion contre religion, économie contre économie… et pourquoi pas quartier contre quartier. Le néo-féodalisme triomphe à toutes les échelles géographiques.

Nous sommes très fiers de l'écriture, invention culturelle par excellence, innovation géniale qui favorise la communication et le partage d'idées… la compréhension et « **donc** » la paix et la coopération. Mais nous oublions que l'écriture n'a pas été inventée pour écrire des vers de Ronsard, ni la Déclaration Universelle des Droits de l'Homme, mais pour favoriser les échanges commerciaux et les premières accumulations de richesses par quelques nantis, pour institutionnaliser les premiers codes juridiques, les premiers « cadastres », les premières légitimations des condamnations à mort…Voilà l'origine et par conséquence le « **donc** » est un non-sens historique. Cette illusion date du début de la sédentarisation, de la domestication…

Heureusement, l'Humanisme et les Lumières sont passés par là pour mettre de l'ordre. Soulager la souffrance humaine, tel était le dessein profond de Descartes. Et pour cela, il fallait un progrès des connaissances et le rejet de l'obscurantisme religieux qui s'est toujours opposé aux grandes remises en cause scientifiques. Exposons clairement nos découvertes, pensait Galilée, contournons, avançons masqués, répondait Descartes. Parfait ! Mais dans notre culture, depuis trois siècles, nous avons posé comme **postulat** définitif que le progrès scientifique, les découvertes et techniques induisaient spontanément un progrès de l'humanisme, dans le respect des droits de l'homme, dans la coopération, dans l'altruisme…bref dans la Fraternité… et que tout cela était le « Propre de l'Homme », lui seul capable de telles innovations.

Et là réside un autre non-sens. Ce n'est pas la recherche scientifique, le progrès de la connaissance en général qui sont en cause, mais le présupposé : « progrès de la connaissance » implique par essence « progrès de l'humanisme ». L'absence de connaissance nuit certes à l'humanisme, mais l'inverse n'est pas automatique.

Prenons un simple exemple, le plus ancien, bien antérieur à Descartes et aux philosophes grecs. Nous avons évoqué comment l'invention de la roue a permis, en facilitant les échanges, d'éradiquer ou au moins d'amoindrir l'effet des famines, les conséquences locales de pénuries dues à quelques cataclysmes climatiques et/ou anthropiques. Certes la roue a soulagé, et fort heureusement, la pénibilité pour les humains, mais quelles en furent les premières applications ? Sans doute, la mise en place d'une caste de commerçants avides qui défendront leurs privilèges, et surtout une arme de guerre inconnue jusqu'alors. Il ne fallut certainement pas des siècles après l'invention des rayons pour qu'apparaissent les premiers chars de combat chez les Égyptiens et les Assyriens…

L'invention n'est pas en cause, mais les applications peuvent devenir délétères. Et le postulat « progrès de la connaissance » implique « progrès de l'humanisme » nous fourvoie. Critiquez une application d'une découverte et vous devenez non seulement passéiste, mais pire, ennemi de l'humanisme, ...et pourquoi se priver de caricatures : écoterroriste ou écofasciste. Dès lors tout est permis...jusqu'au libertarisme le plus éhonté. C'est pourquoi, nous prônons que soit institué un droit de contrôle préalable des applications, **un garde-fou**, tout en laissant totalement libre la recherche. Car l'invention, le progrès des connaissances n'induit pas le progrès spontané de la sagesse et de l'altruisme. Voilà une des erreurs fondamentales de la pensée occidentale, une erreur finalement extrêmement récente au regard des trois cent mille ans de développement progressif, co-évolutif de notre culture et de notre génome.

Le « tout est possible **donc** tout est permis », sans limites morales, conduit à la surexploitation de la planète, à la sixième extinction, à la surpopulation, à l'impasse évolutive. Alors il faut changer notre vision du monde, notre perception des rapports Homme-Nature, changer notre façon de vivre aux côtés de millions d'autres espèces animales et végétales, tel est l'enjeu pour les deux générations à venir.

L'enjeu nous oblige à renouveler nos raisonnements en intégrant des acquis scientifiques, aujourd'hui confortés par des décennies de recherche en éthologie, en paléontologie, en anthropologie, réalités trop longtemps rejetées, car susceptibles de limiter les applications d'autres recherches scientifiques :

- Admettre que la Nature est fondamentalement le résultat d'un Processus sans finalité, sans objectif, sans plan prédéfini, que la Nature est le fruit instantané de l'Aventure de la vie, faite d'une multitude de hasards et de quelques règles de sélection physico-chimiques.
- Admettre que l'homme est biologiquement un animal parmi d'autres, avec une part de comportement inné et une part de comportement hérité par coévolution.
- Admettre que notre culture elle-même est le fruit de comportements innés que nous partageons avec une multitude d'autres espèces (empathie, coopération, altruisme...). Nous avons porté ces comportements vers des sommets, mais notre culture engendre aussi la compétition immodérée, nous poussant vers le rejet de l'autre...humain et non humain.
- Admettre que l'homme est un des héritiers du long Processus qui depuis quatre milliards d'années a prévalu à l'Aventure de la vie, qu'il a

bénéficié d'une succession de heureux hasards. Reconnaître que nous sommes aussi le fruit d'une coévolution avec des millions d'espèces, jusqu'à nos bactéries intestinales.

• Admettre que l'Homme, Homo sapiens, n'est pour rien dans les bifurcations déterminantes de l'Aventure qui, pour l'essentiel, se sont produites avant son apparition.

• Admettre qu'à ce titre d'héritier « chanceux » de ce long héritage partagé, l'Homme n'est en rien possesseur exclusif de la Nature, qu'il ne possède aucune légitimité morale fondamentale qui lui donnerait le droit d'exploiter la planète à sa guise sans tenir compte sérieusement des intérêts des autres héritiers. En particulier, l'homme n'est pas une créature divine placé au-dessus des autres, pas plus qu'il n'est la finalité de l'Evolution Naturelle, du Processus, juste un simple passant durant une période infiniment courte de l'Aventure.

• Admettre que l'Homme n'a pas le monopole de la liberté, de la conscience de soi, de la capacité d'innover, de la capacité de communiquer, de la capacité au sacrifice individuel pour une cause qui le dépasse ou l'exclusivité de tout autre avatar du « Propre de l'Homme ». Il n'est au mieux que l'expression la plus évidente de ces qualités, en cet instant géologique infime, … de même qu'il est aussi l'incarnation la plus crue de la violence aveugle, de la cruauté envers ses semblables et les autres membres de la communauté biotique.

• Admettre que n'étant ni possesseur, ni propriétaire exclusif, ni finalité…, aucune morale fondamentale ne l'érige en maître ou intendant ou gestionnaire ou régisseur ou chargé de patrimoine ou juge. Il ne détient aucunement l'omniscience de ce qui est bon ou mauvais pour la planète et les autres membres de la communauté biotique. Reconnaître que, dès que nous commençons à donner une finalité, que nous réfléchissons sur « ce que devrait être la nature », nous pulvérisons notre rêve. La Nature est tout ce qui n'est pas préconçu.

• Admettre que, à plusieurs reprises dans notre histoire, nous sommes passés outre un des principes fondamentaux du Processus, à savoir la sélection écologique, qui affaiblit irrémédiablement les espèces qui surexploitent la capacité productive de leur écosystème.

• Admettre que nous l'avons fait au détriment de la grande faune sauvage, apport protéique essentiel à l'hominisation, à l'énergie nécessaire à faire tourner et développer notre énorme cerveau suralimenté. Reconnaître que cet apport protéique est devenu un complément essentiel à notre origine végétarienne, que cet apport a rendu possible rapidement quelques perfectionnements de notre encéphale, que les nécessités de la chasse coordonnée « bipédique » ont favorisé un mode de communication particulier, le langage humain.

• Admettre que chaque fois que nous avons épuisé ou rendu trop faible la population de nos proies, nous avons transformé notre besoin biologique de dispersion et d'échange de gènes, en un principe de conquête ; nous avons substitué à la sélection écologique, une expansion géographique indissociable d'une expansion démographique.

• Admettre que lorsque finalement, nous avons épuisé les ressources animales sauvages, nous sommes passés, comme **ultime recours**, à la domestication animale et végétale, puis à la sédentarisation.

• Admettre que, dès lors, nous nous sommes largement désolidarisés du Processus, nous avons commencé à théoriser l'Homme comme être suprême au-dessus du reste de la communauté que nous avions décimée, d'abord comme égal de dieux, puis autonome comme un être dont l'intelligence suffisait à garantir la liberté et le perfectionnement de tous.

• Admettre que finalement, nous avons supposé acquis, que le progrès des connaissances scientifiques et techniques était une garantie suffisante pour asseoir une humanité rationnelle qui évoluerait spontanément vers un être totalement coopératif, altruiste, pacifique, infiniment généreux et plein de compassion pour ses semblables ; un être capable de choisir rationnellement les innovations d'intérêt social à travers ses décisions de consommateur, puisque chaque individu agirait rationnellement pour l'intérêt général. Ainsi, la libre concurrence devait être naturellement contrebalancée par la qualité de l'éducation de tout un chacun, infiniment rationnel et spontanément altruiste...

• Admettre que nous nous réveillons dans un monde où l'obscurantisme reprend des forces, plus immonde et immoral que jamais, que les guerres sont toujours aussi violentes et inhumaines alimentées par l'égocentrisme, l'anthropocentrisme et les croyances religieuses ; nous avons du mal à sortir de notre torpeur et reconnaître enfin que nous vivons dorénavant sur une Terre aux limites planétaires déjà largement dépassées.

• Admettre que la propriété individuelle sous sa forme exclusive et toute puissante, que le libertarisme, remplaçant dorénavant la liberté des échanges entre acteurs égaux et parfaitement informés, que le culte du progrès technologique bafouant dorénavant nos libertés jusqu'à la liberté de savoir ce qui est vrai et faux, transforment notre culture en une machine à broyer le vivant, d'abord sauvage, puis domestique et finalement humain…

• Admettre que notre incapacité à prendre en compte la finitude de la Terre et donc l'incompatibilité entre le pouvoir illimité de consommer et le pouvoir infini de procréer, conduit la communauté biotique, dont l'homme, dans une impasse évolutive.

• Admettre finalement que nous sommes définitivement trop nombreux pour les maigres ressources de notre planète. Admettre le Principe de Précaution et de Parcimonie tant au niveau de la consommation que de la démographie.

Admettre que dorénavant « ***il n'y en a plus pour tout le monde*** !». De cet état de fait découlent les conflits sociaux et les guerres, les disparations de milieux naturels et la sixième extinction.

Admettre, en tirer les conséquences et les mettre en œuvre !

Hubris individuel et d'espèce, déni des règles de la sélection écologique, croyance en des vertus morales intrinsèques du progrès des connaissances, voilà en résumé les trois erreurs fondamentales. Voilà les murs qui délimitent l'impasse !

Impasse, quelle impasse ?

Est-ce à dire que nous allons nécessairement vers une rupture violente, vers une issue fatale pour la civilisation voire l'espèce Homo sapiens ? La réponse positive n'est plus totalement improbable.

Mais trois éventualités peuvent survenir.

Nous ne pouvons totalement exclure que l'humanité s'en sorte une fois de plus par une *pirouette technologique*. Il n'est pas exclu que nous disposions à l'échéance de la fin du siècle d'une source d'énergie inépuisable et généralisable à l'échelle industrielle, sous forme par exemple de fusion nucléaire.

Qu'adviendra-t-il alors ? Nous pourrons nous installer aux pôles, cultiver sous serre et éclairage artificiel, sur sol artificiel, élever des animaux en batterie alimentés par des prairies artificielles à force d'intrants de synthèse. Il est probable que nous pourrons sélectionner ou muter ces animaux…pour plus de rendement et encore moins de respect à leur égard.

Avec tant d'énergie gratuite ou presque, nous pourrons raffiner des métaux même à des concentrations très faibles, repoussant le spectre de l'épuisement des ressources minérales, nous pourrons truffer les ex-forêts équatoriales de déshumidificateurs d'air et de climatisation…les occuper par quelques nouvelles mégapoles.

Victoire sublime, nous pourrons continuer à conquérir et à accroître la population de notre espèce, continuer la conquête et l'éradication de ce qu'il reste d'espaces non artificialisés, autrefois peuplés d'une incroyable biodiversité.

Mais philosophiquement pourquoi, à quelle fin ? Toujours plus, sans la moindre chance de remettre en cause l'injustice, la violence, l'extinction de masse au sein de la communauté biotique, pour vivre dans un monde toujours plus artificiel et uniformisé ? Cela n'a aucun sens !

Cela suppose entre autres une vision fixiste de la vie, comme si notre évolution était stoppée (« **Homo sapiens immutabilis** », l'homme d'aujourd'hui comme finalité !), comme si nous pouvions nous ramollir indéfiniment sans finir par perdre des fonctions inutilisées… Mémoire artificielle, calcul mental aux oubliettes, déplacements virtuels, raisonnements déductifs délégués…et les circuits neuronaux ne réagiraient pas, puis la culture, puis la sélection de nouveaux comportements !!! Absurde ! Négation même des enseignements darwiniens !

Pour cette voie de laxisme généralisé, aucune exigence n'est attendue de nous, ni collectivement, ni individuellement. On va « se la couler douce », laissons-nous couler, … sombrer !

Je prétends que, coupée définitivement de ses racines, bercée et finalement endormie par la facilité, l'Humanité cessera d'être l'humanité. Nous-mêmes seront devenus des êtres hybrides sans aucun choix, car la survie hors Processus nécessitera sans cesse de reproduire, voire amplifier les mêmes erreurs : l'hubris et la négation du vivant. Jusqu'où ?

Evidemment, **la rupture de type « collapsologie »**, n'est pas à exclure non plus. Serait-ce une véritable catastrophe ? Du point de vue évolutif, certainement pas. La vie et le Processus reprendront leurs prérogatives. L'Aventure redémarrera, comme elle l'a fait au moins cinq fois, en suivant une autre voie que la route qui nous avait un temps si bien réussi…, sans l'homme ou avec un homme totalement rabougri, démoralisé au sens propre comme au sens figuré…

Pour cette voie également, aucun effort n'est supposé, ni en tant qu'espèce, ni en tant que communauté, ni en tant que citoyen. Laissons-nous sombrer, on va « se la dorer pépère » … au moins au début !

Dans ce cas, l'impasse est impasse pour l'Homme, mais après avoir réduit à néant des centaines de milliers d'espèces animales et végétales ! Après tout, il suffit de quelques couples du premier pinson de Darwin pour que la diversité aviaire ressurgisse. Un coup de frein pour l'évolution, un cerne sur le tronc vu de LUCA…

La troisième issue est celle de la **rupture ontologique**, celle que j'aimerais vous faire partager comme hautement désirable, celle de la reconnexion partout au Processus en respectant un de ses fondamentaux : l'équilibre entre la pression sur le milieu naturel et les ressources, renouvelables ou pas.

• S'imposent alors la Parcimonie et la Précaution aussi bien sur le plan reproductif que sur le plan consumériste, les deux, multiplicatifs, agissant en synergie.

• S'impose aussi une phase historique où nous donnons au Processus la chance de perdurer sur son mode classique dans de vastes espaces, le temps que nous ayons sincèrement admis, compris, nos erreurs philosophiques passées et changé nos comportements au sein même des domaines sous juridiction humaine, en nous inspirant de ce que nous enseigne le Processus restauré à nos portes.

Cette voie exigeante, et donc ce **chemin de liberté,** fait de droits et de devoirs, fondée sur un « contrat social élargi à la communauté biotique », pavé de solidarité, de fraternité au sein et hors de notre espèce, sera jalonnée par une réduction drastique du taux de natalité sur deux générations, de façon à rétablir les grands équilibres écologiques, à dédier de larges surfaces inhabitées au Processus. Ce chemin sera balisé aussi par la Parcimonie afin de limiter les prélèvements de ressources non renouvelables.

Parce qu'il est hors de question de laisser un pouvoir autoritaire piloter ces exigences, ce qui conduirait sans aucune contrepartie à abandonner l'« humanisme restreint » par un retour en arrière délétère, il est fondamental que ces changements soient motivés philosophiquement afin que tous et chacun y adhèrent librement, en pleine conscience. C'est donc bien un changement philosophique, ontologique, profond, et non un changement politique hasardeux, que nous appelons de nos vœux. La liberté individuelle reste notre guide, mais pas le libertarisme, cet ersatz nauséabond.

La concomitance entre la baisse de population et la baisse de consommation collective sera le moteur de la « **décroissance homothétique** » qui, parce qu'homothétique et librement consentie, ne diminuera en rien notre « Pouvoir de vivre ». Bien au contraire, nous pourrions améliorer celui-ci par la faculté de bénéficier largement de vastes espaces communs, de disposer du droit à la quiétude et à la valorisation de « soi » ...le pouvoir de partager notre vie avec la communauté biotique, de ressentir à nouveau notre communion, de vivre notre « Soi ». Une population moins pléthorique, regroupée autour d'entités à taille humaine et plus homogènes, sera la garantie d'une meilleure justice sociale offrant à chacun les mêmes droits de rétablir « sa propre communion » avec le reste du vivant, de bénéficier de façon égalitaire des services écosystémiques (eau, air non pollués...), services non spécifiques et exclusifs de l'homme, mais dont l'homme bénéficiera au même titre que le reste du vivant. Ainsi seront les **Biens Communs**.

Afin de garantir la pérennité de cette mutation ontologique et de ses retombées désirables, il sera nécessaire de créer un nouveau pouvoir, indépendant des pouvoirs exécutif, législatif ou judiciaire : un « **pouvoir**

durabilitaire », chargé de veiller à ce que les anciennes dérives ne puissent se réveiller et à ce que le Processus puisse perdurer pour le bien-être de l'ensemble de la communauté biotique et des générations humaines futures. Il sera un des piliers d'une nouvelle Constitution non anthropocentrique, c'est-à-dire ne supposant en rien la suprématie de l'Homme, n'octroyant aucun droit exclusif bénéficiant au seul « Homo sapiens immutabilis » au détriment du reste du vivant, mais abritant tous les Droits de l'Homme sous un parafoudre bien plus vaste.

En repartant de la perspective de LUCA, c'est-à-dire en arrimant l'ensemble de nos réflexions philosophiques à une perspective évolutionniste, nous remettons en cause l'anthropocentrisme, cet hubris d'espèce. Nous redéfinirons alors la Nature comme « ce que personne n'a imaginé et n'imaginera, un « inconçu » ».

Accepter l' « inconçu », accepter la dictature du temps, accepter l'évolution inéluctable de notre espèce et des écosystèmes, accepter les changements physicochimiques naturels et les limites planétaires comme des déterminismes sur lesquels nous n'avons aucune prise, heurte profondément notre psychologie humaine, faite d'exigences illimitées de satisfaction instantanée de nos désirs. Nous devons changer, car la liberté n'est pas la satisfaction instantanée de nos fantasmes mais la prise en compte rationnelle de la réalité, pour circonscrire nos désirs aux possibles que nous suggèrent le Processus et l'expérience de l'Aventure passée.

Ainsi l'anthropoEXcentrisme doit s'imposer comme :

- la quête d'une liberté qui **transcende** l'humanisme restreint pour conduire à un humanisme élargi à l'ensemble de la communauté biotique,
- un humanisme qui inclut plus de rationalité, en intégrant l'histoire de la vie et de l'humanité comme un guide de ce que nous avons le droit et le devoir de faire,
- un système de valeur qui rejette comme immoral ce qui perturbe gravement le Processus et l'Aventure, immoral à l'égard de la communauté des actuels et futurs héritiers de l'Aventure du vivant, humains et non humains, tous aussi légitimes.

Du même auteur : Démographie l'impasse évolutive. Editions BOD – Nov 2020

TABLE DES MATIERES DETAILLEE

PARTIE 2